FINITE ELEMENT ANALYSIS
Method, Verification and Validation, Second Edition

有限元分析

方法、验证与确认

原书第 2 版

[美] 巴纳·萨伯　伊沃·巴布斯卡　著
　　（Barna Szabó）　（Ivo Babuška）

袭　安林　军 杨春晖 于　敏林　郁 李　萍 刘奕宏 刘晓鹏
黄俊澄 崔延鑫 许　朋 刘　苏 胡晓斌 刘思琪 欧轩琦 肖曼茜　译

机械工业出版社
CHINA MACHINE PRESS

Copyright © 2021 John Wiley & Sons, Inc.

All rights reserved. This translation published under license. Authorized translation from the English language edition, entitled *Finite Element Analysis: Method, Verification and Validation, Second Edition*, ISBN 978-1119426424, by Barna Szabó, Ivo Babuška, Published by John Wiley & Sons. No part of this book may be reproduced or transmitted in any form or by any means, electronic or mechanical, including photocopying, recording or any information storage and retrieval system, without permission from the publisher.

本书中文简体字版由 John Wiley & Sons 公司授权机械工业出版社独家出版。未经出版者书面许可，不得以任何方式抄袭、复制或节录本书中的任何部分。

本书封底贴有 Wiley 防伪标签，无标签者不得销售。

北京市版权局著作权合同登记　图字：01-2022-6368 号。

图书在版编目（CIP）数据

有限元分析：方法、验证与确认：原书第 2 版 / （美）巴纳·萨伯，（美）伊沃·巴布斯卡著；袭安等译. -- 北京：机械工业出版社，2025.9. -- （工业软件丛书）. -- ISBN 978-7-111-78729-7

Ⅰ. O242.21

中国国家版本馆 CIP 数据核字第 20253EJ788 号

机械工业出版社（北京市百万庄大街 22 号　邮政编码 100037）
策划编辑：王　颖　　　　　　　责任编辑：王　颖　张　莹
责任校对：王　捷　张雨霏　景　飞　　责任印制：刘　媛
三河市宏达印刷有限公司印刷
2025 年 9 月第 1 版第 1 次印刷
170mm × 240mm · 24 印张 · 467 千字
标准书号：ISBN 978-7-111-78729-7
定价：109.00 元

电话服务　　　　　　　　　　网络服务
客服电话：010-88361066　　　机 工 官 网：www.cmpbook.com
　　　　　010-88379833　　　机 工 官 博：weibo.com/cmp1952
　　　　　010-68326294　　　金　书　网：www.golden-book.com
封底无防伪标均为盗版　　　　机工教育服务网：www.cmpedu.com

COMMITTEE

顾 问 组：李培根　杨学山　周宏仁　高新民　王安耕
指 导 组：宁振波　时　静
主 　　任：赵　敏
执行联席主任：杨春晖　丘水平
委员（以姓氏拼音字母为序）：

陈立辉　陈　冰　褚　健　段海波　段世慧　龚　涛
胡　平　黄　培　雷　毅　李　萍　李义章　令永卓
刘丽兰　刘俊艳　刘　务　刘玉峰　梅敬成　闵皆昇
彭　瑜　史晓凌　施战备　谭培波　王冬兴　吴健明
夏桂华　闫丽娟　姚延栋　于　敏　张国明　张新华
周凡利　朱铎先　朱亮标

组宣部主任：闫丽娟
编辑部主任：王　颖
秘 书 长：李　萍　张　莹

PREFACE

当今世界正经历百年未有之大变局。国家综合实力由工业保障,工业发展由工业软件驱动。工业软件正在重塑工业巨人之魂。

习近平总书记在2021年5月28日召开的两院院士大会、中国科协第十次全国代表大会上发表了重要讲话:"科技攻关要坚持问题导向,奔着最紧急、最紧迫的问题去。要从国家急迫需要和长远需求出发,在石油天然气、基础原材料、高端芯片、工业软件、农作物种子、科学试验用仪器设备、化学制剂等方面关键核心技术上全力攻坚,加快突破一批药品、医疗器械、医用设备、疫苗等领域关键核心技术。"

国家最高领导人将工业软件定位于"最紧急、最紧迫的问题",是"国家急迫需要和长远需求"的关键核心技术,史无前例,开国首次,彰显了国家对工业软件的高度重视。机械工业出版社此次领衔组织出版这套"工业软件丛书",秉持系统性、专业性、全局性、先进性的原则,开展工业软件生态研究,探索工业软件发展规律,反映工业软件全面信息,汇总工业软件应用成果,助力产业数字化转型。这套丛书是以实际行动落实国家意志的重要举措,意义深远,作用重大,正当其时。

本丛书分为产业研究与生态建设、技术与产品、支撑环境三大类。

在工业软件的产业研究与生态建设大类中，列入了工业技术软件化专项研究、工业软件发展生态环境研究、工业软件分类研究、工业软件质量与可靠性测试、工业软件的标准和规范研究等内容，希望从顶层设计的角度让读者清晰地知晓，在工业软件的技术与产品之外，还有很多制约工业软件发展的生态因素。例如工业软件的可靠性、安全性测试，还没有引起业界足够的重视，但是当工业软件越来越多地进入各种工业品中，成为"软零件""软装备"之后，工业软件的可靠性、安全性对各种工业品的影响将越来越重要，甚至就是"一票否决"式的重要。至于制约工业软件发展的政策、制度、环境，以及工业技术的积累等基础性的问题，就更值得认真研究。

工业软件的技术与产品大类是一个生机勃勃、不断发展演进的庞大家族。据不完全统计，工业软件有近 2 万种[①]。面对如此庞大的工业软件家族，如何用一套丛书来进行一场"小样本、大视野、深探底"的表述，是一个巨大的挑战。就连"工业软件"术语本身，也是在最初没有定义的情况下，伴随着工业软件的不断发展而逐渐产生的，形成了一个"用于工业过程的所有软件"的基本共识。如果想准确地论述工业软件，从范畴上说，要从国家统计局所定义的"工业门类"[②]出发，把应用在矿业、制造业、能源业这三大门类中的所有软件都囊括进来，而不能仅仅把目光放在制造业一个门类上；从分类上说，既要顾及现有分类（如 CAX、MES 等），也要着眼于未来可能的新分类（如工研软件、工管软件等）；从架构上说，既要顾及传统架构（如 ISA95）的软件，也要考虑到基于云架构的订阅式软件（如 SaaS）；从所有权上说，既要考虑到商用软件，也要考虑到自研软件（in-house software）；等等。本丛书力争做到从不同的维度和视角，对各种形态的工业软件都能有所展现，勾勒出一幅工业软件的版图，尽管这种展现与勾勒很可能是粗线条的。

工业软件的支撑环境是一个不可缺失的重要内容。无论是数据库、云技术、材料属性库、图形引擎、过程语言，还是工业操作系统，都是支撑各种形态的工业软件实现其功能的基础性的"数字底座"。基础不牢，地动山摇，遑论自主，更无可控。没有强大的工业软件所需要的运行支撑环境，就没有强大的工业软件。因此，工业软件的"数字底座"是一项必须涉及的重要内容。

[①] 林雪萍的《工业软件 无尽的边疆：写在十四五专项之前》，可见 https://mp.weixin.qq.com/s/Y_Rq3yJTE1ahma30iV0JJQ。

[②] 参考《国民经济行业分类》（GB/T 4754—2017）。

长期以来,"缺芯少魂"一直困扰着中国企业及产业高质量发展。特别是从 2018 年以来,强加在很多中国企业头上的贸易摩擦展现了令人眼花缭乱的"花式断供",仅芯片断供或许就能导致某些企业停产。芯片断供尚有应对措施来减少损失,但是工业软件断供则是直接阉割企业的设计和生产能力。没有工业软件这个基础性的数字化工具和软装备,就没有工业品的设计和生产,社会可能停摆,企业可能断命,绝大多数先进设备可能变成废铜烂铁。工业软件对工业的发展具有不可替代、不可或缺、不可估量的支撑、提振与杠杆放大作用,已经日益为全社会所切身感受和深刻认知。

本丛书的面世,或将揭开蒙在工业软件头上的神秘面纱,厘清工业软件发展规律,更重要的是,本丛书将会激励中国的工业软件从业者,充分发挥"可上九天揽月,可下五洋捉鳖"的想象力、执行力和战斗力,让每一行代码、每一段程序,都谱写出最新、最硬核的时代篇章,让中国的工业软件产业就此整体发力,急速前行,攻坚克难,携手创新,使我国尽快屹立于全球工业软件强国之林。

丛书编委会
2021 年 8 月

译者序

PREFACE

当今，有限元分析（Finite Element Analysis，FEA）已成为工程师和科研人员手中不可或缺的工具，它如同一把精准的钥匙，能够开启复杂工程问题求解的大门，为众多领域的发展提供了强大的技术支持。本书是计算力学领域的经典著作，由有限元分析领域的两位杰出专家 Barna Szabó 和 Ivo Babuška 携手撰写，第 1 版于 1991 年出版，已成为有限元方法领域的权威参考书。本书是第 2 版，在保留第 1 版核心内容的基础上，从数学角度严格阐述了有限元方法的基础理论，将抽象的数学理论与工程实践紧密结合，涵盖了 h 型、p 型和 hp 型等各类有限元方法，并系统介绍了数值模拟中的验证与确认方法学，汇聚了作者在该领域数十年的深厚造诣与前沿研究成果，是一本深度剖析有限元分析核心理念、系统阐述验证与确认流程的权威著作。

对译者团队而言，翻译本书的过程是一场充满挑战与收获的学术之旅，每一页内容都凝聚着作者的智慧与心血。在翻译过程中，我们努力保持原书的严谨风格与清晰逻辑，力求让读者能够无障碍地领略作者的学术风采。同时，我们也深刻体会到有限元分析在现代工程中的重要性以及验证与确认工作的复杂性。在实际工程中，我们常常依赖有限元软件得出的结果来指导设计与决策，然而，若缺乏对模型验证与确认的重视，可能会导致错误的结论，进而引发严重的工程问题。本书所强调的验证与确认流程，如同为有限元分析结果加上了一个"安检环节"，让我们能够更加自信地运用有限元方法解决实际问题。

本书的翻译出版，旨在为国内的工程师、科研人员以及相关专业的学生提供一本高质量的有限元分析参考书。无论是对于刚刚接触有限元方法的初学者，还是在该领域有一定经验的专业人士，相信都能从本书中获得宝贵的启发与指导。通过学习本书，读者不仅能够掌握有限元方法的基本理论与操作技巧，更能够深入了解如何对有限元模型进行科学验证与确认，从而在实际工作中更加准确地运用有限元分析工具，提高工程设计的可靠性和效率。

特别感谢杨春晖老师的指导，向所有支持与协助翻译工作的同事与朋友表示衷心感谢。同时，也要向原书作者致以崇高的敬意，感谢他们为有限元分析领域做出的杰出贡献。希望本书的翻译能够为国内相关领域的读者打开一扇了解国际前沿有限元分析技术的窗口，促进有限元分析在我国工程与科学计算领域的进一步应用和发展。同时，也期待读者能够从本书中汲取丰富的知识和经验，为推动相关领域的技术创新和发展贡献自己的力量。由于译者水平有限，书中可能存在不足之处，恳请广大读者批评指正。

第 2 版 前言

PREFACE

本书第 1 版于 1991 年出版，着重从解验证的角度介绍了有限元方法的概念和算法发展，即估计感兴趣量并控制感兴趣量的近似误差。从那时起，解验证的重要性已得到广泛认可。解验证是预测性计算科学的关键组成部分，属于与物理事件预测相关的计算科学分支。

预测性计算科学包括建立数学模型、定义感兴趣量、验证代码和解决方案校核、定义统计子模型、校准和确认模型，以及预测具有量化不确定性的物理事件。本书是第 2 版，在第 1 版的基础上系统阐述了与固体力学相关的预测性计算科学的主要概念及算法，并以循环载荷下机械部件和结构件设计规则的制定与应用为例进行了说明。

本书第 1 版旨在让工程界了解应用数学领域的关键研究成果。一般说来，工程师和数学家对有限元方法的看法存在很大差异。一方面，工程师将其视为一种构造数值求解问题的方法，以期得到某类物理系统（例如结构层）对某种激励（如载荷作用）响应的定量信息。工程师的观点倾向以单元为导向，认为只要单元建模足够巧妙便可以弥补该方法的各种不足。

另一方面，数学家把有限元方法视为一种近似求解变分形式微分方程精确解的方法。数学家关注的是先验和后验的误差估计和误差控制。20 世纪 70 年代，为了构造有限元网格序列，自适应程序问世，使得相应的解能以最优的速度或接近最优的速度收敛到能量范数的精确解。1981年，一种通过增加固定网格上单元的多项式次数来实现能量范数收敛的替代方法被证明可用。1984年，人们证明了一类重要问题（包括弹性问题）在能量范数中实现指数收敛率的可能性。同年，从有限元解中提取某些感兴趣量（如应力强度因子）的超收敛方法问世。这些进展是预测性计算科学发展历程中的重要里程碑。

本书第2版的主要目的是为工程分析人员和软件开发人员提供验证、确认以及通过实例证明的不确定性量化的全面概念和算法。其中，不确定性量化包括数据分析方法的应用。同样，本书也适用于那些有志于获得专业仿真工程师（Professional Simulation Engineer，PSE）认证的工程师、分析师和相关专业的学生。

感谢里卡多·阿克蒂斯博士多年来提供的有益讨论、建议及帮助，感谢博杰·安德森博士为解决一个有趣的弹性模型问题提供的宝贵收敛数据，以及感谢劳尔·坦彭教授在数据分析程序应用方面给予的指导。

第1版 前言

PREFACE

如今，关于有限元方法的书籍已有很多。因此，阐述为什么写作本书是有必要的。简要回顾有限元方法约30年的发展历程，不仅有助于解释撰写本书的必要性，还可以帮助我们更全面地理解书中的主要观点。

有限元方法作为工程决策分析工具的起源，通常可以追溯到1956年发表的一篇文章[1]。有效且可靠的数值方法的需求一直是推动有限元方法发展的关键因素。20世纪60年代，美国太空计划的需求极大地促进了有限元方法的发展。在此期间，大量资金被投入用于有限元分析技术的研发。

有限元方法的早期发展主要是由工程师推动的。提起有限元方法，不得不提阿吉里斯、克拉夫、弗拉埃厄斯·德·韦伯克、加拉格尔、艾恩斯、马丁、梅洛什、皮安和齐恩基维奇等人[2]。

20世纪60年代，有限元方法的发展主要基于直观推理、自然离散系统（如结构框架）的类比和数值实验。离散化误差可以通过有限元网格的均匀或近似均匀细化来控制。有限元方法的数学分析始于20世纪60年代后期。20世

---

[1] Turner MJ, Clough RW, Martin HC and Topp LJ, Stiffness and deflection analysis of complex structures. *Journal of Aeronautical Sciences* 23（9），805–824，1956.

[2] Williamson CF，Jr. A History of the Finite Element Method to the Middle 1960s. Doctoral Dissertation，Boston University，1976.

纪 70 年代，误差估计方法的研究开始兴起。在此期间，旨在提高效率和减少离散化误差的自适应网格细化程序受到了广泛关注[1]。

20 世纪 70 年代中期进行的数值实验表明，在固定的有限元网格中，使用逐步增加多项式次数的方法比单纯的网格近似或近似均匀细化更有利[2]。为了区分网格细化（h 型）和增加多项式次数（p 型）这两种减少离散化误差的方法，h 型有限元和 p 型有限元开始流行起来。通常，符号 h 用于表示有限元网格中单元的尺寸，当最大单元尺寸（$h_{\max}$）逐渐减小时，解就会发生收敛，这种方法称为 h 型有限元；单元的多项式次数通常用符号 p 表示，当最小多项式次数（$p_{\min}$）逐渐增加时，解也会发生收敛，这种方法称为 p 型有限元。hp 型有限元是指原则上允许在增加单元多项式次数的同时改变有限元网格。p 型有限元的理论基础在 1981 年得以确立[3]。到 20 世纪 80 年代中期，人们已经了解如何将网格细化与 p 型有效结合的技术[4]。

p 型有限元在固体力学中应用广泛。与之相关且最近主要为流体力学应用而开发的是谱元法[5]。

20 世纪 80 年代，研究人员开发并验证了从有限元解中提取工程数据的超收敛方法。到撰写本书时，人们已经很好地掌握了如何设计有限元离散化，以及如何从有限元解中提取工程数据以获得最佳可靠性和效率。

如今，人们已经掌握了构建先进有限元计算机程序的知识，这些程序能够高效且可靠地处理大量问题，以及表征这些问题的所有允许数据。然而，必须记住，有限元解和从中提取的工程数据只有在用于做出正确的工程决策时才有价值。

---

[1] Babuška I and Rheinboldt WC. Adaptive approaches and reliability estimations in finite element analysis. *Computer Methods in Applied Mechanics and Engineering*, **17/18**, 519–540, 1979.

[2] Szabó BA and Mehta AK. p-convergent finite element approximations in fracture mechanics. *Int. J. Num. Meth. Engng.*, **12**.551–560, 1978.

[3] Babuška I, Szabó B and Katz IN. The p-version of the finite element method. *SIAM J. Numer. Anal.*, **18**, 515–545, 1981.

[4] Babuška I. The p-and hp-versions of the finite element method. The state of the art. In: DL Dwoyer, MY Hussaini and RG Voigt, editors, *Finite Elements: Theory and Applications*, Springer-Verlag New York, Inc., 1988.

[5] Maday Y and Patera AT. Spectral element methods for the incompressible Navier-Stokes equations. In: AK Noor and JT Oden, editors. *State-of-the-Art Surveys on Computational Mechanics*, American Society of Mechanical Engineers, New York, 1989.

本书旨在在工程决策过程的背景下，向工程师和工程专业的学生介绍有限元方法。基础工程知识和数学概念是起点。书中总结了有限元的关键理论结果，并通过示例进行了说明，还重点阐述了 20 世纪 80 年代有限元分析技术的发展及其对有限元的可靠性、质量保证程序，以及性能方面的影响。书中还描述了指导构建数学模型的原理，并通过示例进行了说明。

CONTENTS

丛书前言
译者序
第 2 版前言
第 1 版前言

第 1 章　有限元方法概述　1

1.1　问题引入　/3

1.2　广义式　/6

1.2.1　精确解　/6

1.2.2　最小势能原理　/11

1.3　近似解　/12

1.3.1　标准多项式空间　/13

1.3.2　一维有限元空间　/15

1.3.3　计算系数矩阵　/18

1.3.4　右侧向量的计算　/21

1.3.5　集合　/22

1.3.6 凝聚 / 24
1.3.7 Dirichlet 边界条件的执行 / 25

1.4 后求解操作 / 27

1.5 能量范数误差的估计 / 31
1.5.1 规律性 / 31
1.5.2 收敛速度的先验估计 / 32
1.5.3 误差的后验估计 / 34
1.5.4 提取的 QoI 中的误差 / 38

1.6 一维中的离散化选择 / 40
1.6.1 精确解位于 $H^k(I)$ 中，$k-1 > p$ / 40
1.6.2 精确解位于 $H^k(I)$ 中，$k-1 \leq p$ / 41

1.7 特征值问题 / 44

1.8 其他有限元方法 / 49
1.8.1 耦合法 / 50
1.8.2 Nitsche 方法 / 51

第 2 章 边值问题

2.1 符号表示 / 54

2.2 标量椭圆边值问题 / 56
2.2.1 广义式 / 57
2.2.2 连续性 / 58

2.3 热传导 / 59
2.3.1 微分方程 / 60
2.3.2 边界和初始条件 / 61
2.3.3 便利边界条件 / 62
2.3.4 降维 / 65

2.4 线性弹性方程——强形式 / 71
2.4.1 Navier 公式 / 74
2.4.2 边界和初始条件 / 74

2.4.3　对称性、反对称性和周期性　/ 76
2.4.4　线弹性的降维　/ 76
2.4.5　不可压缩弹性材料　/ 80

2.5　斯托克斯流　/ 82

2.6　线弹性问题的广义式　/ 82
2.6.1　最小势能原理　/ 84
2.6.2　应力的 RMS 测量　/ 86
2.6.3　虚功原理　/ 87
2.6.4　唯一性　/ 88

2.7　残余应力　/ 91

2.8　本章小结　/ 93

第 3 章　实现　95

3.1　二维标准单元　/ 95

3.2　标准多项式空间　/ 96
3.2.1　主干空间　/ 96
3.2.2　乘积空间　/ 97

3.3　形函数　/ 97
3.3.1　拉格朗日形函数　/ 97
3.3.2　层次形函数　/ 99

3.4　二维映射函数　/ 101
3.4.1　等参数映射　/ 102
3.4.2　混合函数法的映射　/ 104
3.4.3　高阶单元的映射算法　/ 106

3.5　二维有限元空间　/ 107

3.6　基本边界条件　/ 108

3.7　三维单元　/ 108

3.8　积分和微分　/ 111

3.8.1　体积和面积积分　/ 111
3.8.2　表面和轮廓积分　/ 112
3.8.3　微分　/ 113

3.9　刚度矩阵和载荷矢量　/ 114

3.9.1　刚度矩阵　/ 114
3.9.2　载荷矢量　/ 115

3.10　后求解实现　/ 116

3.11　解及其一阶导数的计算　/ 117

3.12　节点力　/ 118

3.12.1　h 型节点力　/ 118
3.12.2　p 型节点力　/ 120
3.12.3　节点力和应力合力　/ 122

3.13　本章小结　/ 122

124　第 4 章　预处理和后处理程序及验证

4.1　二维和三维的规律性　/ 124

4.2　二维的拉普拉斯方程　/ 125

4.2.1　二维模型问题，$u_{EX} \in H^k(\Omega)$，$k-1 > p$　/ 127
4.2.2　二维模型问题，$u_{EX} \in H^k(\Omega)$，$k-1 \leq p$　/ 129
4.2.3　给定点的通量矢量计算　/ 131
4.2.4　通量强度因子的计算　/ 133
4.2.5　材料界面　/ 137

4.3　三维拉普拉斯方程　/ 139

4.4　平面弹性　/ 143

4.4.1　L 形域上的弹性问题　/ 143
4.4.2　二维裂纹尖端奇点　/ 145
4.4.3　作用在边界上的强迫函数　/ 148

4.5　鲁棒性　/ 149

4.6　解的验证　/ 155

161　第 5 章　模拟

5.1　建立一个非常有用的数学模型　/ 162
5.1.1　伯努利 – 欧拉梁模型　/ 162
5.1.2　伯努利 – 欧拉梁模型的历史记录　/ 164

5.2　有限元建模与数值模拟　/ 165
5.2.1　数值模拟　/ 165
5.2.2　有限元建模　/ 166
5.2.3　校准与调校　/ 169
5.2.4　模拟治理　/ 170
5.2.5　数值模拟中的里程碑　/ 170
5.2.6　示例：吉尔克曼问题　/ 172
5.2.7　示例：紧固结构连接　/ 176
5.2.8　有限元模型　/ 182
5.2.9　示例：具有位移边界条件的螺旋弹簧　/ 186
5.2.10　示例：螺旋弹簧段　/ 191

193　第 6 章　校准、验证和排序

6.1　疲劳数据　/ 194
6.1.1　等效应力　/ 195
6.1.2　统计模型　/ 195
6.1.3　缺口的影响　/ 196
6.1.4　疲劳寿命预测器的制定　/ 197

6.2　Peterson 和 Neuber 预测器　/ 198
6.2.1　缺口的影响——校准　/ 199
6.2.2　缺口的影响——验证　/ 202
6.2.3　更新校准　/ 205
6.2.4　疲劳极限　/ 206
6.2.5　讨论　/ 208

6.3　预测器 G_a　/ 209

6.3.1 $\beta(V,\alpha)$ 的校准 / 210

6.3.2   排序 / 211

6.3.3 G_α 与 Peterson 修正预测器的比较 / 212

6.4   双轴测试数据 / 213

6.4.1   轴向、扭转和组合同相载荷 / 214

6.4.2   校准域 / 215

6.4.3   超出相位的双轴载荷 / 217

6.5   模型开发的管理 / 226

第 7 章   梁、板和壳

7.1   梁 / 229

7.1.1   铁木辛柯梁 / 231

7.1.2   伯努利 – 欧拉梁 / 236

7.2   板 / 240

7.2.1   赖斯纳 – 明德林板 / 243

7.2.2   基尔霍夫板 / 247

7.2.3   位移的横向变化 / 249

7.3   壳 / 253

7.4   本章小结 / 260

第 8 章   多尺度模型

8.1   单向纤维加固薄片 / 262

8.1.1   材料常数的确定 / 265

8.1.2   热膨胀系数 / 265

8.1.3   示例 / 266

8.1.4   局部化 / 269

8.1.5   复合材料的失效预测 / 270

8.1.6   不确定性 / 271

8.2   讨论 / 271

第 9 章 非线性模型 — 273

9.1 热传导 / 273
9.1.1 辐射 / 274
9.1.2 非线性材料属性 / 274

9.2 固体力学 / 274
9.2.1 大应变和旋转 / 275
9.2.2 结构稳定性和应力刚化 / 278
9.2.3 塑性 / 284
9.2.4 机械接触 / 289

9.3 本章小结 / 296

附录 — 297

附录 A 定义 / 297

附录 B h 收敛性的证明 / 303

附录 C 三维收敛：实证结果 / 305

附录 D 勒让德多项式 / 309

附录 E 数值积分法 / 311

附录 F 多项式映射函数 / 315

附录 G 二维弹性中的角点奇异性 / 319

附录 H 应力强度因子的计算 / 326

附录 I 数据分析基础 / 332

附录 J 结构连接中紧固件力的估算 / 344

附录 K 固体力学中的有用算法 / 347

参考文献 — 358

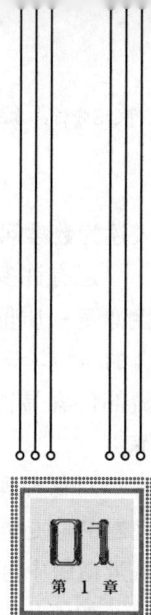

有限元方法概述

本章系统介绍了有限元方法的基础理论及其在数值模拟中的应用,尤其是结构件和机械部件在机械载荷和热载荷下的响应模拟。

"模拟"一词的定义是:一个系统或过程的运行模仿另一个系统或过程的运行。例如,膜类比法是指可以通过映射薄弹性膜的偏转形状求出任意截面在扭转力矩作用下的剪应力。换句话说,扭转杆中剪应力的分布和大小可以通过弹性膜的偏转形状来模拟。

膜类比法主要用于将两个毫不相关的现象用同一个偏微分方程来模拟。微分方程系数的物理意义取决于要解决的问题。若一个问题的解与另一个问题的解成正比,即在相应的点上,受到扭转力矩作用的杆中的剪应力方向与偏转薄膜轮廓线的切线方向一致,则剪切力大小与薄膜的斜率成正比。此外,偏转薄膜所围成的体积与扭转力矩成正比。

在计算机出现之前,膜类比法为估算棱柱杆的剪应力提供了实用方法。这需要在金属板或木板上切割出横截面的形状,然后在孔上覆盖一层薄弹性薄膜,对薄膜施加压力并绘制出偏转薄膜的轮廓线。在计算机出现之后,这两个问题都被表述为数学问题，然后通过数值方法（有限元方法）加以解决。

还有许多其他有用的类比。例如，相同的微分方程可以模拟机械组件（如线性弹簧-质量-黏性阻尼器系统）和电子组件（如电容器、电感器和电阻器）组合的响应。模拟计算机就是利用了这一点。显然，电子电路的制造和操作要比机械部件容易得多。这两种模拟问题都被表述为数学问题，并通过数值方法加以解决。

对物理现实各个方面进行模拟的核心在于将数学问题以通用形式呈现。数学问题的解是通过有限元法等数值方法近似求得的，而有限元法正是本书的主题。从近似解中可提取感兴趣量（QoI）。QoI 的近似误差取决于数学问题如何离散化，以及如何从数值解中提取 QoI。当近似误差大于可接受范围时，就必须通过自适应过程或分析人员的操作来改变离散化。

估计和控制数值误差在数值模拟中至关重要。例如，考虑一下设计认证问题。设计规则通常采用以下形式：

$$F_{\max} \leqslant F_{\text{all}} \tag{1.1}$$

式中，$F_{\max} > 0$（其中 $F_{\text{all}} > 0$）是感兴趣量（例如第一主应力）的最大（或允许）值。由于在数值模拟中只能得到 $F_{\max}$ 的近似值（用 F_{num} 表示），因此有必要知道数值误差 τ 的大小：

$$\left| F_{\max} - F_{\text{num}} \right| \leqslant \tau F_{\max} \tag{1.2}$$

在设计和设计验证中，要考虑最坏的情况，即 $F_{\max}$ 被低估：

$$F_{\text{num}} = (1-\tau) F_{\max} \tag{1.3}$$

因此，必须证明：

$$F_{\text{num}} \leqslant (1-\tau) F_{\text{all}} \tag{1.4}$$

如果对数值误差的大小没有一个可靠的估计，就无法对设计进行验证。此外，如式（1.4）所示，数值误差还会通过降低容许值来惩罚设计。一般来说，确保误差 τ 较小比容许值降低要好得多。

我们将有限元建模和数值模拟区分开来。正如第 5 章所述，有限元建模的发展远早于数值模拟的理论基础。在有限元建模中，数值问题是通过从有限元库中组合单元来解决的，有限元库中包含各种直观构造的梁、板、壳、实体等单元。由此产生的数值问题可能并不符合一个定义明确的数学问题，因此可能根本不存在解。因此，我们无法谈论近似误差。尽管如此，有限元建模仍被广泛应用，并在某些情况下取得了成功，但在另一些情况下的结果却是令人失望的。这种实践应视为一种由直觉和经验指导的艺术实践，而不是科学活动。这是因为有限元建模的实践者必须平衡两种非常大的误差：表述中的概念误差和在不正确设置的数学问题数值解中的近似误差。

而在数值模拟中，数学模型的建立与数值求解是分开进行的。数学模型应被理解为是对物理现实某一概念的精确表述，它允许在给定数据的情况下预测物理事件的发生或发生概率。模拟的直观方面仅限于数学模型的建立，而数学模型的数值求解则涉及应用数学的既定程序。将数学模型与其数值求解分开，使得可以分别处理与数学模型建立及其数值近似相关的误差。与数学模型建立相关的误差称为模型形式误差。与数学问题数值求解相关的误差称为近似误差或离散化误差。在早期关于有限元方法的论文和书籍中，并没有做出这样的区分。

本章介绍的有限元方法可以近似求得数学问题的精确解（以一种通用的形式）。后续章节将讨论这些概念在二维和三维问题中的应用。

首先考虑的是二阶常微分方程的建立，而不涉及任何物理解释。这样做是为了强调，一旦数学问题被建立，近似过程就与为什么建立这个数学问题无关。使用传统有限元代码的工程用户经常会忽略这重要的一点，因为在有限元库中，数学问题的建立和近似是混合在一起的。

本章证明了广义形式的精确解是唯一的。本章描述并探讨了各种离散化策略。还介绍了计算 QoI 和后验误差估计的高效方法。本章为后续章节奠定了基础。

1.1 问题引入

通过近似求解以下二阶常微分方程的精确解来引入有限元法。
在闭区间 $\bar{I} = [0 \leq x \leq \ell]$ 中：

$$-(\kappa u')' + cu = f \tag{1.5}$$

边界条件为：

$$u(0) = u(\ell) = 0 \tag{1.6}$$

假设 $0 < \alpha \leq \kappa(x) \leq \beta < \infty$，其中 α 和 β 是实数，在 $\bar{I}$ 上，$\kappa' < \infty$、$c \geq 0$，以及 $f = f(x)$ 使得运算在 I 上是有意义的。如果 $(\kappa u')'$、c 或 f 在区间 $0 \leq x \leq \ell$ 上的一个或多个点不是有限的，那么该运算就没有意义了。函数 f 称为强迫函数。

寻找 u 的近似式：

$$u_n = \sum_{j=1}^{n} a_j \varphi_j(x)$$

对于 j 的任意值均满足：

$$\varphi_j(0) = \varphi_j(\ell) = 0 \tag{1.7}$$

式中，$\varphi_j(x)$ 是固定函数，称为基函数，a_j 是待定的基函数系数，注意基函数满足零边界条件。

假设存在 a_j 使以下积分函数最小：

$$\mathcal{I} = \frac{1}{2}\int_0^\ell (\kappa(u'-u_n')^2 + c(u-u_n)^2)\mathrm{d}x \tag{1.8}$$

虽然除了 a_j 以外还有其他合理的标准，但这个标准在有限元方法中是最有代表性的。对微分方程 $\mathcal{I}$ 关于 a_j 进行求导，并置为零：

$$\frac{\mathrm{d}\mathcal{I}}{\mathrm{d}a_i} = \int_0^\ell (\kappa(u'-u_n')\varphi_i' + c(u-u_n)\varphi_i)\mathrm{d}x = 0, \quad i=1,2,\cdots,n \tag{1.9}$$

使用乘积规则 $(\kappa u'\varphi_i)' = (\kappa u')'\varphi_i + \kappa u'\varphi_i'$ 得到：

$$\begin{aligned}
\int_0^\ell \kappa u'\varphi_i' \mathrm{d}x &= \int_0^\ell ((\kappa u'\varphi_i)' - (\kappa u')'\varphi_i)\mathrm{d}x \\
&= \underbrace{(\kappa u'\varphi_i)_{x=\ell}}_{=0} - \underbrace{(\kappa u'\varphi_i)_{x=0}}_{=0} - \int_0^\ell (\kappa u')'\varphi_i \mathrm{d}x
\end{aligned} \tag{1.10}$$

由于边界条件代数项消失了，见式（1.7）。将式（1.10）代入式（1.9），可得到：

$$\int_0^\ell \underbrace{(-(\kappa u')' + cu)}_{=f(x)}\varphi_i \mathrm{d}x - \int_0^\ell (\kappa u_n'\varphi_i' + cu_n\varphi_i)\mathrm{d}x = 0$$

即：

$$\int_0^\ell (\kappa u_n'\varphi_i' + cu_n\varphi_i)\mathrm{d}x = \int_0^\ell f\varphi_i \mathrm{d}x, \quad i=1,2,\cdots,n \tag{1.11}$$

定义：

$$k_{ij} = \int_0^\ell \kappa\varphi_i'\varphi_j' \mathrm{d}x, \quad m_{ij} = \int_0^\ell c\varphi_i\varphi_j \mathrm{d}x, \quad r_i = \int_0^\ell f\varphi_i \mathrm{d}x \tag{1.12}$$

并将式（1.11）转换为以下形式：

$$\sum_{j=1}^n (k_{ij} + m_{ij})a_j = r_i, \quad i=1,2,\cdots,n \tag{1.13}$$

在 n 不可知时，表示为 n 阶方程，通常以矩阵形式表示为：

$$([K]+[M])\{a\} = \{r\} \tag{1.14}$$

在求解这些方程时，我们找到了一个近似精确解 u 的近似解 u_n。

示例 1.1 假设 $\kappa=1$、$c=1$、$\ell=2$，且 $f=\sin(\pi x/\ell)+\sin(2\pi x/\ell)$，将这些数值代入式（1.5），精确解为：

$$u = \frac{1}{1+\pi^2/\ell^2}\sin(\pi x/\ell) + \frac{1}{1+4\pi^2/\ell^2}\sin(2\pi x/\ell)$$

寻找 u 的近似形式为：

$$u_n = u_2 = a_1 x(\ell-x) + a_2 x(\ell-x)^2$$

在计算 $[K]$、$[M]$、$\{r\}$ 时，可得到：

$$[K] = \begin{bmatrix} 2.6667 & 2.6667 \\ 2.6667 & 4.2667 \end{bmatrix} \quad [M] = \begin{bmatrix} 1.0667 & 1.0667 \\ 1.0667 & 1.2190 \end{bmatrix} \quad \{r\} = \begin{Bmatrix} 1.0320 \\ 1.4191 \end{Bmatrix}$$

这个问题的解是 $a_1 = 0.0556, a_2 = 0.2209$。这些系数与基函数一起定义了近似解 u_n。精确解和近似解如图 1.1 所示。

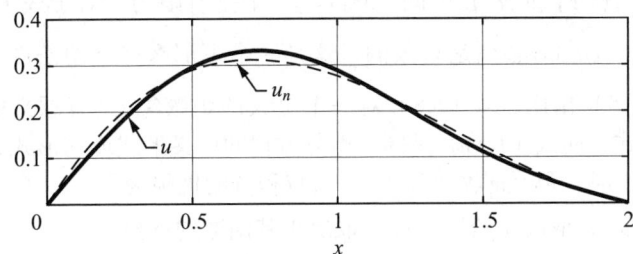

图 1.1 示例 1.1 中问题的精确解和近似解

基函数的选择

根据定义，一组函数 $\varphi_j(x), (j=1,2,\cdots,n)$ 是线性独立的，如果 $\sum_{j=1}^{n} a_j \varphi_j(x) = 0$，则意味着 $a_j = 0 (j=1,2,\cdots,n)$。读者可自行证明，如果基函数是线性无关的，那么矩阵 $[M]$ 是可逆的。

给定一组线性无关的函数 $\varphi_j(x), (j=1,2,\cdots,n)$，可写为：

$$u_n = \sum_{j=1}^{n} a_j \varphi_j(x)$$

的函数集合称为张成空间，$\varphi_j(x)$ 是空间 S 的基函数。

我们可以定义其他多项式基函数，例如：

$$u_n = \sum_{i=1}^{n} c_i \psi_i(x), \quad \psi_i(x) = x^i(\ell-x) \tag{1.15}$$

当一组基函数 $\{\varphi\} = \{\varphi_1, \varphi_2, \cdots, \varphi_n\}^T$ 可以用另一组基函数 $\{\psi\} = \{\psi_1, \psi_2, \cdots, \psi_n\}^T$ 的形式表示时：

$$\{\psi\} = [B]\{\varphi\} \tag{1.16}$$

式中，[**B**] 是一个可逆的常数系数矩阵，则两组基函数有相同的跨度。下面的练习证明了近似解取决于跨度，而不取决于基函数的选择。

练习 1.1 利用基函数 $\varphi_1 = x(\ell-x)$、$\varphi_2 = x^2(\ell-x)$ 来解决示例 1.1 的问题，证明得到的近似解与示例 1.1 中的近似解相同。在本练习和示例中，基函数的跨度是相同的：它是一个小于或等于 3 的多项式集合，在点 $x=0$ 和 $x=\ell$ 上消失。

要点摘要

- 通过式（1.8）给出的 $\mathcal{I}$ 积分的定义，使我们可以在不知道精确解 u 的情况下找到式（1.5）的一个精确解 u 的近似值。
- 除非定义了所有运算，否则一个公式是没有意义的。对于式（1.5）来说，这意味着 $(\kappa u')'$ 和 cu 在区间 $[0 \leqslant x \leqslant \ell]$ 上是有限的。对于式（1.11）来说，$\int_0^\ell (\kappa(u')^2 + cu^2)dx$ 必须是有限的，这是一个不那么严格的条件。换句话说，与式（1.5）相比，式（1.8）对一个更大的函数集 u 是有意义的。式（1.5）是强形式，而式（1.11）是同一微分方程的广义形式或弱形式，当式（1.5）的解存在时，那么 u_n 收敛到该解，即 $\mathcal{I}$ 积分的极限为零。
- 误差 $e = u - u_n$ 取决于跨度，而不取决于基函数的选择。

1.2 广义式

在前面的讨论中看到，当 $u(0) = u(\ell) = 0$ 时，可以在不知道 u 的情况下找到式（1.5）的一个精确解 u 的近似值。

本节概述的广义式是最广泛实现的公式。然而，它只是几种可能的公式之一，它具有稳定性和一致性。关于数值近似中稳定性和一致性的要求，请参考文献 [5]。

1.2.1 精确解

如果式（1.5）成立，那么对于一个任意的函数 $v = v(x)$，只要下面所示运算均正确定义，则有：

$$\int_0^\ell ((-\kappa u')' + cu - f)v dx = 0 \tag{1.17}$$

使用乘积规则 $(\kappa u'v)' = (\kappa u')'v + \kappa u'v'$ 从而得到：

$$\int_0^\ell (-\kappa u')' v dx = -(\kappa u'v)_{x=\ell} + (\kappa u'v)_{x=0} + \int_0^\ell \kappa u'v' dx$$

因此，式（1.17）可以写为：

$$\int_0^\ell (\kappa u'v' + cuv)\mathrm{d}x = \int_0^\ell fv\mathrm{d}x + (\kappa u'v)_{x=\ell} - (\kappa u'v)_{x=0} \tag{1.18}$$

引入下式：

$$B(u,v) \stackrel{\text{def}}{=} \int_0^\ell (\kappa u'v' + cuv)\mathrm{d}x \tag{1.19}$$

式中，$B(u,v)$ 是一个双线性形式，双线性形式的特性是它对其两个参数中的任一个都是线性的，双线性形式的特性详见附录 A.1.3 节。我们定义线性形式：

$$F(v) \stackrel{\text{def}}{=} \int_0^\ell fv\mathrm{d}x + (\kappa u'v)_{x=\ell} - (\kappa u'v)_{x=0} \tag{1.20}$$

$f(x)$ 是多个强迫函数的总和：$f(x) = f_1(x) + f_2(x) + \cdots$，其中部分或全部是狄拉克 δ 函数乘以一个常数。

例如，如果 $f_k(x) = F_0 \delta(x_0)$，则：

$$\int_0^\ell f_k(x)v\mathrm{d}x = \int_0^\ell F_0 \delta(x_0)v\mathrm{d}x = F_0 v(x_0) \tag{1.21}$$

线性形式的特性在 A.1.2 节中给出。注意到式（1.21）中的 $F_0 v(x_0)$ 只有在 v 连续且有界时才是线性形式。根据边界条件修改 $B(u,v)$ 和 $F(v)$ 的定义，在进一步讨论前，需要以下定义。

（1）能量范数定义为：

$$\|u\|_{E(I)} \stackrel{\text{def}}{=} \sqrt{\frac{1}{2}B(u,u)} \tag{1.22}$$

式中，I 表示开放区间 $I = \{x | 0 < x < \ell\}$，也可理解为当且仅当 x 满足 $0 < x < \ell$ 条件时，$x \in I$。该表示法可以简化为 $I = (0,\ell)$，或者更一般地表示为 $I = (a,b)$，其中 $b > a$ 为实数。如果区间包括两个边界点，那么该区间是一个闭区间，用 $\bar{I} \stackrel{\text{def}}{=} [0,\ell]$ 表示。

我们看到，误差在能量范数中被最小化，即 $\|u - u_n\|_{E(I)}^2$ 等同于 $\|u - u_n\|_{E(I)}$ 最小。引入平方根是为了使 $\|\alpha u\|_{E(I)} = |\alpha| \|u\|_{E(I)}$（其中 α 是一个常数）成立。这是附录 A.1.1 节中列出范数的明确属性之一。

（2）能量空间用 $E(I)$ 表示，是所有定义在 I 上、满足以下条件的函数 u 的集合。

$$E(I) \stackrel{\text{def}}{=} \left\{ u \mid \|u\|_{E(I)} < \infty \right\} \tag{1.23}$$

由于有无穷多个线性无关函数满足这个条件，因此能量空间是无限维的。

（3）试验空间用 $\tilde{E}(I)$ 表示，是 $E(I)$ 的一个子空间。当对 u 指定边界条件时，如 $u(0) = \hat{u}_0$ 和 / 或 $u(\ell) = \hat{u}_\ell$，那么位于 $\tilde{E}(I)$ 中的函数满足这些边界条件。注意到当

$\hat{u}_0 \neq 0$ 和 $\hat{u}_\ell \neq 0$ 时，$\tilde{E}(I)$ 不是一个线性空间，这是因为 A.1.1 节中第 1 项条件没有得到满足。当对 u 指定边界条件时，则这个边界条件称为基本边界条件。如果没有为 u 指定基本边界条件，那么 $\tilde{E}(I) = E(I)$。

(4) 测试空间用 $E^0(I)$ 表示，是 $E(I)$ 的一个子空间。当对 u 指定边界条件时，如 $u(0) = \hat{u}_0$ 和/或 $u(\ell) = \hat{u}_\ell$，那么位于 $E^0(I)$ 中的函数在这些边界点处为零。如果没有对 u 指定边界条件，那么 $\tilde{E}(I) = E^0(I) = E(I)$。

如果 $u(0) = \hat{u}_0$ 是指定的，而 $u(\ell)$ 是未知的，那么：

$$\tilde{E}(I) \stackrel{\text{def}}{=} \{u \mid u \in E(I), u(0) = \hat{u}_0\} \tag{1.24}$$

$$E^0(I) \stackrel{\text{def}}{=} \{u \mid u \in E(I), u(0) = 0\} \tag{1.25}$$

如果 $u(0)$ 是未知的，而 $u(\ell) = \hat{u}_\ell$ 是指定的，那么：

$$\tilde{E}(I) \stackrel{\text{def}}{=} \{u \mid u \in E(I), u(\ell) = \hat{u}_\ell\} \tag{1.26}$$

$$E^0(I) \stackrel{\text{def}}{=} \{u \mid u \in E(I), u(\ell) = 0\} \tag{1.27}$$

如果 $u(0) = \hat{u}_0$ 和 $u(\ell) = \hat{u}_\ell$ 都是指定的，那么：

$$\tilde{E}(I) \stackrel{\text{def}}{=} \{u \mid u \in E(I), u(0) = \hat{u}_0, u(\ell) = \hat{u}_\ell\} \tag{1.28}$$

$$E^0(I) \stackrel{\text{def}}{=} \{u \mid u \in E(I), u(0) = 0, u(\ell) = 0\} \tag{1.29}$$

现在我们可以清晰地描述各种边界条件下的广义式。

(1) 当对 u 指定边界条件时，这个边界条件称为基本边界条件或 Dirichlet 边界条件。当对 u 在两个边界上均指定时，这种情况下表示为 $u = \bar{u} + u^\star$，其中 $\bar{u} \in E^0(I)$ 是近似函数，$u^\star \in \tilde{E}$ 是一个满足边界条件的任意固定函数。将 $\bar{u} + u^\star$ 代替式 (1.18) 中的 u 可以得到：

$$\underbrace{\int_0^\ell (\kappa \bar{u}' v' + c \bar{u} v) \mathrm{d}x}_{B(\bar{u}, v)} = \underbrace{\int_0^\ell f v \mathrm{d}x - \int_0^\ell (\kappa (u^\star)' v' + c u^\star v) \mathrm{d}x}_{F(v)} \tag{1.30}$$

广义式的表述如下：找到 $\bar{u} \in E^0(I)$，对于所有 $v \in E^0(I)$，使得 $B(\bar{u}, v) = F(v)$，其中 $E^0(I)$ 由式 (1.29) 定义。注意，$u \in \tilde{E}(I)$ 与 $u^\star$ 的选择无关，基本边界条件是通过限制可容许函数的空间来执行的。

(2) 当 $\kappa u' = F$ 在边界上被指定时，这个边界条件称为诺伊曼边界条件。假设 $u(0) = \hat{u}_0$ 和 $(\kappa u')_{x=\ell} = F_\ell$，在这种情况下：

$$\underbrace{\int_0^\ell (\kappa \bar{u}' v' + c \bar{u} v) \mathrm{d}x}_{B(\bar{u}, v)} = \underbrace{\int_0^\ell f v \mathrm{d}x + F_\ell v(\ell) - \int_0^\ell (\kappa (u^\star)' v' + c u^\star v) \mathrm{d}x}_{F(v)} \tag{1.31}$$

广义式的表述如下：找到 $\bar{u} \in E^0(I)$，对于所有 $v \in E^0(I)$，使得 $B(\bar{u}, v) = F(v)$，其中 $E^0(I)$ 由式（1.25）定义。

一个重要的特例是，当 $c = 0$、$(\kappa u')_{x=0} = F_0$ 和 $(\kappa u')_{x=\ell} = F_\ell$ 时，在这种情况下：

$$\underbrace{\int_0^\ell \kappa u'v' \mathrm{d}x}_{B(u,v)} = \underbrace{\int_0^\ell fv\mathrm{d}x - F_0 v(0) + F_\ell v(\ell)}_{F(v)} \tag{1.32}$$

广义式的表述如下：找到 $u \in E(I)$，对于所有 $v \in E(I)$，使得 $B(u, v) = F(v)$，其中 $E(I)$ 由式（1.23）定义。由于 $v = C$（常数）时左边为 0，因此所给数据必须满足以下条件：

$$\int_0^\ell f\mathrm{d}x - F_0 + F_\ell = 0 \tag{1.33}$$

（3）当在边界上指定 $(\kappa u')_{x=0} = k_0(u(0) - \delta_0)$ 和 / 或 $(\kappa u')_{x=\ell} = k_\ell(\delta_\ell - u(\ell))$，其中 $k_0 > 0$、$k_\ell > 0$、δ_0 和 δ_ℓ 为给定的实数时，这个边界条件称为罗宾边界条件。例如，假设 $(\kappa u')_{x=0} = k_0(u(0) - \delta_0)$ 和 $(\kappa u')_{x=\ell} = F_\ell$，在这种情况下：

$$\underbrace{\int_0^\ell (\kappa u'v' + cuv)\mathrm{d}x + k_0 u(0)v(0)}_{B(u,v)} = \underbrace{\int_0^\ell fv\mathrm{d}x + F_\ell v(\ell) - k_0 \delta_0 v(0)}_{F(v)} \tag{1.34}$$

广义式的表述如下：找到 $u \in E(I)$，对于所有 $v \in E(I)$，使得 $B(u, v) = F(v)$，其中 $E(I)$ 由式（1.23）定义。

这些边界条件可以在任意组合中指定，诺伊曼和罗宾边界条件称为自然边界条件，自然边界条件不能通过限制来强制执行，这一点将在练习 1.3 中进行说明。

广义式的表述如下：找到 $u_{EX} \in X$，对于所有 $v \in Y$，使得 $B(u_{EX}, v) = F(v)$，空间 X 称为试验空间，空间 Y 称为测试空间。使用这些符号来理解 X、Y、$B(u,v)$ 和 $F(v)$ 的定义取决于边界条件。对于分析人员来说，理解并能够准确地描述任意一组边界条件的广义式是很重要的。

在经常出现的特殊条件下，可以在一个子域上表述数学问题，并通过对称性、反对称性或周期性将解扩展到全域。第 2 章将讨论对称性、反对称性和周期性的边界条件。

定理 1.1 广义式的解在能量空间中是唯一的，采用反证法来证明，假设在 $X \subset E(I)$ 中有两个解 u_1 和 u_2，满足：

对于所有 $v \in Y$，$B(u_1, v) = F(v)$；

对于所有 $v \in Y$，$B(u_2, v) = F(v)$。

使用附录 A.1.3 节所述的双线性形式的特性，则

对于所有 $v \in Y$，$B(u_1 - u_2, v) = 0$。

选取 $v = u_1 - u_2$，那么 $B(u_1 - u_2, u_1 - u_2) \equiv 2\|u_1 - u_2\|_{E(I)}^2 = 0$，也就是说，在能量空间内 $u_1 = u_2$。注意，$c = 0$ 和 $u_1 = u_2 + C$，其中 C 是一个任意的常数，则 $\|u_1 - u_2\|_{E(I)} = 0$。

要点摘要

广义式的精确解 u_{EX} 称为广义解或弱解，而满足式（1.5）的解称为强解。广义式具有以下重要特性。

（1）对于所有满足条件 $0 < \alpha \leq \kappa(x) \leq \beta < \infty$（其中 α 和 β 是实数）、$0 \leq c(x) < \infty$ 以及对于所有 $v \in E(I)$，$F(v)$ 满足 A.1.2 节中列出的线性形式的定义特性的数值，都存在精确解 u_{EX}。κ、c、f 可以是不连续函数。

（2）精确解在能量空间中是唯一的，见定理 1.1。

（3）如果数据足够平滑以至于强解存在，那么强解和弱解是相同的。

（4）该公式使我们有可能以任意精度求解 u_{EX} 的近似值，这将在后续章节中详细讨论。

练习 1.2 假设给定 $u(0) = \hat{u}_0$ 和 $(\kappa u')_{x=\ell} = k_\ell(\delta_\ell - u(\ell))$，请阐述广义式。

练习 1.3 考虑函数 $u_n(x) \in E(I)$ 序列

$$u_n(x) = \begin{cases} -x + (2\ell/n + b), & 0 \leq x \leq \ell/n \\ x + b, & \ell/n < x \leq \ell \end{cases}$$

如图 1.2 所示，证明 $u_n(x)$ 在空间 $E(I)$ 中随着 $n \to \infty$ 收敛到 $u(x) = x + b$，关于收敛的定义，请参考附录 A.2 节。

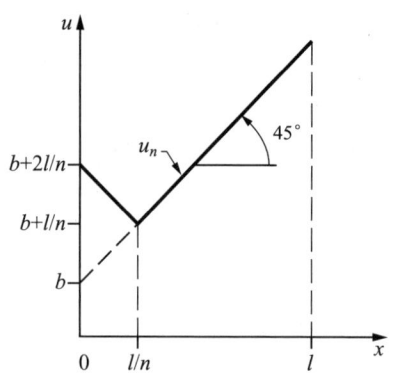

图 1.2 （练习 1.3）函数 $u_n(x)$

这个练习表明，对 u'（或 u 的高阶导数）在边界上施加的限制并不会对 $E(I)$

产生限制。因此，自然边界条件不能通过限制来强制执行，虽然 $E(I)$ 中的所有函数都是连续和有界的，但导数不一定是连续或有界的。

练习 1.4 证明：如果 f 在 I 上平方可积，那么由式（1.20）在 $E(I)$ 上定义的 $F(v)$ 则满足 A.1.2 节中列出的线性形式的特性，这是 $F(v)$ 线性形式的充分条件，但不是必要条件。

注释 1.1 如果满足以下不等式，那么由式（1.20）在 $E(I)$ 上定义的 $F(v)$ 满足 A.1.2 节中列出的线性形式的特性。

$$\int_0^\ell fv \mathrm{d}x < \infty, \quad v \in E(I) \tag{1.35}$$

1.2.2 最小势能原理

定理 1.2 在空间 $\tilde{E}(I)$ 上，对于所有 $v \in E^0(I)$，满足 $B(u,v) = F(v)$ 的函数 $u \in \tilde{E}(I)$ 会使二次函数 $\pi(u)$（势能）达到最小。

$$\pi(u) \stackrel{\text{def}}{=} \frac{1}{2} B(u,u) - F(u) \tag{1.36}$$

证明：对于任意 $v \in E^0(I)$、$\|v\|_E \neq 0$，有：

$$\begin{aligned}
\pi(u+v) &= \frac{1}{2} B(u+v, u+v) - F(u+v) \\
&= \frac{1}{2} B(u,u) + B(u,v) + \frac{1}{2} B(v,v) - F(u) - F(v) \\
&= \pi(u) + \underbrace{B(u,v) - F(v)}_{0} + \frac{1}{2} B(v,v)
\end{aligned} \tag{1.37}$$

式中，$B(v,v) > 0$，除非 $\|v\|_{E(I)} = 0$，否则任意允许的非零 u 都会增加 $\pi(u)$，这称为最小势能原理，它将在第 7 章中作为建立梁、板和壳数学模型的起点。给定势能和允许函数的空间，就有可能确定强形式，下面的例子表明了这一点。

示例 1.2 当 $\tilde{E}(I) = \{u \mid u \in E(I), u(\ell) = \hat{u}_\ell\}$ 时，让我们确定与由以下公式定义的势能相对应的强形式：

$$\pi(u) = \frac{1}{2} \int_0^\ell (\kappa(u')^2 + cu^2) \mathrm{d}x + \frac{1}{2} k_0 u^2(0) - \int_0^\ell fu \mathrm{d}x - k_0 \delta_0 u(0) \tag{1.38}$$

由于 u 最小化了 $\pi(u)$，对 u 的任何由 $v \in E^0(I)$ 引起的变化都会增加 $\pi(u)$。此时 $\pi(u+\epsilon v)$ 在 $\epsilon = 0$ 时最小，因此有：

$$\left. \frac{\mathrm{d}\pi(u+\epsilon v)}{\mathrm{d}\epsilon} \right|_{\epsilon=0} = 0 \tag{1.39}$$

因此有：

$$\int_0^\ell (\kappa u'v' + cuv)\mathrm{d}x - \int_0^\ell fv\mathrm{d}x + \underbrace{k_0 u(0)v(0) - k_0\delta_0 v(0)}_{0} = 0 \quad (1.40)$$

式中，最后两项为零，因为 $v \in E^0(I)$，对第一项进行分项积分：

$$\int_0^\ell \kappa u'v'\mathrm{d}x = \underbrace{\kappa u'(\ell)v(\ell) - \kappa u'(0)v(0)}_{0} - \int_0^\ell (\kappa u')'v\mathrm{d}x$$

并将其代入式（1.40），得到：

$$\int_0^\ell (-(\kappa u')' + cu - f)v\mathrm{d}x = 0 \quad (1.41)$$

由于式（1.41）对所有 $v \in E^0(I)$ 都成立，括号内的表达式必须为零。即微分方程的解是：

$$-(\kappa u')' + cu = f, \quad (\kappa u')_{x=0} = k_0(u(0) - \delta_0), \quad u(\ell) = \hat{u}_\ell \quad (1.42)$$

使式（1.38）所定义的势能最小，这就是势能的强形式。

注释 1.2 示例 1.2 的过程用于识别微分方程的变化，即欧拉－拉格朗日微分方程，该方程最大限度地实现了函数的最小化。在这个例子中，解在空间 $\tilde{E}(I)$ 上使势能最小化。

注释 1.3 应变能总是正的，而势能可能是正的、负的或零。

1.3 近似解

前面定义的试验空间和测试空间是无限维的，它们跨越了无限多个线性无关函数。为了找到一个近似解，我们构建了有限维的子空间，分别用 $S \subset X$、$V \subset Y$ 表示，并寻求满足 $B(u,v) = F(v)$ 的函数 $u \in S$，对于 $v \in V$。回到1.1节中所描述的问题，并定义：

$$u = u_n = \sum_{j=1}^n a_j \varphi_j, \quad v = v_n = \sum_{i=1}^n b_i \varphi_i$$

式中，$\varphi_i (i=1,2,\cdots,n)$ 为基函数，利用式（1.12）中给出的 k_{ij} 和 m_{ij} 的定义，将双线性形式写成：

$$\begin{aligned} B(u,v) &\equiv \int_0^\ell (\kappa u'v' + cuv)\mathrm{d}x = \sum_{i=1}^n \sum_{j=1}^n (k_{ij} + m_{ij}) a_j b_i \\ &= \{b\}^{\mathrm{T}}([K]+[M])\{a\} \end{aligned} \quad (1.43)$$

同理：

$$F(v) \equiv \int_0^\ell fv\mathrm{d}x = \sum_{i=1}^n b_i r_i = \{b\}^{\mathrm{T}}\{r\} \quad (1.44)$$

式中，r_i 在式（1.12）中定义。因此，可以将 $B(u,v) - F(v) = 0$ 写为以下形式：

$$\{b\}^T(([K]+[M])\{a\}-\{r\}) = 0 \tag{1.45}$$

由于这对任意 $\{b\}$ 都必须成立，因此可以得出：

$$([K]+[M])\{a\} = \{r\} \tag{1.46}$$

这是在最小化积分时需要求解的线性方程组，见式（1.14）。当然，这不是巧合。广义问题的解：找到 $u_n \in S$，使 $B(u_n,v) = F(v)$ 对于所有 $v \in V$，在能量范数下误差最小，见定理 1.4。

定理 1.3 对于所有 $v \in S^0(I)$，由 $e = u - u_n$ 定义的误差 e 满足 $B(e,v) = 0$。这一结果直接来自：

$$B(u,v) = F(v), v \in S^0(I)$$
$$B(u_n,v) = F(v), v \in S^0(I)$$

从第一个公式中减去第二个公式，得到：

$$B(u-u_n,v) \equiv B(e,v) = 0, v \in S^0(I) \tag{1.47}$$

这个公式称为 Galerkin 的正交条件。

定理 1.4 对于所有 $v \in S^0(I)$，如果 $u_n \in S^0(I)$ 满足 $B(u_n,v) = F(v)$，那么 u_n 在能量范数下最小化了误差 $u_{EX} - u_n$，其中 u_{EX} 是精确解。

$$\|u_{EX} - u_n\|_{E(I)} = \min_{u \in \tilde{S}} \|u_{EX} - u\|_{E(I)} \tag{1.48}$$

证明。假设 $e = u - u_n$，v 是 $S^0(I)$ 中的一个任意函数。那么：

$$\|e+v\|_{E(I)}^2 \equiv \frac{1}{2}B(e+v, e+v) = \frac{1}{2}B(e,e) + B(e,v) + \frac{1}{2}B(v,v)$$

式中，右边第一项可写为 $\|e\|_{E(I)}^2$，根据定理 1.3 第二项为零，第三项对于 $S^0(I)$ 中的任意 $v \neq 0$ 项都是正数。因此，$\|e\|_{E(I)}$ 是最小值。

定理 1.4 表明，误差取决于问题的精确解 u_{EX} 和试验空间 $\tilde{S}(I)$ 的定义。

有限元法是一种灵活而强大的构建试验空间的方法。后面部分概述了有限元法的基本算法结构。

1.3.1 标准多项式空间

标准 p 次多项式空间用 $S^p(I_{st})$ 表示，由定义在标准单元上的单项式 $1, \xi, \xi^2, \cdots, \xi^p$ 张成。

$$I_{st} = \{\xi | -1 < \xi < 1\} \tag{1.49}$$

基函数的选择以实现方面的考虑为指导，保持系数矩阵的条件数较小，以及个人的偏好。对于这里考虑的对称正定矩阵，条件数 C 是最大的特征值除以最小特征值。在求解线性问题时丢失的位数约等于 $\log_{10}C$，应在此背景下理解条件数大小的特点。在有限元方法中，条件数取决于基函数和网格的选择。

标准多项式基函数，称为形函数，可以用各种方式定义。我们将基于拉格朗日多项式和 Legendre 多项式的形函数。对于这两种类型的形函数，我们将使用相同的符号。

1. 拉格朗日形函数

p 次拉格朗日形函数是通过将 I_{st} 划分为 p 个子区间来构建的。子区间的长度通常为 $2/p$，但长度可能不同。节点是 $\xi_1=-1$，$\xi_2=1$ 和 $-1<\xi_3<\xi_4<\cdots<\xi_{p+1}<1$，第 i 个形函数在第 i 个节点是统一的，在其他节点是零。

$$N_i(\xi)=\prod_{\substack{k=1\\k\ne i}}^{p+1}\frac{\xi-\xi_k}{\xi_i-\xi_k},\quad i=1,2,\cdots,p+1,\quad \xi\in I_{st} \tag{1.50}$$

这些形函数具有以下重要特性：

$$N_i(\xi_j)=\begin{cases}1, & i=j\\0, & i\ne j\end{cases}\ \text{和}\ \sum_{i=1}^{p+1}N_i(\xi)=1 \tag{1.51}$$

例如，对于 $p=2$，等距的节点是 $\xi_1=-1$、$\xi_2=1$、$\xi_3=0$。相应的一维拉格朗日形函数如图 1.3 所示。

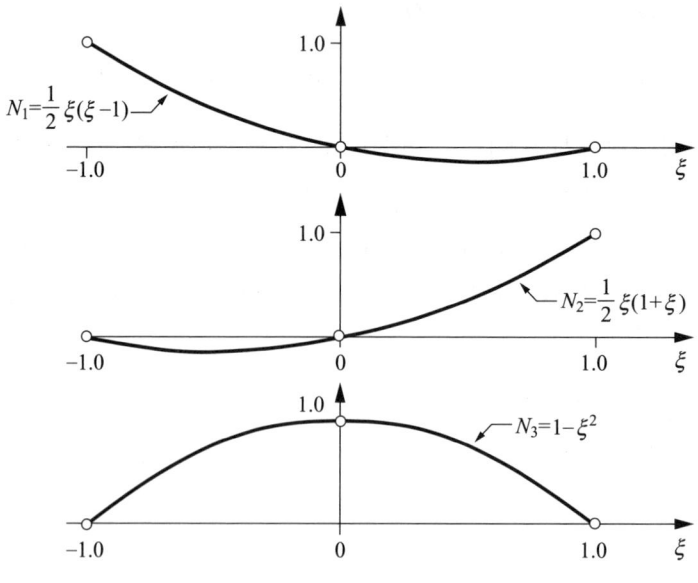

图 1.3　$p=2$ 的一维拉格朗日形函数

练习 1.5 画出 $p=3$ 的一维拉格朗日形函数。

2. Legendre 形函数

对于 $p=1$，有：

$$N_1 = \frac{1-\xi}{2}, \quad N_2 = \frac{1+\xi}{2} \tag{1.52}$$

对于 $p \geq 2$A，定义 Legendre 形函数如下：

$$N_i(\xi) = \sqrt{\frac{2i-3}{2}} \int_{-1}^{\xi} P_{i-2}(t)\mathrm{d}t \quad i = 3,4,\cdots,p+1 \tag{1.53}$$

式中，$P_i(t)$ 是 Legendre（勒让德）多项式。Legendre 多项式的定义详见附录 D。这些形函数具有以下重要特性。

（1）正交性，对于 $i,j \geq 3$：

$$\int_{-1}^{+1} \frac{\mathrm{d}N_i}{\mathrm{d}\xi} \frac{\mathrm{d}N_j}{\mathrm{d}\xi} \mathrm{d}\xi = \begin{cases} 1, i=j \\ 0, i \neq j \end{cases} \tag{1.54}$$

这一特性直接来自 Legendre 多项式的正交性，详见附录 D 中的式（D.13）。

（2）p 次形函数集是 $p+1$ 次形函数集的一个子集。具有这种性质的形函数称为分层形函数。

（3）这些形函数在 I_{st} 的端点消失。对于 $i \geq 3$，有 $N_i(-1) = N_i(+1) = 0$。

前五个分层形函数如图 1.4 所示，注意到所有的根都位于 I_{st} 上，其他到 $p=8$ 的额外形函数，详见附录 D。

练习 1.6 证明对于由式（1.53）定义的分层形函数 $N_i(-1) = N_i(+1) = 0$，$i \geq 3$。

练习 1.7 证明由式（1.53）定义的分层形函数可以写为下列形式：

$$N_i(\xi) = \frac{1}{\sqrt{2(2i-3)}} (P_{i-1}(\xi) - P_{i-3}(\xi)), \quad i = 3,4,\cdots \tag{1.55}$$

提示：对于所有的 n 有 $P_n(1) = 1$，参见附录 D 中式（D.10）和式（D.12）。

1.3.2 一维有限元空间

现在我们可以提供一个一维有限元空间的精确定义。域 $I = \{x | 0 < x < \ell\}$ 被划分为 M 个不重叠的区间，称为有限元。每个分区称为有限元网格，用 Δ 表示。因此 $M = M(\Delta)$。单元的边界点是节点，节点的坐标按升序排序，用 $x_i, (i=1,2,\cdots,M+1)$ 表示，其中 $x_1 = 0$ 且 $x_{M+1} = \ell$。第 k 个单元 I_k 具有边界点 x_k 和 x_{k+1}，即 $I_k = \{x | x_k < x < x_{k+1}\}$。

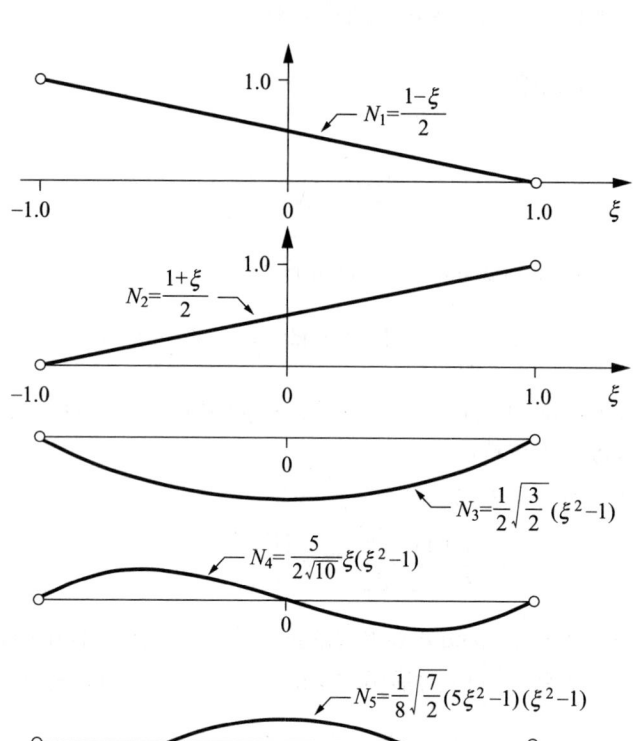

图 1.4 $p=4$ 的一维 Legendre 形函数

用于构建有限元网格的序列有多种方法,下面列举四种类型的网格设计。

(1) 如果所有单元的大小都相同,那么这个网格就是均匀的。在区间 $I=(0,\ell)$ 上,节点的位置如下:

$$x_k = (k-1)\ell/M(\Delta) \quad k=1,2,3,\cdots,M(\Delta)+1$$

(2) 如果存在独立于 K 的正常数 C_1、C_2,那么一个网格序列 $\Delta_K(K=1,2,\cdots)$ 就是准均匀的。

$$C_1 \leqslant \frac{\ell_{\max}^{(K)}}{\ell_{\min}^{(K)}} \leqslant C_2, \quad K=1,2,\cdots \tag{1.56}$$

式中,$\ell_{\max}^{(K)}$ 和 $\ell_{\min}^{(K)}$ 是网格 Δ_K 中最大(或最小)单元的长度,在两维或三维空间中,ℓ_k 定义为第 k 个单元的直径,即包围该单元的最小圆或球的直径。例如,如果从一个任意的网格开始,连续将单元减半,就会在一个维度上产生一系列准均匀网格。

（3）如果节点的位置如下，则网格在区间 $0 < x < \ell$ 上朝向点 $x = 0$ 呈几何分级。

$$x_k = \begin{cases} 0, & k = 1 \\ q^{M(\Delta)+1-k}\ell, & k = 2, 3, \cdots, M(\Delta)+1 \end{cases} \quad (1.57)$$

式中，$0 < q < 1$ 称为分级因子或公共因子，这些网格称为几何网格。

（4）如果在 $0 < x < \ell$ 的区间内，节点的位置是通过以下方式确定的，那么这个网格就是一个激进网格。

$$x_k = \left(\frac{k-1}{M(\Delta)}\right)^\theta \ell, \quad \theta > 1, \quad k = 1, 2, \cdots, M(\Delta)+1 \quad (1.58)$$

在一个特定的应用中，哪种方案更受欢迎，可以根据有关精确解的规则性和实施方面的先验信息来选择。1.5.2 节将讨论有限元网格的实际应用选择。

当精确解有一个或多个像 $|x - x_0|^\alpha$ 这样的项，并且 $\alpha > 1/2$ 是一个分数，那么理想的网格为几何分级网格，多项式次数的分配方式是：最小的单元分配最小的多项式次数，最大的单元分配最大的多项式次数。最佳分级系数为 $q = (\sqrt{2} - 1)^2 \approx 0.17$，它与 α 无关。分配的多项式次数应该以大约 0.4 的速率增加[45]。

当给每个单元分配相同的多项式次数时，理想的网格是激进网格。θ 的最佳值取决于 p 和 α：

$$\theta = \frac{p + 1/2}{\alpha - 1/2 + (n-1)/2} \quad (1.59)$$

式中，n 为空间维数，关于一维离散化方案的详细分析见文献 [45]。

网格中第 k 个单元与标准单元 I_{st} 之间的关系由映射函数定义：

$$x = Q_k(\xi) = \frac{1-\xi}{2}x_k + \frac{1+\xi}{2}x_{k+1}, \quad \xi \in I_{st} \quad (1.60)$$

有限元空间 S 是一个函数集，其特征由 Δ、指定的多项式次数 $p_k \geq 1$ 和映射函数 $Q_k(\xi), k = 1, 2, \cdots, M(\Delta)$ 决定，具体如下：

$$S = S(I, \Delta, p, Q) = \{u \mid u \in E(I), u(Q_k(\xi)) \in S^{p_k}(I_{st}), k = 1, 2, \cdots, M(\Delta)\} \quad (1.61)$$

式中，p 和 Q 分别代表指定的多项式次数和映射函数的数组。这可以理解为：当且仅当 u 满足式（1.61）中的竖线（|）右侧的条件时，$u \in S$。第一个条件是 u 必须位于能量空间 $u \in E(I)$ 中，在一维空间中，这意味着 u 在 I 上必须是连续的。表达式 $u(Q_k(\xi)) \in S^{p_k}(I_{st})$ 表明在单元 I_k 上，函数 $u(x)$ 是从标准多项式空间 $S^{p_k}(I_{st})$ 映射而来的。

有限元测试空间用 $S^0(I)$ 表示，由交集 $S^0(I) = S(I) \cap E(I)$ 定义，即 $u \in S^0(I)$ 在那些预先规定了基本边界条件的边界点上为零。横跨 $S^0(I)$ 的基函数的数量称为自由度数量。

在固定的多项式次数下，通过网格细化逐步增加自由度的过程称为 h 扩展，其实现称为 h 型有限元方法。在保持网格固定的情况下，通过增加单元的多项式次数来逐步增加自由度的过程称为 p 扩展，其实现为 p 型有限元方法。通过同时细化网格和增加单元的多项式次数来逐步增加自由度的过程称为 hp 扩展，其实现称为 hp 型有限元方法。

注释 1.4　在第 5 章将解释 h、p 和 hp 型的单独命名与有限元方法的发展过程有关，而不是其理论基础。

1.3.3　计算系数矩阵

系数矩阵的每个单元都是单独计算的，系数的编号是基于标准形函数的编号，指数范围为 $1 \sim p_{k+1}$。这种编号与每个基函数在 I 上必须是连续的，并且与唯一识别号的要求一致，这一点将单独讨论。

刚度矩阵的计算

式（1.43）中双线性形式的第一项是对各单元积分求和计算来的。

$$\int_0^\ell \kappa(x) u_n' v_n' \mathrm{d}x = \sum_{k=1}^{M(\Delta)} \int_{x_k}^{x_{k+1}} \kappa(x) u_n' v_n' \mathrm{d}x \tag{1.62}$$

关注第 k 个单元的积分评估：

$$\int_{x_k}^{x_{k+1}} \kappa(x) u_n' v_n' \mathrm{d}x = \int_{x_k}^{x_{k+1}} \kappa(x) \left(\sum_{j=1}^{p_k+1} a_j \frac{\mathrm{d}N_j}{\mathrm{d}x} \right) \left(\sum_{i=1}^{p_k+1} b_i \frac{\mathrm{d}N_i}{\mathrm{d}x} \right) \mathrm{d}x$$

形函数 N_i 是在标准域 I_{st} 上定义的，参照式（1.60）给出的映射函数，可以得到：

$$\mathrm{d}x = \frac{x_{k+1} - x_k}{2} \mathrm{d}\xi \equiv \frac{\ell_k}{2} \mathrm{d}\xi \tag{1.63}$$

式中，$\ell_k \overset{\text{def}}{=} x_{k+1} - x_k$ 是第 k 个单元的长度，此外：

$$\frac{\mathrm{d}}{\mathrm{d}x} = \frac{\mathrm{d}}{\mathrm{d}\xi} \frac{\mathrm{d}\xi}{\mathrm{d}x} = \frac{2}{x_{k+1} - x_k} \frac{\mathrm{d}}{\mathrm{d}\xi} \equiv \frac{2}{\ell_k} \frac{\mathrm{d}}{\mathrm{d}\xi}$$

因此：

$$\int_{x_k}^{x_{k+1}} \kappa(x) u_n' v_n' \mathrm{d}x = \frac{2}{\ell_k} \int_{-1}^{+1} \kappa(Q_k(\xi)) \left(\sum_{j=1}^{p_k+1} a_j \frac{\mathrm{d}N_j}{\mathrm{d}\xi} \right) \left(\sum_{i=1}^{p_k+1} b_i \frac{\mathrm{d}N_i}{\mathrm{d}\xi} \right) \mathrm{d}\xi$$

定义：

$$k_{ij}^{(k)} = \frac{2}{\ell_k}\int_{-1}^{+1} \kappa(Q_k(\xi))\frac{\mathrm{d}N_i}{\mathrm{d}\xi}\frac{\mathrm{d}N_j}{\mathrm{d}\xi}\mathrm{d}\xi \tag{1.64}$$

写为：

$$\int_{x_k}^{x_{k+1}} \kappa(x)u_n'v_n'\mathrm{d}x = \sum_{i=1}^{p_k+1}\sum_{j=1}^{p_k+1} k_{ij}^{(k)} a_j b_i \equiv \{\boldsymbol{b}\}^{\mathrm{T}}[\boldsymbol{K}^{(k)}]\{\boldsymbol{a}\} \tag{1.65}$$

刚度矩阵 $k_{ij}^{(k)}$ 的项取决于映射、形函数的定义和函数 $\kappa(x)$。矩阵 $[\boldsymbol{K}^{(k)}]$ 称为单元刚度矩阵。注意到 $k_{ij}^{(k)} = k_{ji}^{(k)}$，即 $[\boldsymbol{K}^{(k)}]$ 是对称的，这源于 $B(u,v)$ 的对称性，以及 u_n 和 v_n 使用相同的基函数这一事实。

在有限元方法中，积分是通过数值方法计算的，在附录 E 中讨论了数值积分法。在特殊条件下，$\kappa(x) = \kappa_k$ 在 I_k 上为常数时，可以计算出 $[\boldsymbol{K}^{(k)}]$。

示例 1.3 当 $\kappa(x) = \kappa_k$ 在 I_k 上为常数且使用 Legendre 形函数时，除了前两行和前两列之外，单元刚度矩阵为完全对角矩阵。

$$[\boldsymbol{K}^{(k)}] = \frac{2\kappa_k}{\ell_k}\begin{bmatrix} 1/2 & -1/2 & 0 & 0 & \cdots & 0 \\ & 1/2 & 0 & 0 & & 0 \\ & & 1 & 0 & & 0 \\ & & & 1 & & 0 \\ & (\text{对称}) & & & \ddots & \vdots \\ & & & & & 1 \end{bmatrix} \tag{1.66}$$

练习 1.8 假设 $\kappa(x) = \kappa_k$ 在 I_k 上是常数，使用图 1.3 中 $p = 2$ 时的拉格朗日形函数，计算在 κ_k 和 ℓ_k 上的 $k_{11}^{(k)}$ 和 $k_{13}^{(k)}$。

Gram 矩阵的计算

双线性形式的第二项也是对各单元积分求和计算来的：

$$\int_0^\ell c(x)u_n v_n \mathrm{d}x = \sum_{k=1}^{M(\Delta)} \int_{x_k}^{x_{k+1}} c(x)u_n v_n \mathrm{d}x \tag{1.67}$$

关注积分的评估：

$$\int_{x_k}^{x_{k+1}} c(x)u_n v_n \mathrm{d}x = \int_{x_k}^{x_{k+1}} c(x)\left(\sum_{j=1}^{p_k+1} a_j N_j\right)\left(\sum_{i=1}^{p_k+1} b_i N_i\right)\mathrm{d}x$$

$$= \frac{\ell_k}{2}\int_{-1}^{+1} c(Q_k(\xi))\left(\sum_{j=1}^{p_k+1} a_j N_j\right)\left(\sum_{i=1}^{p_k+1} b_i N_i\right)\mathrm{d}\xi$$

定义：

$$m_{ij}^{(k)} = \frac{\ell_k}{2}\int_{-1}^{1} c(Q_k(\xi))N_i N_j \mathrm{d}\xi \tag{1.68}$$

得到以下表达式：

$$\int_{x_k}^{x_{k+1}} c(x) u_n v_n \mathrm{d}x = \sum_{i=1}^{p_k+1} \sum_{j=1}^{p_k+1} m_{ij}^{(k)} a_j b_i = \{\boldsymbol{b}\}^{\mathrm{T}} [\boldsymbol{M}^{(k)}] \{\boldsymbol{a}\} \tag{1.69}$$

式中，$\{\boldsymbol{a}\} = \{a_1 \quad a_2 \quad \cdots \quad a_{p_k+1}\}^{\mathrm{T}}$、$\{\boldsymbol{b}\}^{\mathrm{T}} = \{b_1 \quad b_2 \quad \cdots \quad b_{p_k+1}\}$，以及：

$$[\boldsymbol{M}^{(k)}] = \begin{bmatrix} m_{11}^{(k)} & m_{12}^{(k)} & \cdots & m_{1,p_k+1}^{(k)} \\ m_{21}^{(k)} & m_{22}^{(k)} & \cdots & m_{2,p_k+1}^{(k)} \\ \vdots & \vdots & & \vdots \\ m_{p_k+1,1}^{(k)} & m_{p_k+1,2}^{(k)} & \cdots & m_{p_k+1,p_k+1}^{(k)} \end{bmatrix}$$

矩阵中的项 $m_{ij}^{(k)}$ 取决于映射、形函数的定义和函数 $c(x)$。矩阵 $[\boldsymbol{M}^{(k)}]$ 称为单元级 Gram 矩阵或单元级质量矩阵。注意到 $[\boldsymbol{M}^{(k)}]$ 是对称的，在 $c(x) = c_k$ 在 I_k 上是常数这一特殊条件下，可以计算 $[\boldsymbol{M}^{(k)}]$。下面举例说明。

示例 1.4 当 $c(x) = c_k$ 在 I_k 上是常数，并且使用 Legendre 形函数时，那么单元级 Gram 矩阵是强对角线的。例如对于 $p_k = 5$ 的 Gram 矩阵为：

$$[\boldsymbol{M}^{(k)}] = \frac{c_k \ell_k}{2} \begin{bmatrix} 2/3 & 1/3 & -1/\sqrt{6} & 1/3\sqrt{10} & 0 & 0 \\ & 2/3 & -1/\sqrt{6} & -1/3\sqrt{10} & 0 & 0 \\ & & 2/5 & 0 & -1/5\sqrt{21} & 0 \\ & (\text{对称}) & & 2/21 & 0 & -1/7\sqrt{45} \\ & & & & 2/45 & 0 \\ & & & & & 2/77 \end{bmatrix} \tag{1.70}$$

注释 1.5 对于 $p_k \geq 2$ 时，得到对角线项和非对角线项的简单封闭表达式，使用式（1.55）可以证明。

$$\begin{aligned} m_{ii}^{(k)} &= \frac{c_k \ell_k}{2} \frac{1}{2(2i-3)} \int_{-1}^{+1} (P_{i-1}(\xi) - P_{i-3}(\xi))^2 \mathrm{d}\xi \\ &= \frac{c_k \ell_k}{2} \frac{2}{(2i-1)(2i-5)}, \quad i \geq 3 \end{aligned} \tag{1.71}$$

而在 $i \geq 3$ 时，所有非对角线项均为零，另外：

$$m_{i,i+2}^{(k)} = m_{i+2,i}^{(k)} = -\frac{c_k \ell_k}{2} \frac{1}{(2i-1)\sqrt{(2i-3)(2i+1)}}, \quad i \geq 3 \tag{1.72}$$

注释 1.6 有人提议通过使用与洛巴托点重合的 p 次拉格朗日形函数，使 Gram 矩阵完全对角化。因此 $N_i(\xi_j) = \delta_{ij}$，其中 δ_{ij} 在式（2.1）中给出了定义，然后使用 $p+1$ 个洛巴托点，得到：

$$m_{ij}^{(k)} = \frac{c_k \ell_k}{2} \int_{-1}^{1} N_i N_j \mathrm{d}\xi \approx \frac{c_k \ell_k}{2} w_i \delta_{ij}$$

式中，w_i 是第 i 个洛巴托点的加权，由于积分项是 $2p$ 次多项式，因此与该项相关的积分存在误差。为了评估这个积分，需要 $n \geq (2p+3)/2$ 个洛巴托点（见附录 E），而我们只用了 $p+1$ 个洛巴托点。在本书中，我们关注的是通过网格设计和多项式次数分配来控制近似误差。假设积分的误差和映射的误差与离散化的误差相比很小可以忽略不计。

练习 1.9 假设 $c(x) = c_k$ 在 I_k 上是常数，使用 $p=3$ 的拉格朗日形函数，节点位于洛巴托点，使用 4 个洛巴托点数值计算 $m_{33}^{(k)}$。确定数值积分项的相对误差，请参考注释 1.6 和附录 E。

练习 1.10 假设 $c(x) = c_k$ 在 I_k 上是常数，使用 $p=2$ 的拉格朗日形函数，根据 c_k 和 ℓ_k 计算 $m_{11}^{(k)}$ 和 $m_{13}^{(k)}$。

1.3.4 右侧向量的计算

右侧向量的计算涉及函数 $F(v)$ 的评估，通常是通过数值方法，特别是：

$$F(v_n) = \int_0^\ell f(x) v_n \mathrm{d}x = \sum_{k=1}^{M(\Delta)} \int_{x_k}^{x_{k+1}} f(x) v_n \mathrm{d}x \tag{1.73}$$

单元级积分是根据 v_n 在 I_k 上的定义计算的：

$$\int_{x_k}^{x_{k+1}} f(x) v_n \mathrm{d}x = \frac{\ell_k}{2} \int_{-1}^{+1} f(Q_k(\xi)) \left(\sum_{i=1}^{p_k+1} b_i^{(k)} N_i \right) \mathrm{d}\xi = \sum_{i=1}^{p_k+1} b_i^{(k)} r_i^{(k)} \tag{1.74}$$

式中：

$$r_i^{(k)} \stackrel{\text{def}}{=} \frac{\ell_k}{2} \int_{-1}^{+1} f(Q_k(\xi)) N_i(\xi) \mathrm{d}\xi \tag{1.75}$$

这是由给定的数据和形函数计算的。

示例 1.5 假设 $f(x)$ 是 I_k 上的线性函数，$f(x)$ 可以写成：

$$f(x) = \frac{1-\xi}{2} f(x_k) + \frac{1+\xi}{2} f(x_{k+1}) = f(x_k) N_1(\xi) + f(x_{k+1}) N_2(\xi)$$

利用 Legendre 形函数有：

$$r_1^{(k)} = f(x_k) \frac{\ell_k}{2} \int_{-1}^{+1} N_1^2 \mathrm{d}\xi + f(x_{k+1}) \frac{\ell_k}{2} \int_{-1}^{+1} N_1 N_2 \mathrm{d}\xi = \frac{\ell_k}{6} (2f(x_k) + f(x_{k+1}))$$

$$r_2^{(k)} = f(x_k) \frac{\ell_k}{2} \int_{-1}^{+1} N_1 N_2 \mathrm{d}\xi + f(x_{k+1}) \frac{\ell_k}{2} \int_{-1}^{+1} N_2^2 \mathrm{d}\xi = \frac{\ell_k}{6} (f(x_k) + 2f(x_{k+1}))$$

$$r_3^{(k)} = f(x_k) \frac{\ell_k}{2} \int_{-1}^{+1} N_1 N_3 \mathrm{d}\xi + f(x_{k+1}) \frac{\ell_k}{2} \int_{-1}^{+1} N_2 N_3 \mathrm{d}\xi$$

$$= -\frac{\ell_k}{6} \sqrt{\frac{3}{2}} (f(x_k) + f(x_{k+1}))$$

练习 1.11 假设 $f(x)$ 是 I_k 上的线性函数，利用 Legendre 形函数计算 $r_4^{(k)}$，并证明 $i > 4$ 时 $r_i^{(k)} = 0$。提示：利用式（1.55）。

练习 1.12 假设 $f(x) = f_k \sin \dfrac{x - x_k}{\ell_k} \pi$，$x \in I_k$，其中 f_k 是一个常数。使用 3、4 和 5 个高斯点，根据 f_k 和 ℓ_k 计算 $r_5^{(k)}$。详见附录 E，使用 Legendre 基函数。

练习 1.13 假设 $f(x)$ 是 I_k 上的线性函数，使用 $p = 2$ 的拉格朗日形函数计算 $r_1^{(k)}$。

1.3.5 集合

在计算了每个单元的系数矩阵和右侧向量后，需要形成整个网格的系数矩阵和右侧向量。执行式（1.62）、式（1.67）和式（1.73）中的求和运算，这个过程称为集合。局部变量和全局变量的编号在集合过程中需保持一致，下面的例子说明了该算法。

示例 1.6 考虑图 1.5 所示的三个单元网格。将多项式次数 $p_1 = 2$、$p_2 = 1$、$p_3 = 3$ 分别分配给单元 1、2、3。图 1.5 中所示的基函数由映射后的 Legendre 形函数组成。例如，基函数 $\varphi_2(x)$ 由单元 1 的映射形函数 N_2 和单元 2 的映射形函数 N_1 组成。这个基函数在单元 3 上为零。基函数 $\varphi_6(x)$ 是单元 3 的映射形函数。这个基函数在单元 1 和单元 2 上为零。

每个基函数分配一个唯一的编号，称为全局编号，这个编号与那些单元号和组成基函数的形函数编号相关联。本例中全局编号和局部编号如表 1-1 所示。

表 1-1 示例 1.6 中的局部编号和全局编号

编号	单元号								
	1			2			3		
局部	1	2	3	1	2	1	2	3	4
全局	1	2	5	2	3	3	4	6	7

假如表达式 $c_{ij}^{(k)} = k_{ij}^{(k)} + m_{ij}^{(k)}$，利用式（1.62）和式（1.67）将 $B(u_n, v_n)$ 表示为：

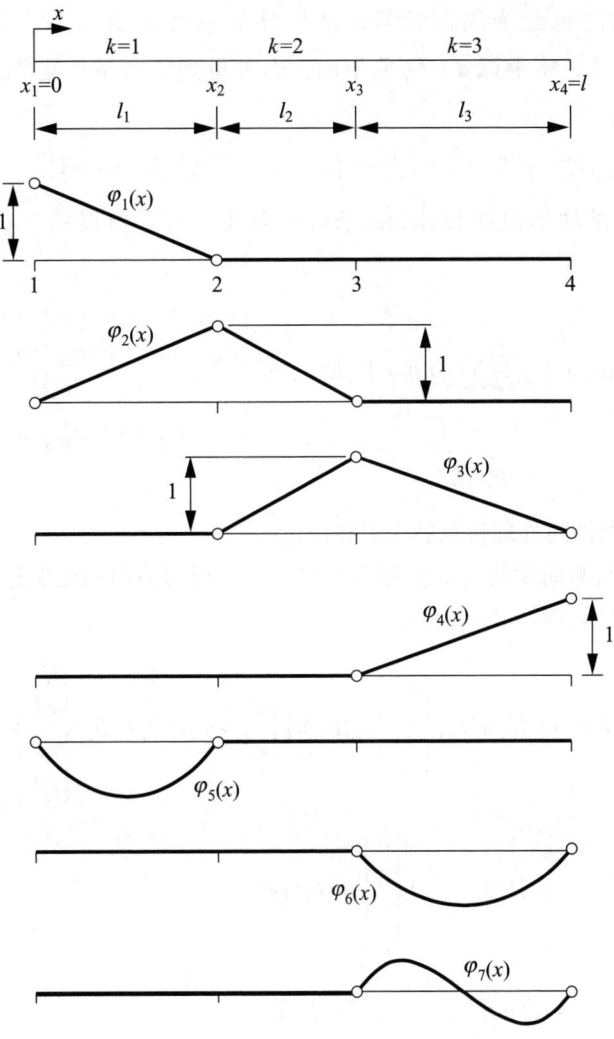

图 1.5 典型的一维有限元基函数

$$B(u_n, v_n) = \begin{matrix} & a_1 & a_2 & a_5 \\ b_1 & \\ b_2 & \\ b_5 & \end{matrix}\!\!\begin{pmatrix} c_{11}^{(1)} & c_{12}^{(1)} & c_{13}^{(1)} \\ c_{21}^{(1)} & c_{22}^{(1)} & c_{23}^{(1)} \\ c_{31}^{(1)} & c_{32}^{(1)} & c_{33}^{(1)} \end{pmatrix} + \begin{matrix} & a_2 & a_3 \\ b_2 & \\ b_3 & \end{matrix}\!\!\begin{pmatrix} c_{11}^{(2)} & c_{12}^{(2)} \\ c_{21}^{(2)} & c_{22}^{(2)} \end{pmatrix} +$$

$$\begin{matrix} & a_3 & a_4 & a_6 & a_7 \\ b_3 & \\ b_4 & \\ b_6 & \\ b_7 & \end{matrix}\!\!\begin{pmatrix} c_{11}^{(3)} & c_{12}^{(3)} & c_{13}^{(3)} & c_{14}^{(3)} \\ c_{21}^{(3)} & c_{22}^{(3)} & c_{23}^{(3)} & c_{24}^{(3)} \\ c_{31}^{(3)} & c_{32}^{(3)} & c_{33}^{(3)} & c_{34}^{(3)} \\ c_{41}^{(3)} & c_{42}^{(3)} & c_{43}^{(3)} & c_{44}^{(3)} \end{pmatrix}$$

式中，括号内的单元为局部编号，括号外的系数 a_j 和 b_i 为全局编号，上标表示单元的编号。将乘以 $a_j b_i$ 的项相加，即可得到集合系数矩阵的单元，用 c_{ij} 表示，如：

$$c_{11} = c_{11}^{(1)}, \quad c_{22} = c_{22}^{(1)} + c_{11}^{(2)}, \quad c_{33} = c_{22}^{(2)} + c_{11}^{(3)}, \quad c_{77} = c_{44}^{(3)}$$

假设边界条件不包括 Dirichlet 条件，双线性形式可以用 7×7 的系数矩阵表示为：

$$B(u_n, v_n) = \sum_{j=1}^{7}\sum_{i=1}^{7} c_{ij} a_j b_i = \{b_1\ b_2\ \cdots\ b_7\} \begin{bmatrix} c_{11} & c_{12} & \cdots & c_{17} \\ c_{21} & c_{22} & & c_{27} \\ \vdots & & & \vdots \\ c_{71} & c_{72} & \cdots & c_{77} \end{bmatrix} \begin{Bmatrix} a_1 \\ a_2 \\ \vdots \\ a_7 \end{Bmatrix} \quad (1.76)$$

$$\equiv \{b\}^{\mathrm{T}}[C]\{a\}$$

Dirichlet 条件的处理将在后面单独讨论。

将单元级右侧向量集合成整体右侧向量的过程与前面描述的过程类似。参照式（1.73），将 $F(v_n)$ 写成以下形式

$$F(v_n) = \{b_1\ b_2\ b_5\} \begin{Bmatrix} r_1^{(1)} \\ r_2^{(1)} \\ r_3^{(1)} \end{Bmatrix} + \{b_2\ b_3\} \begin{Bmatrix} r_1^{(2)} \\ r_2^{(2)} \end{Bmatrix} + \{b_3\ b_4\ b_6\ b_7\} \begin{Bmatrix} r_1^{(3)} \\ r_2^{(3)} \\ r_3^{(3)} \\ r_4^{(3)} \end{Bmatrix}$$

$$= \{b_1\ b_2\ \cdots\ b_7\} \begin{Bmatrix} r_1 \\ r_2 \\ \vdots \\ r_7 \end{Bmatrix} \equiv \{b\}^{\mathrm{T}}\{r\}$$

式中，$r_1 = r_1^{(1)}$、$r_2 = r_2^{(1)} + r_1^{(2)}$、$r_3 = r_2^{(2)} + r_1^{(3)}$ 等。

1.3.6 凝聚

每个单元都有 $p-1$ 个内部基函数，系数矩阵中与内部基函数相关联的单元可以在单元层面上被消除，这个过程称为凝聚。

将 $p \geq 2$ 的有限元系数矩阵和右侧向量进行分解：

$$\begin{bmatrix} C_{11} & C_{12} \\ C_{21} & C_{22} \end{bmatrix} \begin{Bmatrix} a_1 \\ a_2 \end{Bmatrix} = \begin{Bmatrix} r_1 \\ r_2 \end{Bmatrix}$$

式中，$a_1 = \{a_1, a_2\}^{\mathrm{T}}$、$a_2 = \{a_3, a_4, \cdots, a_{p+1}\}^{\mathrm{T}}$，该系数矩阵是对称的，即 $C_{21} = C_{12}^{\mathrm{T}}$。

使用：

$$a_2 = -C_{22}^{-1}C_{21}a_1 + C_{22}^{-1}r_2 \tag{1.77}$$

得到：

$$\underbrace{(C_{11} - C_{12}C_{22}^{-1}C_{21})}_{\text{凝聚}[C]}a_1 = \underbrace{r_1 - C_{12}C_{22}^{-1}r_2}_{\text{凝聚}\{r\}} \tag{1.78}$$

将凝聚后的刚度矩阵和载荷矢量组合，并如后面所述执行Dirichlet边界条件。在求解集合方程组的过程中，从式（1.77）中计算每个单元的内部基函数的系数。

1.3.7 Dirichlet边界条件的执行

当Dirichlet条件在任一或两个边界点上指定时，$u \in \tilde{S}(I)$ 被分成两个函数，一个为 $\bar{u} \in S^0(I)$ 函数和一个为 $\tilde{S}(I)$ 特定函数，用 $u^\star$ 表示。然后寻求 $\bar{u} \in S^0(I)$ 的解。

$$\underbrace{\int_0^\ell (\kappa \bar{u}'v' + c\bar{u}v)\mathrm{d}x}_{B(\bar{u},v)} = \underbrace{\int_0^\ell fv\mathrm{d}x - \int_0^\ell (\kappa (u^\star)'v' + cu^\star v)\mathrm{d}x}_{F(v)} \tag{1.79}$$

对于所有 $v \in S^0(I)$，注意到解 $u = \bar{u} + u^\star$ 与 $u^\star$ 选择无关。

用 K 和 L 分别表示在 $x=0$ 和 $x=\ell$ 处的基函数全局数。如在示例1.6中，$K=1$ 和 $L=4$。用 $\varphi_K(x)$ 和 $\varphi_L(x)$ 表示 $u^\star$ 是有利的。

$$u^\star = \hat{u}_0 \varphi_K(x) + \hat{u}_\ell \varphi_L(x) \tag{1.80}$$

如图1.6所示，当Dirichlet边界条件只指定在其中一个边界点上时，该表达式修改为只包含与该点相对应的项。将式（1.80）代入式（1.79），式（1.79）右侧第二项可写为：

$$\int_0^\ell (\kappa(u^\star)'v' + cu^\star v)\mathrm{d}x = \sum_{i=1}^{N_u} b_i(c_{iK} + c_{iL})$$

式中，N_u 是无约束方程的数量，也就是在执行Dirichlet边界条件之前的方程数量（在示例1.6中，$N_u = 7$），系数 c_{iK}, c_{iL} 是集合系数矩阵的元素。

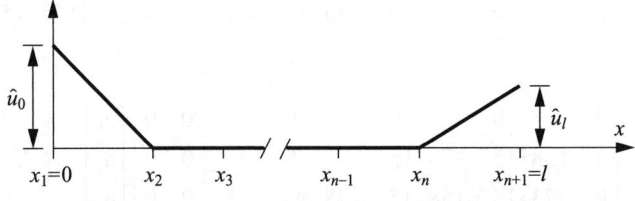

图1.6 推荐选择的一维 $u^\star$ 函数

由于 $v \in S^0(I)$，有 $b_K = b_L = 0$，因此，矩阵 $[C]$ 的第 K 行和第 L 行通过乘以 0 可以删除，矩阵 $[C]$ 的第 K 列和第 L 列分别乘以 $\hat{u}_0$ 和 $\hat{u}_\ell$，然后求和，并将得到的向量转移到右侧。所得系数矩阵的维度为 N，即 N_u 减去 Dirichlet 边界条件的数量。N 被称为自由度数量，它是 $S^0(I)$ 中线性独立函数的最大数量。

注释 1.7 为了避免在删除与 φ_K 和 φ_L 对应的行列项后需要对系数矩阵重新编号，除了对角线元素设置为 1 外，可以统一将第 K 和第 L 行列中的所有元素设置为零。右侧向量上的相应元素设置为 $\hat{u}_0$ 和 $\hat{u}_\ell$。下面例子将对此进行说明。

示例 1.7 考虑到 $-u'' + 4u = 0$，$u(0) = 1$，$u(1) = 2$。精确解为：

$$u = \frac{\exp(2) - 2}{\exp(2) - \exp(-2)} \exp(-2x) + \frac{2 - \exp(-2)}{\exp(2) - \exp(-2)} \exp(2x)$$

在区间 $I = (0,1)$ 上选取五个等长的单元，并为每个单元分配 $p = 1$，求出有限元解。

参照式（1.66）和式（1.70），每个单元的单元级系数矩阵为：

$$[C^{(k)}] = \begin{bmatrix} 79/15 & -73/15 \\ -73/15 & 79/15 \end{bmatrix}, \quad k = 1, 2, \cdots, 5$$

式中，$\kappa_k = 1, c_k = 4, \ell_k = 1/5$，集合得到的无约束系数矩阵为：

$$[C] = \begin{bmatrix} 79/15 & -73/15 & 0 & 0 & 0 & 0 \\ -73/15 & 158/15 & -73/15 & 0 & 0 & 0 \\ 0 & -73/15 & 158/15 & -73/15 & 0 & 0 \\ 0 & 0 & -73/15 & 158/15 & -73/15 & 0 \\ 0 & 0 & 0 & -73/15 & 158/15 & -73/15 \\ 0 & 0 & 0 & 0 & -73/15 & 79/15 \end{bmatrix}$$

在执行 Dirichlet 边界条件后，方程组为：

$$[C] = \begin{bmatrix} 158/15 & -73/15 & 0 & 0 \\ -73/15 & 158/15 & -73/15 & 0 \\ 0 & -73/15 & 158/15 & -73/15 \\ 0 & 0 & -73/15 & 158/15 \end{bmatrix} \begin{Bmatrix} a_2 \\ a_3 \\ a_4 \\ a_5 \end{Bmatrix} = \begin{Bmatrix} 73/13 \\ 0 \\ 0 \\ 146/15 \end{Bmatrix}$$

或者：

$$[C] = \begin{bmatrix} 1 & 0 & 0 & 0 & 0 & 0 \\ 0 & 158/15 & -73/15 & 0 & 0 & 0 \\ 0 & -73/15 & 158/15 & -73/15 & 0 & 0 \\ 0 & 0 & -73/15 & 158/15 & -73/15 & 0 \\ 0 & 0 & 0 & -73/15 & 158/15 & 0 \\ 0 & 0 & 0 & 0 & 0 & 1 \end{bmatrix} \begin{Bmatrix} a_1 \\ a_2 \\ a_3 \\ a_4 \\ a_5 \\ a_6 \end{Bmatrix} = \begin{Bmatrix} 1 \\ 73/15 \\ 0 \\ 0 \\ 146/15 \\ 2 \end{Bmatrix}$$

式中，第一、第六个方程是边界条件为 $a_1 = 1$、$a_6 = 2$ 的占位符，其解是：
$\{a\} = \{1.0000 \quad 0.8784 \quad 0.9012 \quad 1.0722 \quad 1.4194 \quad 2.0000\}^T$。

练习 1.14 使用边界条件 $u(0) = 1$、$u'(1) = 3.6$，求解示例 1.7 中的问题。

练习 1.15 使用边界条件 $u'(0) = -1$、$u(1) = 2$，求解示例 1.7 中的问题。

1.4 后求解操作

在组装系数矩阵和执行基本边界条件（当适用时）之后，通过利用系数矩阵的对称性和稀疏性的几种方法之一来求解联立方程组。求解器分为两大类：直接和迭代求解器。在特定应用程序中，求解器的最佳选择取决于问题的大小和可用的计算资源。

在求解过程的最后，有限元解将以某种形式提供：

$$u_{FE} = \sum_{j=1}^{N_u} a_j \varphi_j(x) \tag{1.81}$$

式中，索引指的是全局编号，N_u 是自由度的个数加上 Dirichlet 条件的个数。

将基函数分解为它们的组成形函数，并在局部编号约定中创建单元级解记录。因此，第 k 个单元的有限元解如下所示：

$$u_{FE}^{(k)} = \sum_{j=1}^{p_k+1} a_j^{(k)} N_j(\xi) \tag{1.82}$$

感兴趣量的计算

本节概述了直接法和间接法计算典型工程感兴趣量（QoI）的过程。

1. $u_{FE}(x_0)$ 的计算

在点 $x = x_0$ 处直接计算 u_{FE} 涉及一个查找过程，以识别点 x_0 所在的单元 I_k，并使用由式（1.60）定义的映射函数的逆函数，确定 x_0 对应的标准坐标 $\xi_0 \in I_{st}$：

$$\xi_0 = Q_k^{-1}(x_0) = \frac{2x_0 - x_k - x_{k+1}}{x_{k+1} - x_k} \tag{1.83}$$

$u_{FE}(x_0)$ 的计算式为：

$$u_{FE}(x_0) = \sum_{j=1}^{p_k+1} a_j^{(k)} N_j(\xi_0) \tag{1.84}$$

2. $u'_{FE}(x_0)$ 的直接计算

在 x_0 点上直接计算 u'_{FE} 涉及使用式（1.83）计算相应的标准坐标 $\xi_0 \in I_{st}$，并计算以下表达式：

$$\left(\frac{du_{FE}}{dx}\right)_{x=x_0} = \frac{2}{\ell_k}\left(\frac{du_{FE}}{d\xi}\right)_{\xi=\xi_0} = \frac{2}{\ell_k}\sum_{j=1}^{p_k+1}a_j^{(k)}\left(\frac{dN_j}{d\xi}\right)_{\xi=\xi_0} \tag{1.85}$$

式中，$\ell_k \stackrel{\text{def}}{=} x_{k+1} - x_k$。高阶导数的计算与此类似。

注释 1.8 当绘制如函数 $u_{FE}(x)$ 和 $u'_{FE}(x)$ 等感兴趣量时，绘制程序所需的数据是通过将标准单元等分为 n 个等长区间产生的，n 是所需的分辨率。计算网格点对应的 QoI。这个过程不涉及逆映射。在节点中，信息是由共享该节点的两个单元提供的。如果计算的 QoI 是不连续的，那么不连续性将在节点处可见，除非绘图算法自动平均 QoI。

3. 节点中 $u'_{FE}(x_0)$ 的间接计算

结点中的一阶导数可以由广义式间接确定。例如，从有限元解中计算节点 x_k 处的一阶导数，选择 $v = N_1(Q_k^{-1}(x))$ 并使用。

$$\int_{x_k}^{x_{k+1}}(\kappa u'_{FE}v' + cu_{FE}v)dx = \int_{x_k}^{x_{k+1}}fvdx + [\kappa u'_{FE}v]_{x=x_{k+1}} - [\kappa u'_{FE}v]_{x=x_k} \tag{1.86}$$

用于后处理操作中计算函数的测试函数称为提取函数。这里 $v = N_1(Q_k^{-1}(x))$ 是函数 $-[ku'_{FE}]_{x=x_k}$ 的提取函数，这是因为 $v(x_k) = 1$ 和 $v(x_{k+1}) = 0$，因此根据定义可得：

$$\begin{aligned}-[\kappa u'_{FE}]_{x=x_k} &= \int_{x_k}^{x_{k+1}}(\kappa u'_{FE}v' + cu_{FE}v)dx - \int_{x_k}^{x_{k+1}}fvdx \\ &= \sum_{j=1}^{p_k+1}c_{1j}^{(k)}a_j^{(k)} - r_1^{(k)}\end{aligned} \tag{1.87}$$

其中，根据定义 $c_{ij}^{(k)} = k_{ij}^{(k)} + m_{ij}^{(k)}$。

示例 1.8 我们用直接法和间接法找到示例 1.7 中问题的 $u'_{FE}(1)$。在这种情况下，精确解是已知的，由此我们得到 $u'_{EX}(1) = 3.5978$。通过直接计算可得：

$$u'_{FE}(1) = \frac{2}{\ell_5}\left(\frac{du_{FE}}{d\xi}\right)_{\xi=1} = 5(a_6 - a_5) = 2.9028 \quad (19.32\%\ 误差)$$

通过间接计算可得：

$$u'_{FE}(1) = -\frac{73}{15}a_5 + \frac{79}{15}a_6 = 3.6254 \quad (0.77\%\ 误差)$$

示例 1.9 下面的例子说明，即使在离散化非常不合理的情况下，间接法也可以有效而准确地获得 QoI。我们将考虑这个问题：

$$\int_0^\ell u'v' \mathrm{d}x = \int_0^\ell \delta(x-\bar{x})v\mathrm{d}x = v(\bar{x}), \quad u(0) = u(\ell) = 0$$

式中，δ 是 delta 函数，参见附录 A 中的定义 A.5。我们感兴趣的是找到 $u'(0)$ 的近似值。已知数据为 $\ell=1$ 和 $\bar{x}=1/4$。我们将使用一个有限元，并考虑 $p=2,3,\cdots$ 的情况。这是一个糟糕的离散化选择，因为 u 的导数在 $x=\bar{x}$ 处是不连续的，而形函数的所有导数都是连续的。正确的离散化方法应该是使用两个或多个有限元，并在 $x=\bar{x}$ 处设置一个节点。这样在 $p=1$ 处，就可以得到精确解。

如果我们使用 Legendre 形函数，那么式（1.66）中显示的系数矩阵将是完全对角矩阵。由于边界条件影响，前两行和前两列将为零，对角项将为 2。参考式（1.75），右边向量将是：

$$r_i = N_i(\bar{\xi}) \quad 其中 \quad \bar{\xi} = Q^{-1}(\bar{x}) = -1/2$$

因此，形函数的系数可以写为 $a_i = r_{i+2}/2(i=1,2,\cdots,p-1)$，其中通过移动索引来重新编号变量以说明边界条件：$a_1 = a_2 = 0$。因此：

$$u_{FE} = \frac{1}{2}\sum_{i=1}^{p-1} N_{i+2}(\bar{\xi})N_{i+2}(\xi)$$

QoI 为：

$$u'_{FE}(0) = \sum_{i=1}^{p-1} N_{i+2}(\bar{\xi}) \left.\frac{\mathrm{d}N_{i+2}}{\mathrm{d}\xi}\right|_{\xi=-1}$$

根据式（1.53）中 N_i 的定义，我们有：

$$\left.\frac{\mathrm{d}N_{i+2}}{\mathrm{d}\xi}\right|_{\xi=-1} = \sqrt{\frac{2i+1}{2}}P_i(-1) = \sqrt{\frac{2i+1}{2}}(-1)^i$$

QoI 可以写为：

$$u'_{FE}(0) = \sum_{i=1}^{p-1} N_{i+2}(\bar{\xi})\sqrt{\frac{2i+1}{2}}(-1)^i = \frac{1}{2}\sum_{i=1}^{p-1}(-1)^i(P_{i+1}(\bar{\xi}) - P_{i-1}(\bar{\xi}))$$

在这里，我们使用了式（1.55）。图 1.7 中给出了直接法计算的 QoI 值与多项式次数从 2 ～ 100 之间的关系。可以看出，收敛到精确值 $u'_{EX}(0)=0.75$ 是非常缓慢的。

间接法基于式（1.18）应用于本例，采用以下形式：

$$\int_0^1 u'v' \mathrm{d}x = \int_0^1 \delta(\bar{x})v\mathrm{d}x + (u'v)_{x=1} - (u'v)_{x=0}$$

选择 $v=1-x$，并重新排列我们得到的项：

$$u'(0) = v(\overline{x}) + \int_0^1 u' \mathrm{d}x = v(\overline{x}) = 0.75$$

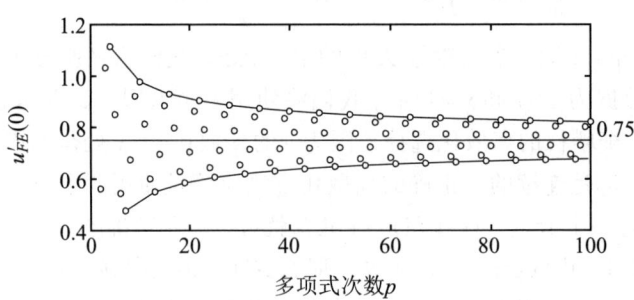

图 1.7 直接法计算示例 1.9 的 $u'_{FE}(0)$ 值

这是确切解。选择 $v=1-x$ 非常偶然，因为它恰好是 $u'(0)$ 的格林函数（也称为影响函数）。因此，提取的值与解 $u \in E^0(I)$ 无关。

让我们选择 $v=1-x^2$ 作为提取函数。在这种情况下：

$$u'(0) = v(\overline{x}) - \int_0^1 u'v' \mathrm{d}x = \frac{15}{16} + 2\int_0^1 u'x \mathrm{d}x$$

用 u'_{FE} 代替 u'：

$$\int_0^1 u'_{FE} x \mathrm{d}x = \sum_{i=1}^{p-1} \frac{N_{i+2}(\overline{\xi})}{2} \sqrt{\frac{2i+1}{2}} \int_{-1}^{1} P_i(\xi) \frac{1+\xi}{2} \mathrm{d}\xi$$
$$= \frac{1}{4}\sum_{i=1}^{p-1} N_{i+2}(\overline{\xi}) \sqrt{\frac{2i+1}{2}} \int_{-1}^{1} P_i(\xi)(P_0(\xi)+P_1(\xi)) \mathrm{d}\xi = -\frac{3}{32}$$

考虑到 Legendre 多项式的正交性，见式（D.13），该求和只需对 $p=2$ 进行评估。对于 $p \geq 2$，$u'_{FE}(0) = 0.5156$（31.25% 误差）。

1.5.4 节给出了为什么该提取方法比直接计算更有效。

练习 1.16 用直接法和间接法求出示例 1.7 中问题的 $u'_{FE}(0)$，并计算相对误差。

练习 1.17 对于示例 1.9 中的问题，令 $v=1-x^3$ 为提取函数。计算 $p \geq 3$ 时 $u'_{FE}(0)$ 的提取值。

节点力

由 $\{f^{(k)}\}$ 表示的与单元 k 有关的节点力向量定义如下：

$$\{f^{(k)}\} = [K^{(k)}]\{a^{(k)}\} - \{\overline{r}^{(k)}\} \quad k=1,2,\cdots,M(\Delta) \tag{1.88}$$

式中，$[K^{(k)}]$ 是刚度矩阵，$\{a^{(k)}\}$ 是解矢量，$\{\overline{r}^{(k)}\}$ 是载荷矢量，对应作用在单元

k 上的牵引力、集中力和热载荷。

节点力的符号约定与杆力的符号约定不同：杆力在拉伸时是正的；而节点力在沿正坐标轴方向作用时是正的。

练习 1.18 假设使用基于 Legendre 多项式的层次基函数。证明当 κ 是常量且在 I_k 上 $c=0$ 时，那么：

$$f_1^{(k)} + f_2^{(k)} = r_1^{(k)} + r_2^{(k)}$$

与多项式次数 p_k 无关。符号约定参见图 1.8。考虑热载荷和牵引载荷。本练习表明节点力处于平衡状态，与有限元解无关。因此，节点力的平衡不是有限元解质量的指标。

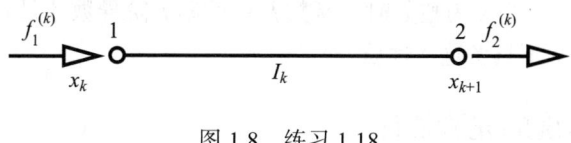

图 1.8 练习 1.18

1.5 能量范数误差的估计

我们已经看到，有限元解在式（1.48）的意义上最小化了能量范数的误差。因此，很自然地使用能量范数作为近似误差的度量。有两种类型的误差估计：先验估计，确定离散格式的渐近收敛速度，给定精确解的正则性（平滑性）信息；后验估计，为特定问题有限元解提供能量范数误差估计。

在数学文献中有大量关于收敛速度的先验估计工作，给出了精确解正则性的定量度量和离散化序列。基本理论不在本书的范围之内；然而，了解主要结果对于有限元分析的实践者来说是重要的。详情请参阅文献 [28，45，70，84]。

1.5.1 规律性

让我们考虑精确解具有函数形式的问题：

$$u_{EX} = x^\alpha \varphi(x), \quad \alpha > 1/2, \quad x \in I = (0, \ell) \tag{1.89}$$

式中，$\varphi(x)$ 是分析函数或分段分析函数，请参见附录 A 中的定义 A.1。我们考虑这种形式的函数的动机是，这组函数模拟了线性椭圆边值问题在多边形和多面体区域顶点附近解的奇异行为。对于 u_{EX} 在能量空间中，它的一阶导数在 I 上必须是平方可积的。因此：

$$\int_0^\ell x^{2(\alpha-1)} \mathrm{d}x > 0$$

由此得出，α 必须大于 $1/2$。

在下面我们将看到，当 α 不是一个整数时，用有限元法近似 u_{EX} 的难度与 $(\alpha-1/2)>0$ 的大小有关。$(\alpha-1/2)>0$ 越小，越难接近 u_{EX}。

如果 α 是一个分数，那么在数学文献中用来衡量正则性的指标是平方可积导数的最大个数，其中导数的概念被推广到分数。见附录 A.2.3 节和 A.2.4 节。就我们的目的而言，只要记住，如果 u_{EX} 具有式（1.89）的函数形式，且不是整数，则 u_{EX} 位于 Sobolev 空间 $H^{\alpha+1/2-\epsilon}(I)$ 中，其中 $\epsilon>0$ 是任意小的。这意味着 u_{EX} 的一阶导数必须大于 $1/2$，才能是平方可积的。见参考文献 [59]。

如果 α 是一个整数，那么 u_{EX} 是一个解析函数或分段解析函数，其正则性的度量是 u_{EX} 导数的大小。类似的定义也适用于二维和三维情况。

注释 1.9 只有当 k 为整数时，函数 $f(x)$ 的第 k 阶导数才是 $f(x)$ 的局部性质。对于非整数导数则不具备这一性质。

1.5.2 收敛速度的先验估计

分析人员需要为特定的问题选择离散化方案。合理的离散化选择是基于精确解的正则性的先验信息。如果我们知道精确解位于 Sobolev 空间 $H^k(I)$ 中，那么就可以说，在给定一个离散化序列方案的情况下，随着自由度的增加，能量范数的误差将如何快速趋近于零。指数 k 可以从输入数据 κ、c 和 f 中推断或估计出来。

我们定义：

$$h = \max_j \ell_j / \ell, \quad j = 1, 2, \cdots, M(\Delta) \tag{1.90}$$

式中，ℓ_j 是第 j 个单元的长度，ℓ 是解域 $I=(1,\ell)$ 的大小。这可以推广到二维和三维情况，其中 ℓ 是域的直径，ℓ_j 是第 j 个单元的直径。在这种情况下，直径是指最小圆的直径（一维和二维情况下），或最小球直径（三维情况下）。在二维和三维情况下，解域用 Ω 表示。

下面给出 $u_{EX} \in H^k(\Omega)$、拟均匀网格和 p 次多项式的能量范数相对误差的先验估计为：

$$(e_r)_E \overset{\text{def}}{=} \frac{\|u_{EX} - u_{FE}\|_{E(\Omega)}}{\|u_{EX}\|_{E(\Omega)}} \leq \begin{cases} C(k) \dfrac{h^{k-1}}{p^{k-1}} \|u_{EX}\|_{H^k(\Omega)}, & k-1 \leq p \\ C(k) \dfrac{h^p}{p^{k-1}} \|u_{EX}\|_{H^{p+1}(\Omega)}, & k-1 > p \end{cases} \tag{1.91}$$

式中，$E(\Omega)$ 是能量范数，k 通常是小数，$C(k)$ 是一个正常数，它取决于 k 但不取决于 h 或 p。该式给出了能量范数中相对误差的渐近收敛速度的上限[22]（如 $h \to 0$ 或 $p \to \infty$），适用于一维、二维和三维情况。对于一维和二维，下界在文献 [13,

24]和文献[46]中得到证明,并且表明当奇点位于顶点时,p型的收敛速度是h型收敛速度的两倍,当两者都以自由度数为表达形式时。可以合理地假设对于三维情况也可以证明类似的结果;但是,目前尚无此类证明。

我们发现用下面的形式表述能量范数的相对误差更方便:

$$(e_r)_E \leq \frac{C}{N^\beta} \tag{1.92}$$

式中,N为自由度数,C和β为正常数,β称为代数收敛速度。在一维中,对于h型,$N \propto 1/h$;对于p型,$N \propto p$。因此,对于$k-1 < p$,我们有$\beta = k-1$。但是,对于重要的特殊情况,如解具有式(1.89)所示的函数或者有一个类似$u = |x - x_0|^\lambda$的项并且$x_0 \in \bar{I}$是一个节点的情况下,对于p型,$\beta = 2(k-1)$:p型收敛率是h型收敛速度的两倍[22, 84]。

当精确解为解析函数时,则$u_{EX} \in H^\infty(\Omega)$且渐近收敛速度为指数级:

$$(e_r)_E \leq \frac{C}{\exp(\gamma N^\theta)} \tag{1.93}$$

式中,C、γ和θ是正常数,与N无关。一维$\theta \geq 1/2$,二维$\theta \geq 1/3$,三维$\theta \geq 1/5$,见文献[10]。

当精确解是分段解析函数时,则式(1.93)仍然成立,前提是解析函数的边界点是节点,或者更一般地,位于有限元的边界上。

能量范数测量的误差$e = u_{EX} - u_{FE}$与势能误差之间的关系由以下定理确定。

定理 1.5

$$\|e\|_E^2 = \|u_{EX} - u_{FE}\|_{E(I)}^2 = \pi(u_{FE}) - \pi(u_{EX}) \tag{1.94}$$

证明:令$e = u_{EX} - u_{FE}$,注意到$e \in E^0(I)$,从$\pi(u_{FE})$的定义可以得到:

$$\pi(u_{FE}) = \pi(u_{EX} - e) = \frac{1}{2}B(u_{EX} - e, u_{EX} - e) - F(u_{EX} - e)$$

$$= \frac{1}{2}B(u_{EX}, u_{EX}) - F(u_{EX}) \underbrace{-B(u_{EX}, e) + F(e)}_{0} + \frac{1}{2}B(e, e)$$

$$= \pi(u_{EX}) + \|e\|_{E(I)}^2$$

注释 1.10 根据式(1.5)并假设κ和c是常数。在这种情况下,u的平滑度仅取决于f的平滑度:如果$f \in C^k(I)$,则对于任何$k \geq 0$,$u \in C^{k+2}(I)$。类似地,如果$f \in H^k(I)$,则$u \in H^{k+2}(I)$。对于任何$k \geq 0$,这称为移位定理。更一般地,u的平滑度取决于κ、c和F的平滑度。对于移位定理的精确陈述和证明,可参考文献[21]。

注释 1.11 关于如何在精确解的二阶导数有界的假设下得到先验估计,详细讨论见附录 B。

1.5.3 误差的后验估计

有限元计算的目标是估计某些感兴趣的量（QoI），例如 $I = (0, \ell)$ 上 u 或 u' 的最大值和最小值。由于有限元解是精确解的近似值，因此仅报告根据有限元解计算的 QoI 值是不够的。还需要提供 QoI 相对误差的估计值，或提供 QoI 相对误差不大于可接受值的证明。

在本节中，我们将使用 1.5.2 节中描述的先验估计来获得能量范数误差的后验估计。有可能对某一大类问题得到非常精确的估计，其中包括大多数实际感兴趣的问题。

基于外推的误差估计

对于大多数实际问题，式（1.92）的估计值是足够精确的，因此小于或等于符号($\leqslant$)可以用近似等号($\approx$)代替，这种先验估计可以以后验方式使用。

有限元空间序列 $S_1 \subset S_2 \subset \cdots S_n$ 对应的势能计算值可用于外推法估计能量范数的误差。具有这种性质的有限元空间序列称为层次序列。根据定理 1.5 和式（1.92）有：

$$\pi(u_{FE}) - \pi(u_{EX}) \approx \frac{\mathcal{C}^2}{N^{2\beta}} \tag{1.95}$$

式中，$\mathcal{C} \stackrel{\text{def}}{=} C\|u_{EX}\|_{E(I)}$。有三个未知数：$\pi(u_{EX})$、$\mathcal{C}$ 和 β。假设我们有一个解序列对应于有限元空间的层次序列 $S_{i-2} \subset S_{i-1} \subset S_i$。用 π_{i-2}、π_{i-1}、π_i 表示相应的计算势能值，用 N_{i-2}、N_{i-1}、N_i 表示自由度。将 $\pi(u_{EX})$ 的估计用 π_∞ 表示。有了这个符号，我们有：

$$\pi_i - \pi_\infty \approx \frac{\mathcal{C}^2}{N_p^{2\beta}} \tag{1.96}$$

$$\pi_{i-1} - \pi_\infty \approx \frac{\mathcal{C}^2}{N_{i-1}^{2\beta}} \tag{1.97}$$

关于除法。对式（1.96）和式（1.97）取对数，我们得到：

$$\log \frac{\pi_i - \pi_\infty}{\pi_{i-1} - \pi_\infty} \approx 2\beta \log \frac{N_{i-1}}{N_i} \tag{1.98}$$

并且，将 $i-1$ 替换为 i，可以消去 2β，得到：

$$\frac{\pi_i - \pi_\infty}{\pi_{i-1} - \pi_\infty} \approx \left(\frac{\pi_{i-1} - \pi_\infty}{\pi_{i-2} - \pi_\infty}\right)^Q \tag{1.99}$$

式中：

$$Q = \log\frac{N_{i-1}}{N_i}\left(\log\frac{N_{i-2}}{N_{i-1}}\right)^{-1}$$

通过式（1.99）可以求解 π_∞，从而得到势能的精确值。

序列中第 i 个有限元解能量范数的相对误差估计如下：

$$e_i \approx \left(\frac{\pi_i - \pi_\infty}{|\pi_\infty|}\right)^{1/2} \tag{1.100}$$

通常报告的是相对误差百分比。该估计量已经通过许多不同平滑度问题的已知精确解进行了检验。结果表明，该方法适用于许多问题，包括大多数有实际意义的问题；然而，它不能保证对于所有可以想到的问题都能很好地工作。例如，如果精确解恰好与所有奇数 i 值相关的基函数能量正交，则该方法将失败。

注释 1.12 由式（1.92）可得：

$$\log(e_r)_E \approx \log C - \beta \log N \tag{1.101}$$

在双对数标度上绘制 $(e_r)_E$ 与 N 的关系曲线时，对于足够大的 N，将看到一条斜率为 $-\beta$ 的直线。β_i 表示序列中第 i 个解对应的 β 估计值。它由式（1.98）计算得出：

$$\beta_i = \frac{1}{2}\frac{\log(\pi_i - \pi) - \log(\pi_{i-1} - \pi)}{\log N_{i-1} - \log N_i} \tag{1.102}$$

实例

下面讨论关于一组模型问题的有限元解的性质。现将这些问题说明如下：找到 $u_{FE} \in S^0(I)$，使得：

$$\int_0^\ell (\kappa u'_{FE}v' + cu_{FE}v)\mathrm{d}x = F(v), \quad v \in S^0(I) \tag{1.103}$$

式中，κ 和 c 为常数，$F(v)$ 定义精确解为：

$$u_{EX} = x^\alpha(\ell - x), \text{在区间 } I = (0, \ell)\text{上}, \quad \alpha > 1/2 \tag{1.104}$$

如 1.5.1 节所述，当 α 不是整数时，在下面考虑的情况下，解位于空间 $H^{\alpha+1/2-\epsilon}(I)$ 中。因此，根据式（1.92）预测的均匀网格上的 h 型收敛的渐近速度为 $\beta = \alpha - 1/2$，在固定网格上 p 型收敛的渐近速度为 $\beta = 2\alpha - 1$。

我们选择这个问题是因为它代表了二维和三维椭圆边值问题精确解的奇异部分。

参考定理 1.3，对于所有 $v \in S^0(I)$，我们有 $B(u_{EX} - u_{FE}, v) = 0$，因此 $F(v) =$

$B(u_{EX}, v)$。因此对于第 k 个单元,局部编号中的载荷矢量为:

$$r_i^{(k)} = \int_{x_k}^{x_{k+1}} (\kappa u'_{EX} \varphi'_i + c u_{EX} \varphi_i) \mathrm{d}x, \quad i = 1, 2, \cdots, p_k + 1 \tag{1.105}$$

式中,定义 $\varphi_i(Q_k(\xi)) = N_i(\xi)$。

当 $1/2 < \alpha < 1$ 时,u_{EX} 的一阶导数在 $x=0$ 处为无穷大。为了避免在积分函数中出现 u'_{EX} 项。将式(1.105)中的第一项进行分部积分:

$$\int_{x_k}^{x_{k+1}} \kappa u'_{EX} \varphi'_i \mathrm{d}x = (\kappa u_{EX} \varphi'_i)_{x_k}^{x_{k+1}} - \int_{x_k}^{x_{k+1}} \kappa u_{EX} \varphi''_i \mathrm{d}x$$

由于 $\varphi''_i = 0$,对于 $i=1$ 和 $i=2$,我们有:

$$r_1^{(k)} = -\frac{1}{\ell_k}(\kappa u_{EX})_{x=x_{k+1}} + \frac{1}{\ell_k}(\kappa u_{EX})_{x=x_k} + \frac{\ell_k}{2}\int_{-1}^{1}(c u_{EX})_{x=Q_k(\xi)} N_1 \mathrm{d}\xi$$

$$r_2^{(k)} = \frac{1}{\ell_k}(\kappa u_{EX})_{x=x_{k+1}} - \frac{1}{\ell_k}(\kappa u_{EX})_{x=x_k} + \frac{\ell_k}{2}\int_{-1}^{1}(c u_{EX})_{x=Q_k(\xi)} N_2 \mathrm{d}\xi$$

对于 $i \geq 3$,我们有:

$$\begin{aligned} r_i^{(k)} = &\sqrt{\frac{2i-3}{2}} \frac{2}{\ell_k} \left((\kappa u_{EX})_{x=x_{k+1}} - (-1)^i (\kappa u_{EX})_{x=x_k} - \int_{-1}^{1} (\kappa u_{EX})_{x=Q_k(\xi)} \frac{\mathrm{d}P_{i-2}}{\mathrm{d}\xi} \mathrm{d}\xi \right) + \\ &\frac{\ell_k}{2} \int_{-1}^{1} (c u_{EX})_{x=Q_k(\xi)} N_i \mathrm{d}\xi \end{aligned} \tag{1.106}$$

式中,$P_{i-2}(\xi)$ 是 $i-2$ 次 Legendre 多项式,并使用了式(D.10)。

由于精确解是已知的,因此对于 α、κ、c 和 ℓ 的任意一组值都可以确定势能的精确值。当 κ 和 c 均为常数时,则:

$$\pi(u_{EX}) = -\frac{1}{2}\left[\kappa \left(\frac{\alpha^2}{2\alpha-1} \ell^{2\alpha-1} - (\alpha+1) \ell^{2\alpha} + \frac{(\alpha+1)^2}{2\alpha+1} \ell^{2\alpha+1} \right) + c \left(\frac{1}{2\alpha+1} \ell^{2\alpha+1} - \frac{1}{\alpha+1} \ell^{2(\alpha+1)} + \frac{1}{2\alpha+3} \ell^{2\alpha+3} \right) \right] \tag{1.107}$$

不同 α 值下 $\kappa=1$、$c=50$ 和 $\ell=1$ 时势能的精确值如表 1-2 所示。

表 1-2 不同 α 值下 $\kappa=1$、$c=50$ 和 $\ell=1$ 时势能的精确值

α	$\pi(u_{EX})$	α	$\pi(u_{EX})$
0.600	−2.3728354978	1.000	−1.0000000000
0.700	−1.7571858289	1.500	−0.5104166667
0.800	−1.4176885916	2.000	−0.3047619048
0.900	−1.1799028822	3.000	−0.1420634921

当 α 是小数时，高于 α 的导数在 $x=0$ 时不是有限的。在 $0.5<\alpha<1$ 的范围内，$x=0$ 处的一阶导数无穷大。α 的这个范围具有相当大的实际意义，因为二维和三维问题的精确解通常包含类似项。

当 α 是整数时，u_{EX} 的所有导数都是有限的。因此 u_{EX} 可以通过泰勒级数在域 $\bar{I}=[0,\ell]$ 的任意点进行近似。已知在 p 次多项式处的泰勒级数的误差项由 u_{EX} 的 $(p+1)$ 次导数界定：

$$\max|u_{FE}-u_{EX}|\leq\frac{\ell^{p+1}}{(p+1)!}\max_{x\in\bar{I}}\left|\frac{\mathrm{d}^{p+1}u_{EX}}{\mathrm{d}x^{p+1}}\right| \quad (1.108)$$

在 α 是整数且 $p_{\min}\geq\alpha+1$ 的特殊情况下，$u_{FE}=u_{EX}$。

练习 1.19 证明式（1.106）可由式（1.105）获得。

示例 1.10 让我们考虑形式为式（1.103）的模型问题。具有以下数据：$\ell=1$、$\kappa=1$、$c=50$ 和对应 $\alpha=0.6$、0.7、0.8、0.9 的形式为式（1.104）的精确解。我们将使用一系列均匀的有限元网格，其中 $M(\Delta)=10$、100、1000，并且每个单元分配 $p_k=p=2$。我们感兴趣的是估计相对误差和真实相对误差之间的关系。通过式（1.99）计算的势能值及其估计的极限值列于表 1-3。这些与表 1-2 中列出的势能精确值相当。势能的估计极限值用 $\pi_{M(\Delta)\to\infty}$ 表示。

利用表 1-2 和表 1-3 中提供的信息，可以比较相对误差的估计值和精确值。例如，使用式（1.100）和 $\|(u_{FE})_{M(\Delta)}\|_{E(I)}^2=|\pi_{M(\Delta)}|$。

表 1-3 势能的计算值和估计值（所有单元采用均匀网格细化，$p_k=p=2$）

$M(\Delta)$	N	$\alpha=0.6$	$\alpha=0.7$	$\alpha=0.8$	$\alpha=0.9$
10	19	−2.17753673	−1.73038992	−1.41382648	−1.17955239
100	199	−2.25079984	−1.74673700	−1.41675042	−1.17984996
1000	1999	−2.29589857	−1.75303348	−1.41745363	−1.17989453
$\pi_{M(\Delta)\to\infty}$		−2.37254083	−1.75716094	−1.41768637	−1.17990276

$M(\Delta)=10,\alpha=0.8$ 时能量范数的估计相对误差为：

$$(e_r^*)_E=\sqrt{\frac{\pi(u_{FE})-\pi_{M(\Delta)\to\infty}}{|\pi_{M(\Delta)\to\infty}|}}=\sqrt{\frac{-1.41382648+1.41768637}{1.41768637}}=0.0522$$

或 5.22%。当使用势能的精确值作为参考时，相对误差与估计的相对误差相同，精度在三位数以内：

$$(e_r)_E=\sqrt{\frac{\pi(u_{FE})-\pi(u_{EX})}{\|u_{EX}\|_{E(I)}^2}}=\sqrt{\frac{-1.41382648+1.41768859}{1.41768859}}=0.0522$$

练习 1.20 比较示例 1.10 中问题的能量范数相对误差的估计值和精确值，其中 $M(\Delta)=100$、$\alpha=0.7$。

示例 1.11 让我们再次考虑形式为式（1.103）的模型问题。数据 $\ell=1$、$\kappa=1$、$c=50$ 和对应 $\alpha=0.6$、0.7、0.8、0.9 的精确解，见式（1.104）。使用 $M(\Delta)=10$、100、1000、10000 和 $p=2$ 的均匀有限元网格序列，结果如图 1.9 所示。β 的值是使用式（1.101）通过线性回归计算的。我们观察到 $\beta=\alpha-1/2$。这与式（1.91）给出的渐近估计是一致的。

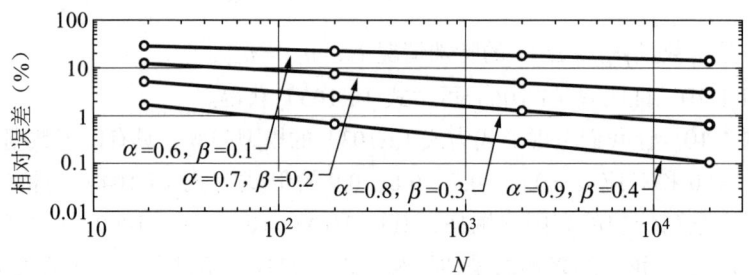

图 1.9 能量范数的相对误差 $M(\Delta)=10、100、1000、10000, p=2$

示例 1.12 让我们考虑式（1.103）形式的模型问题。数据：$\ell=1$、$\kappa=1$、$c=50$ 和对应 $\alpha=0.6$、0.7、0.8、0.9 的精确解，见式（1.104）。使用均匀有限元网格，其中 $M(\Delta)=10$，并且每个单元分配 $p=2、3、4、5$，结果如图 1.10 所示。β 的值是使用式（1.101）通过线性回归计算的。我们观察到 $\beta=2(\alpha-1/2)$，即收敛速度是示例 1.11 中的两倍。这与文献 [22, 84] 中的理论结果一致：当奇异点为节点时，p 型收敛速度至少是 h 型收敛速度的两倍。

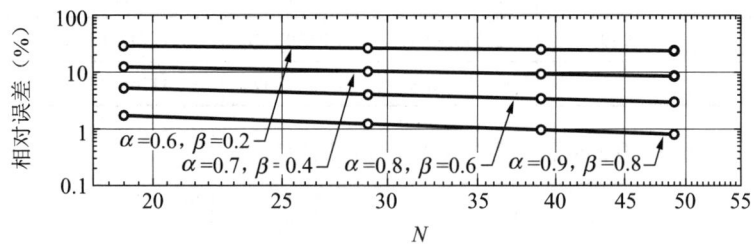

图 1.10 能量范数的相对误差 $M(\Delta)=10, p=2、3、4、5$

1.5.4 提取的 QoI 中的误差

在示例 1.9 中，证明了即使离散化选择非常差，也可以从有限元解中有效且准确地提取 QoI。让我们考虑一个感兴趣的量 $\Phi(u)$ 和对应的提取函数 $w\in E(I)$。

QoI 的提取值为：
$$\Phi(u_{FE}) = F(w) - B(u_{FE}, w) \tag{1.109}$$

QoI 的确切值为：
$$\Phi(u_{EX}) = F(w) - B(u_{EX}, w) \tag{1.110}$$

从式（1.110）减去式（1.109）可得到：
$$\Phi(u_{EX}) - \Phi(u_{FE}) = -B(u_{EX} - u_{FE}, w) \tag{1.111}$$

我们定义一个函数 $z_{EX} \in E^0(I)$，使得：
$$B(z_{EX}, v) = B(w, v) \text{ 对于所有 } v \in E^0(I) \tag{1.112}$$

该操作将 $w \in E(I)$ 投影到空间 $E^0(I)$ 上。设 $v = u_{EX} - u_{FE}$，我们得到：
$$B(z_{EX}, u_{EX} - u_{FE}) = B(w, u_{EX} - u_{FE}) \text{ 对于所有 } v \in E^0(I)$$

我们将把这个写为：
$$B(u_{EX} - u_{FE}, w) = B(u_{EX} - u_{FE}, z_{EX}) \tag{1.113}$$

接下来我们定义 $z_{FE} \in S^0(I)$，使得：
$$B(z_{EX}, v) = B(z_{FE}, v) \text{ 对于所有 } v \in S^0(I) \tag{1.114}$$

该操作将 $z_{EX} \in E^0(I)$ 投影到空间 $S^0(I)$ 上。根据 Galerkin 的正交条件（见定理 1.3）我们有：
$$B(u_{EX} - u_{FE}, v) = 0 \text{ 对于所有 } v \in S^0(I)$$

因此，设 $v = z_{FE}$，将式（1.113）写为：
$$B(u_{EX} - u_{FE}, w) = B(u_{EX} - u_{FE}, z_{EX} - z_{FE}) \tag{1.115}$$

根据式（1.111），有：
$$\Phi(u_{EX}) - \Phi(u_{FE}) = -B(u_{EX} - u_{FE}, z_{EX} - z_{FE}) \tag{1.116}$$

因此，提取的数据中的误差为：
$$\begin{aligned}|\Phi(u_{EX}) - \Phi(u_{FE})| &= |B(u_{EX} - u_{FE}, z_{EX} - z_{FE})| \\ &\leqslant 2\|u_{EX} - u_{FE}\|_{E(I)} \|z_{EX} - z_{FE}\|_{E(I)}\end{aligned} \tag{1.117}$$

其中，我们使用了施瓦茨不等式，见附录 A.3 节。

函数 z_{FE} 使得能够以这种形式表达 QoI 的误差。它不需要计算。

式（1.117）用于解释为什么提取数据中的误差可以比能量范数中的误差更快地收敛到零：如果 $\|z_{EX} - z_{FE}\|_{E(I)}$ 与 $\|u_{EX} - u_{FE}\|_{E(I)}$ 大小相当，那么提取数据中的误差

就与应变能量中的误差相当,即能量范数误差的平方。但是,正如示例 1.9 所示,其中 w 比 u_{EX} 平滑得多,它可以小得多。在提取函数为格林函数的特殊情况下,误差为零。

1.6 一维中的离散化选择

在理想的离散化中,与每个单元相关的误差(能量范数)是相同的。这种理想的离散化可以通过自适应方法来近似,其中离散化是根据之前获得的有限元解的反馈信息进行修改的。或者,基于对规律性和离散化之间关系的一般理解,以及对可用软件工具的优点和局限性的理解,分析人员可以制定非常有效的离散化方案。

1.6.1 精确解位于 $H^k(I)$ 中,$k-1 > p$

当解平滑时,最有效的有限元离散化方案是均匀网格和高阶多项式。然而,所有有限元分析软件的实现都对多项式的次数有限制,因此可能无法通过提高多项式的次数来达到所需的准确度。在这种情况下,网格必须被细化。然而,在所有情况下,均匀细化可能并不是最优的。例如,请考虑以下问题:

$$-\epsilon^2 u'' + cu = f(x), \quad u(0) = u'(\ell) = 0 \qquad (1.118)$$

式中,$\epsilon \ll c$ 和 f 是平滑函数。直观地说,当 ϵ^2 很小时,解将接近于 $u = f/c$。但是由于边界条件 $u(0)=0$ 必须满足,函数 $u(x)$ 将在某个区间 $0 < x < d(\epsilon) \ll \ell$ 内发生急剧变化。

设 $c = 1$ 且 $f(x) = 1$,这个问题的精确解是:

$$u_{EX}(x) = 1 - \cosh(x/\epsilon) + \tanh(\ell/\epsilon)\sinh(x/\epsilon) \qquad (1.119)$$

在图 1.11 中的 $0 < x/\ell < 0.20$ 区间内绘制不同的 ϵ 值。可以看出,$x = 0$ 的梯度随 ϵ 的减小而迅速增加。

这是边界层问题的一个简单例子,出现在板、壳和流体流动的模型中。尽管 u_{EX} 是一个解析函数,但当 ϵ 很小时,它可能需要不切实际的高阶多项式才能获得接近解的近似值。

我们讨论了边界层问题的最优离散化方案,并结合文献 [85] 中的 hp 型进行了讨论。分析结果表明,边界处的单元大小与多项式次数 p 和参数 ϵ 的乘积成正比。具体地说,对于这里讨论的问题,最优网格由两个单元组成,节点位于 $x_1 = 0, x_2 = d, x_3 = \ell$,其中 $d = Cp\epsilon$,$0 < C < 4/e$。

解决这类问题的一个实用方法是在边界上创建一个单元(在更高维度上是一

层单元），其大小由一个参数控制。然后自适应地选择该参数的最优值。

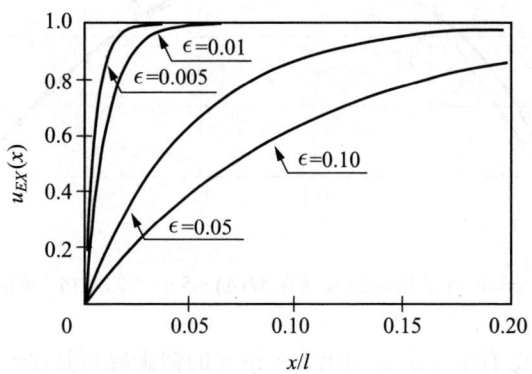

图 1.11 对于 $x=0$ 邻域的不同 ϵ 值情况下，由式（1.119）给出的解 $u_{EX}(x)$

1.6.2 精确解位于 $H^k(I)$ 中，$k-1 \leqslant p$

在本节中，我们考虑式（1.103）中所述问题的一个特殊情况。

$$\int_0^\ell u'v'\mathrm{d}x = F(v), \text{对于所有 } v \in E^0(I) \tag{1.120}$$

根据数据 $u(0)=u(\ell)=0, \ell=1$ 和 $F(v)$ 的定义，精确解为：

$$u_{EX} = x^\alpha(1-x), \quad \alpha > 1/2, \quad 0 < x < 1 \tag{1.121}$$

即

$$F(v) = \int_0^\ell (\alpha x^{\alpha-1} - (\alpha+1)x^\alpha)v'\mathrm{d}x \tag{1.122}$$

即通过部分积分，我们得到了以下更适合于数值计算的表达式：

$$F(v) = -\int_0^\ell u_{EX} v''\mathrm{d}x \tag{1.123}$$

我们提出了以下问题：1）能量范数的误差如何依赖于参数 α，网格 Δ 和 p 型分布？2）这个误差是如何在这些单元之间分布的？理解这些关系对于根据关于精确解的正则性先验信息做出合理的离散化选择是必要的。

我们计算了第 k 个单元的精确解与其线性插值之差的势能：

$$\bar{\pi}_{EX}^{(k)} = \frac{1}{2}\int_{x_k}^{x_{k+1}}\left(u'_{EX} - \frac{u_{EX}(x_{k+1}) - u_{EX}(x_k)}{x_{k+1} - x_k}\right)^2 \mathrm{d}x$$

$\alpha = 0.75$ 的精确解及其在 $M(\Delta) = 5$ 的均匀网格上的线性插值如图 1.12 所示。

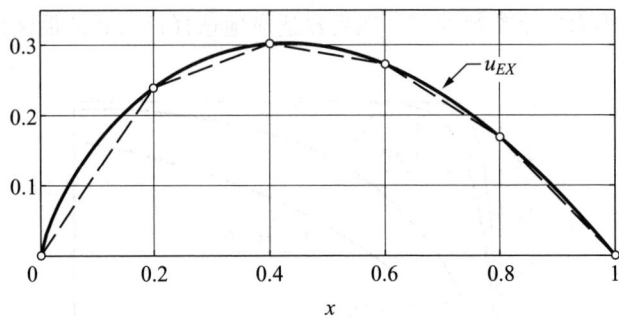

图 1.12 $\alpha = 0.75$ 的精确解及其在 $M(\Delta) = 5$ 的均匀网格上的线性插值

为了得到用 $\bar{\pi}_{FE}^{(k)}$ 有限元表示的第 k 个单元的精确解与其线性插值之差的势能，我们需要求解：

$$\frac{2}{\ell_k}\begin{bmatrix} 1 & 0 & \cdots & 0 \\ 0 & 1 & \cdots & 0 \\ \vdots & \vdots & & \vdots \\ 0 & 0 & \cdots & 1 \end{bmatrix} \begin{Bmatrix} a_3^{(k)} \\ a_4^{(k)} \\ \vdots \\ a_{p_k+1}^{(k)} \end{Bmatrix} = \begin{Bmatrix} r_3^{(k)} \\ r_4^{(k)} \\ \vdots \\ r_{p_k+1}^{(k)} \end{Bmatrix} \quad (1.124)$$

其解为

$$a_i^{(k)} = \frac{\ell_k}{2} r_i^{(k)}, \quad i = 3, 4, \cdots, p_k + 1 \quad (1.125)$$

使用式（1.106）可得到：

$$r_i^{(k)} = -\sqrt{\frac{2i-3}{2}} \frac{2}{\ell_k} \int_{-1}^{1} (\kappa \tilde{u}_{EX}^{(k)})_{x=Q_k(\xi)} \frac{\mathrm{d}P_{i-2}}{\mathrm{d}\xi} \mathrm{d}\xi, \quad i = 3, 4, \cdots, p_k + 1 \quad (1.126)$$

式中，$\tilde{u}_{EX}^{(k)}$ 是 u_{EX} 与其线性插值的差值：

$$\tilde{u}_{EX}^{(k)} = (u_{EX})_{x=Q_k(\xi)} - \left(\frac{1-\xi}{2} u_{EX}(x_k) + \frac{1+\xi}{2} u_{EX}(x_{k+1}) \right) \quad (1.127)$$

计算：

$$\bar{\pi}_{FE}^{(k)} = -\frac{1}{2} \sum_{i=3}^{p_k+1} a_i^{(k)} r_i^{(k)}$$

参考定理 1.5，与第 k 个单元相关的能量范数误差为：

$$\|e_k\|_{E(I_k)} = \sqrt{\bar{\pi}_{FE}^{(k)} - \bar{\pi}_{EX}^{(k)}} \quad (1.128)$$

与第 k 个单元相关的能量范数的相对误差为：

$$(e_r^{(k)})_E = \frac{\|e_k\|_{E(I_k)}}{\sqrt{|\bar{\pi}_{EX}^{(k)}|}} \quad (1.129)$$

在整个结构域上的近似误差为：

$$\|u_{EX} - u_{FE}\|_{E(I)} = \left(\sum_{k=1}^{M(\Delta)} \|e_k\|_{E(I_k)}^2\right)^{1/2} = \sqrt{\pi_{FE} - \pi_{EX}} \tag{1.130}$$

根据定理 1.2，势能的精确值为：

$$\pi(u_{EX}) = -\frac{1}{2}\int_0^1 (u'_{EX})^2 \mathrm{d}x = -\frac{1}{2}\left(\frac{\alpha^2}{2\alpha - 1} - (\alpha + 1) + \frac{(\alpha + 1)^2}{2\alpha + 1}\right) \tag{1.131}$$

注释 1.13 在估计局部误差时，我们使用了 $u_{FE}(x_k) = u_{EX}(x_k)$。可以证明，在这个问题的特殊情况下（$c = 0$），这种关系成立，因此在式（1.128）中使用等号是合理的。在一般情形下（$c \neq 0$），$u_{FE}(x_k) \neq u_{EX}(x_k)$，式（1.128）将是有限元解中局部误差的估计。因此式（1.128）中的等号必须替换为近似等号（≈），式（1.130）中的第一个等号必须替换为小于或等于号（≤）。

示例 1.13 这个例子说明了对于一个固定的网格和多项式次数，以及选定的 α 分数值，单元之间的相对误差的分布。在区域 (0,1) 上使用 $M(\Delta) = 5$ 和 $p_k = 2$（对于 $k = 1, 2, \cdots, 5$）的均匀网格。$\alpha = 0.75$ 的精确解如图 1.12 所示。式（1.129）中给出了与第 k 个单元相关的能量范数的相对误差百分比，如表 1-4 所示，整个域的相对错误如最后一列所示。

表 1-4 对于选定的 α 分数值，每个单元和能量范数（百分比）中的总相对误差

α	单元号					$(e_r)_E$
	1	2	3	4	5	
1.25	79.49	7.50	2.80	1.63	1.12	4.80
1.15	99.52	4.06	1.63	0.97	0.67	3.92
1.05	29.56	1.24	0.53	0.32	0.22	1.77
0.95	18.89	1.16	0.52	0.32	0.22	2.41
0.85	42.94	3.26	1.52	0.94	0.67	9.82
0.75	60.39	5.14	2.47	1.56	1.11	22.37
0.65	76.07	6.86	3.39	2.16	1.56	42.91
0.55	91.80	8.44	4.28	2.76	2.00	76.22

可以看到，对于 α 的所有值，最大误差都与第一个单元相关联。

示例 1.14 这个例子说明了对于一个固定的网格和多项式次数，以及选定的 α 整数值，在单元之间的相对误差的分布。在区域（0，1）上使用 $M(\Delta) = 5$ 和 $p_k = 2$（对于 $k = 1, 2, \cdots, 5$）的均匀网格。式（1.129）中给出了与第 k 个单元相关的能量范数的相对误差百分比，如表 1-5 所示，整个域的相对错误如最后一列

所示。

表 1-5 对于选定的 α 的整数值，每个单元和能量范数（百分比）中的总相对误差

α	单元号					$(e_r)_E$
	1	2	3	4	5	
1	0	0	0	0	0	0
2	11.00	61.24	15.31	7.02	4.55	2.45
3	20.09	4.69	98.83	16.16	9.24	4.62
4	36.98	8.41	17.24	30.13	14.02	8.00

$\alpha=1$ 的近似误差为零。这直接遵循定理 1.4：精确解是一个二次函数。因此，它位于有限元空间，因此有限元解与精确解是相同的。

注释 1.14 在前面的讨论中，默认所有通过数值积分计算的数据都是准确的，线性方程组的系数矩阵是这样的：右边向量的微小变化会导致解向量的微小变化。当系数矩阵的条件数相当小时，就会发生这种情况。在有限元方法中，条件数取决于形函数、映射函数和网格的选择。在一维情况下，映射是线性的，形函数是能量正交的。因此四舍五入误差并不重要，但在二维和三维空间中却不是这样。数值积分中的误差可能具有误导性，读者在将本章讨论的概念和程序应用到更高维度时，应该注意这一点。

1.7 特征值问题

以下问题是包括弹性结构的无阻尼振动在内的一类重要工程问题的原型：

$$-(\kappa u')' + cu = -\mu \frac{\partial^2 u}{\partial t^2}, \quad x \in (0, \ell), \quad t \in (0, \infty) \tag{1.132}$$

我们可以认为一个弹性棒的长度为 ℓ，横截面为 A，弹性模量为 E，在这种情况下 $\kappa \equiv AE > 0$，单位为牛顿 (N)，参数 $c \geq 0$ 是分布弹簧的系数 (N/mm²)，参数 $\mu > 0$ 为单位长度的质量 (kg/m $= 10^{-6}$ Ns²/mm²)。杆在纵向上振动。

边界条件为：

$$u(0,t) = 0, \quad u(\ell,t) = 0$$

初始条件是：

$$u(x,0) = f(x), \quad \left.\frac{\partial u}{\partial t}\right|_{(x,0)} = g(x)$$

式中，$f(x)$ 和 $g(x)$ 是在 $L^2(I)$ 中给定的函数。这里我们考虑齐次 Dirichlet 边界条

件。然而，边界条件可以是齐次诺伊曼条件或齐次罗宾条件，或者这些条件的任何组合。

广义形式通过将式（1.133）乘以一个测试函数 $v \in E^0(I)$ 并进行分部积分得到

$$\int_0^\ell (\kappa u'v' + cuv)\mathrm{d}x = -\int_0^\ell u\frac{\partial^2 u}{\partial t^2} v\mathrm{d}x \tag{1.133}$$

现在我们介绍 $u = U(x)T(t)$，式中 $U \in E^0(I), T \in C^2(0,\infty)$。这称为变量的分离。因此可得：

$$T\int_0^\ell (\kappa U'v' + cUv)\mathrm{d}x = -\frac{\partial^2 T}{\partial t^2}\int_0^\ell \mu Uv\mathrm{d}x \tag{1.134}$$

可以写为：

$$\frac{\int_0^\ell (\kappa U'v' + cUv)\mathrm{d}x}{\int_0^\ell \mu Uv\mathrm{d}x} = -\frac{1}{T}\frac{\partial^2 T}{\partial t^2} = \omega^2 \tag{1.135}$$

由于左边的函数与 t 无关，函数 T 只依赖于 t，两个表达式必须等于某个正常数，记为 ω^2。这个常数必须是正的，因为左边的表达式适用于所有的 $v \in E^0(I)$，如果我们选择 $v = U$，那么左边的表达式是正的。

函数 $T(t)$ 满足常微分方程：

$$\frac{\partial^2 T}{\partial t^2} + \omega^2 T = 0 \tag{1.136}$$

其解是：

$$T = a\cos(\omega t) + b\sin(\omega t) \tag{1.137}$$

式中，ω 为角速度 (rad/s)。或者写成 $\omega = 2\pi f$，f 是频率（Hz）。

$$\int_0^\ell (\kappa U'v' + cUv)\mathrm{d}x - \omega^2\int_0^\ell \mu Uv\mathrm{d}x = 0 \text{ 对于所有 } v \in E^0(I) \tag{1.138}$$

要找到 ω 和 U，我们必须要解决这个问题：

$$B(U,v) - \omega^2 D(U,v) = 0 \text{ 对于所有 } v \in E^0(I) \tag{1.139}$$

上式有无穷多个解，称为特征对 $(\omega_i, U_i), i = 1, 2, \cdots, \infty$。特征值集合称为频谱。如果 U_i 是一个特征函数，α 是一个实数，那么 αU_i 也是一个特征函数。下面我们假设特征函数已经被归一化，使得

$$D(U_i, U_i) \equiv \int_0^\ell \mu U_i^2 \mathrm{d}x = 1$$

如果特征值是不同的，那么相应的特征函数是正交的：设 (ω_i, U_i) 和 (ω_j, U_j) 是特征对，$i \neq j$。然后从式（1.140）中我们得到：

$$B(U_i, U_j) - \omega_i^2 D(U_i, U_j) = 0$$

$$B(U_j, U_i) - \omega_j^2 D(U_j, U_i) = 0$$

从第一个等式中减去第二个等式，我们可以看到，如果 $\omega_i \neq \omega_j$，那么 U_i 和 U_j 是正交函数：

$$D(U_i, U_j) \equiv \int_0^\ell \mu U_i U_j \mathrm{d}x = 0 \tag{1.140}$$

因此，$B(U_i, U_j) = 0$。

重要的是，它可以证明任何函数 $f \in E^0(I)$ 都可以写成特征函数的线性组合：

$$\left\| f - a \sum_{i=1}^\infty a_i U_i(x) \right\|_{L^2(I)} = 0 \tag{1.141}$$

式中：

$$a_i = \int_0^\ell \mu f U_i \mathrm{d}x \tag{1.142}$$

Rayleigh 商定义为：

$$R(u) = \frac{B(u,u)}{D(u,u)} \tag{1.143}$$

特征值通常以升序编号：

$$\omega_1^2 \equiv \omega_{\min}^2 = \min_{u \in E^0(I)} R(u) = R(U_1) \tag{1.144}$$

即最小特征值是 Rayleigh 商的最小值，相应的特征函数是 $E^0(I)$ 上 $R(u)$ 的最小值。这直接来自式（1.140）。第 k 个特征值在空间 $E_k^0(I)$ 上使得 $R(u)$ 最小化

$$\omega_k^2 = \min_{u \in E_k^0(I)} R(u) = R(U_k) \tag{1.145}$$

式中：

$$E_k^0(I) = \{u \mid u \in E^0(I), B(u, U_i) = 0, i = 1, 2, \cdots, k-1\} \tag{1.146}$$

当计算特征值时，就会在有限维空间 $S^0(I)$ 上寻找 Rayleigh 商的最小值。我们从 $R(u)$ 定义中可以看到，固有频率的逼近误差将取决于在能量范数下，特征函数在空间 $S^0(I)$ 中的逼近程度。

以下示例说明了，在数值计算的特征值序列中，只有较低的特征值可以很好地近似。然而，至少在原则上，可以通过适当地扩大空间 $S^0(I)$ 来获得特征值的良好近似。

示例 1.15 让我们考虑特征值问题

$$\kappa \frac{\partial^2 u}{\partial x^2} = \mu \frac{\partial^2 u}{\partial t^2}, \quad u(0) = u(\ell) = 0, t \geq 0 \tag{1.147}$$

这个等式模拟了（除其他）长度为 l 的弦在水平力方向上被 $\kappa > 0(\mathrm{N})$ 拉伸时的自由振动（自然频率和模式形状），假设位移无穷小，并且局限在一个平面内，即振动的平面，弦的两端是固定的。单位长度的质量是 $\mu > 0(\mathrm{kg/m})$。我们假设 κ 和 μ 是常数。留给读者来验证函数 u 是否定义为：

$$u = \sum_{i=1}^{\infty}(a_i \cos(\omega_i t) + b_i \sin(\omega_i t))\sin(\lambda_i x) \tag{1.148}$$

式中，a_i，b_i 系数是由初始条件确定，以及：

$$\lambda_i = i\frac{\pi}{\ell}, \quad \omega_i = \lambda_i\sqrt{\frac{\kappa}{\mu}} \tag{1.149}$$

满足式（1.147）。

如果我们使用均匀网格逼近特征函数，$p=2$ 并绘制比值 $(\omega_{FE}/\omega_{EX})_n$ 对 n/N 的图，其中 n 是第 n 个特征值，那么我们得到如图 1.13 所示的曲线。曲线表明，数值计算的特征值有 20% 以上是准确的。

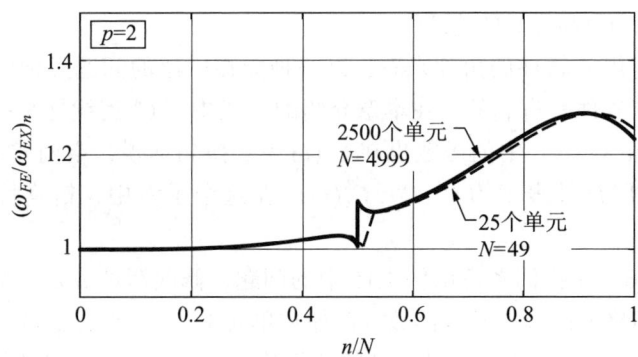

图 1.13　比值 $(\omega_{FE}/\omega_{EX})_n$ 对应 h 型，$p=2$

在空间 $S^0(I)$ 中，较高的特征值不能被很好地近似。在 $n/N = 0.5$ 处看到的跳跃是通过使用 h 型的标准有限元空间进行数值逼近特征值的一个特征。跳跃的位置取决于单元的多项式次数。当 $p=1$ 时没有跳跃。

如果我们近似的特征函数使用由 5 个单元组成的均匀网格，并均匀增加多项式次数，那么我们将得到如图 1.14 所示的曲线。曲线显示，只有大约 40% 的数值计算特征值将是准确的。误差对于更高的特征值单调增加，且误差的大小几乎与 p 无关。

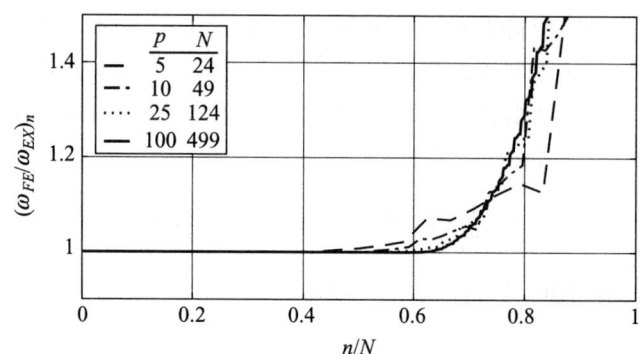

图 1.14　比值 $(\omega_{FE}/\omega_{EX})_n$ 对应 p 型，由 5 个单元组成的均匀网格

通过加强导数的连续性来减少这种误差。相关示例可以在文献 [32] 中找到。不过这需要权衡利弊，在基函数上加强导数的连续性可减少自由度的数量，但会带来大量的编程负担，因为在自适应方案设计的一般情况下，需要确保执行适当的连续性。例如，如果 u 是一个分段常数函数，那么在 u 不连续的点，就不应该强制执行第一和更高导数的连续性。

从设计有限元软件的角度来看，以一种能在广泛的问题类别中都表现良好的方式来设计软件是有利的。在本章介绍的公式中，C^0 连续性是一个要求。位于 $C^k(I)$（其中 $k>0$）中的函数也在 $C^0(I)$ 中。换句话说，空间 $C^k(I)$ 嵌入在空间 $C^0(I)$ 中。用符号表示为 $C^k(I) \subset C^0(I)$。在这个示例中，精确特征函数位于 $C^\infty(I)$ 中。

示例 1.16　让我们考虑示例 1.15 中的问题，修改后的 μ 是一个定义在 5 个单元的均匀网格上的分段常数函数，例如在单元 1、3 和 5 上 $\mu=1$，在单元 2 和 4 上 $\mu=0.2$。在这种情况下，精确的特征函数是不平滑的，精确的特征值是不明确的。

在 $p=5$ 处有 24 个自由度。假设感兴趣的是第 24 个特征值，如果我们均匀地增加 p，那么这个特征值会收敛到 98.312。计算结果如表 1-6 所示。

表 1-6　在示例 1.16 中的第 24 个特征值的 p 型收敛性

p	5	10	15	20
ω_{24}	194.296	100.787	98.312	98.312

任何特征值都可以在适当定义的网格上和均匀增加的自由度上以任意精度近似。当 κ 或 μ 是不连续的函数时，则不连续点必须是节点点。

观察到数值计算的特征值从上方单调收敛。这直接源于特征函数是 Rayleigh 商的最小化解这一事实。

练习 1.21 证明式（1.143）。

练习 1.22 利用广义公式和基函数 $\varphi_n(x) = \sin(n\pi x/\ell), (n=1,2,\cdots,N)$ 求示例 1.15 中问题的特征值。假设 κ 和 μ 是常数，且 $\mu/\kappa = 1$。设 $\ell = 10$。解释是什么使得这个基函数的选择非常特殊。

提示：由于基函数的正交性，只涉及手工计算。

1.8 其他有限元方法

至此，我们一直关注基于广义公式（即虚功原理）的有限元方法。还有许多其他的有限元方法。所有的有限元方法都具有以下属性：

（1）公式表达。在范数线性空间 X 和 Y 上定义一个双线性形式 $B(u,v)$（即 $u \in X, v \in Y$），并且在 Y 上定义函数 $F(v)$。精确解 u_{EX} 属于 X，并满足：

$$B(u_{EX}, v) = F(v) \text{ 对于所有 } v \in Y \tag{1.150}$$

范数线性空间 X、Y、线性函数 F 以及双线性形式 B 满足 A.1.1 节和 A.1.2 节中列出的相应属性。

（2）有限元空间。定义有限维子空间 $S_i \subset X, V_i \subset Y (i=1,2,\cdots)$，并假设存在 $\hat{u}_i \in S_i$，使得函数序列 $\hat{u}_i (i=1,2,\cdots)$ 在空间 X 中收敛于精确解 u_{EX}，即：

$$\|u_{EX} - \hat{u}_i\|_X \leq \epsilon_i \quad \epsilon_i \to 0 \text{ 随着 } i \to \infty \tag{1.151}$$

函数 $\hat{u}_i$ 通常不是有限元解。

（3）有限元解。有限元解 $u_{i|FE} \in S_i$ 满足：

$$B(u_{i|FE}, v) = F(v) \text{ 对于所有 } v \in V_i \tag{1.152}$$

（4）稳定性准则。如果有限元方法满足以下条件，则称其是稳定的：

$$\|u_{i|FE} - \hat{u}_i\|_X \leq C\|U - \hat{u}_i\|_X \quad i=1,2,\cdots \tag{1.153}$$

对于所有可能的 $U \in X$。有限元方法稳定的充要条件是对于每个 $u \in S_i$，存在一个 $v \in V_i$，使得：

$$|B(u,v)| \geq C\|u\|_X \|v\|_Y \tag{1.154}$$

式中，$C > 0$ 是一个常数，与 i 无关；或者对于每个 $v \in V_i$，存在一个 $u \in S_i$ 使得这个不等式成立。这个不等式称为 Babuška-Brezzi 条件，通常简称为"BB 条件"。

如果不满足 Babuška-Brezzi 条件，那么至少会存在一些 $u_{EX} \in X$，使得当 $i \to \infty$ 时，$\|u_{EX} - u_{i|FE}\|_X$ 不趋于 0，即使可能存在一些 $u_{EX} \in X$，使得当 $i \to \infty$ 时，$\|u_{EX} - u_{i|FE}\|_X$ 趋于 0。文献 [6] 中给出了示例。一般来说，很难甚至不可能将那些

该方法效果良好的 u_{EX} 与那些效果不好的区分开来。Babuška-Brezzi 条件保证了刚度矩阵的条件数不会随着 i 的增加而变得太大。

注释 1.15 任何有限元方法的实现都必须证明满足 Babuška-Brezzi 条件，否则对于某些输入数据该方法将会失败，即使它对于其他输入数据可能效果良好。基于虚功原理的公式满足 Babuška-Brezzi 条件。

练习 1.23 证明基于虚功原理的有限元方法满足 Babuška-Brezzi 条件。

1.8.1 耦合法

考虑将式（1.5）写成如下形式：

$$\kappa u' - F = 0 \tag{1.155}$$

$$-F' + cu = f \tag{1.156}$$

假设边界条件为 $u(0) = u(\ell) = 0$。

接下来，我们将使用在 A.2.2 节和 A.2.3 节中引入的符号的一维等价形式。将式（1.156）乘以 $G \in L^2(I)$，将式（1.157）乘以 $v \in H^1(I)$，进行分部积分，并将所得结果相加，得到：

$$\int_0^\ell \left(\kappa \frac{\mathrm{d}u}{\mathrm{d}x}G - FG\right)\mathrm{d}x + \int_0^\ell \left(F\frac{\mathrm{d}v}{\mathrm{d}x} + cuv\right)\mathrm{d}x = \int_0^\ell Tv\mathrm{d}x \tag{1.157}$$

我们定义双线性形式为：

$$B(u,F;v,G) \stackrel{\text{def}}{=} \int_0^\ell (\kappa u'G - FG)\mathrm{d}x + \int_0^\ell (Fv' + cuv)\mathrm{d}x \tag{1.158}$$

线性形式为：

$$F(v) \stackrel{\text{def}}{=} \int_0^\ell fv\mathrm{d}x \tag{1.159}$$

问题现在表述如下：找到 $u_{EX} \in H_0^1(I)$，使得 $F_{EX} \in L^2(I)$：

$$B(u_{EX}, F_{EX}; v, G) = F(v) \text{ 对于所有 } v \in H_0^1(I), G \in L^2(I) \tag{1.160}$$

有限元问题表述如下：找到 $u_{FE} \in S^0(I)$，其中 $S^0(I)$ 是 $H_0^1(I)$ 的一个子空间，$F_{FE} \in V(I)$ 是 $V(I)$ 的一个子空间，使得

$$B(u_{FE}, F_{FE}; v, G) = F(v) \text{ 对于所有 } v \in S^0(I), G \in V(I) \tag{1.161}$$

现在我们提出问题：在什么意义下 (u_{FE}, F_{FE}) 会接近 (u_{EX}, F_{EX}) 呢？答案是存在一个常数 C，它与有限元网格以及 (u_{EX}, F_{EX}) 无关，使得：

$$\begin{aligned}&\|u_{EX} - u_{FE}\|_{H^1(I)} + \|F_{EX} - F_{FE}\|_{L^2(I)} \\ &\leqslant C[\min\|u_{EX} - u\|_{H^1(I)} + \min\|F_{EX} - F\|_{L^2(I)}]\end{aligned} \tag{1.162}$$

但是，前提是 $S^0(I)$ 和 $V(I)$ 被正确选择。

例如，设 S 是由式（1.61）定义的空间，其中 $p_k = 1, k = 1, 2, \cdots, M(\Delta)$。空间 $S^0(I)$ 的维数是 $M(\Delta) - 1$。对于 $V(I)$，考虑以下三种选择：

（1） $V_1(I)$ 是在每个有限元上为常数的函数集合。$V_1(I)$ 的维数是 $M(\Delta)$。

（2） $V_2(I)$ 是由式（3.11）定义的空间 S，其中 $p_k = 1, k = 1, 2, \cdots, M(\Delta)$（维数是 $M(\Delta) + 1$）。

（3） $V_3(I)$ 是在每个单元上为线性且在节点处不连续的函数集合（维数是 $2M(\Delta)$）。

对于 $V(I)$ 的这些选择，混合公式分别导出具有 $2M(\Delta) - 1$、$2M(\Delta)$ 和 $3M(\Delta) - 1$ 个未知数的线性方程组。在 $V = V_1$ 和 $V = V_3$ 的情况下，存在一个常数 C，使得对于所有的 u_{EX}、F_{EX}，式（1.163）成立。然而，在 $V = V_2$ 的情况下，不存在这样的常数。这意味着无论 C 有多大，都会存在一些 $u_{EX} \in H_0^1(I)$ 和 $F_{EX} \in L^2(I)$，以及网格 Δ，不满足式（1.163）。此外，会存在 $u_{EX} \in H_0^1(I)$ 和 $F_{EX} \in L^2(I)$ 使得不满足式（1.163），因此有限元解将收敛到基础的精确解。

1.8.2 Nitsche 方法

Nitsche 方法允许将本质边界条件作为自然边界条件来处理。这在二维和三维情况下具有一定的优势。以下是该方法在算法方面的概述。关于更多细节，可参考文献 [51]。

考虑以下问题：

$$-u'' + cu = f(x), \quad x \in (0, \ell) \tag{1.163}$$

边界条件为 $u'(0) = 0$ 和 $u(\ell) = u_\ell$。然而，在 $x = \ell$ 处，我们代入自然边界条件：

$$u'(\ell) = \frac{1}{\epsilon}(\hat{u}_\ell - u(\ell)) \tag{1.164}$$

式中，ϵ 是一个很小的正数，$1/\epsilon$ 称为惩罚参数。如果我们考虑势能，惩罚参数的作用就会变得很明显。

$$\Pi(u) = \frac{1}{2} \int_0^\ell ((u')^2 + cu^2) \mathrm{d}x + \frac{1}{2\epsilon}(u(\ell) - \hat{u}_\ell)^2 - \int_0^\ell f(x) u \mathrm{d}x \tag{1.165}$$

当 $\epsilon \to 0$ 时，势能的极小值收敛于 Dirichlet 问题的解；然而，数值问题会变得条件不良。Nitsche 方法使数值问题稳定化，使其能够在包括 $\epsilon = 0$ 在内的整个边界条件范围内求解该问题。

1. 稳定性

将式（1.164）两边同时乘以 v 并进行分部积分，我们得到：

$$-u'(\ell)v(\ell) + \int_0^\ell (u'v' + cuv)\mathrm{d}x = \int_0^\ell f(x)v\mathrm{d}x \tag{1.166}$$

我们引入稳定性参数 γ，并将式（1.165）两边同时乘 $v(\ell)\epsilon/(\epsilon+\gamma\ell)$，得到：

$$\frac{1}{\epsilon+\gamma\ell}(\epsilon u'(\ell)v(\ell) + u(\ell)v(\ell)) = \frac{1}{\epsilon+\gamma\ell}\hat{u}_\ell v(\ell) \tag{1.167}$$

将式（1.167）和式（1.168）相加，我们得到：

$$\int_0^\ell (u'v' + cuv)\mathrm{d}x - \frac{\gamma\ell}{\epsilon+\gamma\ell}u'(\ell)v(\ell) + \frac{1}{\epsilon+\gamma\ell}u(\ell)v(\ell)$$
$$= \int_0^\ell f(x)v\mathrm{d}x + \frac{1}{\epsilon+\gamma\ell}\hat{u}_\ell v(\ell) \tag{1.168}$$

然后，将式（1.165）两边同时乘 $v'(\ell)\epsilon\gamma\ell/(\epsilon+\gamma\ell)$，得到：

$$\frac{\epsilon\gamma\ell}{\epsilon+\gamma\ell}u'(\ell)v'(\ell) + \frac{\gamma\ell}{\epsilon+\gamma\ell}u(\ell)v'(\ell) = \frac{\gamma\ell}{\epsilon+\gamma\ell}\hat{u}_\ell v'(\ell) \tag{1.169}$$

从式（1.169）中减去式（1.170），我们得到广义公式：

$$\int_0^\ell (u'v' + cuv)\mathrm{d}x - \frac{\gamma\ell}{\epsilon+\gamma\ell}(u'(\ell)v(\ell) + u(\ell)v'(\ell)) +$$
$$\frac{1}{\epsilon+\gamma\ell}u(\ell)v(\ell) - \frac{\epsilon\gamma\ell}{\epsilon+\gamma\ell}u'(\ell)v'(\ell) \tag{1.170}$$
$$= \int_0^\ell f(x)v\mathrm{d}x + \frac{1}{\epsilon+\gamma\ell}\hat{u}_\ell v(\ell) - \frac{\gamma\ell}{\epsilon+\gamma\ell}\hat{u}_\ell v'(\ell)$$

在式（1.171）中令 $\epsilon = 0$，我们得到 Nitsche 提出的稳定化方法[67]：

$$\int_0^\ell (u'v' + cuv)\mathrm{d}x - (u'(\ell)v(\ell) + u(\ell)v'(\ell)) + \frac{1}{\gamma\ell}u(\ell)v(\ell)$$
$$= \int_0^\ell f(x)v\mathrm{d}x + \frac{1}{\gamma\ell}\hat{u}_\ell v(\ell) - \hat{u}_\ell v'(\ell) \tag{1.171}$$

2. 数值示例

令 $c=1$、$f(x)=1$、$\ell=10$，以及 $\hat{u}_\ell = 0.25$。我们使用一个单元和在 1.3.1 节中定义的层次形函数来构建数值问题。根据定义：

$$u = \sum_{j=1}^{p+1} a_j N_j(\xi), \quad v = \sum_{i=1}^{p+1} b_i N_i(\xi) \tag{1.172}$$

式中，p 是多项式次数。因此 $u(\ell) = a_2$ 且 $v(\ell) = b_2$，并且使用 Legendre 形函数，当 $p=3$ 时，未经 Nitsche 方法修正的无约束系数矩阵为：

$$[M] = \frac{2}{\ell}\begin{bmatrix} 1/2 & -1/2 & 0 & 0 \\ & 1/2 & 0 & 0 \\ & (\text{对称}) & 1 & 0 \\ & & & 1 \end{bmatrix} + \frac{c\ell}{2}\begin{bmatrix} 2/3 & 1/3 & -1/\sqrt{6} & 1/3\sqrt{10} \\ & 2/3 & -1/\sqrt{6} & -1/3\sqrt{10} \\ & (\text{对称}) & 2/5 & 0 \\ & & & 2/21 \end{bmatrix}$$

参考式（1.172），通过应用 Nitsche 方法对系数矩阵进行修正。在当前情况下，修正为：

$$[N] = \begin{bmatrix} 0 & 1/\ell & 0 & 0 \\ & -1/\ell + 1/(\gamma\ell) & -\sqrt{12}/\ell & -\sqrt{18}/\ell \\ & (\text{对称}) & 0 & 0 \\ & & & 0 \end{bmatrix}$$

未经 Nitsche 方法修正的无约束右端向量为：

$$\{r\} = \{\ell/2 \quad \ell/2 - (\ell/2)\sqrt{2/3} \quad 0\}^{\mathrm{T}}$$

经过 Nitsche 方法修正后为：

$$\{r_N\} = \{\hat{u}_\ell/\ell \quad \hat{u}_\ell/(\gamma\ell) - \hat{u}_\ell/\ell - \hat{u}_\ell\sqrt{12}/\ell - \hat{u}_\ell\sqrt{18}/\ell\}^{\mathrm{T}}$$

数值结果如表 1-7 所示，结果表明，稳定化公式非常稳健。符号 $(0)_n$ 表示有 n 个零。

表 1-7 计算得到的 $u(\ell)$ 值

γ	10^{-3}	10^{-6}	10^{-9}	10^{-12}	10^{-15}
$u(\ell)$	0.2540348	0.2500004	$0.25(0)_6 4$	$0.25(0)_9 4$	$0.25(0)_{12} 4$

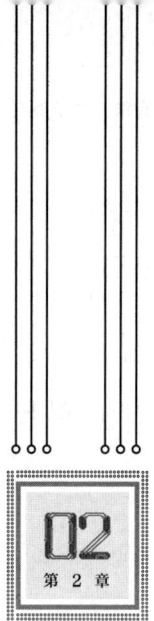

边值问题

边值问题的强形式是根据第一性原理并参考固体中的热传导和弹性问题制定的。此类数学问题出现在结构、机械和航空航天工程中，用于构建物理系统数值模拟的各种数学模型。推导了广义（弱）式并给出了示例。通过示例说明通过降维和使用对称性、反对称性和周期性进行简化。

假定读者熟悉并可以访问有限元软件产品。除非另有说明，否则本书中提供的数值解都是使用 StressCheck 获得的。

2.1 符号表示

n 维的欧几里得空间用 $\mathbb{R}^n$ 表示。$\mathbb{R}^3$ 中的笛卡儿坐标轴标记为 x、y、z（在柱坐标系中为 r、θ、z），$\mathbb{R}^n$ 中的向量用 u 表示。例如，$u \equiv \{u_x u_y u_z\}$ 表示 $\mathbb{R}^3$ 中的向量。

索引符号将与熟悉的笛卡儿符号一起逐步介绍，以便还不熟悉这种符号的读者可以熟悉它。索引符号的基本规则如下：

（1）笛卡儿坐标轴标记为 $x = x_1, y = x_2, z = x_3$。

(2) 在传统符号中，$\mathbb{R}^3$ 中的位置向量是 $\boldsymbol{x} \equiv \{xyz\}^T$。在索引符号中，它只是 x_i。一般向量 $\boldsymbol{a} \equiv \{a_x a_y a_z\}$ 及其转置简单地写为 a_i。

(3) $\mathbb{R}^n$ 中的自由索引被理解为 $1 \sim n$ 的范围。

(4) 两个自由索引代表一个矩阵，矩阵的大小取决于索引的范围。因此，在三维空间（$\mathbb{R}^3$）中：

$$\boldsymbol{a}_{ij} \equiv \begin{bmatrix} a_{11} & a_{12} & a_{13} \\ a_{21} & a_{22} & a_{23} \\ a_{31} & a_{32} & a_{33} \end{bmatrix} \equiv \begin{bmatrix} a_{xx} & a_{xy} & a_{xz} \\ a_{yx} & a_{yy} & a_{yz} \\ a_{zx} & a_{zy} & a_{zz} \end{bmatrix}$$

单位矩阵由 Kronecker 增量 δ_{ij} 表示，定义如下：

$$\delta_{ij} = \begin{cases} 1 & 若 i = j \\ 0 & 若 i \neq j \end{cases} \tag{2.1}$$

(5) 重复索引意味着求和。例如，两个向量 a_i 和 b_j 的标量积是 $a_i b_j \equiv a_1 b_1 + a_2 b_2 + a_3 b_3$。两个矩阵 a_{ij} 和 b_{ij} 的乘积写为 $c_{ij} = a_{ik} b_{kj}$。

定义 2.1 重复索引也称为虚拟索引。这是因为执行了求和，因此索引名称并不重要。例如，$a_i b_i \equiv a_k b_k$。

(6) 为了在索引符号中表示叉积，需要引入排列符号 e_{ijk}。排列符号的组成部分定义如下：

如果 i, j, k 的值不构成 1, 2, 3 的一个排列，则 $e_{ijk} = 0$；

如果 i, j, k 的值构成 1, 2, 3 的一个偶排列，则 $e_{ijk} = 1$；

如果 i, j, k 的值构成 1, 2, 3 的一个奇排列，则 $e_{ijk} = -1$。

向量 $\boldsymbol{a}_j$ 和 $\boldsymbol{b}_k$ 的叉积写为：

$$c_i = e_{ijk} \boldsymbol{a}_j \boldsymbol{b}_k$$

定义 2.2 （1, 2, 3），（2, 3, 1）和（3, 1, 2）是偶排列。（1, 3, 2），（2, 1, 3）和（3, 2, 1）是奇排列。

(7) 逗号后的索引表示由索引确定的变量的微分。例如，如果 $u(x_i)$ 是标量函数，则

$$u_{,2} \equiv \frac{\partial u}{\partial x_2}, \quad u_{,23} \equiv \frac{\partial^2 u}{\partial x_2 \partial x_3}$$

u 的梯度就是 $u_{,i}$。

如果 $u_i = u_i(x_k)$ 是 $\mathbb{R}^3$ 中的向量函数，则：

$$u_{i,i} \equiv \frac{\partial u_1}{\partial x_1} + \frac{\partial u_2}{\partial x_2} + \frac{\partial u_3}{\partial x_3}$$

是 u_i 的散度。

（8）笛卡儿向量和张量的变换规则在附录 K 中给出。

示例 2.1 索引符号中的散度定理为：

$$\int_\Omega u_{i,i} \mathrm{d}V = \int_{\partial\Omega} u_i n_i \mathrm{d}S \tag{2.2}$$

式中，u_i 和 $u_{i,i}$ 在域 Ω 及其边界 $\partial\Omega$ 上连续，$\boldsymbol{n}_i$ 是边界向外的单位法向量，$\mathrm{d}V$ 是微分体积，$\mathrm{d}S$ 是微分曲面。我们将在广义式的推导中使用散度定理。

练习 2.1 写出 $c_i = e_{ijk}\boldsymbol{a}_j\boldsymbol{b}_k$ 的每一项，其中 $\boldsymbol{a}_i = \{a_1 a_2 a_3\}^\mathrm{T}$ 和 $\boldsymbol{b}_i = \{b_1 b_2 b_3\}^\mathrm{T}$。

练习 2.2 概述散度定理在二维空间中的推导。提示：回顾一下格林定理的推导，并将其转化为式（2.2）的形式。

2.2 标量椭圆边值问题

1.1 节介绍的模型问题的三维类比是标量椭圆边值问题：

$$-\mathrm{div}([\boldsymbol{\kappa}]\mathrm{grad}\,u) + cu = f(x,y,z), \quad (x,y,z) \in \Omega \tag{2.3}$$

式中

$$[\boldsymbol{\kappa}] = \begin{bmatrix} \kappa_x & \kappa_{xy} & \kappa_{xz} \\ \kappa_{yx} & \kappa_y & \kappa_{yz} \\ \kappa_{zx} & \kappa_{zy} & \kappa_z \end{bmatrix} \tag{2.4}$$

是一个正定矩阵并且 $c = c(x,y,z) \geq 0$。用索引符号表示式（2.3）如下：

$$-(\kappa_{ij} u_{,j})_{,i} + cu = f \tag{2.5}$$

我们将关注以下线性边界条件。

（1）Dirichlet 边界条件：在边界区域 $\partial\Omega_u$ 上规定 $u = \hat{u}$。当在 $\partial\Omega_u$ 上 $\hat{u} = 0$ 时，Dirichlet 边界条件被称为齐次的。

（2）Neumann 边界条件：通量矢量的定义为：

$$\boldsymbol{q} \stackrel{\text{def}}{=} -[\boldsymbol{\kappa}]\mathrm{grad}\,u, \quad \text{类似地}\, q_i \stackrel{\text{def}}{=} \kappa_{ij} u_{,j} \tag{2.6}$$

法向通量由 $q_n = \boldsymbol{q} \cdot \boldsymbol{n} \equiv q_i n_i$ 定义，其中 $\boldsymbol{n} \equiv n_i$ 是垂直于边界的单位外法向量。当 $q_n = \hat{q}_n$ 在边界区域 $\partial\Omega_q$ 上规定时，该边界条件称为 Neumann 边界条件。当在 $\partial\Omega_q$ 上 $\hat{q}_n = 0$ 时，Neumann 边界条件被称为齐次的。

（3）Robin 边界条件：$q_n = h_R(u - u_R)$ 在边界段 $\partial\Omega_R$ 上给出。在这个表达式中，$h_R > 0$ 和 u_R 是给定的函数。当在 $\partial\Omega_R$ 上 $u_R = 0$ 时，Robin 边界条件被称为齐次的。

（4）便利边界条件：在许多情况下，可以通过利用对称性、反对称性或周期性来简化求解域。这些边界条件称为便利边界条件。

边界段 $\partial\Omega_u$、$\partial\Omega_q$、$\partial\Omega_R$ 和 $\partial\Omega_p$ 是不重叠的，共同覆盖整个边界 $\partial\Omega$。任何边界段都可以是空的。

定义 2.3 Dirichlet 边界条件也称为基本边界条件。Neumann 和 Robin 称为自然边界条件。

2.2.1 广义式

为了获得标量椭圆边值问题的广义式，我们将式（2.5）乘测试函数 v 并在 Ω 域上积分：

$$-\int_\Omega (\kappa_{ij}u_{,j})_{,i} v\,dV + \int_\Omega cuv\,dV = \int_\Omega fv\,dV \tag{2.7}$$

如果指定的操作已定义，则此等式必须适用于任意 v。第一个积分可以写为：

$$\int_\Omega (\kappa_{ij}u_{,j})_{,i} v\,dV = \int_\Omega (\kappa_{ij}u_{,j}v)_{,i}\,dV - \int_\Omega \kappa_{ij}u_{,j}v_{,i}\,dV$$

应用发散定理式（2.2），我们有：

$$\int_\Omega (\kappa_{ij}u_{,j}v)_{,i}\,dV = \int_{\partial\Omega} \kappa_{ij}u_{,j}\boldsymbol{n}_i v\,dS$$

式中，$\boldsymbol{n}_i$ 是边界表面的单位法向量。因此，式（2.7）可以写为如下形式：

$$-\int_{\partial\Omega} \kappa_{ij}u_{,j}\boldsymbol{n}_i v\,dS + \int_\Omega \kappa_{ij}u_{,j}v_{,i}\,dV + \int_\Omega cuv\,dV = \int_\Omega fv\,dV \tag{2.8}$$

习惯表达为：

$$q_i = -\kappa_{ij}u_{,j} \text{ 和 } q_n = q_i\boldsymbol{n}_i$$

因此，可以得到：

$$\int_\Omega \kappa_{ij}u_{,j}v_{,i}\,dV + \int_\Omega cuv\,dV = \int_\Omega fv\,dV - \int_{\partial\Omega} q_n v\,dS \tag{2.9}$$

这是将式（1.18）推广到二维和三维的情况。正如我们在 1.2 节中看到的，广义式的具体表述取决于边界条件。在一般情况下，在 $\partial\Omega_u$ 上规定 $u = \hat{u}$（Dirichlet 边界条件），在 $\partial\Omega_q$ 上规定 $q_n = \hat{q}_n$（Neumann 边界条件），在 Ω_R 上规定 $q_n = h_R(u - u_R)$（Robin 边界条件），参见 2.2 节。将双线性形式定义如下：

$$B(u,v) = \int_\Omega \kappa_{ij}u_{,j}v_{,i}\,dV + \int_\Omega cuv\,dV + \int_{\partial\Omega_R} h_R uv\,dS \tag{2.10}$$

和线性函数：

$$F(v) = \int_\Omega fv\,dV - \int_{\partial\Omega_q} q_n v\,dS + \int_{\partial\Omega_R} h_R u_R v\,dS \tag{2.11}$$

当 $\partial\Omega_R$ 为空时，式（2.10）和式（2.11）中的最后一项将被省略。当在整个边

界上规定 Neumann 条件且 $c = 0$ 时,数据必须满足以下条件:

$$\int_\Omega f \, dV = \int_{\partial\Omega} q_n \, dS \qquad (2.12)$$

空间 $E(\Omega)$ 定义为:

$$E(\Omega) \stackrel{\text{def}}{=} \{u \mid B(u,u) < \infty\}$$

能量范数

$$\|u\|_E \stackrel{\text{def}}{=} \sqrt{\frac{1}{2} B(u,u)}$$

与 $E(\Omega)$ 相关联。可容许函数的空间定义为:

$$\tilde{E}(\Omega) \stackrel{\text{def}}{=} \{u \mid u \in E(\Omega), \text{在 } \partial\Omega_u \text{ 上 } u = \hat{u}\}$$

这里我们假设,对于在 $\partial\Omega_u$ 上指定的任何 $u = \hat{u}$,都存在一个 $u^\star \in E(\Omega)$ 使得在 $\partial\Omega_u$ 上 $u^\star = \hat{u}$。这对 $\hat{u}$ 施加了一定的限制,并确保 $\tilde{E}(\Omega)$ 不为空。测试函数的空间定义为:

$$E^0(\Omega) \stackrel{\text{def}}{=} \{u \mid u \in E(\Omega), \text{在 } \partial\Omega_u \text{ 上 } u = 0\}$$

广义式现在表述如下:"找到 $u \in \tilde{E}(\Omega)$ 使得对于所有 $v \in E^0(\Omega)$ 都有 $B(u,v) = F(v)$"。满足此条件的函数 u 称为广义解。

广义式通常被表述为最小化问题。势能定义为:

$$\pi(u) \stackrel{\text{def}}{=} \frac{1}{2} B(u,u) - F(u) \qquad (2.13)$$

式(2.13)在形式上等同于式(1.36)。定理 1.2 适用于广义式的精确解在空间 $\tilde{E}(\Omega)$ 上最小化势能。势能定义为:

$$\Pi(u) \stackrel{\text{def}}{=} \frac{1}{2} \int_\Omega \kappa_{ij} u_{,i} u_{,j} \, dV + \frac{1}{2} \int_\Omega c u^2 \, dV + \frac{1}{2} \int_{\partial\Omega_R} h_R (u - u_R)^2 \, dS - \int_\Omega f u \, dV + \int_{\partial\Omega_q} q_n u \, dS \qquad (2.14)$$

因此,当在 $\partial\Omega_R$ 上 $u = u_R$ 且 $\Omega_R = \Omega$ 时,$\Pi(u) = 0$。请注意,$\pi(u)$ 与 $\Pi(u)$ 的区别仅在于一个常数。因此,$\pi(u)$ 的最小值与 $\Pi(u)$ 的最小值相同。

练习 2.3 考虑 $\Omega_R = \Omega$ 的情况,即在整个边界上规定 Robin 边界条件。比较式(2.13)和式(2.14)给出的势能定义。

练习 2.4 根据定理 1.2 的证明,证明广义式最小化了式(2.14)给出的 $\Pi(u)$。

2.2.2 连续性

在二维和三维中,$u \in E(\Omega)$ 不一定连续或有界。例如,函数 $u = \log|\log r|$,

其中 $r = (x^2 + y^2)^{1/2}$ 在点 $r = 0$ 处不连续且无界，但它属于 $E(\Omega)$。这具有重要意义：集中通量是不允许的数据。同样，点约束是不允许的，除非为了在 $c = 0$ 并且在整个边界上指定 Neumann 条件，以及满足式（2.12）时保证解的唯一性。

练习 2.5 设 $r = (x^2 + y^2)^{1/2}$ 且 $\Omega = \{r| \ r \leqslant \rho_0 < 1\}$。证明 $u_1 = \log r$ 不属于 $E(\Omega)$ 但 $u_2 = \log|\log r|$ 属于。提示：当 $r < 1$ 时，$u_2 = \log(-\log r)$。

2.3 热传导

稳态势流问题属于可以建模为标量椭圆边值问题的物理现象之一。在本节中，描述了一个通过固体传导对热流进行建模的数学问题公式。

热传导的数学模型基于两个基本关系：守恒定律和傅里叶热传导定律，如下所述。

（1）守恒定律指出，进入传导介质的任何体积单元的热量等于离开该体积单元的热量加上保留在体积单元中的热量。保留的热量导致体积单元的温度变化，该变化与传导介质的比热容 c（单位为 J/(kg K)）乘密度 ρ（单位为 kg/m^3）成正比。温度将由 $u(x, y, z, t)$ 表示，其中 t 是时间。

穿过单位面积的热流率由称为热通量的矢量表示。热通量的单位为 W/m^2 或等效值，表示为 $\boldsymbol{q} = \boldsymbol{q}(x,y,z,t) = \{q_x(x,y,z,t) q_y(x,y,z,t) q_z(x,y,z,t)\}^T$。除了进入和离开体积元件的热通量之外，体积元件内还可能产生热量，例如来自化学反应。单位体积和单位时间产生的热量用 Q 表示（单位 W/m^3）。

将守恒定律应用于图 2.1 所示的体积单元，我们有：

$$\Delta t[q_x \Delta y \Delta z - (q_x + \Delta q_x)\Delta y \Delta z + q_y \Delta x \Delta z - (q_y + \Delta q_y)\Delta x \Delta z + \\ q_z \Delta x \Delta y - (q_z + \Delta q_z)\Delta x \Delta y + Q \Delta x \Delta y \Delta z] = c\rho \Delta u \Delta x \Delta y \Delta z \quad (2.15)$$

假设 u 和 $\boldsymbol{q}$ 是连续且可微的，并且忽略比 Δx、Δy、Δz、Δt 更快归零的项，我们有：

$$\Delta q_x = \frac{\partial q_x}{\partial x}\Delta x, \quad \Delta q_y = \frac{\partial q_y}{\partial y}\Delta y, \quad \Delta q_z = \frac{\partial q_z}{\partial z}\Delta z, \quad \Delta u = \frac{\partial u}{\partial t}\Delta t$$

对 $\Delta x \Delta y \Delta z \Delta t$ 进行因式分解，得到守恒定律：

$$-\frac{\partial q_x}{\partial x} - \frac{\partial q_y}{\partial y} - \frac{\partial q_z}{\partial z} + Q = c\rho \frac{\partial u}{\partial t} \quad (2.16)$$

在索引符号中：

$$-q_{i,i} + Q = c\rho \frac{\partial u}{\partial t} \quad (2.17)$$

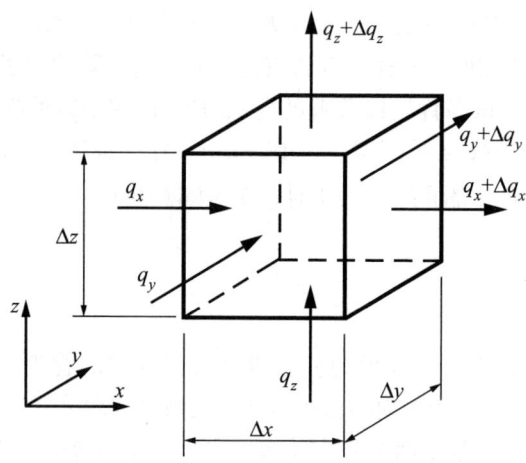

图 2.1 控制体积和热传导的符号表示

（2）根据傅里叶热传导定律，热通量矢量与温度梯度的关系如下：

$$q_x = -\left(k_{xx}\frac{\partial u}{\partial x} + k_{xy}\frac{\partial u}{\partial y} + k_{xz}\frac{\partial u}{\partial z}\right) \tag{2.18}$$

$$q_y = -\left(k_{yx}\frac{\partial u}{\partial x} + k_{yy}\frac{\partial u}{\partial y} + k_{yz}\frac{\partial u}{\partial z}\right) \tag{2.19}$$

$$q_z = -\left(k_{zx}\frac{\partial u}{\partial x} + k_{zy}\frac{\partial u}{\partial y} + k_{zz}\frac{\partial u}{\partial z}\right) \tag{2.20}$$

式中，系数 $k_{xx}, k_{xy}, \cdots, k_{zz}$ 称为热传导系数（以 W/(mK) 为单位测量）。通常写为 $k_x = k_{xx}, k_y = k_{yy}, k_z = k_{zz}$。除非另有说明，否则将假定热传导系数与温度 u 无关。用 $[K]$ 表示系数矩阵，傅里叶热传导定律可以写为：

$$\boldsymbol{q} = -[\boldsymbol{K}]\operatorname{grad} u \tag{2.21}$$

系数矩阵 $[\boldsymbol{K}]$ 是对称且正定的。负号表示热流方向与温度梯度方向相反，即热流方向由高温流向低温。在索引符号中，式（2.21）写为：

$$q_i = -k_{ij}u_{,j} \tag{2.22}$$

对于各向同性材料，有 $k_{ij} = k\delta_{ij}$。

2.3.1 微分方程

结合式（2.16）～式（2.20），我们有：

$$\frac{\partial}{\partial x}\left(k_x\frac{\partial u}{\partial x}+k_{xy}\frac{\partial u}{\partial y}+k_{xz}\frac{\partial u}{\partial z}\right)+\frac{\partial}{\partial y}\left(k_{yx}\frac{\partial u}{\partial x}+k_y\frac{\partial u}{\partial y}+k_{yz}\frac{\partial u}{\partial z}\right)+$$
$$\frac{\partial}{\partial z}\left(k_{zx}\frac{\partial u}{\partial x}+k_{zy}\frac{\partial u}{\partial y}+k_z\frac{\partial u}{\partial z}\right)+Q=c\rho\frac{\partial u}{\partial t} \tag{2.23}$$

可以写成以下紧凑形式：

$$\operatorname{div}([\boldsymbol{K}]\operatorname{grad}u)+Q=c\rho\frac{\partial u}{\partial t} \tag{2.24}$$

或索引符号形式：

$$(k_{ij}u_{,j})_{,i}+Q=c\rho\frac{\partial u}{\partial t} \tag{2.25}$$

在许多实际问题中，u 与时间无关。此类问题称为静止或稳态问题。稳态问题的解可以视为某个时间依赖问题的解，在 $t=\infty$ 时，具有时间无关的边界条件。

在式（2.23）中我们假设 k_{ij} 是可微函数。在许多实际问题中，求解域由具有不同材料属性的子域 Ω_i 组成。在这种情况下，式（2.23）在每个子域上都有效。在相邻子域的边界上规定了连续的温度和通量。

要完成数学模型的定义，必须指定初始条件和边界条件。这将在后面讨论。

2.3.2 边界和初始条件

解决方案域将由 Ω 表示，其边界由 $\partial\Omega$ 表示。我们将考虑三种边界条件：

（1）规定温度（Dirichlet 条件）：在边界区域 $\partial\Omega_u$ 上规定温度 $u=\hat{u}$。

（2）规定通量（Neumann 条件）：通量矢量垂直于边界的分量，用 q_n 表示，在边界区域 $\partial\Omega_q$ 上规定。根据定义：

$$q_n \stackrel{\text{def}}{=} \boldsymbol{q}\cdot\boldsymbol{n}\equiv-([\boldsymbol{K}]\operatorname{grad}u)\cdot\boldsymbol{n}\equiv-k_{ij}u_{,j}n_i \tag{2.26}$$

式中，$\boldsymbol{n}\equiv n_i$ 是垂直于边界的单位外法向量。在 $\partial\Omega_q$ 上规定通量以 $\hat{q}_n$ 表示。

（3）对流（Robin 条件）：在边界区域 $\partial\Omega_c$ 上，通量矢量分量 q_n 与边界温度和对流介质温度之间的差值成正比：

$$q_n=h_c(u-u_c),\quad(x,y,z)\in\partial\Omega_c \tag{2.27}$$

式中，h_c 是以 $W/(m^2 K)$ 为单位的对流传热系数，u_c 是对流介质的（已知）温度。

集合 $\partial\Omega_u$、$\partial\Omega_q$ 和 $\partial\Omega_c$ 是不重叠的并且共同覆盖了整个边界。任何集合都可能为空。

边界条件可能是时间相关的。对于瞬态问题，必须在 Ω 上规定初始条件：$u(x,y,z,0) = U(x,y,z)$。

可以证明式（2.23）受枚举的边界条件约束，具有唯一解。稳态问题也有唯一的解，条件是当在整个边界上指定通量 $\partial\Omega$ 时，必须满足以下条件：

$$\int_\Omega Q dV = \int_{\partial\Omega} q_n dS \tag{2.28}$$

通过在 Ω 域上对式（2.29）进行积分，并利用发散定理、式（2.2）和式（2.26）就能很容易地看出这一点。

$$(k_{ij}u_{,j})_{,i} + Q = 0 \tag{2.29}$$

请注意，如果 u_i 是式（2.29）的解。那么 $u_i + C$ 也是一个解，其中 C 是任意常数。因此，解在任意常数的意义上是唯一的。

除了本节讨论的三种类型的边界条件，还必须考虑辐射。当两个物体通过辐射交换热量时，通量与其绝对温度的四次方之差成正比，因此辐射是非线性边界条件。受到辐射的边界区域，用 $\partial\Omega_r$ 表示，可能与 $\partial\Omega_c$ 重叠。辐射在 9.1.1 节中讨论。

在下文中，将假设热传导系数、Ω_q 上规定的通量和 Ω_c 上规定的系数 h_c 与温度无关。仅根据窄温度范围内的经验数据来证明该假设是合理的。

练习 2.6 讨论式（2.29）的物理解释。

练习 2.7 证明在柱坐标 r、θ、z 中，守恒定律的形式为：

$$-\frac{1}{r}\frac{\partial(rq_r)}{\partial r} - \frac{1}{r}\frac{\partial q_\theta}{\partial \theta} - \frac{\partial q_z}{\partial z} + Q = c\rho\frac{\partial u}{\partial t} \tag{2.30}$$

使用两种方法：将守恒定律应用于柱坐标系中的无穷小体积单元，以及变换式（2.16）到柱坐标系。

练习 2.8 证明存在三个相互垂直的方向（称为主方向），使得热通量与（负）梯度矢量成正比。提示：考虑稳态热传导并令：

$$[K]\operatorname{grad} u = \lambda \operatorname{grad} u$$

然后表明主方向由归一化特征向量定义。

注释 2.1 练习 2.8 的结果意味着矩阵 $[K]$ 的一般形式可以通过正交各向异性材料轴的旋转获得。

练习 2.9 列出本节式（2.23）所代表的数学模型和边界条件中包含的所有物理假设。

2.3.3 便利边界条件

如果标量函数在对称平面的点上具有相等的值，则称标量函数关于对称平面对称。在对称平面上 $q_n = 0$。如果函数在对称平面的点上具有相等的绝对值但符号相反，则称该函数相对于对称平面是反对称的。在反对称平面上 $u = 0$。

在许多情况下，域具有一个或多个对称平面、反对称平面，或者它可能是周期性的。例如，图 2.2 所示的域有一个对称平面；平面 $x = 0$，并且它是周期性的；阴影子域被复制了五次。如果材料特性、源函数和边界条件也是对称的、反对称的或周期性的，那么在子域上制定问题，并通过对称、反对称或周期性将解扩展到整个域通常是有利和方便的。

当 Ω、$[K]$、Q 和边界条件是周期性时，Ω 的周期性扇区具有周期性边界段对，用 $\partial\Omega_p^+$ 和 $\partial\Omega_p^-$ 表示。在周期性边界段对 P 和 P 的对应点上，$P^+ \in \partial\Omega_p^+$ 和 $P^- \in \partial\Omega_p^-$，边界条件为 $u(P^+) = u(P^-)$ 和 $q + n = -q - n$。

以下示例说明了对称、反对称和周期性边界条件。

示例 2.2 图 2.2 是等厚度 t 的板状体的平面图。我们假设表面 $z = \pm t/2$ 是完全绝缘的，源函数为零并且材料是各向同性的。我们进一步假设在由内圆 ($\partial\Omega^{(i)}$) 表示的圆柱边界上规定了恒定温度 u_0 并且在由外圆 ($\partial\Omega^{(o)}$) 表示的边界上规定了通量 $q_n(\theta)$。关于五个圆形切口的边界 ($\partial\Omega^{(k)}, k = 1, 2, \cdots, 5$) $q_n = 0$。

此处参考了图 2.2 以及对称函数、反对称函数和周期函数的一些示例。设 a、b 和 $c > 0$ 为实数。限制 $c > 0$ 是必要的，因为温度 u 以 K（开尔文）为单位。

（1）当 $n = 2, 4, 6, \cdots$ 时，函数 $q_n = a + b\cos n\theta$ 和 $u_0 = c$ 是关于 y 轴对称的。这个问题可以在半域上求解，其中在与 y 轴重合的边界上 $q_n = 0$。

（2）当 $n = 1, 3, 5, \cdots$ 时，函数 $q_n = b\cos n\theta$ 和 $u_0 = 0$ 是关于 y 轴反对称的。这个问题可以在半域上求解，其中在与 y 轴重合的边界上 $u = 0$。

（3）当 $n = 1, 3, 5, \cdots$ 时，函数 $q_n = a + b\cos(5n(\theta - \pi/2))$ 和 $u_0 = c$ 是周期性的。这个问题可以在周期子域上求解，例如图 2.2 中的阴影部分。

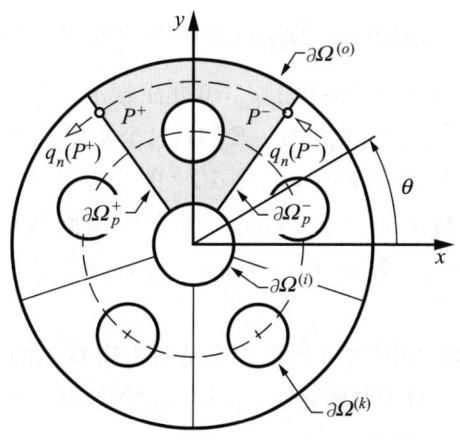

图 2.2　示例 2.2 的符号表示

练习 2.10 假设修改示例 2.2 中描述的问题，使得在边界 $\partial\Omega^{(i)}$ 上规定了通量 $q_n^{(i)}(\theta)$，它是一个周期函数。假设在 $\partial\Omega^{(o)}$ 上 $q_n = a + b\cos(5(\theta - \pi/2))$，对于 $q_n^{(i)}(\theta)$ 必须施加什么限制？提示：参考式（2.28）。

周期函数的数值处理

任意强制函数的周期性边界条件的直接实施都会导致在线性约束下的势能最小化。约束条件在周期性边界段对上是耦合的。然而，在偶函数和奇函数、对称周期子域和周期子域上的对称材料属性的特殊情况下，周期性边界条件不耦合。事实上，边界条件分别与对称和反对称的条件相同，这使得实现更加简单。

定义在区间 $-\ell/2 < x < \ell/2$ 上的函数 $f(x)$ 如果满足 $f(x) = f(-x)$ 则是偶函数。如果满足 $f(x) = -f(-x)$，则它是一个奇函数。在 $-\infty < x < \infty$ 上的偶函数示例有 $\cos x$、$\cosh x$。奇函数的示例有 $\sin x$、$\sinh x$。任何函数都可以写成偶函数和奇函数之和：

$$f(x) = f_e(x) + f_o(x) \tag{2.31}$$

式中：

$$f_e(x) = \frac{1}{2}(f(x) + f(-x)) \tag{2.32}$$

是一个偶函数，以及

$$f_o(x) = \frac{1}{2}(f(x) - f(-x)) \tag{2.33}$$

是一个奇函数。

示例 2.3 考虑图 2.3 中所示的域。我们假设源函数为零，边界 $\partial\Omega^{(o)}$ 上的加载函数是对称（偶函数）函数和反对称（奇函数）函数的总和：

$$q_n = \cos(5(\theta - \pi/2)) + \sin(5(\theta - \pi/2)), \quad 0 \leq \theta < 2\pi$$

让我们假设在所有其他边界段上 $q_n = 0$ 并注意 q_n 满足式（2.28）。温度 $u(x, y)$ 由这些边界条件决定，直到任意常数。我们将这个常数固定为 300K。

圆 $\partial\Omega^{(o)}$ 的半径是 $r_o = 100\,\mathrm{mm}$，圆 $\partial\Omega^{(i)}$ 的半径为 $r_i = 22.5\,\mathrm{mm}$。切割圆的半径 $\partial\Omega^{(k)}(k=1,2,\cdots,5)$ 为 $r_k = 16.875\,\mathrm{mm}$。五个切割圆的中心均匀分布在半径为 $r_m = 61.25\,\mathrm{mm}$ 的圆上。厚度为 $t = 5\,\mathrm{mm}$。材料均匀、各向同性，导热系数为 $0.161\,\mathrm{W/(mm^2\,K)}$。

周期性问题的解 u 如图 2.3a 所示。它是图 2.3b 所示的对称部分和图 2.3c 所示的反对称部分之和。对于对称部分，周期性边界段对 $\partial\Omega_p^+$ 和 $\partial\Omega_p^-$ 上的边界条件是 $q_n = 0$，对于反对称部分是 $u = 0$。

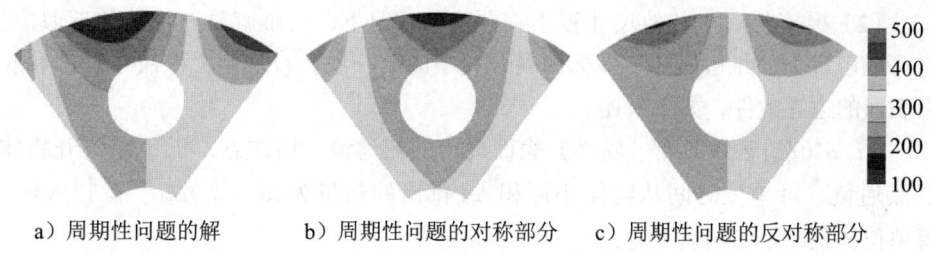

a）周期性问题的解　　b）周期性问题的对称部分　　c）周期性问题的反对称部分

图 2.3　示例 2.3

2.3.4　降维

在许多重要的实际应用中，可以在不影响感兴趣量的情况下减少维数。换句话说，一维或二维数学模型可能是完全三维模型的可接受替代品。

平面问题

考虑图 2.4 中所示的板状体。t_z 表示的厚度将假定为常数。中面是用 Ω 表示的解域。解域位于 xy 平面内。Ω 的边界点（显示为虚线）用 Γ 表示。边界的单位外法向量用 $\boldsymbol{n}$ 表示。

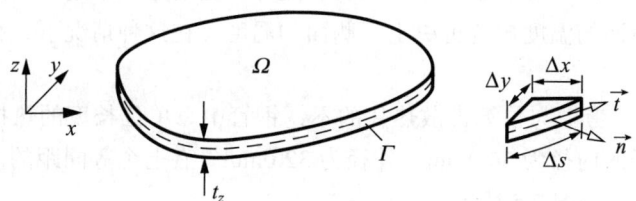

图 2.4　二维域的符号表示

二维热传导问题是三维问题的一个特例，适用于平行于 z 轴和 Ω 表面上的边界条件与 z 无关的情况：

$$\frac{\partial}{\partial x}\left(k_x \frac{\partial u}{\partial x} + k_{xy} \frac{\partial u}{\partial y}\right) + \frac{\partial}{\partial y}\left(k_{yx} \frac{\partial u}{\partial x} + k_y \frac{\partial u}{\partial y}\right) + \bar{Q} = c\rho \frac{\partial u}{\partial t} \quad (2.34)$$

式中，$\bar{Q}$ 的含义取决于顶部和底部表面规定的边界条件（$z = \pm t_z / 2$），如下所述。

式（2.34）代表两种情况之一。

（1）厚度与其他尺寸相比较大，材料特性和边界条件均与 z 无关，即 $u(x, y, z) = u(x, y)$。这相当于顶部和底部表面（$z = \pm t_z / 2$）完全绝缘且在有限厚度的情况 $\bar{Q} = Q$。

(2)厚度相对于其他尺寸较小。在这种情况下,二维解是三维解的近似值。它可以解释为三维解关于 z 坐标的展开式中的第一项。$\bar{Q}$ 的定义取决于顶部和底部表面的边界条件,如下所述。

a)$\hat{q}_n^+(\hat{q}_n^-)$ 表示顶部(底部)表面规定的热通量。请注意,正 $\hat{q}_n$ 是离开物体的热通量。每单位时间从物体小面积 ΔA 排出的热量为 $(\hat{q}_n^+ + \hat{q}_n^-)\Delta A$。除以 $\Delta A t_z$,每单位体积产生的热量变为:

$$\bar{Q} = Q - (\hat{q}_n^+ + \hat{q}_n^-)\frac{1}{t_z} \tag{2.35}$$

b)对流传热:让我们用 $h_c^+(h_c^-)$ 和相应的温度来表示 $z = t_z/2(z = -t_z/2)$ 处的对流传热系数,$u_c^+(u_c^-)$ 表示对流介质的温度,那么每单位时间从物体小面积 ΔA 排出的热量为 $[h_c^+(u-u_c^+) + h_c^-(u-u_c^-)]\Delta A$。因此每单位体积产生的热量变为:

$$\bar{Q} = Q - [h_c^+(u-u_c^+) + h_c^-(u-u_c^-)]\frac{1}{t_z} \tag{2.36}$$

当然,这些边界条件的组合是可能的。例如,通量可以规定在顶部表面上,对流边界条件可以规定在底部表面上。

在二维式中,假定 u 在厚度方向上保持不变。因此,只有当顶部表面和底部表面的温度相同时,规定温度才有意义。此外,温度是一个连续函数,因此顶部表面和底部表面的温度规范也决定了侧面的温度。在这种情况下,解就是规定的温度。

示例 2.4 考虑与估算带散热片的不锈钢管中每单位长度的热损失相关的数学问题。管子的内径为 30.0mm,外径为 32.0mm。有七个等间距的散热片。横截面的十四分之一如图 2.5 所示。

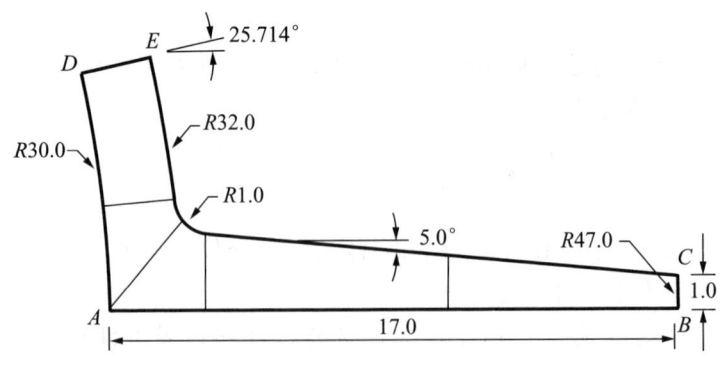

图 2.5 示例 2.4:求解域和有限元网格 /mm

导热系数为 $0.0236\,\text{W}/(\text{mmK})$,对流传热系数为 $1.8\times10^{-4}\,\text{W}/(\text{mm}^2\text{K})$。内表面的温度为 800K。外表面通过对流冷却。对流介质的温度为 300K。

解是一个周期函数,它关于线段 AB 是偶数。因此边界段 AB 和 DE 上的法向通量为零,即边界条件为对称边界条件。对于图 2.5 所示的扇区,估计的热损失收敛到 $1816\,\text{W}/\text{m}$。整个管道的热损失是这个数值的 14 倍。

练习 2.11 研究翅片的长度如何影响热损失。解决示例 2.4 中让尺寸 AB 在 $7\sim17\,\text{mm}$ 之间变化的问题。

练习 2.12 利用图 2.6 所示的控制体积,从第一原理推导出式(2.34)。

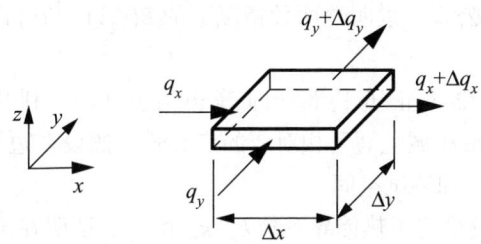

图 2.6 二维热传导的控制体积和符号

练习 2.13 假设 $t_z=t_z(x,y)>0$ 是一个连续且可微的函数,并且 t_z 的最大值与其他维度相比较小。进一步假设对流传热发生在表面 $z=\pm t_z/2$ 上,其中 $h_c^+=h_c^-=h_c$ 和 $u_c^+=u_c^-=u_c$。使用类似图 2.6 所示的控制体积,但考虑到可变厚度,证明在这种情况下,二维热传导的守恒定律为

$$-\frac{\partial}{\partial x}(t_z q_x)-\frac{\partial}{\partial y}(t_z q_y)-2h_c(u-u_c)+Qt_z=c\rho t_z\frac{\partial u}{\partial t} \tag{2.37}$$

注释 2.2 在练习 2.13 中,假定厚度 t_z 在 Ω 上连续且可微。如果 t_z 在 Ω 的两个或多个子域上连续且可微,但在子域的边界上不连续,则式(2.37)适用于满足 $q_n t_z$ 在子域边界上连续的条件的每个子域。

示例 2.5 设域 $\Omega=\{x,y|-b<x<b,-c<x<c\}$ 表示恒定厚度 t_z 的矩形板的中表面。假设表面 $(z=\pm t_z/2)$ 完全绝缘。在侧面 $(x=\pm b, y=\pm c, -t/2<z<t/2)$ 上,温度是恒定的 $(u=\hat{u}_0)$。令 $k_x=k_y=k, k_{xy}=0$ 且 $Q=Q_0$,其中 k 和 Q_0 是常数。目标是确定板中的稳态温度分布。数学问题是解决:

$$k\left(\frac{\partial^2 u}{\partial x^2}+\frac{\partial^2 u}{\partial y^2}\right)+Q_0=0 \tag{2.38}$$

在 Ω 域上,边界条件为 $u=\hat{u}_0$。

这个问题的解可以通过经典方法确定：

$$u = \hat{u}_0 + 16\frac{Q_0}{k}\frac{b^2}{\pi^3}\sum_{n=1,3,5,\cdots}^{\infty}\frac{(-1)^{\frac{n-1}{2}}}{n^3}\left(1 - \frac{\cosh n\pi y/2b}{\cosh n\pi c/2b}\right)\cos n\pi x/2b \qquad (2.39)$$

这个无穷级数绝对收敛。可见，这个看似简单问题的经典解却相当复杂，实际上只能近似计算出精确解。然而，截断误差可以通过计算足够多无限级数的项来使得任意小。

如果（例如）Ω 是一般的多边形域，则解会复杂得多。

练习 2.14 记下示例 2.5 的整个域和对称性，并针对域的四分之一，给出示例 2.5 中问题的广义公式。说明这两种情况下的 $B(u,v)$、$F(v)$ 以及试验空间和测试空间。

练习 2.15 设 Ω 为正五边形（即等边五边形）。利用解的周期性，为式（2.38）在可能的最小域上写下相对应的广义式。假设在边界上 $u = 0$，指定域、$B(u,v)$、$F(v)$ 以及试验和测试空间。

练习 2.16 假设给定了热传导系数 k_x、k_{xy} 和 k_y。证明在笛卡儿坐标系 $x'y'$ 中，相对于 xy 坐标系逆时针旋转角度 α，系数将为：

$$\begin{bmatrix} k_{x'} & k_{x'y'} \\ k_{y'x'} & k_{y'} \end{bmatrix} = \begin{bmatrix} \cos\alpha & \sin\alpha \\ -\sin\alpha & \cos\alpha \end{bmatrix} \begin{bmatrix} k_x & k_{xy} \\ k_{yx} & k_y \end{bmatrix} \begin{bmatrix} \cos\alpha & -\sin\alpha \\ \sin\alpha & \cos\alpha \end{bmatrix}$$

提示：标量 $\{a\}^T[K]\{a\}$，其中 $\{a\}$ 是任意向量，在旋转坐标变换下是不变的。

轴对称模型

当可以通过围绕轴（称为对称轴）旋转一个平面图生成解域时，并且材料属性和边界条件是轴对称的情况下，存在轴对称。例如，管道、圆柱形和球形压力容器通常以这种方式理想化。在这种情况下，问题可以用柱坐标表示，并且由于解与圆周变量无关，因此维数减少为二。在后面部分，z 轴将是对称轴，径向坐标将由 $r(\theta)$ 表示。参考练习 2.7 的结果，设 $q_\theta = 0$，守恒定律为：

$$-\frac{1}{r}\frac{\partial(rq_r)}{\partial r} - \frac{\partial q_z}{\partial z} + Q = c\rho\frac{\partial u}{\partial t}$$

代入傅里叶定律的轴对称形式：

$$q_r = -k_r\frac{\partial u}{\partial r}, \quad q_z = -k_z\frac{\partial u}{\partial z}$$

我们得到柱坐标系中的轴对称热传导问题的公式：

$$\frac{1}{r}\frac{\partial}{\partial r}\left(rk_r\frac{\partial u}{\partial r}\right) + \frac{\partial}{\partial z}\left(k_z\frac{\partial u}{\partial z}\right) + Q = c\rho\frac{\partial u}{\partial t} \qquad (2.40)$$

边界的一段或多段可能位于 z 轴上。式中隐含的是在那些段上的边界条件是零通量条件。因此，在这些边界段上规定必要的边界条件是没有意义的。为了证明这一点，考虑一个轴对称的热传导问题，其解与 z 无关。为简单起见，我们假设 $k_r = 1$。在这种情况下，问题本质上是一维的：

$$\frac{1}{r}\frac{d}{dr}\left(r\frac{du}{dr}\right) = 0, \quad r_i < r < r_o$$

假设边界条件 $u(r_i) = \hat{u}_i$，规定 $u(r_o) = \hat{u}_o$。这个问题的精确解为

$$u(r) = \frac{\hat{u}_o - \hat{u}_i}{\ln r_o - \ln r_i}\ln r + \frac{\hat{u}_i \ln r_o - \hat{u}_o \ln r_i}{\ln r_o - \ln r_i} \tag{2.41}$$

现在考虑任意不动点 $r = \varrho$ 的解，其中 $r_i < \varrho < r_o$ 并令 $r_i \to 0$：

$$\lim_{r_i \to 0} u(\varrho) = \lim_{r_i \to 0}\left(\frac{\hat{u}_o - \hat{u}_i}{\ln r_o / \ln r_i - 1}\frac{\ln \varrho}{\ln r_i} + \frac{\hat{u}_i \ln r_o / \ln r_i - \hat{u}_o}{\ln r_o / \ln r_i - 1}\right) = \hat{u}_o$$

因此，当 $r_i = 0$ 时，解与 $\hat{u}_i$ 无关。读者可以在练习 2.17 中自行证明当 $r_i \to 0$ 时 $du/dr \to 0$，因此 $r = 0$ 处的边界条件是零通量边界条件。

练习 2.17 参考式 (2.41) 给出的解。证明对于任何 $\varrho > 0$：

$$\left(\frac{du}{dr}\right)_{r=\varrho} \to 0 \text{ 随着 } r_i \to 0$$

独立于 $\hat{u}_i$ 和 $\hat{u}_o$。

练习 2.18 通过考虑柱坐标系中的控制体积，并使用温度独立于周变量的假设，推导式 (2.40)。

练习 2.19 在解仅取决于径向变量 r 的特殊情况下，考虑柱坐标系中稳态热传导的广义式：

$$\int_{r_i}^{r_o} k(r)\frac{du}{dr}\frac{dv}{dr}r\,dr = \left(rk\frac{du}{dr}v\right)_{r=r_o} - \left(rk\frac{du}{dr}v\right)_{r=r_i}$$

根据式 (2.40) 推导该式，并使用边界条件 $u(r_i) = \hat{u}_i$ 和下式将该式应用于内半径为 r_i、外半径为 r_o 的长管道。

$$q_n = -k\frac{du}{dr} = h_c(u - u_c) \text{ 在 } r = r_o \text{ 处}$$

练习 2.20 考虑水在不锈钢管中流动，水温为 80℃，管道外表面通过气流冷却。空气温度为 20℃，管道外径为 0.20m，壁厚为 0.01m。

（a）假设对流传热发生在管道的内表面和外表面，且 u 仅是 r 的函数，建立稳态传热的数学模型。

（b）假设不锈钢的导热系数为 20W/mK，使用 $h_c^{(w)} = 750\,\mathrm{W/m^2K}$ 表示水，$h_c^{(a)} = 10\,\mathrm{W/m^2K}$ 表示空气，确定管道外表面的温度和单位长度的热损失率。

杆中的热传导

本节讨论热传导的一维模型。假设（a）解域是一根杆，杆的一端位于 $x = 0$，另一端位于 $x = \ell$；（b）与 ℓ 相比，横截面的尺寸较小，并且横截面积 $A = A(x) > 0$ 是连续且可微的函数。

如果对流传热沿杆发生，如 2.3.4 节所述，则守恒定律为：

$$-\frac{\partial(Aq)}{\partial x} - c_b(u - u_a) + QA = c\rho A \frac{\partial u}{\partial t}$$

式中，$c_b = c_b(x)$ 为由 h_c 积分得到的杆的对流换热系数（单位为 W/mK）：

$$c_b = \oint h_c \mathrm{d}s$$

沿截面周长的等高线积分。因此杆中热传导的微分方程为：

$$\frac{\partial}{\partial x}\left(Ak\frac{\partial u}{\partial x}\right) - c_b(u - u_a) + QA = c\rho A \frac{\partial u}{\partial t} \tag{2.42}$$

2.3 节中描述的边界条件之一在 $x = 0$ 和 $x = \ell$ 处规定。

示例 2.6 考虑长度为 ℓ 且横截面为 A 的部分绝缘杆中的稳态热流。系数 k 和 c_b 是常数且 $Q = 0$。因此式（2.42）可以转换为：

$$u'' - \lambda^2(u - u_a) = 0, \quad \lambda^2 = \frac{c_b}{Ak}$$

如果温度 u_a 是 x 的线性函数，即 $u_a(x) = a + bx$ 且边界条件为 $u(0) = \hat{u}_0$，$q(\ell) = \hat{q}_\ell$，则此问题的解为：

$$u = C_1 \cosh \lambda x + C_2 \sinh \lambda x + a + bx$$

式中，$C_1 = \hat{u}_0 - a$，$C_2 = -\dfrac{1}{\lambda \cosh \lambda \ell}\left(\dfrac{\hat{q}_\ell}{k} + (\hat{u}_0 - a)\lambda \sinh \lambda \ell + b\right)$。

练习 2.21 使用以下边界条件解决示例 2.6 中描述的问题：$q(0) = \hat{q}_0$，$q(\ell) = h_\ell(u(\ell) - U_a)$，其中 $\hat{q}_0$、h_ℓ、U_a 是给定的数据。

练习 2.22 具有恒定横截面的完全绝缘杆，长度为 ℓ，热传导为 k，密度为 ρ，比热为 c，受初始条件 $u(x,0) = U_0$（常数）和边界条件 $u(0,t) = u(\ell,t) = 0$ 的约束。假设 $Q = 0$，验证本问题的解为：

$$u = 2U_0 \sum_{n=1}^{\infty} \frac{1 - \cos(n\pi)}{n\pi} \exp\left(-\frac{n^2\pi^2 k}{\ell^2 c\rho}t\right) \sin\left(n\pi \frac{x}{\ell}\right)$$

这足以证明微分方程、边界条件和初始条件满足 $u = u(x,t)$。

2.4 线性弹性方程——强形式

线性弹性数学问题属于向量椭圆边值问题的范畴。未知函数是位移矢量的分量。在笛卡儿坐标中，位移矢量为：

$$\begin{aligned} \boldsymbol{u} &\stackrel{\text{def}}{=} u_x(x,y,z)\boldsymbol{e}_x + u_y(x,y,z)\boldsymbol{e}_y + u_z(x,y,z)\boldsymbol{e}_z \\ &\equiv \{u_x(x,y,z)\, u_y(x,y,z)\, u_z(x,y,z)\}^{\text{T}} \\ &\equiv u_i(x_j) \end{aligned} \quad (2.43)$$

式中，$\boldsymbol{e}_x$、$\boldsymbol{e}_y$、$\boldsymbol{e}_z$ 是笛卡儿基向量。

线性弹性问题的表述基于三个基本关系：应变－位移关系、应力－应变关系和平衡公式。

（1）应变－位移关系。我们在这里介绍无穷小的应变－位移关系。这些关系的详细推导在 9.2.1 节中介绍。根据定义，无穷小法向应变分量为：

$$\epsilon_x \equiv \epsilon_{xx} \stackrel{\text{def}}{=} \frac{\partial u_x}{\partial x} \quad \epsilon_y \equiv \epsilon_{yy} \stackrel{\text{def}}{=} \frac{\partial u_y}{\partial y} \quad \epsilon_z \equiv \epsilon_{zz} \stackrel{\text{def}}{=} \frac{\partial u_z}{\partial z} \quad (2.44)$$

切向应变分量为：

$$\begin{aligned} \epsilon_{xy} = \epsilon_{yx} \equiv \frac{\gamma_{xy}}{2} \stackrel{\text{def}}{=} \frac{1}{2}\left(\frac{\partial u_x}{\partial y} + \frac{\partial u_y}{\partial x}\right) \\ \epsilon_{yz} = \epsilon_{zy} \equiv \frac{\gamma_{yz}}{2} \stackrel{\text{def}}{=} \frac{1}{2}\left(\frac{\partial u_y}{\partial z} + \frac{\partial u_z}{\partial y}\right) \\ \epsilon_{zx} = \epsilon_{xz} \equiv \frac{\gamma_{zx}}{2} \stackrel{\text{def}}{=} \frac{1}{2}\left(\frac{\partial u_z}{\partial x} + \frac{\partial u_x}{\partial z}\right) \end{aligned} \quad (2.45)$$

式中，γ_{xy}、γ_{yz}、γ_{zx} 称为工程切向应变分量。在索引符号中，某点处的无穷小应变由应变张量表征：

$$\epsilon_{ij} \stackrel{\text{def}}{=} \frac{1}{2}(u_{i,j} + u_{j,i}) \quad (2.46)$$

（2）应力－应变关系。机械应力定义为单位面积上的力 $(\text{N}/\text{m}^2 \equiv \text{Pa})$。由于 1Pa 是一个非常小的应力，通常机械应力的单位是 MPa，可以理解为 $10^6\,\text{N}/\text{m}^2$ 或 $1\text{N}/\text{mm}^2$。

应力分量的常用表示法在图 2.7 所示的无穷小体积元上进行了说明。索引规则如下：正 x、y、z 轴垂直的面称为正面，相反的面称为负面。法向应力分量用 σ 表示，切向应力分量用 τ 表示。法向应力分量仅分配一个下标，因为面的方向和应力分量的方向相同。例如，σ_x是作用在 x 轴所指向面上的应力分量，且应力分量作用在正（或负）面上的正（或负）坐标方向。对于切向应力，第一个索引是指切向应力作用面的法线坐标方向。第二个索引是指切向应力分量作用的方向。

在正（或负）面上，正应力分量朝向正（或负）坐标方向。这样做的原因是，如果我们将一个实体细分为无穷小的六面体体积单元，类似图 2.7 中所示的单元，那么每个负面将与一个正面重合。根据作用－反作用力原理，作用在这些面上的力必须绝对值相等且符号相反。在索引符号中 $\sigma_{11} \equiv \sigma_x, \sigma_{12} \equiv \sigma_{xy} \equiv \tau_{xy}$ 等。

各向同性弹性材料的力学性能表现为弹性模量 $E > 0$、泊松比 $v < 1/2$ 和热膨胀系数 $\alpha > 0$。

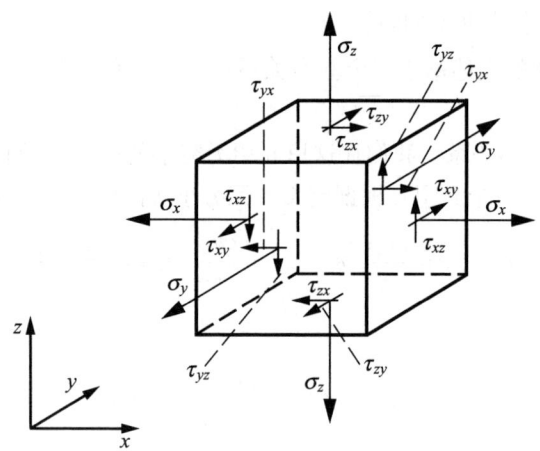

图 2.7 应力分量的符号

应力－应变关系称为胡克定律：

$$\epsilon_x = \frac{1}{E}(\sigma_x - v\sigma_y - v\sigma_z) + \alpha T_\Delta \tag{2.47}$$

$$\epsilon_y = \frac{1}{E}(-v\sigma_x + \sigma_y - v\sigma_z) + \alpha T_\Delta \tag{2.48}$$

$$\epsilon_z = \frac{1}{E}(-v\sigma_x - v\sigma_y + \sigma_z) + \alpha T_\Delta \tag{2.49}$$

$$\gamma_{xy} \equiv 2\epsilon_{xy} = \frac{2(1+v)}{E}\tau_{xy} \tag{2.50}$$

$$\gamma_{yz} \equiv 2\epsilon_{yz} = \frac{2(1+v)}{E}\tau_{yz} \tag{2.51}$$

$$\gamma_{zx} \equiv 2\epsilon_{zx} = \frac{2(1+v)}{E}\tau_{zx} \tag{2.52}$$

式中，$T_\Delta = T_\Delta(x,y,z)$ 是相对于应变为零的参考温度的温度变化。应变分量代表总应变，αT_Δ 为热应变。机械应变定义为总应变减去热应变。在索引符号中，胡克定律可以写为：

$$\epsilon_{ij} = \frac{1+v}{E}\sigma_{ij} - \frac{v}{E}\sigma_{kk}\delta_{ij} + \alpha T_\Delta \delta_{ij} \tag{2.53}$$

反之为：

$$\sigma_{ij} = \lambda \epsilon_{kk}\delta_{ij} + 2G\epsilon_{ij} - (3\lambda + 2G)\alpha T_\Delta \delta_{ij} \tag{2.54}$$

式中，λ 和 G 称为 Lamé 常量，定义如下：

$$\lambda \stackrel{\text{def}}{=} \frac{Ev}{(1+v)(1-2v)}, \quad G \stackrel{\text{def}}{=} \frac{E}{2(1+v)} \tag{2.55}$$

式中，G 也称为切向模量或刚性模量。由于 λ 和 G 为正，泊松比的容许范围为 $-1 < v < 1/2$。通常是 $0 \leq v < 1/2$。

广义胡克定律表明，应力张量的分量是机械应变张量的线性函数：

$$\sigma_{ij} = C_{ijkl}(\epsilon_{kl} - \alpha_{kl}T_\Delta) \tag{2.56}$$

式中，C_{ijkl} 和 α_{kl} 是笛卡儿张量。出于对称性考虑，表征 C_{ijkl} 的独立弹性常数的最大数量为 21。对称张量 α_{kl} 由六个独立的热膨胀系数表征。这是线性弹性各向异性的一般形式。

注释 2.3 当参考配置中存在残余应力时，必须修改式 (2.56)。这一点在 2.7 节中讨论。

（3）平衡公式。考虑体积元的动态平衡，类似图 2.7 所示，除了边长为 Δx、Δy、Δz 外，写出六个平衡方程：力和力矩的合力必须消失。假设材料不受分布力矩（体力矩）作用，考虑力矩平衡可以得出结论 $\tau_{xy} = \tau_{yx}, \tau_{yz} = \tau_{zy}, \tau_{zx} = \tau_{xz}$ 即应力张量是对称的。进一步假设应力张量的分量是连续且可微的，应用达朗贝尔原理并考虑力平衡将得出三个偏微分公式：

$$\frac{\partial \sigma_x}{\partial x} + \frac{\partial \tau_{xy}}{\partial y} + \frac{\partial \tau_{xz}}{\partial z} + F_x - \varrho \frac{\partial^2 u_x}{\partial t^2} = 0 \tag{2.57}$$

$$\frac{\partial \tau_{xy}}{\partial x} + \frac{\partial \sigma_y}{\partial y} + \frac{\partial \tau_{yz}}{\partial z} + F_y - \varrho \frac{\partial^2 u_y}{\partial t^2} = 0 \tag{2.58}$$

$$\frac{\partial \tau_{xz}}{\partial x} + \frac{\partial \tau_{yz}}{\partial y} + \frac{\partial \sigma_z}{\partial z} + F_z - \varrho \frac{\partial^2 u_z}{\partial t^2} = 0 \tag{2.59}$$

式中，F_x、F_y、F_z 为体力矢量的分量（单位为 N/m^3），ϱ 为比重（单位为 $kg/m^3 \equiv Ns^2/m^4$）。这些公式称为运动公式，在索引符号中：

$$\sigma_{ij,j} + F_i = \varrho \frac{\partial^2 u_i}{\partial t^2} \tag{2.60}$$

对于弹性静力学问题，时间导数为零，边界条件与时间无关。这产生了稳态平衡方程：

$$\sigma_{ij,j} + F_i = 0 \tag{2.61}$$

2.4.1 Navier 公式

将式（2.54）代入式（2.60），得到运动公式，称为 Navier 公式。在弹性动力学中，温度的影响通常可以忽略不计，因此我们假设 $T_\Delta = 0$：

$$Gu_{i,jj} + (\lambda + G)u_{j,ji} + F_i = \varrho \frac{\partial^2 u_i}{\partial t^2} \tag{2.62}$$

在弹性静力学问题中，我们有：

$$Gu_{i,jj} + (\lambda + G)u_{j,ji} + F_i = (3\lambda + 2G)\alpha(T_\Delta)_{,i} \tag{2.63}$$

练习 2.23 将式（2.54）代入式（2.61）来推导式（2.63）。解释改变索引来推导式（2.63）的规则。提示：$(\epsilon_{kk}\delta_{ij})_{,j} = (u_{k,k}\delta_{ij})_{,j} = u_{k,ki} = u_{j,ji}$。

练习 2.24 从基本原理推导出平衡公式。

练习 2.25 在推导式（2.62）和式（2.63）时，假设 λ 和 G 是 $x_i \in \Omega$ 的光滑函数，列出类似公式。

练习 2.26 假设 Ω 是两个或多个子域的并集，并且材料属性在每个子域上都是常数，但随着子域的不同而不同。为这种情况制定弹性静力学问题。

2.4.2 边界和初始条件

与热传导的情况一样，我们将考虑三种边界条件：规定位移、规定牵引力和弹簧边界条件。牵引力是作用在边界上的每单位面积的力。规定位移和牵引力通常在法线切线参考系中指定。

- 规定位移。在所有或部分边界上规定位移矢量的一个或多个分量。这称为运动学边界条件。
- 规定牵引力。在所有或部分边界上规定牵引矢量的一个或多个分量。牵引矢量的定义在附录 K.1 中给出。
- 弹簧边界条件。牵引力和位移矢量分量之间规定了线性关系。这种关系的一般形式为：

$$T_i = c_{ij}(d_j - u_j) \tag{2.64}$$

式中，T_i 是牵引力矢量，c_{ij} 是表示分布弹簧系数的正定矩阵；d_j 是规定的函数，表示施加在弹簧上的位移，u_j 是边界上的（未知）位移矢量函数。弹簧系数 c_{ij}（以 N/m^3 为单位）可能是位置 x_k 的函数，但与位移 u_i 无关。这被称为"温克勒弹簧"。

在假设 c_{ij} 是对角矩阵的情况下，图 2.8 显示了无穷小边界面元上的这种边界条件的示意图。因此三个弹簧系数 $c_1 \stackrel{\text{def}}{=} c_{11}$，$c_2 \stackrel{\text{def}}{=} c_{22}$，$c_3 \stackrel{\text{def}}{=} c_{33}$ 表征了边界条件的弹性特性。

图 2.8 应解释为施加的位移 d_i 将在表面单元的质心上产生一个差分力 ΔF_i。忽略求和法则，ΔF_i 的大小为：

$$\Delta F_i = c_i \Delta A (d_i - u_i), \quad i = 1, 2, 3$$

式中，u_i 是表面单元的位移。对应的牵引矢量为：

$$T_i = \lim_{\Delta A \to 0} \frac{\Delta F_i}{\Delta A} = c_i (d_i - u_i), \quad i = 1, 2, 3$$

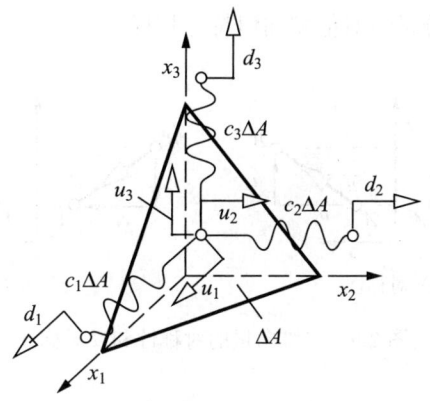

图 2.8 弹簧边界条件示意图

列举的边界条件可以以任何组合出现。例如，可以在边界段上规定位移矢量分量 u_1、牵引矢量分量 T_2，以及 T_3 和 u_3 的线性组合。

在工程实践中，边界条件最方便地在法线 - 切线参考系中规定。法线在光滑表面上是唯一定义的，但切线坐标方向不是。有必要指定相对于所用参考系的切线坐标方向。所需的坐标变换在附录 K 中讨论。

边界条件通常与时间有关。对于瞬态问题，必须规定初始条件，即初始位移和速度场，分别用 $U(x,y,z)$ 和 $V(x,y,z)$ 表示：

$$u(x,y,z,0) = U(x,y,z) \text{和} \left(\frac{\partial u}{\partial t} \right)_{(x,y,z,0)} = V(x,y,z)$$

练习 2.27 假设在法线-切线参考系 x_i' 中给出以下边界条件，其中 x_1' 与法线重合：$T_1' = c_1'(d_1' - u_1')$；$T_2' = T_3' = 0$。使用变换 $x_i' = g_{ij}x_j$，确定 x_i 坐标系中的边界条件（见附录 K 中的 K.2 节）。

2.4.3 对称性、反对称性和周期性

二维向量相对于 y 轴的对称性和反对称性如图 2.9 所示。

三维向量的对称性和反对称性的定义类似：平行于对称平面（或反对称）的相应向量分量具有相同的绝对值和相同的（或相反的）符号。垂直于对称平面（或反对称）的相应矢量分量具有相同的绝对值和相反的（或相同的）符号。

在对称平面中，法向位移和切向牵引分量为零。在反对称平面中，法向牵引为零，位移矢量的平面内分量为零。

当解在 Ω 上呈周期性时，Ω 的周期性扇区至少有一对周期性边界段，用 $\partial\Omega_p^+$ 和 $\partial\Omega_p^-$ 表示。在周期性边界段对的对应点上，$P^+ \in \partial\Omega_p^+$ 和 $P^- \in \partial\Omega_p^-$，位移矢量的法向分量与位移矢量的周期性平面分量具有相同的值。牵引矢量的法向分量与牵引矢量的周期性平面分量绝对值相同但符号相反。

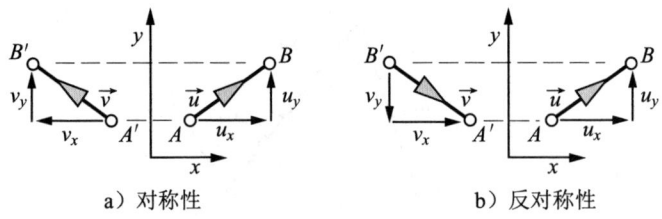

a) 对称性   b) 反对称性

图 2.9 二维向量的对称性和反对称性

练习 2.28 泊松比为零的均匀各向同性弹性体占据域 $\Omega = \{x, y, z x < a, y < b, z < c\}$。在 Ω 的边界上定义牵引力，使得牵引力满足平衡且平面 $z = 0$ 是对称性平面或反对称性平面。

练习 2.29 考虑图 2.2 中所示的域。假设 $T_n = 0$ 和 $T_t = \tau_o$，其中 τ_o 是常数，规定在 $\partial\Omega^{(o)}$ 上，在圆形边界上 $\partial\Omega^{(k)}$ $T_n = T_t = 0$ 和在 $\partial\Omega^{(i)}$ 上 $u_n = u_t = 0$。在 $\partial\Omega_p^+$ 和 $\partial\Omega_p^-$ 上指定周期性边界条件。

2.4.4 线弹性的降维

由于弹性三维问题的复杂性，降维得到广泛应用。弹性的各种降维都是可能的，例如平面模型、轴对称模型、壳模型、板模型、梁模型和杆模型。这些模型类型中的每一种都非常重要，以至于产生了大量的技术文献。接下来将讨论平面

和轴对称问题的模型。梁、板和壳的模型将单独讨论。

1. 平面弹性静力学模型：符号

我们考虑长度为 ℓ 的棱柱体。材料点占据定义域 Ω_ℓ，定义如下：

$$\Omega_\ell = \{(x,y,z)|(x,y)\in\omega, -\ell/2 < z < \ell/2, \ell > 0\} \quad (2.65)$$

式中，$\omega \in \mathbb{R}^2$ 是有界域。物体的横向边界表示为：

$$\Gamma_\ell = \{(x,y,z)|(x,y)\in\partial\omega, -\ell/2 < z < \ell/2, \ell > 0\} \quad (2.66)$$

面表示为：

$$\gamma_\pm = \{(x,y,z)|(x,y)\in\omega, z = \pm\ell/2\} \quad (2.67)$$

符号如图 2.10a 所示。ω 的直径用 d_ω 表示。

假设作用于 Ω_ℓ 上的材料特性、体积力和温度变化以及作用于 Γ_ℓ 的牵引力与 z 无关。因此，x、y 平面是对称平面。切线方向将被理解为平行于 $\partial\omega$ 的等高线。

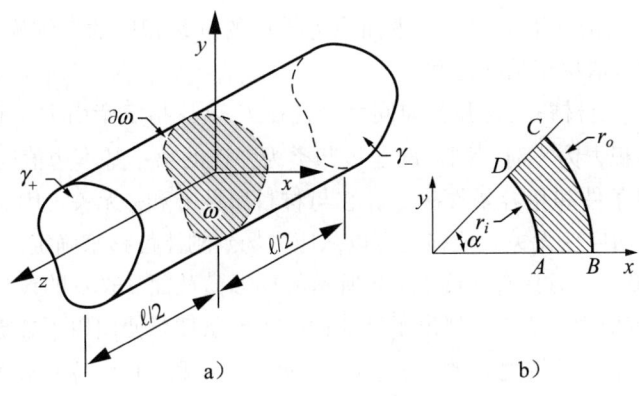

图 2.10　符号

2. 平面应变

当 γ_+ 和 γ_- 上的边界条件为 $u_z = \tau_{zx} = \tau_{zy} = 0$ 且 Γ_ℓ 上的法向和切向位移或牵引力独立于 z 时，则可以使用平面应变模型。平面应变模型的应力-应变关系可以从胡克定律中获得，参见式（2.47）～式（2.52），通过令 $\epsilon_z = \gamma_{yz} = \gamma_{zx} = 0$ 来获得：

$$\begin{Bmatrix}\sigma_x\\\sigma_y\\\tau_{xy}\end{Bmatrix} = \begin{bmatrix}\lambda+2G & \lambda & 0\\\lambda & \lambda+2G & 0\\0 & 0 & G\end{bmatrix}\begin{Bmatrix}\epsilon_x\\\epsilon_y\\\gamma_{xy}\end{Bmatrix} - (3\lambda+2G)\alpha T_\Delta\begin{Bmatrix}1\\1\\0\end{Bmatrix} \quad (2.68)$$

观察 γ_+ 和 γ_- 上规定的边界条件是周期性的。因此，平面应变解通过周期性重复扩展到 $-\infty < \ell < \infty$，独立于分配给 ℓ 的值。这意味着 $u_z = 0$，因此 $\epsilon_z = 0$。解与 z 无关，因此 $\partial u_x / \partial z = \partial u_y / \partial z = 0$，因此切向应变 γ_{xz} 和 γ_{yz} 为零。二维和三维解在 xy 平面中是相同的。应力 σ_z 可以使用平面应变解计算 $\sigma_z = -v(\sigma_x + \sigma_y) - E\alpha T_\Delta$。

请注意，γ_+ 和 γ_- 上的零法向位移条件是一种理想化，在实践中无法实现。

3. 平面应力

当 γ_+ 和 γ_- 上的边界条件为零法向和切向牵引力并且 Γ_ℓ 上规定的法向和切向位移或牵引力与 z 无关时，通常使用平面应力模型。令 $\sigma_z = \tau_{yz} = \tau_{zx} = 0$，式 (2.47) ~ 式 (2.52) 简化为：

$$\begin{Bmatrix} \sigma_x \\ \sigma_y \\ \tau_{xy} \end{Bmatrix} = \frac{E}{1-v^2} \begin{bmatrix} 1 & v & 0 \\ v & 1 & 0 \\ 0 & 0 & \frac{1-v}{2} \end{bmatrix} \begin{Bmatrix} \epsilon_x \\ \epsilon_y \\ \gamma_{xy} \end{Bmatrix} - \frac{E\alpha T_\Delta}{1-v} \begin{Bmatrix} 1 \\ 1 \\ 0 \end{Bmatrix} \quad (2.69)$$

在一般情况下，三维解不能完全满足 Ω 上的条件 $\sigma_z = \tau_{zx} = \tau_{zy} = 0$，除非在 ℓ 接近零的极限情况下。因此，平面应力模型的解是相应的三维模型的近似值，而近似值的误差取决于泊松比和 ℓ。

注释 2.4 当材料均匀和各向同性，且在 Γ_ℓ 上仅指定牵引力（平衡时必须满足公式）和体积力为零时，则该问题被归类为弹性的第一基本边值问题[60]。应力场完全由边界条件和相容条件决定。它与材料属性 E 和 v 无关，因此与模型是平面应力还是平面应变无关。位移场可以从应力场到刚体位移来确定。

练习 2.30 考虑具有如图 2.10b 所示的环形横截面 $ABCD$ 的棱柱体。假设面 γ_+ 和 γ_- 上没有应力。表 2-1 列出了其他面的边界条件。使用以下数据确定或估计平面应力和完全三维解之间的差异：（a）能量范数和（b）冯·米塞斯应力的最大范数：$r_o = 200\,\text{mm}$，$r_i = 175\,\text{mm}$，$\ell = 40\,\text{mm}$，$\alpha = 45°$，$E = 70.0\,\text{GPa}$，$v = 0.3$，$q_n = -20\,\text{MPa}$，$q_t = 100\,\text{MPa}$。

表 2-1　练习 2.30 边界条件

分段	案例 1	案例 2	案例 3
AB	对称	反对称	$u_x = u_y = 0$
BC	$T_n = q_n, T_t = 0$	$T_n = 0, T_t = q_t$	$T_n = q_n, T_t = 0$
CD	对称	反对称	对称
DA	$T_n = T_t = 0$	$T_n = 0, T_t = (r_o/r_i)^2 q_t$	$T_n = T_t = 0$

部分解：案例 1 是圆柱形弹性管承受外部压力 q 的经典问题。确切的应力分布是已知的。域 $ABCD$ 表示管道的 45° 段。对称边界条件通过周期性重复将域扩展到整个横截面。显然，外部压力满足平衡方程。平面应力和三维解之间的差异在能量范数上为零，与 ℓ 无关，在冯·米塞斯应力的最大范数上也为零。最大冯·米塞斯应力为 170.7MPa。

4. Navier 公式

平衡公式为：

$$\frac{\partial \sigma_x}{\partial x} + \frac{\partial \tau_{xy}}{\partial y} + F_x = 0 \tag{2.70}$$

$$\frac{\partial \tau_{yx}}{\partial x} + \frac{\partial \sigma_y}{\partial y} + F_y = 0 \tag{2.71}$$

式中，F_x、F_y 是体积力矢量 $\mathbf{F}(x,y)$ 的分量（单位为 N/m^3）。

Navier 公式是通过将应力－应变和应变－位移关系代入平衡公式得到的。对于平面应变：

$$(\lambda + G)\frac{\partial}{\partial x}\left(\frac{\partial u_x}{\partial x} + \frac{\partial u_y}{\partial y}\right) + G\left(\frac{\partial^2 u_x}{\partial x^2} + \frac{\partial^2 u_x}{\partial y^2}\right) = \frac{E\alpha}{1-2\nu}\frac{\partial T_\Delta}{\partial x} - F_x \tag{2.72}$$

$$(\lambda + G)\frac{\partial}{\partial y}\left(\frac{\partial u_x}{\partial x} + \frac{\partial u_y}{\partial y}\right) + G\left(\frac{\partial^2 u_y}{\partial x^2} + \frac{\partial^2 u_y}{\partial y^2}\right) = \frac{E\alpha}{1-2\nu}\frac{\partial T_\Delta}{\partial y} - F_y \tag{2.73}$$

边界条件最好用图 2.4 所示的法线－切线（nt）参考框架来书写。位移和牵引力的 xy 和 nt 分量之间的关系由矢量变换规则建立，如 2.4.2 节所述。2.4.2 节中列出的线性边界条件也适用于二维。

练习 2.31 从胡克定律推导式（2.69）和式（2.68）。

练习 2.32 证明平面应力的 Navier 公式为：

$$\frac{E}{2(1-\nu)}\frac{\partial}{\partial x}\left(\frac{\partial u_x}{\partial x} + \frac{\partial u_y}{\partial y}\right) + G\left(\frac{\partial^2 u_y}{\partial x^2} + \frac{\partial^2 u_y}{\partial y^2}\right) = \frac{E\alpha}{1-2\nu}\frac{\partial T_\Delta}{\partial y} - F_y \tag{2.74}$$

$$\frac{E}{2(1-\nu)}\frac{\partial}{\partial y}\left(\frac{\partial u_x}{\partial x} + \frac{\partial u_y}{\partial y}\right) + G\left(\frac{\partial^2 u_y}{\partial x^2} + \frac{\partial^2 u_y}{\partial y^2}\right) = \frac{E\alpha}{1-2\nu}\frac{\partial T_\Delta}{\partial y} - F_y \tag{2.75}$$

练习 2.33 用 n_x 和 n_y 表示边界的单位法向量的分量。证明：

$$T_x = T_n n_x - T_t n_y$$

$$T_y = T_n n_y + T_t n_x$$

式中，$T_n(T_t)$ 是牵引矢量的法线（切向）分量。

5. 轴对称弹性模型

径向坐标、圆周坐标和轴向坐标分别用 r、θ 和 z 表示，位移、应力、应变和牵引分量用相应的下标标记。

问题以位移矢量分量 $u_r(r,z)$ 和 $u_z(r,z)$ 来表述。

（1）柱坐标下的线性应变-位移关系为：

$$\epsilon_r \stackrel{\text{def}}{=} \frac{\partial u_r}{\partial r} \tag{2.76}$$

$$\epsilon_\theta \stackrel{\text{def}}{=} \frac{u_r}{r} \tag{2.77}$$

$$\epsilon_z \stackrel{\text{def}}{=} \frac{\partial u_z}{\partial z} \tag{2.78}$$

$$\epsilon_{rz} = \frac{\gamma_{rz}}{2} \stackrel{\text{def}}{=} \frac{1}{2}\left(\frac{\partial u_r}{\partial z} + \frac{\partial u_z}{\partial r}\right) \tag{2.79}$$

（2）应力-应变关系。对于各向同性材料，应力-应变关系由式（2.54）可得：

$$\begin{Bmatrix}\sigma_r\\\sigma_\theta\\\sigma_z\\\tau_{rz}\end{Bmatrix} = \begin{bmatrix}\lambda+2G & \lambda & \lambda & 0\\\lambda & \lambda+2G & \lambda & 0\\\lambda & \lambda & \lambda+2G & 0\\0 & 0 & 0 & G\end{bmatrix}\begin{Bmatrix}\epsilon_r\\\epsilon_\theta\\\epsilon_z\\\gamma_{rz}\end{Bmatrix} - \frac{E\alpha T_\Delta}{1-2\nu}\begin{Bmatrix}1\\1\\1\\0\end{Bmatrix} \tag{2.80}$$

（3）平衡。弹性静力平衡公式为：

$$\frac{1}{r}\frac{\partial(r\sigma_r)}{\partial r} + \frac{\partial \tau_{rz}}{\partial z} - \frac{\sigma_\theta}{r} + F_r = 0 \tag{2.81}$$

$$\frac{1}{r}\frac{\partial(r\tau_{rz})}{\partial r} + \frac{\partial \sigma_z}{\partial z} + F_z = 0 \tag{2.82}$$

练习 2.34 写下轴对称模型的 Navier 公式。

2.4.5 不可压缩弹性材料

当 $\nu \to 1/2$ 时 $\lambda \to \infty$，因此由式（2.54）表示的关系不成立。参考式（2.53），法向应变分量之和与法向应力分量之和的关系为：

$$\epsilon_{kk} = \frac{1-2\nu}{E}\sigma_{kk} + 3\alpha T_\Delta \tag{2.83}$$

法向应变分量的总和称为体积应变，表示为 $\epsilon_{\text{vol}} \stackrel{\text{def}}{=} \epsilon_{kk}$。定义

$$\sigma_0 \stackrel{\text{def}}{=} \frac{1}{3}\sigma_{kk} \tag{2.84}$$

我们有：

$$\epsilon_{\text{vol}} \equiv \epsilon_{kk} = \frac{3(1-2\nu)}{E}\sigma_0 + 3\alpha\mathcal{T}_\Delta \qquad (2.85)$$

式中，右边第一项是机械应变，第二项是热应变。

对于不可压缩材料，即当 $\nu = 1/2$ 时，$\epsilon_{\text{vol}} = 3\alpha\mathcal{T}_\Delta$ 与 σ_0 无关。因此 σ_0 不能以通常的方式从应变中计算出来。将式（2.85）代入式（2.54），并令 $\nu = 1/2$，我们有：

$$\sigma_{ij} = \sigma_0 \delta_{ij} + \frac{2E}{3}(\epsilon_{ij} - \alpha\mathcal{T}_\Delta \delta_{ij}) \qquad (2.86)$$

代入式（2.61），并假设 E 和 α 是常数：

$$(\sigma_0)_{,i} + \frac{2E}{3}(\epsilon_{ij,j} - \alpha(\mathcal{T}_\Delta)_{,i}) + F_i = 0$$

写为：

$$\epsilon_{ij,j} = \frac{1}{2}(u_{i,j} + u_{j,i})_{,j} = \frac{1}{2}(u_{i,jj} + u_{j,ij})$$

交换第二项中的微分顺序，我们有：

$$u_{j,ij} = u_{j,ji} = (u_{j,j})_{,i} = (\epsilon_{jj})_{,i} = 3\alpha(\mathcal{T}_\Delta)_{,i}$$

因此，对于不可压缩材料：

$$\epsilon_{ij,j} = \frac{1}{2}u_{i,jj} + \frac{3}{2}\alpha(\mathcal{T}_\Delta)_{,i}$$

问题是确定 u_i，使得：

$$(\sigma_0)_{,i} + \frac{E}{3}(u_{i,jj} + \alpha(\mathcal{T}_\Delta)_{,i}) + F_i = 0 \qquad (2.87)$$

服从不可压缩性条件，即体积应变可以由温度变化引起而不是由机械应力引起，

$$u_{i,i} = 3\alpha\mathcal{T}_\Delta \qquad (2.88)$$

以及适当的边界条件。如果在整个边界 ($\partial\Omega_u = \partial\Omega$) 上指定位移边界条件，则仅当指定位移与不可压缩性条件一致时，问题才有解：

$$\int_{\partial\Omega} u_i n_i \, dS = 3\int_\Omega \alpha\mathcal{T}_\Delta \, dV$$

这直接根据积分公式（2.88）并应用散度定理得到。

练习 2.35 具有恒定横截面和长度 ℓ 的不可压缩杆承受均匀的温度变化（即 $\mathcal{T}_\Delta$ 恒定）。杆的质心轴与 x_1 轴重合。边界条件为 $u_1(0) = u_1(\ell) = 0$。体力矢量为零。解释在这种情况下如何应用式（2.86）和式（2.88）来找到 $\sigma_{11} = -E\alpha\mathcal{T}_\Delta$。

2.5　斯托克斯流

在极低雷诺数（$Re<1$）下黏性流体的流动由斯托克斯公式建模。在斯托克斯公式和 2.4.5 节中讨论的不可压缩弹性公式之间有着密切的类比。在流体力学中，平均压缩法向应力是压力 p。向量 $\boldsymbol{u}_i$ 表示速度向量的分量，不可压缩弹性固体的切向模量 $E/3$ 由动力黏性系数 μ 代替（以 Ns/m^2 为单位测量）：

$$\mu u_{i,jj} = p_{,i} - F_i \tag{2.89}$$

$$u_{i,i} = 0 \tag{2.90}$$

练习 2.36　用完整的符号写出斯托克斯公式。

练习 2.37　假设在斯托克斯问题的整个边界上速度是规定的（即 $\partial\Omega_u = \partial\Omega$）。规定的速度必须满足什么条件？

注释 2.5　在本章中，我们将物理特性，如热传导系数、表面系数、弹性模量和泊松比视为给定常数。读者应注意，物理特性是从实验观察中推断出的经验数据。由于实验条件和其他因素的变化，这些数据并不准确，并且总是受到限制。例如，应力仅在比例极限内与应变成正比，通量仅在很窄的温度范围内与温度梯度成正比。事实上，导热系数 (k) 通常与温度有关。例如，对于 AISI 304 不锈钢，在 $0 \sim 400℃$ 的温度范围内，k 的变化范围为 $15 \sim 20 W/m℃$。对于一个狭窄的温度范围（例如 $100 \sim 200℃$），k 的不确定性的大小与平均值的变化大致相同。因此，在这个范围使用 k 的常数值，可能是"足够好"的。然而，忽略更宽温度范围内的温度依赖性可能会导致较大的误差。

考虑到导热系数的温度依赖性会导致非线性问题，可以通过迭代求解一系列线性问题来求解。这将在 9.1.2 节中讨论。

分析师通常依赖各种手册中公布的数据。然而，公布的数据可能相差很大。例如，根据文献 [19]，纯铁导热系数的公开数据在 $71.8 \sim 80.4 W/mK$ 之间变化。

2.6　线弹性问题的广义式

使式（2.60）为 0，有：

$$\sigma_{ij,j} + F_i = 0 \tag{2.91}$$

将式（2.91）乘测试函数 v_i，并在 Ω 域上积分：

$$\int_\Omega \sigma_{ij,j} v_i dV + \int_\Omega F_i v_i dV = 0 \tag{2.92}$$

观察如果满足式（2.91），则式（2.92）对于任意 v_i 都成立，条件是必须定义指定的运算：

$$\int_{\Omega} \sigma_{ij,j} v_i \mathrm{d}V = \int_{\Omega} (\sigma_{ij} v_i)_{,j} \mathrm{d}V - \int_{\Omega} \sigma_{ij} v_{i,j} \mathrm{d}V$$

并利用散度定理得到：

$$\int_{\Omega} \sigma_{ij,j} v_i \mathrm{d}V = \int_{\partial \Omega} \sigma_{ij} n_j v_i \mathrm{d}S - \int_{\Omega} \sigma_{ij} v_{i,j} \mathrm{d}V$$

注意到 $\sigma_{ij} n_j = T_i$（见附录 K 中的式（K.3）），则式（2.92）可以写为：

$$\int_{\Omega} \sigma_{ij} v_{i,j} \mathrm{d}V = \int_{\Omega} F_i v_i \mathrm{d}V + \int_{\partial \Omega} T_i v_i \mathrm{d}S \tag{2.93}$$

观察 $\sigma_{ij} v_{i,j}$ 等于 $\sigma_{11} v_{1,1} + \sigma_{22} v_{2,2} + \sigma_{33} v_{3,3}$ 加上 $\sigma_{12} v_{1,2} + \sigma_{21} v_{2,1}$ 的总和。由于 $\sigma_{ij} = \sigma_{ji}$，这可以写为：

$$\sigma_{12} v_{1,2} + \sigma_{21} v_{2,1} = \sigma_{12} \frac{1}{2}(v_{1,2} + v_{2,1}) + \sigma_{21} \frac{1}{2}(v_{2,1} + v_{1,2}) = \sigma_{12} \epsilon_{12}^{(v)} + \sigma_{21} \epsilon_{21}^{(v)}$$

式中，上标 (v) 表示这些是对应于测试函数 v_i 的无穷小应变项，即：

$$\epsilon_{ij}^{(v)} \stackrel{\text{def}}{=} \frac{1}{2}(v_{i,j} + v_{j,i})$$

所以：

$$\sigma_{ij} v_{i,j} = \sigma_{ij} \epsilon_{ij}^{(v)}$$

式（2.93）可以写为：

$$\int_{\Omega} \sigma_{ij} \epsilon_{ij}^{(v)} \mathrm{d}V = \int_{\Omega} F_i v_i \mathrm{d}V + \int_{\partial \Omega} T_i v_i \mathrm{d}S \tag{2.94}$$

将式（2.56）代入式（2.94）有：

$$\int_{\Omega} C_{ijkl} \epsilon_{ij}^{(v)} \epsilon_{kl} \mathrm{d}V = \int_{\Omega} F_i v_i \mathrm{d}V + \int_{\partial \Omega} T_i v_i \mathrm{d}S + \int_{\Omega} C_{ijkl} \epsilon_{ij}^{(v)} \alpha_{kl} T_{\Delta} \mathrm{d}V \tag{2.95}$$

令 $\partial \Omega_u$ 表示规定 $u_i = \hat{u}_i$ 的边界区域，$\partial \Omega_T$ 表示规定 $T_i = \hat{T}_i$ 的边界区域，$\partial \Omega_s$ 表示规定 $T_i = k_{ij}(d_j - u_j)$（即弹簧边界条件）的边界区域。让我们定义：

$$B(\boldsymbol{u}, \boldsymbol{v}) \stackrel{\text{def}}{=} \int_{\Omega} C_{ijkl} \epsilon_{ij}^{(v)} \epsilon_{kl} \mathrm{d}V + \int_{\partial \Omega_s} k_{ij} u_j v_i \mathrm{d}S \tag{2.96}$$

$$F(\boldsymbol{v}) \stackrel{\text{def}}{=} \int_{\Omega} F_i v_i \mathrm{d}V + \int_{\partial \Omega_T} \hat{T}_i v_i \mathrm{d}S + \int_{\partial \Omega_s} k_{ij} d_j v_i \mathrm{d}S + \int_{\Omega} C_{ijkl} \epsilon_{ij}^{(v)} \alpha_{kl} T_{\Delta} \mathrm{d}V \tag{2.97}$$

式中，$\boldsymbol{u} \equiv u_i$ 和 $\boldsymbol{v} \equiv v_i$。为了简单起见，我们假设材料常数 E、v 和 α 是分段光滑函数。

空间 $E(\Omega)$ 称为能量空间，定义为：

$$E(\Omega) \stackrel{\text{def}}{=} \{\boldsymbol{u} \mid B(\boldsymbol{u}, \boldsymbol{u}) < \infty\} \tag{2.98}$$

和范数：

$$\|u\|_E \stackrel{\text{def}}{=} \sqrt{\frac{1}{2}B(u,u)} \tag{2.99}$$

与 $E(\Omega)$ 相关联。可容许函数的空间定义为：

$$\tilde{E}(\Omega) \stackrel{\text{def}}{=} \{u_i \mid u_i \in E(\Omega), 在\partial\Omega_u 上 u_i = \hat{u}_i\}$$

请注意，此定义对规定的位移条件施加了限制：必须存在 $u_i \in E(\Omega)$，使得在 $\partial\Omega_u$ 上 $u_i = \hat{u}_i$。

测试函数的空间定义为：

$$E^0(\Omega) \stackrel{\text{def}}{=} \{u_i \mid u_i \in E(\Omega), 在\partial\Omega_u 上 u_i = 0\}$$

广义表述如下："找到 $u \in E(\Omega)$，使得对于所有 $v \in E^0(\Omega)$ $B(u,v) = F(v)$"。

2.6.1 最小势能原理

根据定义，势能函数为：

$$\pi(u) \stackrel{\text{def}}{=} \frac{1}{2}B(u,u) - F(u) \tag{2.100}$$

最小势能原理表明，基于虚功原理的广义式的精确解是容许函数空间上势能函数的最小值：

$$\pi(u_{EX}) = \min_{u \in \tilde{E}(\Omega)} \pi(u) \tag{2.101}$$

1.2.2 节给出的证明直接适用于弹性问题。

可以通过添加任意常数来修改势能的定义。具体来说，参考式（2.96）和式（2.97），我们定义弹性问题的势能如下：

$$\Pi(u) \stackrel{\text{def}}{=} \frac{1}{2}\int_\Omega C_{ijkl}(\epsilon_{ij} - \alpha_{ij}\mathcal{T}_\Delta)(\epsilon_{kl} - \alpha_{kl}\mathcal{T}_\Delta)\mathrm{d}V + \frac{1}{2}\int_{\partial\Omega_s} k_{ij}(u_i - d_i)(u_j - d_j)\mathrm{d}S - \int_\Omega F_i u_i \mathrm{d}V - \int_{\partial\Omega_T} T_i u_i \mathrm{d}S \tag{2.102}$$

与式（2.100）所给出的定义相比，该定义的优势在于特殊情况下，当自由体受到温度变化时（$\epsilon_{ij} = \alpha_{ij}\mathcal{T}_\Delta$），或具有弹簧边界条件的物体被给定刚体位移（$u_i = d_i$）时，则 $\Pi(u) = 0$，而 $\pi(u) \neq 0$。

在有限元方法中，$\tilde{E}(\Omega)$ 被一个有限维子空间 $\tilde{S}$ 代替：

$$\Pi(u_{FE}) = \min_{u \in S(\Omega)} \Pi(u) \tag{2.103}$$

当有限元空间序列分层（即 $\tilde{S}_1 \subset \tilde{S}_2 \subset \cdots$）时，势能单调收敛。

练习 2.38 比较式（2.100）给出的 $\pi(\boldsymbol{u})$ 定义和式（2.102）给出的 $\Pi(\boldsymbol{u})$ 定义，并证明这两个定义相差一个常数，定义如下：

$$\Pi(\boldsymbol{u}) - \pi(\boldsymbol{u}) = \frac{1}{2}\int_\Omega C_{ijkl}\alpha_{ij}\alpha_{kl}\mathcal{T}_\Delta^2 \mathrm{d}V + \frac{1}{2}\int_{\partial\Omega_s} k_{ij}d_id_j \mathrm{d}S$$

各向同性弹性

当材料是各向同性时，将式（2.54）代入式（2.93）得到：

$$\int_\Omega (\lambda \epsilon_{kk}\epsilon_{ii}^{(v)} + 2G\epsilon_{ij}\epsilon_{ij}^{(v)})\mathrm{d}V = \int_\Omega F_i v_i \mathrm{d}V + \int_{\partial\Omega} T_i v_i \mathrm{d}S + \int_\Omega \frac{E}{1-2v}\alpha \mathcal{T}_\Delta \epsilon_{ii}^{(v)} \mathrm{d}V \tag{2.104}$$

定义微分算子矩阵 $[D]$ 和材料刚度矩阵 $[E]$ 如下：

$$[D] \stackrel{\text{def}}{=} \begin{bmatrix} \dfrac{\partial}{\partial x} & 0 & 0 \\ 0 & \dfrac{\partial}{\partial y} & 0 \\ 0 & 0 & \dfrac{\partial}{\partial z} \\ \dfrac{\partial}{\partial y} & \dfrac{\partial}{\partial x} & 0 \\ 0 & \dfrac{\partial}{\partial z} & \dfrac{\partial}{\partial y} \\ \dfrac{\partial}{\partial z} & 0 & \dfrac{\partial}{\partial x} \end{bmatrix} \quad [E] \stackrel{\text{def}}{=} \begin{bmatrix} \lambda+2G & \lambda & \lambda & 0 & 0 & 0 \\ \lambda & \lambda+2G & \lambda & 0 & 0 & 0 \\ \lambda & \lambda & \lambda+2G & 0 & 0 & 0 \\ 0 & 0 & 0 & G & 0 & 0 \\ 0 & 0 & 0 & 0 & G & 0 \\ 0 & 0 & 0 & 0 & 0 & G \end{bmatrix} \tag{2.105}$$

此外，$\boldsymbol{u} = \{u\} \stackrel{\text{def}}{=} \{u_x u_y u_z\}^{\mathrm{T}}$ 和 $\boldsymbol{v} = \{v\} \stackrel{\text{def}}{=} \{v_x v_y v_z\}^{\mathrm{T}}$。它表明式（2.104）可以写成如下形式：

$$\int_\Omega ([D]\{v\})^{\mathrm{T}}[E][D]\{u\}\mathrm{d}V = \int_\Omega \{v\}^{\mathrm{T}}\{F\}\mathrm{d}V + \int_{\partial\Omega}\{v\}^{\mathrm{T}}\{T\}\mathrm{d}S + \int_\Omega \left\{\dfrac{\partial v_x}{\partial x}\ \dfrac{\partial v_y}{\partial y}\ \dfrac{\partial v_z}{\partial z}\right\}\begin{Bmatrix}1\\1\\1\end{Bmatrix}\dfrac{E\alpha\mathcal{T}_\Delta}{1-2v}\mathrm{d}V \tag{2.106}$$

式中，$\{F\} \stackrel{\text{def}}{=} \{F_x F_y F_z\}^{\mathrm{T}}$ 是体积力矢量，$\{T\} \stackrel{\text{def}}{=} \{T_x T_y T_z\}^{\mathrm{T}}$ 是牵引力矢量。

注释 2.6 式（2.95）表示一般各向异性，则有：

$$\int_\Omega ([D]\{v\})^{\mathrm{T}}[E][D]\{u\}\mathrm{d}V = \int_\Omega \{v\}^{\mathrm{T}}\{F\}\mathrm{d}V + \int_{\partial\Omega}\{v\}^{\mathrm{T}}\{T\}\mathrm{d}S + \int_\Omega ([D]\{v\})^{\mathrm{T}}[E]\{\alpha\}\mathcal{T}_\Delta \mathrm{d}V \tag{2.107}$$

式中，材料刚度矩阵是一个具有 21 个独立系数的对称正定矩阵和 $\{\alpha\} \stackrel{\text{def}}{=} \{\alpha_{11} \alpha_{22} \alpha_{33} 2\alpha_{12} 2\alpha_{23} 2\alpha_{31}\}^T$。

练习 2.39 证明对于 $\nu \neq 0$ 的各向同性弹性材料，$\Pi(\boldsymbol{u})$ 可以写成以下形式：

$$\Pi(\boldsymbol{u}) = \frac{1}{2} \int_\Omega \left\{ \lambda \left(\epsilon_{kk} - \frac{1+\nu}{\nu} \alpha \mathcal{T}_\Delta \right)^2 + 2G \epsilon_{ij} \epsilon_{ij} - \frac{E}{\nu} (\alpha \mathcal{T}_\Delta)^2 \right\} dV + \\ \frac{1}{2} \int_{\partial \Omega_s} k_{ij} (u_i - d_i)(u_j - d_j) dS - \int_\Omega F_i u_i dV - \int_{\partial \Omega_T} T_i u_i dS \tag{2.108}$$

并验证当不受约束的弹性体受到温度变化 $\mathcal{T}_\Delta$（即 $\epsilon_{ij} = \alpha \mathcal{T}_\Delta \delta_{ij}$）时，$\Pi(\boldsymbol{u}) = 0$。

2.6.2 应力的 RMS 测量

应力的均方根（RMS）测量与能量范数密切相关，使用符号：

$$\epsilon \equiv \{\epsilon\} \stackrel{\text{def}}{=} [\boldsymbol{D}]\{u\}, \quad \sigma \equiv \{\sigma\} = [\boldsymbol{E}]\{\epsilon\} \tag{2.109}$$

应力的 RMS 测量定义为

$$S(\sigma) \stackrel{\text{def}}{=} \left(\frac{1}{V} \int_\Omega \{\sigma\}^T \{\sigma\} dV \right)^{1/2} \tag{2.110}$$

式中，V 是体积。因此有：

$$S^2(\sigma) = \frac{1}{V} \int_\Omega ([\boldsymbol{E}]\{\epsilon\})^T [\boldsymbol{E}]\{\epsilon\} dV = \frac{1}{V} \int_\Omega \{\epsilon\}^T [\boldsymbol{E}][\boldsymbol{E}]\{\epsilon\} dV \tag{2.111}$$

我们使用了 $[\boldsymbol{E}]^T = [\boldsymbol{E}]$。当边界条件不包括弹簧约束时，应变能为

$$\|\boldsymbol{u}\|_{E(\Omega)}^2 = \frac{1}{2} \int_\Omega \{\epsilon\}^T [\boldsymbol{E}]\{\epsilon\} dV \tag{2.112}$$

使用式（2.111）和式（2.112），我们可以写：

$$\frac{2\Lambda_{\min}}{V} \|\boldsymbol{u}\|_{E(\Omega)}^2 \leq S^2(\sigma) \leq \frac{2\Lambda_{\max}}{V} \|\boldsymbol{u}\|_{E(\Omega)}^2 \tag{2.113}$$

式中，$\Lambda_{\max} (\Lambda_{\min})$ 是矩阵 $[\boldsymbol{E}]$ 的最大（最小）特征值。由此得出，如果 $\boldsymbol{u}_{FE}$ 在能量范数中收敛到 $\boldsymbol{u}_{EX}$，则 $S(\sigma_{FE})$ 以相同的速率收敛到 $S(\sigma_{EX})$。等效地，误差 $S(\sigma_{FE} - \sigma_{EX})$ 上下限受能量范数误差的限制：

$$\sqrt{\frac{2\Lambda_{\min}}{V}} \|\boldsymbol{u}_{FE} - \boldsymbol{u}_{EX}\|_{E(\Omega)} \leq S(\sigma_{FE} - \sigma_{EX}) \leq \sqrt{\frac{2\Lambda_{\max}}{V}} \|\boldsymbol{u}_{FE} - \boldsymbol{u}_{EX}\|_{E(\Omega)} \tag{2.114}$$

这个结果表明，当 $\Lambda_{\max}$ 很大时，即使能量范数的误差很小，$S(\sigma_{FE} - \sigma_{EX})$ 也可能很大。考虑式（2.108）给出的势能表达式，并假设 $\mathcal{T}_\Delta = 0$。被积函数的第一项是 $\lambda \epsilon_{kk}^2$，其中 ϵ_{kk} 是无穷小体积应变。当 $\lambda \to \infty$ 时，势能的最小化导致 $\epsilon_{kk} \to 0$。当

依据胡克定律计算 σ_{kk} 时，有

$$\sigma_{kk} = (3\lambda + 2G)\epsilon_{kk} = \frac{E}{1-2\nu}\epsilon_{kk} \tag{2.115}$$

也就是说，ϵ_{kk} 乘以一个大数，会放大 ϵ_{kk} 中的误差。切向应力和法向应力的差异与 λ 无关，因此可以直接从应变中计算得出。文献 [98] 讨论了一种用于计算平面应变问题 $\sigma_x + \sigma_y$ 的间接方法。

注释 2.7 使用 $\{\sigma\} = [E]\{\epsilon\}$，其中 $[E]$ 由式（2.105）给出，不难看出法向应力和切向应力的差异可以直接从数值模拟中计算出来。与法向应力之和的情况不同，当 ν 接近 $1/2$ 时，系数不会趋于无穷大。

练习 2.40 求平面应变和平面应力矩阵 $[E]$ 的特征值。部分答案：对于平面应变有

$$\Lambda_{\max} = 2(\lambda + G) \equiv \frac{E}{(1-2\nu)(1+\nu)}, \quad \Lambda_{\min} = G \tag{2.116}$$

请注意，当 $\Lambda_{\max} \to \infty$ 时，$\nu \to 1/2$。

2.6.3 虚功原理

在许多工程学书籍中，式（2.93）被赋予了物理解释，并被视为连续介质力学的基本原理，称为虚功原理。在这种观点下，测试函数 v_i 被理解为某个任意位移场，由独立于应用体力 F_i 和牵引力 T_i 的主体施加。因此 v_i 被称为"虚位移"。

式（2.93）的右边项表示由虚位移引起的体力和作用在体上的牵引力所做的功，统称为"外力"。式（2.93）的左边项代表内应力所做的虚功。要理解这一点，请参照图 2.11，并假设坐标为 x_i 的无穷小六面体单元的顶点 A 受虚拟位移 v_i 影响。然后，由于 v_i 是连续且可微的，位于 $x_1 + dx_1$ 的面相对于点 A 将位移 $v_{i,1}dx_1$，σ_{11} 所做的虚功为：

$$dW_{\sigma_{11}} = \underbrace{(\sigma_{11}dx_2dx_3)}_{\text{外力}}\underbrace{(v_{1,1}dx_1)}_{\text{位移}} = \sigma_{11}v_{1,1}dV$$

同样，σ_{13} 所做的虚功为：

$$dW_{\sigma_{13}} = \underbrace{(\sigma_{13}dx_2dx_3)}_{\text{外力}}\underbrace{(v_{3,1}dx_1)}_{\text{位移}} = \sigma_{13}v_{3,1}dV$$

虚功原理指出，外力的虚功等于内应力的虚功。请注意，由于此结果是基于平衡式（2.91），因此它与材料属性无关，适用于任何连续体。

式（2.93）是虚功原理的一般形式。虚功原理的具体陈述取决于材料特性和边界条件。

练习 2.41 由式（2.16）推导出与稳态热传导问题的相对应式（2.94）。

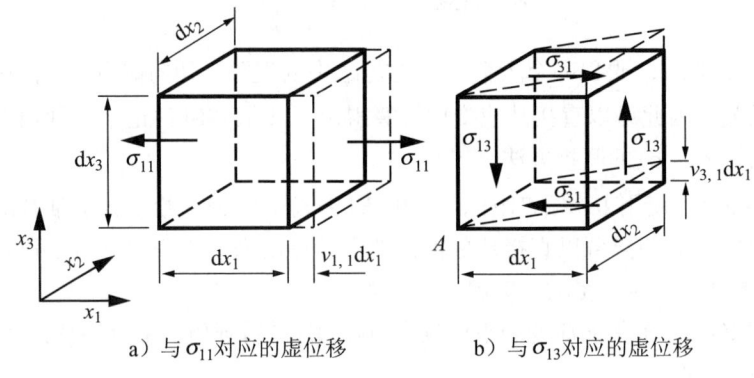

a）与 σ_{11} 对应的虚位移　　b）与 σ_{13} 对应的虚位移

图　2.11

2.6.4　唯一性

基于虚功原理的广义式在能量空间 $E(\Omega)$ 中是独一无二的。定理 1.1 给出的唯一性证明适用于三维弹性问题。

能量空间的唯一性并不一定意味着位移场 $\boldsymbol{u}$ 的唯一性。当 $\partial\Omega_u$ 和 $\partial\Omega_s$ 都为空时，$E^0(\Omega) = E(\Omega)$ 中有六个线性独立的测试函数，其中 $\epsilon_{ij}(v) = 0$，因此 $B(\boldsymbol{u},\boldsymbol{v}) = 0$。其中三个函数对应于刚体位移：

$$\epsilon_{11}^{(v)} = 0：v_i^{(1)} = c_1\{1\ \ 0\ \ 0\}^T$$
$$\epsilon_{22}^{(v)} = 0：v_i^{(2)} = c_2\{0\ \ 1\ \ 0\}^T$$
$$\epsilon_{33}^{(v)} = 0：v_i^{(3)} = c_3\{0\ \ 0\ \ 1\}^T$$

以及三个对应于无穷小的刚体旋转：

$$\epsilon_{12}^{(v)} = 0：v_i^{(4)} = c_4\{-x_2\ \ x_1\ \ 0\}^T\ \text{围绕}\ x_3\ \text{旋转}$$
$$\epsilon_{23}^{(v)} = 0：v_i^{(5)} = c_5\{0\ \ -x_3\ \ x_2\}^T\ \text{围绕}\ x_1\ \text{旋转}$$
$$\epsilon_{31}^{(v)} = 0：v_i^{(6)} = c_6\{x_3\ \ 0\ \ -x_1\}^T\ \text{围绕}\ x_2\ \text{旋转}$$

式中，$c_1,c_2,\cdots,c_6$ 是任意常数。因此，体力矢量和表面牵引力必须满足以下条件：

$$F(\boldsymbol{v}) = 0：\int_\Omega F_i v_i^{(k)} dV + \int_{\partial\Omega} T_i v_i^{(k)} dS = 0 \quad k = 1,2,\cdots,6 \tag{2.117}$$

这些条件的物理解释是物体必须处于平衡状态，即力的总和与力矩的总和必须为零。

该解对于刚体位移和旋转是唯一的。为了保证解的唯一性，引入了"刚体约束",即将表示刚体位移和旋转的函数从测试函数空间中剔除。

$$E^0(\Omega) = \{v_i | \ v_i \in E(\Omega), v_i^{(k)} = 0, k = 1, 2, \cdots, 6\} \tag{2.118}$$

刚体位移的值是任意的,因此容许函数的空间是:

$$\tilde{E}(\Omega) = \{u_i | \ u_i \in E(\Omega), u_i^{(k)} = \hat{u}_i^{(k)}, k = 1, 2, \cdots, 6\} \tag{2.119}$$

式中,$\hat{u}_i^{(k)}$ 是任意刚体位移,通常选择为零。

通过将至少三个非共线点中的六个位移分量设置为任意值来强制执行刚体约束。通常的程序如下:任意选择三个非共线点,在图 2.12 中标记为 A、B、C。笛卡儿坐标系与这些点相关联,使得点 A 和 B 位于轴 X_1 上,轴 X_3 垂直于由点 A、B、C 定义的平面,并且轴 X_2 垂直于轴 X_1、X_3。位移分量如图 2.12 所示,$U_1^{(A)}$、$U_2^{(A)}$、$U_3^{(A)}$、$U_2^{(B)}$、$U_3^{(B)}$ 和 $U_3^{(C)}$ 被赋予任意值,通常为零。这将确保与刚体位移和旋转相对应的位移模式从试验空间中移除。

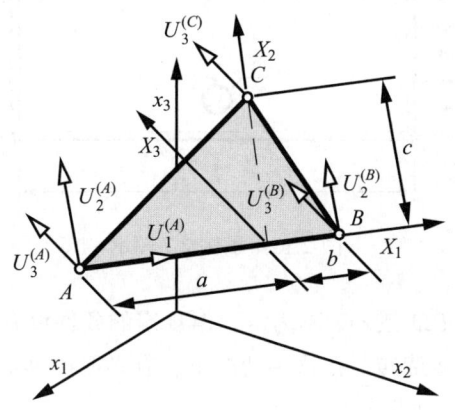

图 2.12　刚体约束

例如,用 C_1、C_2、C_3 表示坐标系 X_1、X_2、X_3 原点的位移矢量分量,如图 2.12 所示,用 C_4、C_5、C_6 表示围绕 X_1、X_2 和 X_3 轴的无穷小旋转,分别在 A、B、C 点设置对应于刚体位移和旋转的位移矢量分量为零:

$$\begin{Bmatrix} U_1^{(A)} \\ U_2^{(A)} \\ U_3^{(A)} \\ U_2^{(B)} \\ U_3^{(B)} \\ U_3^{(C)} \end{Bmatrix} = \begin{bmatrix} 1 & 0 & 0 & 0 & 0 & 0 \\ 0 & 1 & 0 & 0 & 0 & -a \\ 0 & 0 & 1 & 0 & a & 0 \\ 0 & 1 & 0 & 0 & 0 & b \\ 0 & 0 & 1 & 0 & -b & 0 \\ 0 & 0 & 1 & c & 0 & 0 \end{bmatrix} \begin{Bmatrix} C_1 \\ C_2 \\ C_3 \\ C_4 \\ C_5 \\ C_6 \end{Bmatrix} = 0 \tag{2.120}$$

式中，系数矩阵的行列式是 $c(a+b)^2$，对于三个非共线点的任意选择，它都是非零的。这里我们将位移设置为零，这是常见的做法；但是，也可以指定任意值。重要的一点是式（2.120）中的系数矩阵必须是非奇异的。此外，施加刚体约束的点的精确解必须是连续的。

示例 2.7 带有圆孔的薄弹性板状体（见图 2.13）由恒定的法向牵引力 T_0 加载，这显然满足平衡条件式（2.117）。在这种情况下，有六种刚体模式，容许函数的空间由式（2.119）给出，测试函数的空间则由式（2.118）给出。令

$$u_1^{(A)} = u_2^{(A)} = u_3^{(A)} = u_2^{(B)} = u_3^{(B)} = u_3^{(C)} = 0$$

来强制执行刚体约束。

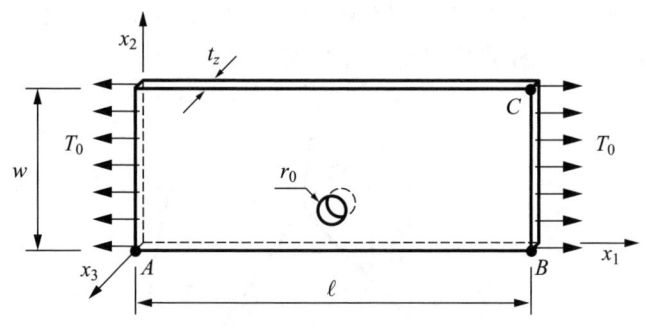

图 2.13 示例 2.7 图示

在许多情况下，$\partial\Omega_u$ 或 $\partial\Omega_s$ 不为空，但规定的条件没有提供足够数量的约束来防止所有刚体位移或旋转。在这些情况下，有必要提供足够数量的刚体约束以防止刚体位移，如以下示例所示。

示例 2.8 如果示例 2.7 的弹性板状体的圆孔中心位于 $x_1 = \ell/2$，则解关于平面 $x_1 = \ell/2$ 对称，问题可表述为在图 2.14a 所示的半域上。在对称平面上，法向位移分量 u_n 和切向应力分量为零。

在对称平面上设置 $u_n = u_1 = 0$ 可以防止在 x_1 方向上的位移和绕 x_2 和 x_3 轴的旋转，但不能防止在 x_2 和 x_3 坐标方向上的位移，也不能防止绕 x_1 轴旋转。我们可以设定：

$$u_2^{(B)} = u_3^{(B)} = u_3^{(C)} = 0$$

以防止对称平面允许的刚体运动。

只有存在对称平面时，三维问题才能简化为平面问题。平面问题的域就在这个对称平面上。因此最多有三个刚体位移：两个平面内的位移分量和绕中平面中任意点的旋转。

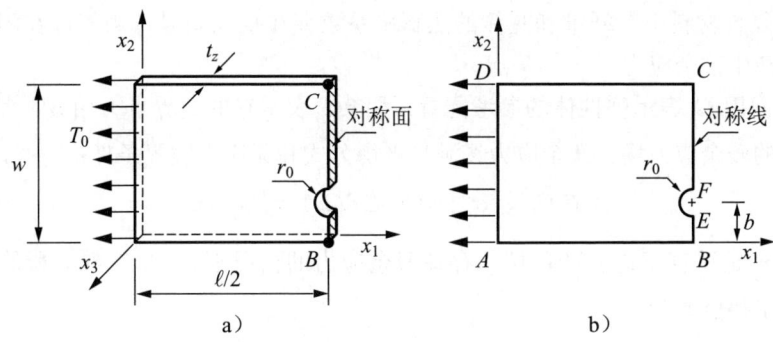

图 2.14 示例 2.8 图示

例如，示例 2.8 中的问题可以表述为一个平面问题。在这种情况下，中间平面的隐含零法向位移可防止 x_3 方向上的位移以及绕 x_1 和 x_2 轴的旋转。图 2.14b 中所示的对称线可防止在 x_1 方向上的位移和绕 x_3 轴的旋转。因此，只需施加一个刚体约束，例如使得 $u_2^{(A)}=0$。请注意，坐标轴 x_1、x_2 位于 $x_3=0$ 平面上。

练习 2.42 参考图 2.13。将 A 点重新定位到 $\{0\ 0\ 0\}$，将 C 点重新定位到 $\{\ell\ w\ 0\}$。假设指定了以下约束：

$$u_1^{(A)}=u_2^{(A)}=u_3^{(A)}=u_2^{(B)}=u_3^{(B)}=u_3^{(C)}=0$$

写下类似式（2.120）的方程组，并验证系数矩阵是否为满秩。

注释 2.8 在前面的讨论中，假设材料是各向同性的。如果材料不是各向同性的，那么通常不能使用对称性、反对称性和周期性。一个例外是当材料是正交各向异性并且材料对称轴与几何对称轴对齐时。

2.7 残余应力

到目前为止，我们默认假设当机械应变张量为零时，弹性体是无应力的，见式（2.56）。

金属成型，例如锻造、轧制和拉拔，总是会在金属中引起残余应力。这些存在于金属原料中的残余应力称为体积残余应力。此外，金属切削操作，如车削、钻孔和铣削，通过剪切去除金属薄层，留下一层残余应力，该残余应力会随着与表面距离的增加而迅速衰减。受影响较大的边界层通常在 $0.2\sim 1\mathrm{mm}$[50]。喷丸处理用于产生压缩残余应力，以提高耐用性并修复由体积和机加工引起的残余应力导致的变形。飞机结构中的紧固件孔通常经过冷加工以产生一层压缩残余应力以提高耐用性。

在复合材料中,纤维和基体的热膨胀系数存在很大差异。当部件在固化后冷却时会产生残余应力。

我们用 Ω_0 表示弹性体的参考配置,用 $\partial\Omega_0$ 表示它的边界点,用 $\sigma_{ij}^{(0)}$ 表示参考配置中的残余应力场。残余应力场满足平衡公式和无应力边界条件:

$$\text{在 } \Omega_0 \text{ 内 } \sigma_{ij,j}^{(0)} = 0 \text{ 和在 } \partial\Omega_0 \text{ 上 } \sigma_{ij}^{(0)} n_j = 0 \tag{2.121}$$

式中,n_j 是垂直于边界的单位。存在残余应力的情况下,式(2.56)所给出的广义胡克定律修改为:

$$\sigma_{ij} = \sigma_{ij}^{(0)} + C_{ijkl}(\epsilon_{kl} - \alpha_{kl}\mathcal{T}_\Delta) \tag{2.122}$$

残余应力的分布是根据非破坏性试验中的应变测量以及破坏性和半破坏性实验中的位移和应变测量推断出来的。在破坏性和半破坏性实验中,材料被移除,残余应力的分布和大小从残余应力重新分布引起的位移和应变中推断出来。因此,有必要使用数值模拟来解释物理观测。参见文献 [63] 和文献 [64]。

让我们引入将产生区域 Ω_1 的切割面 Γ_1 和将产生区域 Ω_2 的另一个切割面 Γ_2,如图 2.15 所示。用 $u_i^{(1)}$ ($u_i^{(2)}$) 表示第一次(第二次)切割之后的位移场。

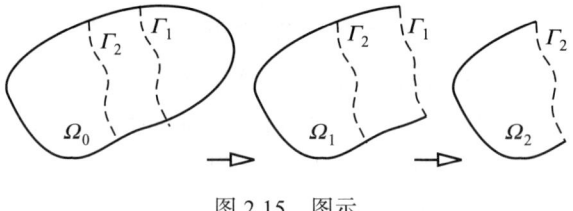

图 2.15　图示

假设叠加原理适用并且切割不会引起残余应力,我们现在证明 $u_i^{(2)}$ 取决于 $\sigma_{ij}^{(0)}$ 和 Ω_2 但不取决 $u_i^{(1)}$ 或 Ω_1。观察到,由于切割会产生自由表面,因此 $u_i^{(1)}$ 满足:

$$B(u_i^{(1)}, v_i) = -\int_{\Gamma_1} \sigma_{ij}^{(0)} n_j v_i \mathrm{d}S \text{ 对于所有 } v_i \in E(\Omega_1) \tag{2.123}$$

需要证明:

$$B(u_i^{(2)}, v_i) = -\int_{\Gamma_2} \sigma_{ij}^{(0)} n_j v_i \mathrm{d}S \text{ 对于所有 } v_i \in E(\Omega_2) \tag{2.124}$$

物体无论是在 Γ_2 处首次切割,还是首先在 Γ_1 处切割然后在 Γ_2 处切割,结果都是独立的。

用 s_{ij} 表示 Ω_1 上对应于 $u_i^{(1)}$ 的应力场,令 w_i 为 Ω_2 上的位移场,对应于作用在 Γ_2 上的牵引力 s_{ij}。因此有:

$$B(w_i, v_i) = \int_{\Gamma_2} s_{ij} n_j v_i \mathrm{d}S \text{ 对于所有 } v_i \in E(\Omega_2) \qquad (2.125)$$

对应于第二次切割的位移场是由在 Γ_2 上创建自由表面引起的:

$$B(u_i^{(2)} - w_i, v_i) = -\int_{\Gamma_2} (\sigma_{ij}^{(0)} + s_{ij}) n_j v_i \mathrm{d}S \text{ 对于所有 } v_i \in E(\Omega_2) \qquad (2.126)$$

将式（2.125）和式（2.126）相加，我们发现 $u_i^{(2)}$ 满足式（2.124），这证明了 $u_i^{(2)}$ 取决于 $\sigma_{ij}^{(0)}$ 和 Ω_2 而不是 $u_i^{(1)}$ 或 Ω_1。

练习 2.43 一块内径为 r_s、外径为 r_s+b 的环形铝板，厚度为恒定的 d_a，通过收缩配合连接到不锈钢轴上。配置如图 2.16 所示。铝的机械性能表示如下：弹性模量为 E_a、刚性模量为 G_a、质量密度为 ϱ_a、热膨胀系数为 α_a，以及相应的不锈钢机械性能为 E_s、G_s、ϱ_s、α_s。设 ℓ_s=80mm, r_s=17.5mm, d_a=15mm, b=150mm, E_a=72.0×10³MPa, G_a=28.0×10³MPa, ϱ_a=2800kg/m³, α_a=23.6×10⁻⁶/K, E_s=190×10³MPa, G_s=75.0×10³MPa, ϱ_s=7920kg/m³, α_s=17.3×10⁻⁶/K。

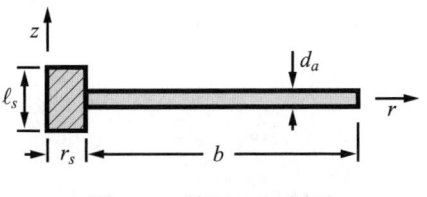

图 2.16 练习 2.43 图示

考虑以下条件:（a）轴和铝板加热到 220℃，插入轴，然后组件冷却到 20℃。假设在 220℃ 时，轴和板之间的间隙为零且 $\alpha_a > \alpha_s$;（b）组件以角速度 ω 绕 z 轴旋转。

估计 ω 的值，使得铝板中的膜力 F_r 在 $r=r_s$ 处近似为零。根据定义:

$$F_r = \int_{-d_a/2}^{d_a/2} \sigma_r \mathrm{d}z$$

以每秒周期数（Hz）为单位指定 ω。请注意，为了单位一致，必须将 kg/m³ 转换为 Ns²/mm⁴。

2.8 本章小结

热传导和弹性线性问题数学模型的建立分别以严格形式和广义式进行了描述。热传导的数学模型基于守恒定律以及温度 u 的导数和通量矢量 q_i 之间的经验关系。我们假设这种关系是线性的。然而，实际上，导热系数取决于 u 的

值以及 u 的梯度。只有在 u 的窄范围内和 u 的梯度内，这些系数才可以近似为常数。

弹性体的数学模型基于动量守恒（在静力学中为平衡公式）以及应力和应变张量之间的经验线性关系。这种线性关系仅适用于小位移和小应变。重要的是要记住模型中包含的假设对数学模型施加了局限性。绝不能将数学模型与其设想模仿的物理现实相混淆。这一点将在第 5 章中更详细地讨论。

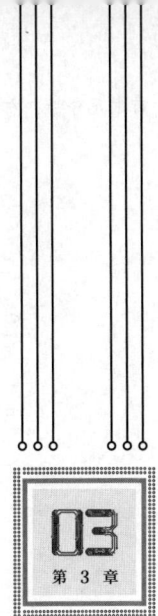

实 现

本章涉及有限元方法的算法方面。对有限元空间、标准单元、相应的形函数和映射函数的二维和三维式进行了描述。在求解过程结束时，可获得单元级的形函数系数、映射和材料属性。可以通过直接或间接方法根据这些信息计算出相关量。

3.1 二维标准单元

二维有限元网格由三角形和四边形单元组成。标准四边形单元将用 $\Omega_{st}^{(q)}$ 表示，标准三角形单元用 $\Omega_{st}^{(t)}$ 表示。标准单元的定义是任意的。然而，当标准单元如图 3.1 所示定义时，可以在映射和组装中实现某些便利性。注意，元件的侧面与一维空间中的长度相同。

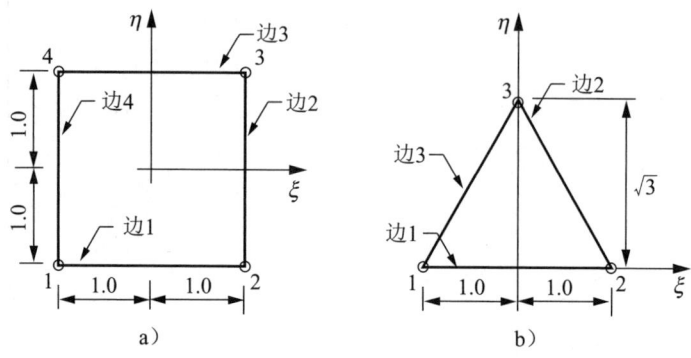

图 3.1 标准四边形和三角形单元 $\Omega_{st}^{(q)}$ 和 $\Omega_{st}^{(t)}$

3.2 标准多项式空间

二维和三维的标准多项式空间是 1.3.1 节中定义的标准多项式空间 $S^p(I_{st})$ 的推广。虽然多项式次数在一维中可以用一个数字（p）来表征，但在高维中可能存在多种解释。

3.2.1 主干空间

主干空间是由一组单项式 $\xi^i \eta^j, i, j = 0, 1, 2, \cdots, p$ 张成的多项式空间，满足限制条件 $i + j = 0, 1, 2, \cdots, p$。在四边形单元的情况下，这些空间由一个或两个 $p+1$ 次单项式补充。

（1）三角形：空间维数为 $n(p) = (p+1)(p+2)/2$。例如，空间 $S^6(\Omega_{st}^{(t)})$ 由图 3.2 所示的 28 个单项式张成。空间 $S^p(\Omega_{st}^{(t)})$ 包括所有小于或等于 p 次的多项式。

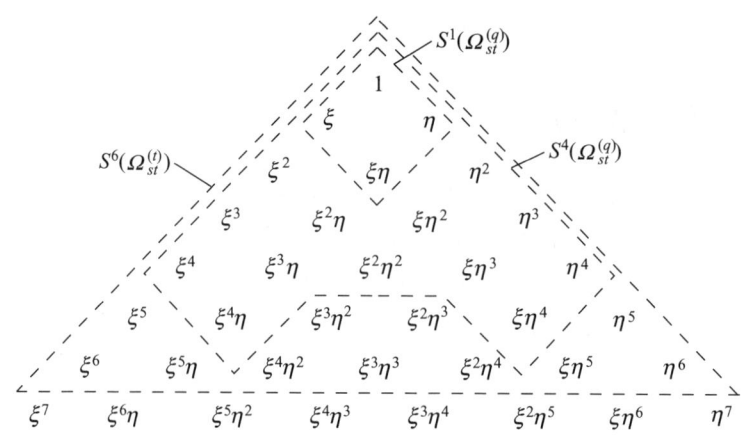

图 3.2 主干空间，$S^1(\Omega_{st}^{(q)})$、$S^4(\Omega_{st}^{(q)})$ 和 $S^6(\Omega_{st}^{(t)})$ 张成集图解

（2）四边形：小于或等于 p 次单项式在 $p=1$ 时由 $\xi\eta$ 补充，在 $p\geq 2$ 时由 $\xi^p\eta$ 和 $\xi\eta^p$ 补充。例如，空间 $S^4(\Omega_{st}^{(q)})$ 由图 3.2 中所示的 17 个单项式张成。空间 $S^p(\Omega_{st}^{(q)})$ 的维数为：

$$n(p) = \begin{cases} 4p & \text{for } p \leq 3 \\ 4p + (p-2)(p-3)/2 & \text{for } p \geq 4 \end{cases} \quad (3.1)$$

3.2.2 乘积空间

在二维空间中，乘积空间由单项式 $1, \xi, \xi^2, \cdots, \xi^p, 1, \eta, \eta^2, \cdots, \eta^q$ 及其乘积张成。因此，积空间的维数为 $n(p,q)=(p+1)(q+1)$。三角形上的积空间用 $S^{p,q}(\Omega_{st}^{(t)})$ 表示，四边形上的积空间用 $S^{p,q}(\Omega_{st}^{(q)})$ 表示。空间 $S^{4,2}(\Omega_{st}^{(q)})$ 的单项式张成集如图 3.3 所示。

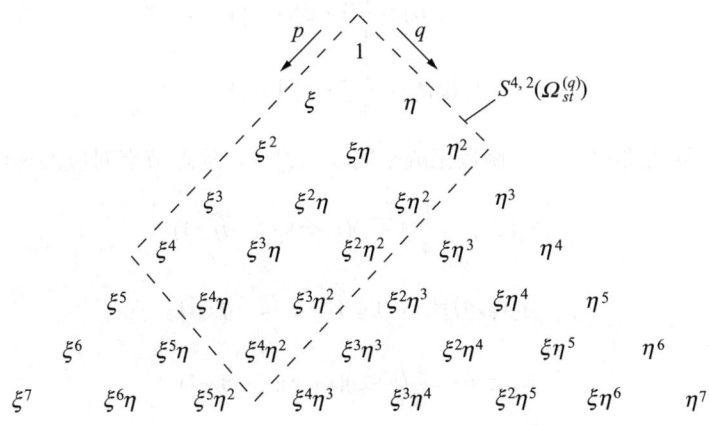

图 3.3 乘积空间，空间 $S^{4,2}(\Omega_{st}^{(q)})$ 张成集图解

3.3 形函数

与一维情况一样，我们将讨论两种类型的形函数：基于拉格朗日多项式的形函数和基于勒让德多项式积分的层次形函数。我们将使用符号 $N_i(\xi,\eta)(i=1,2,\cdots,n)$ 来表示两者。每个单元两侧的二维形函数与一维标准单元 I_{st} 上定义的形函数相同。

3.3.1 拉格朗日形函数

$S^p(\Omega_{st}^{(t)})$ 和 $S^p(\Omega_{st}^{(q)})$ 张成的形函数在工程实践中广泛使用，其中 $p=1$ 和 $p=2$。每个拉格朗日形函数在其中一个节点点上是 1，在其他节点点上是零。因此逼近

函数 u 可以写成：

$$u(\xi,\eta) = \sum_{i=1}^{n} u_i N_i(\xi,\eta)$$

式中，u_i 是 u 在第 i 个节点上的值。

1. 四边形单元

四节点四边形单元的形函数张成空间 $S^1(\Omega_{st}^{(q)})$：

$$N_1(\xi,\eta) = \frac{1}{4}(1-\xi)(1-\eta) \tag{3.2}$$

$$N_2(\xi,\eta) = \frac{1}{4}(1+\xi)(1-\eta) \tag{3.3}$$

$$N_3(\xi,\eta) = \frac{1}{4}(1+\xi)(1+\eta) \tag{3.4}$$

$$N_4(\xi,\eta) = \frac{1}{4}(1-\xi)(1+\eta) \tag{3.5}$$

八节点四边形单元的形函数张成空间 $S^2(\Omega_{st}^{(q)})$。顶点节点对应的形函数为：

$$N_1(\xi,\eta) = \frac{1}{4}(1-\xi)(1-\eta)(-\xi-\eta-1) \tag{3.6}$$

$$N_2(\xi,\eta) = \frac{1}{4}(1+\xi)(1-\eta)(\xi-\eta-1) \tag{3.7}$$

$$N_3(\xi,\eta) = \frac{1}{4}(1+\xi)(1+\eta)(\xi+\eta-1) \tag{3.8}$$

$$N_4(\xi,\eta) = \frac{1}{4}(1-\xi)(1+\eta)(-\xi+\eta-1) \tag{3.9}$$

中侧节点对应的形函数为：

$$N_5(\xi,\eta) = \frac{1}{2}(1-\xi^2)(1-\eta) \tag{3.10}$$

$$N_6(\xi,\eta) = \frac{1}{2}(1+\xi)(1-\eta^2) \tag{3.11}$$

$$N_7(\xi,\eta) = \frac{1}{2}(1-\xi^2)(1+\eta) \tag{3.12}$$

$$N_8(\xi,\eta) = \frac{1}{2}(1-\xi)(1-\eta^2) \tag{3.13}$$

观察一下，如果我们用 (ξ_i,η_i)，$i=1,2,\cdots,8$ 表示顶点和边中点的坐标，那

么 $N_i(\xi_j, \eta_j) = \delta_{ij}$。

九节点四边形单元的形函数张成 $S_{st}^{2,2}(\Omega_{st}^{(q)})$（即乘积空间）。除了位于顶点的四个节点和位于两侧中点的四个节点外，单元的中心还有一个节点。这些形函数的构造留给读者在下面的练习中完成。

练习 3.1 写出九节点四边形单元的形函数。绘制与单元中心节点相关联的形函数，以及一个顶点形函数和一个侧面形函数。

2. 三角形单元

三角形单元的形函数通常用三角形坐标来表示，定义如下：

$$L_1 = \frac{1}{2}\left(1 - \xi - \frac{\eta}{\sqrt{3}}\right) \tag{3.14}$$

$$L_2 = \frac{1}{2}\left(1 + \xi - \frac{\eta}{\sqrt{3}}\right) \tag{3.15}$$

$$L_3 = \frac{\eta}{\sqrt{3}} \tag{3.16}$$

注意，L_i 在节点 i 处为 1，在与节点 i 相对的边上为 0。同时，$L_1 + L_2 + L_3 = 1$。空间 $S^1(\Omega_{st}^{(t)})$ 由以下形函数张成：

$$N_i = L_i, \ i = 1, 2, 3 \tag{3.17}$$

这些单元被称为"三节点三角形"。对于六节点三角形，形函数为：

$$N_1 = L_1(2L_1 - 1) \tag{3.18}$$

$$N_2 = L_2(2L_2 - 1) \tag{3.19}$$

$$N_3 = L_3(2L_3 - 1) \tag{3.20}$$

$$N_4 = 4L_1 L_2 \tag{3.21}$$

$$N_5 = 4L_2 L_3 \tag{3.22}$$

$$N_6 = 4L_3 L_1 \tag{3.23}$$

它张成 $S^2(\Omega_{st}^{(t)})$。

3.3.2 层次形函数

基于勒让德多项式积分的层次形函数描述了四边形和三角形单元的节点、边和顶点。与节点和边相关联的形函数对于产品空间和主干空间是相同的。只是内部形函数的数量不同。

1. 四边形单元

节点形函数与四节点四边形形函数相同，由式（3.2）~式（3.5）给出。边形函数由一维单元定义的形函数 N_3, N_4, $\cdots$，（见图 1.4）乘线性混合函数来构建。我们定义：

$$\phi_k(s) \stackrel{\text{def}}{=} \sqrt{\frac{2k-1}{2}} \int_{-1}^{s} P_{k-1}(t) \mathrm{d}t, \quad k = 2, 3, \cdots \tag{3.24}$$

注意，索引 k 表示多项式次数。$p \geqslant 2$ 的形函数定义如下：

$$\text{边 1：} \quad N_k^{(1)}(\xi, \eta) = \frac{1}{2}(1-\eta)\phi_k(\xi) \tag{3.25}$$

$$\text{边 2：} \quad N_k^{(2)}(\xi, \eta) = \frac{1}{2}(1+\xi)\phi_k(\eta) \tag{3.26}$$

$$\text{边 3：} \quad N_k^{(3)}(\xi, \eta) = \frac{1}{2}(1+\eta)\phi_k(-\xi) \tag{3.27}$$

$$\text{边 4：} \quad N_k^{(4)}(\xi, \eta) = \frac{1}{2}(1-\xi)\phi_k(-\eta) \tag{3.28}$$

式中，$k = 2, 3, \cdots, p$。因此有 $4(p-1)$ 个边形函数。ϕ_k 的参数对于边 3 和边 4 是负的，因为边的正方向是逆时针的。这只会影响奇数度的形函数。

内部形函数在边上是零。对于主干空间，由 ϕ_k 的积构成 $(p-2)(p-3)/2$ 个内部形函数（$p \geqslant 4$）：

$$N_p^{(k,l)}(\xi, \eta) = \phi_k(\xi)\phi_l(\eta) \quad k, l = 2, 3, \cdots, p, \quad k+l = 4, 5, \cdots, p \tag{3.29}$$

如图 3.4 所示，层次形函数被赋予唯一的顺序编号。对于乘积空间，有 $(p-1)(q-1)$ 个内部形函数，对于 $p, q \geqslant 2$ 定义为：

$$N_{pq}^{(k,l)}(\xi, \eta) = \phi_k(\xi)\phi_l(\eta), \quad k = 2, 3, \cdots, p, l = 2, 3, \cdots, q, k+l \leqslant p+q \tag{3.30}$$

2. 三角形单元

节点形函数与三节点三角形的形函数相同，由式（3.17）给出。边形函数构造如下。定义：

$$\tilde{\phi}_k(s) = 4\frac{\phi_k(s)}{1-s^2} \quad k = 2, 3, \cdots \tag{3.31}$$

式中，$\phi_k(s)$ 为式（3.24）定义的函数。例如，

$$\tilde{\phi}_2(s) = -\sqrt{6}, \quad \tilde{\phi}_3(s) = -\sqrt{10}s, \quad \tilde{\phi}_4(s) = -\sqrt{\frac{7}{8}}(5s^2-1), \cdots$$

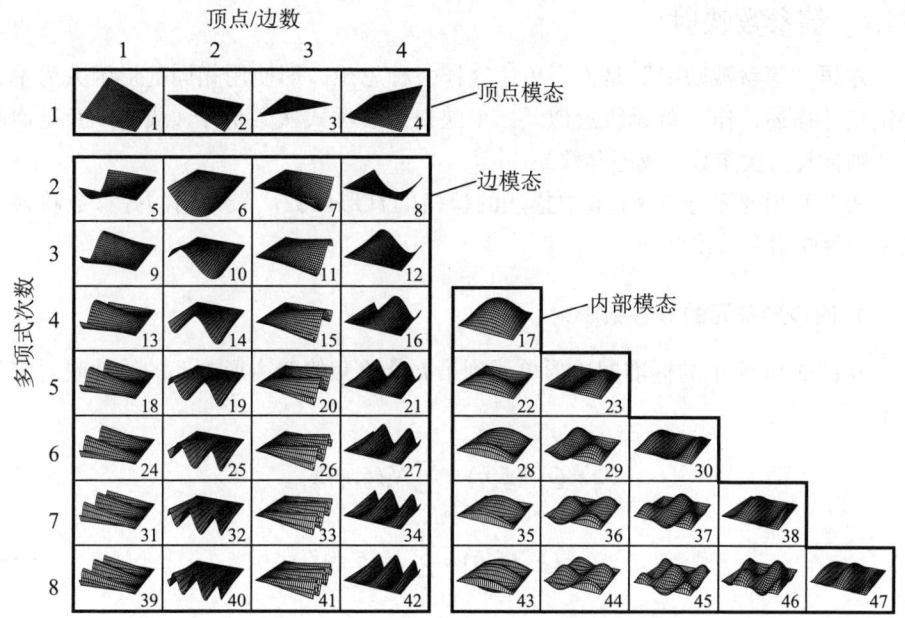

图 3.4 四边形元素的层次形函数，主干空间，$p=1\sim 8$

利用：

$$s = \begin{cases} L_2 - L_1, & \text{边}1 \\ L_3 - L_2, & \text{边}2 \\ L_1 - L_3, & \text{边}3 \end{cases} \quad (3.32)$$

边形函数的定义是：

边 1： $\quad N_k^{(1)}(L_1, L_2, L_3) = L_1 L_2 \tilde{\phi}_k(L_2 - L_1)$ (3.33)

边 2： $\quad N_k^{(2)}(L_1, L_2, L_3) = L_2 L_3 \tilde{\phi}_k(L_3 - L_2)$ (3.34)

边 3： $\quad N_k^{(3)}(L_1, L_2, L_3) = L_3 L_1 \tilde{\phi}_k(L_1 - L_3)$ (3.35)

式中，$k = 2, 3, \cdots, p$。因此有 $3(p-1)$ 个边形函数。

对于主干空间，有 $(p-1)(p-2)/2$ 个内部形函数（$p \geq 3$），定义如下：

$$N_p^{(k,l)} = L_1 L_2 L_3 P_k(L_2 - L_1) P_l(2L_3 - 1) \quad k,l = 0,1,2,\cdots, p-3 \quad (3.36)$$

式中，$k+l \leq p-3$，P_k 是第 k 个勒让德多项式。

练习 3.2 画出形函数 $N_3^{(2)}(L_1, L_2, L_3)$。

3.4 二维映射函数

本节概述了将标准单元转换为网格单元的常用映射过程。

3.4.1 等参数映射

术语"等参数映射"是为了传达这样一种思想,即使用相同的形函数为单元提供拓扑描述,作为单元级近似。如果映射的多项式次数低于(或高于)近似函数,则称其为次参数(或超参数)。

等参映射是基于 3.3.1 节中描述的拉格朗日形函数。最常用的等参数映射方法是线性映射和二次映射。

1. 四边形单元的等参数映射

从图 3.1a 所示的标准四边形单元到第 k 个单元的四边形单元的线性映射定义如下:

$$x = Q_x^{(k)}(\xi,\eta) = \sum_{i=1}^{4} N_i(\xi,\eta) X_i \tag{3.37}$$

$$y = Q_y^{(k)}(\xi,\eta) = \sum_{i=1}^{4} N_i(\xi,\eta) Y_i \tag{3.38}$$

式中,(X_i, Y_i) 是逆时针顺序编号的第 k 个单元的顶点 i 的坐标,N_i 是由式(3.2)~式(3.5)定义的形函数。

从标准四边形单元到四边形单元的二次映射定义为:

$$x = Q_x^{(k)}(\xi,\eta) = \sum_{i=1}^{8} N_i(\xi,\eta) X_i \tag{3.39}$$

$$y = Q_y^{(k)}(\xi,\eta) = \sum_{i=1}^{8} N_i(\xi,\eta) Y_i \tag{3.40}$$

节点 1 和节点 2 之间的边是第一条边,N_i 是由式(3.6)~式(3.13)定义的形函数。一个四边形单元的二次等参数映射和节点点的典型编号如图 3.5a 所示。

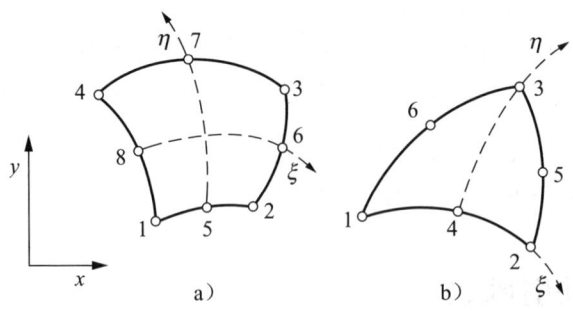

图 3.5 等参数四边形和三角形单元

2. 三角形单元的等参数映射

从图 3.1b 所示的标准三角形单元到第 k 个单元的三角形线性映射定义为：

$$x = Q_x^{(k)}(L_1, L_2, L_3) = \sum_{i=1}^{3} L_i X_i \tag{3.41}$$

$$y = Q_y^{(k)}(L_1, L_2, L_3) = \sum_{i=1}^{3} L_i Y_i \tag{3.42}$$

从标准四边形单元到三角形单元的二次等参映射由下式给出：

$$x = Q_x^{(k)}(L_1, L_2, L_3) = \sum_{i=1}^{6} N_i(L_1, L_2, L_3) X_i \tag{3.43}$$

$$y = Q_y^{(k)}(L_1, L_2, L_3) = \sum_{i=1}^{6} N_i(L_1, L_2, L_3) Y_i \tag{3.44}$$

式中，N_i 是由式（3.18）～式（3.23）定义的形函数。三角形单元的映射和节点的典型编号如图 3.5b 所示。

注释 3.1 映射形函数仅在标准三角形映射为直边三角形和标准四边形单元映射为平行四边形时的特殊情况下为多项式。通常，映射的形函数不是多项式。映射的形函数称为"拉回多项式"。有限元近似的精度取决于回拉多项式的性质。根据精确解，拉回多项式的近似可能比多项式的近似更好或更差。在某些情况下，映射被设计为改进近似。

练习 3.3 证明应用于直边三角形和四边形单元的二次参数映射与线性映射相同。

练习 3.4 考虑图 3.6b 中所示的单元。注意节点 4 和 6 位于"四分之一点位置"，即它们分别位于距离顶点 1 的边 1 和边 3 长度的 1/4 处。引入极坐标 r、θ、ρ 和 ϕ，定义如图 3.6 所示。三角形坐标可以写成 ρ 和 ϕ，如下所示：

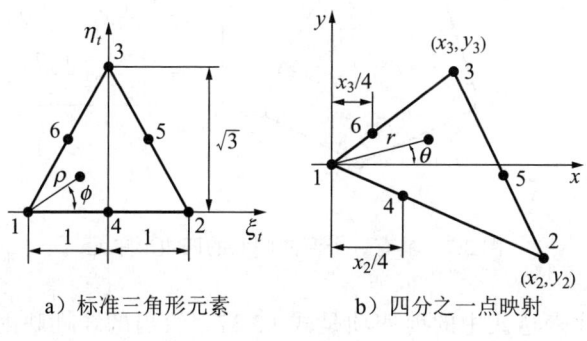

a）标准三角形元素　　b）四分之一点映射

图 3.6　符号表示

$$L_1 = \frac{1}{2}\left(2 - \rho\cos\phi - \frac{1}{\sqrt{3}}\rho\sin\phi\right)$$

$$L_2 = \frac{1}{2}\left(\rho\cos\phi - \frac{1}{\sqrt{3}}\rho\sin\phi\right)$$

$$L_3 = \frac{\rho\sin\phi}{\sqrt{3}}$$

当使用二次参数映射时，对于任何固定的 ρ、ϕ 与 $\sqrt{r}$ 成比例。这一点的意义在于，四分之一点映射以这样的方式修改了单元级基函数，即在顶点 1 附近，单元级基函数将包含项 $\sqrt{r}$。四分之一点映射常用于断裂力学问题的求解。

注释 3.2 四分之一点单元是一种特殊的奇异单元。奇异有限元的制定目的是减少由奇异点引起的近似误差，这是通过增加奇异函数来扩大有限元空间实现的。

3.4.2 混合函数法的映射

为了说明该方法，让我们考虑一个简单的情况，其中只有四边形单元的一侧（边 2）是弯曲的，如图 3.7 所示。曲线 $x = x_2(\eta), y = y_2(\eta)$ 以参数形式给出，$-1 \leq \eta \leq 1$。我们现在可以写为

$$\begin{aligned}x = &\frac{1}{4}(1-\xi)(1-\eta)X_1 + \frac{1}{4}(1+\xi)(1-\eta)X_2 + \frac{1}{4}(1+\xi)(1+\eta)X_3 + \\ &\frac{1}{4}(1-\xi)(1+\eta)X_4 + \left(x_2(\eta) - \frac{1-\eta}{2}X_2 - \frac{1+\eta}{2}X_3\right)\frac{1+\xi}{2}\end{aligned} \quad (3.45)$$

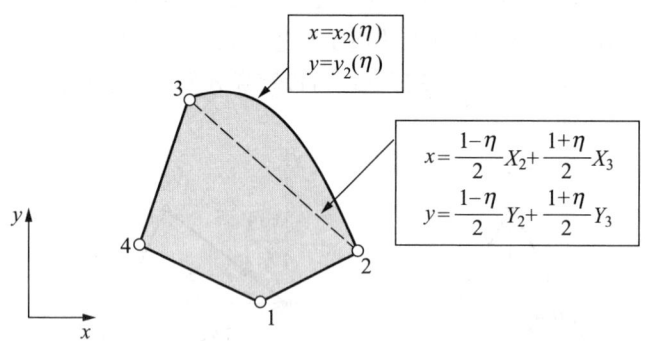

图 3.7 具有一个弯曲侧面的四边形单元

请注意，此表达式中的前四项是式（3.37）给出的线性映射项。第五项是两个函数的乘积：一个函数，括号内的表达式，表示 $x_2(\eta)$ 与连接点 (X_2, Y_2) 和 (X_3, Y_3) 的弦的 x 坐标之间的差值。另一个函数是线性混合函数 $(1+\xi)/2$，在边 2

为 1，在边 4 为 0。因此有：

$$x = \frac{1}{4}(1-\xi)(1-\eta)X_1 + \frac{1}{4}(1-\xi)(1+\eta)X_4 + x_2(\eta)\frac{1+\xi}{2} \quad (3.46)$$

同样：

$$y = \frac{1}{4}(1-\xi)(1-\eta)Y_1 + \frac{1}{4}(1-\xi)(1+\eta)Y_4 + y_2(\eta)\frac{1+\xi}{2} \quad (3.47)$$

在一般情况下，所有的边都可以是弯曲的。我们把曲线边写成参数形式：

$$x = x_i(s), \quad y = y_i(s), \quad -1 \leq s \leq +1 \quad \text{其中} s = \begin{cases} \xi & \text{在边1和3上} \\ \eta & \text{在边2和4上} \end{cases}$$

下标表示标准单元的边编号。在这种情况下，映射函数为：

$$\begin{aligned}
x = &\frac{1}{2}(1-\eta)x_1(\xi) + \frac{1}{2}(1+\xi)x_2(\eta) + \frac{1}{2}(1+\eta)x_3(\xi) + \frac{1}{2}(1-\xi)x_4(\eta) - \\
&\frac{1}{4}(1-\xi)(1-\eta)X_1 - \frac{1}{4}(1+\xi)(1-\eta)X_2 - \frac{1}{4}(1+\xi)(1+\eta)X_3 - \\
&\frac{1}{4}(1-\xi)(1+\eta)X_4
\end{aligned} \quad (3.48)$$

$$\begin{aligned}
y = &\frac{1}{2}(1-\eta)y_1(\xi) + \frac{1}{2}(1+\xi)y_2(\eta) + \frac{1}{2}(1+\eta)y_3(\xi) + \frac{1}{2}(1-\xi)y_4(\eta) - \\
&\frac{1}{4}(1-\xi)(1-\eta)Y_1 - \frac{1}{4}(1+\xi)(1-\eta)Y_2 - \frac{1}{4}(1+\xi)(1+\eta)Y_3 - \\
&\frac{1}{4}(1-\xi)(1+\eta)Y_4
\end{aligned} \quad (3.49)$$

逆映射，即 $\xi = Q_\xi^{(k)}(x,y)$，$\eta = Q_\eta^{(k)}(x,y)$，通常不能明确地给出，但通过牛顿–拉弗森方法或其他迭代过程可以非常有效地计算任何给定 (x,y) 的 (ξ,η)。

练习 3.5 参见图 3.8a。由混合函数法得到四边形单元的映射为：

$$x = r_i \cos(\theta_m + \eta\theta_d)\frac{1-\xi}{2} + r_o \cos(\theta_m + \eta\theta_d)\frac{1+\xi}{2}$$

$$y = r_i \sin(\theta_m + \eta\theta_d)\frac{1-\xi}{2} + r_o \sin(\theta_m + \eta\theta_d)\frac{1+\xi}{2}$$

式中，

$$\theta_m = \frac{\theta_1 + \theta_2}{2}, \quad \theta_d = \frac{\theta_2 - \theta_1}{2}$$

练习 3.6 参见图 3.8b。四边形单元以两个圆为界。圆心偏移如图所示。用混合函数法写出给定参数的映射关系。提示：利用余弦定律，节点 2 和节点 3 之间的圆弧半径为：

$$r_{2-3} = -e\sin\theta + \sqrt{r_o^2 - e^2\cos^2\theta}$$

式中，θ 是从 x 轴测量的角度。

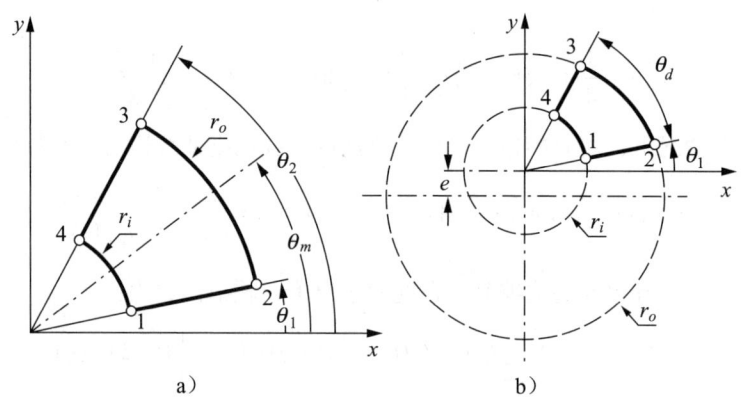

图 3.8 以圆形线段为界的四边形单元

3.4.3 高阶单元的映射算法

高阶单元通常通过混合函数方法进行映射，边界曲线由多项式函数近似，类似等参映射。这样做的原因是：边界曲线通常不能以解析形式提供，以及从实施的角度来看，最好对所有边界曲线进行标准处理。例如，域的边界通常由计算机辅助设计（CAD）软件产品中的样条曲线集合表示。为了实现通用性，使用式（1.50）定义的拉格朗日基函数对边界曲线进行插值。

近似的质量取决于插值点的选择。具体来说，必须定义插值点，以便对于给定的插值多项式次数，插值函数接近边界曲线的多项式最大范数的最佳近似。当点被选择以使 Lebesque 常数最小化时，这一点得以实现，详细信息可参见附录 F。在一维中，Lobatto 点的横坐标接近最优插值点。具体请参见文献 [31]。

练习 3.7 使用（a）节点集 T_1^5，（b）节点集 T_2^5 和（c）6 个均匀分布的插值点，用 5 次多项式近似单位半径的半圆。计算每种情况下半径内的最大相对误差。

提示：半圆周长上各点的坐标可以写成：

$$x_c = \cos(\pi(1+\xi)/2), \quad y_c = \sin(\pi(1+\xi)/2), \quad -1 \leq \xi \leq 1$$

解决这个问题需要编写一个简短的计算机程序。在情形（a）中半径的最大相对误差为 0.058%，在情形（b）中为 0.061%，在情形（c）中为 1.50%。

刚体转动

在二维弹性力学中，微小的刚体旋转由位移矢量 $u = C\{-y\ x\}^T$ 表示。引入映射 $x = Q_x^{(k)}(\xi,\eta)$，$y = Q_y^{(k)}(\xi,\eta)$，只有当 $Q_x^{(k)}(\xi,\eta) \in S^{p_k}(\Omega_{st})$ 和 $Q_y^{(k)}(\xi,\eta) \in S^{p_k}(\Omega_{st})$ 时，微小的刚体旋转才能被单元 k 精确表示。等参数和次参数映射满足此条件，因此施加在元件上的刚体旋转不会引起应变。当边界不是多项式或是高于 p_k 的多项式时，超参数映射和混合函数方法的映射不满足此条件。有人认为，出于这个原因，只应采用等参数和次参数映射。

然而，这一论点是有缺陷的。我们应该从以下角度来看待这个问题：当刚体旋转没有精确表示时，也会通过边界曲线的近似来引入误差。用混合函数法精确地表示解析曲线（如圆），但近似刚体旋转项。使用等参数和次参数映射时，边界被近似，但刚体旋转项被精确表示。在任何一种情况下，无论是通过网格细化还是通过增加多项式次数，随着自由度的增加，近似误差都将变为零。以下练习说明了这一点。

练习 3.8 参考图 3.8a。让 $\theta_1 = 0, \theta_2 = 60°$，$r_i = 1.0$，$r_o = 2.0$。使用 $E = 200\text{GPa}$，$v = 0.3$，平面应变。施加与刚体绕原点旋转一致的节点位移：$u = C\{y - x\}$。例如，设 $u_x^{(1)} = 0$，$u_y^{(1)} = Cr_i$，$u_y^{(2)} = Cr_o$，其中上标表示节点编号，C 是围绕正 z 轴的旋转角度（以弧度为单位）。设 $C = 0.1$，并计算 $p = 1, 2, \cdots, 6$ 的最大等效应变。将看到非常快速地收敛到零。

练习 3.9 使用均匀网格细化重复练习 3.8，p 固定为 $p = 1$ 和 $p = 2$。绘制最大等效应变与自由度的关系图。

注释 3.3 常数函数在有限元空间 $S^{p_k}(\Omega_{st})$ 中与映射无关。因此，刚体位移被精确表示。

3.5 二维有限元空间

有限元空间是以有限元网格 Δ 为特征的连续函数集，Δ 是定义在标准单元上的多项式空间，以及用于将标准单元映射到网格单元中的函数。我们在 1.3.2 节中看到了一个示例，其中描述了一维有限元空间。在那里，标准单元是区间 $I = (-1,1)$，标准空间表示为 S^p，是一个 p 次多项式空间，映射函数是式（1.63）给出的线性函数。二维有限元空间类似地定义为：

$$S \stackrel{\text{def}}{=} S(\Omega, \Delta, p, Q) = \\ \{u\,|\,u \in E(\Omega), u(Q_x^{(k)}(\xi,\eta), Q_y^{(k)}(\xi,\eta)) \in S^{p_k}(\Omega_{st}), k = 1, 2, \cdots, M(\Delta)\} \tag{3.50}$$

式中，p 和 Q 分别表示所分配的多项式次数和映射函数的数组。表达式：

$u(Q_x^{(k)}(\xi,\eta), Q_y^{(k)}(\xi,\eta)) \in S^{p_k}(\Omega_{st})$ 表明单元 Ω_k 上定义的基函数是从标准三角形和四边形单元上定义的多项式空间的形函数映射而来的。

3.6 基本边界条件

正如我们在第 1 章中所看到的，基本边界条件是通过限制来实现的。如果一个基本边界条件可以写成基函数的线性组合，那么执行就很简单：基函数的系数是已知的，执行就像一维情况一样。

当规定的边界条件不能写成基函数的线性组合时，则必须用单元边界上不为零的基函数来近似规定的边界条件，然后将基函数的系数设置为适当的值。

让我们假设，例如，一个 p 次的四边形单元的边 1 位于一个边界上，在这个边界上存在一个 Dirichlet 条件 $u_{FE} = U(s)$。设参数值 s_1 和 s_2 分别对应节点 1 和 2。我们引入变换：

$$s = s(\xi) = \frac{1-\xi}{2}s_1 + \frac{1+\xi}{2}s_2$$

并定义：

$$u(\xi) \stackrel{\text{def}}{=} U(s(\xi)) - \frac{1-\xi}{2}U(s_1) - \frac{1+\xi}{2}U(s_2)$$

使用普通最小二乘法，函数 $u(\xi)$ 近似 $u_{FE}(\xi)$，其定义为：

$$u_{FE}(\xi) \stackrel{\text{def}}{=} \sum_{i \in \mathcal{I}_1(p)} a_i N_i(\xi, -1)$$

式中，$\mathcal{I}_1(p)$ 是与边 1 相关的标准形函数的指标集，这些指标在节点上为零。节点形函数的系数分别为 $U(s_1)$ 和 $U(s_2)$。

3.7 三维单元

三维有限元网格由六面体、四面体、五面体单元组成，较少使用其他类型的单元，如金字塔单元。标准六面体单元，用 $\Omega_{st}^{(h)}$ 表示，是点的集合：

$$\Omega_{st}^{(h)} \stackrel{\text{def}}{=} \{\xi, \eta, \zeta \mid -1 \leq \xi, \eta, \zeta \leq 1\} \tag{3.51}$$

标准四面体单元 $\Omega_{st}^{(th)}$ 和标准五面体单元 $\Omega_{st}^{(p)}$ 如图 3.9 所示。注意，单元的边长为 2.0，就像在一维和二维中一样。

第 3 章 实 现 109

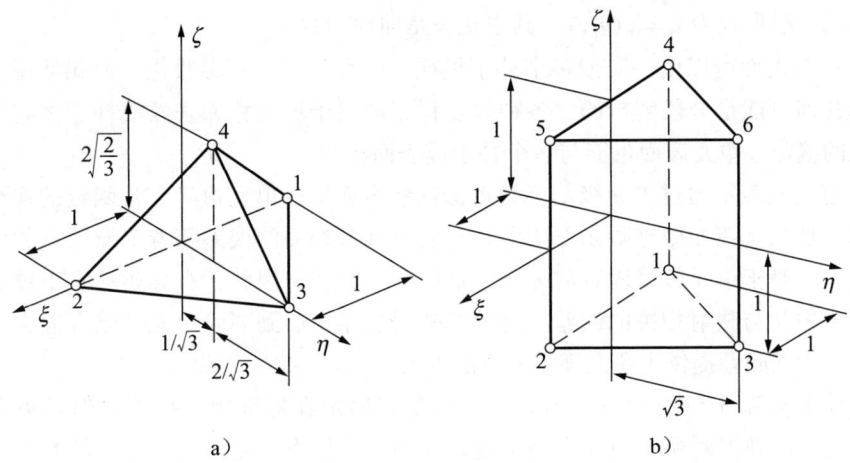

a)　　　　　　　　　　b)

图 3.9　标准四面体和五面体单元 $\Omega_{st}^{(th)}$ 和 $\Omega_{st}^{(p)}$

形函数类似一维和二维中的形函数。例如，八节点六面体单元的顶点形函数如下：

$$N_1 = \frac{1}{8}(1-\xi)(1-\eta)(1-\zeta)$$

20 节点六面体是 8 节点四边形单元在三维空间的推广。类似，4 节点和 10 节点四面体是 3 节点和 6 节点三角形的推广。

层次形函数也类似一维和二维中定义的形函数。六面体单元形函数的详细描述可以在文献 [35] 中找到。与边和面相关的形函数在边和面上与二维中相同。例如，与节点 1 和 2 之间的边相关，对应于 p=2 的五面体单元的边形函数为：

$$N_7 = L_1 L_2 \tilde{\phi}_2 (L_2 - L_1)\frac{1-\zeta}{2}$$

式中，$\tilde{\phi}_2$ 由式（3.31）定义。在 p=3 时，与节点 1、2、3 定义的面相关的五面体单元的面形函数为：

$$N_{13} = L_1 L_2 L_3 \frac{1-\zeta}{2}$$

五面体单元的内部形函数是式（3.36）中为三角形单元定义的内部形函数与式（3.24）定义的函数 $\phi_k(\eta)$ 的乘积。

练习 3.10　写出标准四面体、五面体和六面体单元的形函数 N_{12}。

三维函数映射

网格生成器通常通过线性或二次插值生成映射。插值点的坐标由曲面表示确定，其一般形式为 $x_i = x_i(u,v)$，其中 u、v 是曲面参数。

一个表面可以由一个或多个补丁组成，每个补丁单独参数化。换句话说，潜在的几何可能是分段解析的。各种修复程序被用于填充相邻表面或补丁之间可能存在的缝隙。单元表面可能与多个补丁或表面相交。

有限元表示通过单元级基函数近似这些表面。在单元边界上基函数的连续性得到了加强。在 h 型有限元方法中，与表面近似相关的误差随着单元数量的增加而减小。对于单元数量固定的 p 型，情况并非如此。因此，有必要独立于单元的数量来控制与映射相关的误差。将等参映射程序扩展到高阶单元，结合混合函数方法，为该问题提供了令人满意的解决方案。

该映射基于拉格朗日多项式，其搭配点固定在标准单元面上，但约束条件是，边缘的映射对所有单元类型都是相同的，并且内部点的选择方式使 Lebesque 常数最小。附录 F 总结了要点。

示例 3.1　一个商用的自动网格生成器在单位半径的球面上创建了 202 个三角形单元，如图 3.10 所示。这些三角形由标准三角形的最优插补点 p=5 进行映射。所有三角形的最大范数的误差为：

$$\left|1-\sqrt{x^2+y^2+z^2}\right|_{\max} = 4.838 \times 10^{-7}$$

如果使用二次等参映射，则该误差将大 3 个数量级（2.875×10^{-4}）。

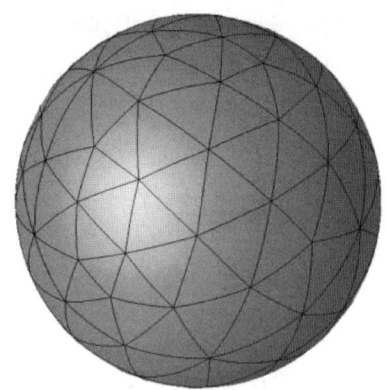

图 3.10　202 个三角形单元的球面网格划分

示例 3.2　半径为 r_s，壁厚为 $t_s = r_s/100$ 的球壳承受内压为 q。根据壳体膜理论，壳内主应力为

$$\sigma_1 = \sigma_2 = \frac{1}{2}\frac{qr_s}{t_s} \tag{3.52}$$

设 $p=2, r_s=1, t_s=0.01$，泊松比：$v=0$，使用与示例 3.1 中相同的网格，我们得到（a）对应于 $p=5$ 的最佳插值点，$\sigma_1 = 100.0$（四位有效数字精度）；（b）二次等参映射，$\sigma_1 = 102.4$（两个有效数字精度）。

3.8 积分和微分

在 1.3.3 节中，在标准单元上计算了刚度矩阵、Gram 矩阵和右侧向量的系数。在二维和三维中，相应的程序是类似的；然而，除了一些重要的特殊情况外，这些映射通常是非线性的。

映射函数：

$$x = Q_x^{(k)}(\xi,\eta,\zeta), \quad y = Q_y^{(k)}(\xi,\eta,\zeta), \quad z = Q_z^{(k)}(\xi,\eta,\zeta) \tag{3.53}$$

将标准单元 Ω_{st} 映射到第 k 个单元 Ω_k 上。在后面部分，当我们明确提到第 k 个单元的映射时，我们将删除上标。当满足以下三个条件时，称映射是适当的：（a）映射函数 Q_x, Q_y, Q_z 是 ξ, η, ζ 的单值函数，并具有连续的一阶导数；并且（b）雅可比行列式 $|J|$（在下一节中定义）在 Ω_{st} 的每个点上都是正的。有限元分析中使用的映射函数必须满足这些标准。

3.8.1 体积和面积积分

在相应的标准单元上计算第 k 个单元的体积积分。标量函数 $F(x,y,z)$ 在 Ω_k 上的体积积分为：

$$\int_{\Omega_k} F(x,y,z) \mathrm{d}x\mathrm{d}y\mathrm{d}z = \int_{\Omega_{st}} \mathcal{F}(\xi,\eta,\zeta) |J| \mathrm{d}\xi\mathrm{d}\eta\mathrm{d}\zeta \tag{3.54}$$

式中，$\mathcal{F}(\xi,\eta,\zeta) = F(Q_x(\xi,\eta,\zeta), Q_y(\xi,\eta,\zeta), Q_z(\xi,\eta,\zeta))$ 和 $|J|$ 为雅可比矩阵的行列式。式（3.54）中的雅可比行列式源于微分体积的定义：让我们用 $\boldsymbol{r}$ 表示单元 Ω_k 中任意点 P 的位置向量：

$$\boldsymbol{r} = x\boldsymbol{e}_x + y\boldsymbol{e}_y + z\boldsymbol{e}_z \tag{3.55}$$

式中，$\boldsymbol{e}_x, \boldsymbol{e}_y, \boldsymbol{e}_z$ 是直角坐标系的正交基向量。根据定义，微分体积可以理解为标量三重积：

$$\mathrm{d}V = \left(\frac{\partial \boldsymbol{r}}{\partial x}\mathrm{d}x \times \frac{\partial \boldsymbol{r}}{\partial y}\mathrm{d}y\right) \cdot \frac{\partial \boldsymbol{r}}{\partial z}\mathrm{d}z = (\boldsymbol{e}_x \times \boldsymbol{e}_y) \cdot \boldsymbol{e}_z \mathrm{d}x\mathrm{d}y\mathrm{d}z = \mathrm{d}x\mathrm{d}y\mathrm{d}z \tag{3.56}$$

已知式（3.53）中的变量变化，类似表达式为：

$$\mathrm{d}V = \left(\frac{\partial \boldsymbol{r}}{\partial \xi}\mathrm{d}\xi \times \frac{\partial \boldsymbol{r}}{\partial \eta}\mathrm{d}\eta\right) \cdot \frac{\partial \boldsymbol{r}}{\partial \zeta}\mathrm{d}\zeta = \begin{vmatrix} \dfrac{\partial x}{\partial \xi} & \dfrac{\partial y}{\partial \xi} & \dfrac{\partial z}{\partial \xi} \\ \dfrac{\partial x}{\partial \eta} & \dfrac{\partial y}{\partial \eta} & \dfrac{\partial z}{\partial \eta} \\ \dfrac{\partial x}{\partial \zeta} & \dfrac{\partial y}{\partial \zeta} & \dfrac{\partial z}{\partial \zeta} \end{vmatrix} \mathrm{d}\xi \mathrm{d}\eta \mathrm{d}\zeta \equiv |J|\mathrm{d}\xi \mathrm{d}\eta \mathrm{d}\zeta \quad (3.57)$$

根据式（3.56）和式（3.57），我们得到 $\mathrm{d}x\mathrm{d}y\mathrm{d}z = |J|\mathrm{d}\xi \mathrm{d}\eta \mathrm{d}\zeta$。

矢量 $\partial \boldsymbol{r}/\partial \xi$、$\partial \boldsymbol{r}/\partial \eta$、$\partial \boldsymbol{r}/\partial \zeta$ 是一组右旋基向量，也就是说，它们的标量三重积产生一个正数。如果雅可比行列式为负，则将右旋坐标系转换为左旋坐标系，在这种情况下，映射是不合适的。

在二维空间中，映射是：

$$x = Q_x(\xi,\eta), \quad y = Q_y(\xi,\eta), \quad z = Q_z(\zeta) = \frac{t_z}{2}\zeta$$

式中，t_z 为厚度，见图 2.4。当厚度恒定时，横向（ζ）的积分可以明确地进行，只需计算面积积分：

$$\mathrm{d}V = t_z \mathrm{d}A = t_z \begin{vmatrix} \dfrac{\partial x}{\partial \xi} & \dfrac{\partial y}{\partial \xi} \\ \dfrac{\partial x}{\partial \eta} & \dfrac{\partial y}{\partial \eta} \end{vmatrix} \mathrm{d}\xi \mathrm{d}\eta \quad (3.58)$$

在有限元法中，通过数值求积进行积分，详细信息见附录 E。正交点的最小数量取决于形函数的多项式次数：当映射为线性且材料性质为常数时，刚度矩阵的系数是精确的（直至数值舍入误差），否则刚度矩阵可能会变得奇异。当材料性质发生变化或映射为非线性时，应增加积分点的数量，以使刚度系数的误差较小。经验表明，在大多数情况下，将曲线单元在每个坐标方向上的积分点数量增加两个就足够了。类似的考虑也适用于载荷矢量。

练习 3.11 证明直边三角形单元的雅可比矩阵，即由式（3.41）和式（3.42）映射的三角形单元与 L_1、L_2 和 L_3 无关，并证明三角形的顶点坐标 $(X_i, Y_i), i = 1, 2, 3$ 的面积为：

$$A = \frac{X_1(Y_2 - Y_3) + X_2(Y_3 - Y_1) + X_3(Y_1 - Y_2)}{2}$$

练习 3.12 对于直边四边形，只有当四边形单元是平行四边形时，雅可比行列式才是常数。

3.8.2 表面和轮廓积分

给定映射函数，通过对映射函数施加适当的限制来参数化每个面。例如，如

果要在对应于 $\zeta=1$ 的六面体上进行积分，参考式（3.53），曲面的参数形式变为：

$$x = Q_x(\xi,\eta,1), \quad y = Q_y(\xi,\eta,1), \quad z = Q_z(\xi,\eta,1) \tag{3.59}$$

并且，使用式（3.55）中给出的 r 的定义，标量函数 $F(x,y,z)$ 的表面积分为：

$$\iint_{(\partial\Omega_k)_{\zeta=1}} F(x,y,z)\mathrm{d}S = \int_{-1}^{+1}\int_{-1}^{+1} \mathcal{F}(\xi,\eta,1)\left|\frac{\partial r}{\partial\xi}\times\frac{\partial r}{\partial\eta}\right|\mathrm{d}\xi\mathrm{d}\eta$$

式中，$\mathcal{F}$ 通过将 F 中的 x、y、z 替换为映射函数 Q_x、Q_y、Q_z 得到。其他面的处理类似。

在二维中，标量函数 $F(x,y)$ 在对应于 $\eta=1$ 的四边形单元边上的轮廓积分是：

$$\int_{(\partial\Omega_k)_{\eta=1}} F(x,y)\mathrm{d}s = \int_{-1}^{+1} \mathcal{F}(\xi,1)\left|\frac{\mathrm{d}r}{\mathrm{d}\xi}\right|\mathrm{d}\xi$$

其他边的处理方式类似。轮廓积分的正方向是逆时针方向。

3.8.3 微分

根据定义在标准单元上的形函数，已知近似函数，因此也已知解。因此，关于 x、y 和 z 的微分必须用关于 ξ、η、ζ 的微分来表示。使用链式法则，我们得到：

$$\begin{Bmatrix}\dfrac{\partial}{\partial\xi}\\[4pt]\dfrac{\partial}{\partial\eta}\\[4pt]\dfrac{\partial}{\partial\zeta}\end{Bmatrix} = \begin{bmatrix}\dfrac{\partial x}{\partial\xi} & \dfrac{\partial y}{\partial\xi} & \dfrac{\partial z}{\partial\xi}\\[4pt]\dfrac{\partial x}{\partial\eta} & \dfrac{\partial y}{\partial\eta} & \dfrac{\partial z}{\partial\eta}\\[4pt]\dfrac{\partial x}{\partial\zeta} & \dfrac{\partial y}{\partial\zeta} & \dfrac{\partial z}{\partial\zeta}\end{bmatrix}\begin{Bmatrix}\dfrac{\partial}{\partial x}\\[4pt]\dfrac{\partial}{\partial y}\\[4pt]\dfrac{\partial}{\partial z}\end{Bmatrix} \tag{3.60}$$

在乘以雅可比矩阵的倒数后，我们得到了用于计算标准单元上定义的形函数导数的表达式：

$$\begin{Bmatrix}\dfrac{\partial}{\partial x}\\[4pt]\dfrac{\partial}{\partial y}\\[4pt]\dfrac{\partial}{\partial z}\end{Bmatrix} = \begin{bmatrix}\dfrac{\partial x}{\partial\xi} & \dfrac{\partial y}{\partial\xi} & \dfrac{\partial z}{\partial\xi}\\[4pt]\dfrac{\partial x}{\partial\eta} & \dfrac{\partial y}{\partial\eta} & \dfrac{\partial z}{\partial\eta}\\[4pt]\dfrac{\partial x}{\partial\zeta} & \dfrac{\partial y}{\partial\zeta} & \dfrac{\partial z}{\partial\zeta}\end{bmatrix}^{-1}\begin{Bmatrix}\dfrac{\partial}{\partial\xi}\\[4pt]\dfrac{\partial}{\partial\eta}\\[4pt]\dfrac{\partial}{\partial\zeta}\end{Bmatrix} \tag{3.61}$$

3.11 节讨论了给定点有限元解一阶导数的计算。

3.9 刚度矩阵和载荷矢量

下面概述了三维弹性刚度矩阵和载荷矢量的计算算法。二维弹性和热传导的对应算法是类似的。这些算法基于式（2.107）。然而，积分是逐单元计算的：

$$\int_{\Omega_k} ([D]\{v\})^T [E][D]\{u\} dV = \int_{\Omega_k} \{v\}^T \{F\} dV + \int_{\partial \Omega_k \cap \partial \Omega_T} \{v\}^T \{T\} dS + \int_{\Omega_k} ([D]\{v\})^T [E]\{\alpha\} T_\Delta dV \quad (3.62)$$

式中，微分算子矩阵 $[D]$ 和材料刚度矩阵 $[E]$ 如式（2.105）所定义。第 k 个单元由 Ω_k 表示。右侧的第二项表示作用于边界段 $\partial \Omega_T$ 上的牵引力的虚功。仅当单元的一个或多个边界表面位于 $\partial \Omega_T$ 上时，这一项才存在。为了简单起见，我们假设 Ω_k 上所有三个场的自由度相同。我们用 n 表示每个场的自由度，并定义 $3 \times 3n$ 矩阵 $[N]$ 如下：

$$[N] = \begin{bmatrix} N_1 & N_2 & \cdots & N_n & 0 & 0 & \cdots & 0 & 0 & 0 & \cdots & 0 \\ 0 & 0 & \cdots & 0 & N_1 & N_2 & \cdots & N_n & 0 & 0 & \cdots & 0 \\ 0 & 0 & \cdots & 0 & 0 & 0 & \cdots & 0 & N_1 & N_2 & \cdots & N_n \end{bmatrix}$$

$[N]$ 的第 j 列由 $\{N_j\}$ 表示，是第 j 个形函数向量。我们将试验函数和测试函数写成形函数向量的线性组合：

$$\{u\} = \sum_{j=1}^{3n} a_j \{N_j\} \text{ 和 } \{v\} = \sum_{i=1}^{3n} b_i \{N_i\} \quad (3.63)$$

3.9.1 刚度矩阵

刚度矩阵的单元 k_{ij} 可以写成以下形式：

$$k_{ij}^{(k)} = \int_{\Omega_k} ([D]\{N_i\})^T [E][D]\{N_j\} dV \quad (3.64)$$

我们利用了 $\{N_i\}$ 的两个单元为零的事实。零单元的位置取决于索引 i 的值。例如，当 $1 \leq i \leq n$ 时，有：

$$[D]\{N_i\} = \begin{Bmatrix} \partial/\partial x \\ 0 \\ 0 \\ \partial/\partial y \\ 0 \\ \partial/\partial z \end{Bmatrix} N_i = \underbrace{\begin{bmatrix} 1 & 0 & 0 \\ 0 & 0 & 0 \\ 0 & 0 & 0 \\ 0 & 1 & 0 \\ 0 & 0 & 0 \\ 0 & 0 & 1 \end{bmatrix}}_{[M_1]} \begin{Bmatrix} \partial/\partial x \\ \partial/\partial y \\ \partial/\partial z \end{Bmatrix} N_i = [M_1][J_k]^{-1} \begin{Bmatrix} \partial/\partial \xi \\ \partial/\partial \eta \\ \partial/\partial \zeta \end{Bmatrix} N_i$$

式中，$[J_k]^{-1}$ 是对应于单元 k 的雅可比矩阵的逆，见式（3.61），$[M_1]$ 是逻辑矩阵。当索引 i 改变时，只需替换 $[M_1]$。具体地，当 $(n+1) \leqslant i \leqslant 2n$ 时，$[M_1]$ 替换为 $[M_2]$；当 $(2n+1) \leqslant i \leqslant 3n$ 时，$[M_1]$ 替换为 $[M_3]$，定义如下：

$$[M_2] = \begin{bmatrix} 0 & 0 & 0 \\ 0 & 1 & 0 \\ 0 & 0 & 0 \\ 1 & 0 & 0 \\ 0 & 0 & 1 \\ 0 & 0 & 0 \end{bmatrix} \quad [M_3] = \begin{bmatrix} 0 & 0 & 0 \\ 0 & 0 & 0 \\ 0 & 0 & 1 \\ 0 & 0 & 0 \\ 0 & 1 & 0 \\ 1 & 0 & 0 \end{bmatrix}$$

我们定义 $\{\mathcal{D}\} = \{\partial/\partial\xi \ \partial/\partial\eta \ \partial/\partial\zeta\}^T$，并以适用于数值积分的形式写出式（3.64），如附录 E 所述：

$$k_{ij}^{(k)} = \int_{\Omega_{st}} ([M_\alpha][J_k]^{-1}\{\mathcal{D}\}N_i)^T [E][M_\beta][J_k]^{-1}\{\mathcal{D}\}N_j |J_k| \mathrm{d}\xi \mathrm{d}\eta \mathrm{d}\zeta \quad (3.65)$$

积分域是标准的六面体、四面体或五面体单元。指数 α 和 β 根据指数 i 和 j 的范围取值 1、2、3。因此，单元刚度矩阵 $[K^{(k)}]$ 由六个块 $[K_{\alpha\beta}^{(k)}]$ 组成：

$$[K^{(k)}] = \begin{bmatrix} [K_{11}^{(k)}] & [K_{12}^{(k)}] & [K_{13}^{(k)}] \\ & [K_{22}^{(k)}] & [K_{23}^{(k)}] \\ \text{对称} & & [K_{33}^{(k)}] \end{bmatrix} \quad (3.66)$$

练习 3.13 假设第 k 个单元的映射函数已给出。例如，在二维中：

$$x = \alpha Q_x^{(k)}(\xi,\eta), \quad y = \alpha Q_y^{(k)}(\xi,\eta)$$

式中，$\alpha > 0$ 是某个实数。进一步假设当 $\alpha = 1$ 时，单元刚度矩阵已被计算。在一维、二维和三维中，刚度矩阵的单元将如何根据 α 的变化而变化？假设在二维中，厚度与 α 无关。

练习 3.14 参考式（2.76）~式（2.80）。对于轴对称弹性静力模型，开发一个计算刚度矩阵项的表达式，类似式（3.65）给出的 $k_{ij}^{(k)}$。

3.9.2 载荷矢量

对应体积力、表面牵引力和热载荷的单元级载荷矢量的计算是基于式（3.62）右侧的相应项。

1. 体积力

参考式（3.62）右侧的第一项。计算作用在单元 k 上的体积力 $\{F\}$ 相对应的载荷矢量是式（3.54）的直接应用：

$$r_i^{(k)} = \int_{\Omega_{st}} \{N_i\}^T \{F\} |J_k| \mathrm{d}\xi \mathrm{d}\eta \mathrm{d}\zeta \quad i = 1,2,\cdots,3n \quad (3.67)$$

2. 表面牵引力

参考式（3.62）右侧的第二项。假设牵引矢量作用于 $\zeta=1$ 面上的六面体单元。在这种情况下，载荷矢量的第 i 项为：

$$r_i^{(k)} = \int_{-1}^{+1}\int_{-1}^{+1} \{N_i\}^{\mathrm{T}}\{T\} \left|\frac{\partial \boldsymbol{r}}{\partial \xi} \times \frac{\partial \boldsymbol{r}}{\partial \eta}\right|_{\zeta=1} \mathrm{d}\xi\mathrm{d}\eta \qquad (3.68)$$

式中，i 的范围是与面 $\zeta=1$ 相关的形函数的索引集合。对其他面进行类似处理。

3. 热载荷

参考式（3.62）右侧的第三项。与热载荷相对应的 $r_i^{(k)}$ 的表达式为：

$$r_i^{(k)} = \int_{\Omega_{st}} ([\boldsymbol{M}_\beta][\boldsymbol{J}_k]^{-1}[\boldsymbol{\mathcal{D}}]\{N_i\})^{\mathrm{T}}[\boldsymbol{E}]\{\alpha\}\mathcal{T}_\Delta|\boldsymbol{J}_k|\mathrm{d}\xi\mathrm{d}\eta\mathrm{d}\zeta \quad i=1,2,\cdots,3n \qquad (3.69)$$

式中，$\beta=1$ 时 $1 \leqslant i \leqslant n$，$\beta=2$ 时 $(n+1) \leqslant i \leqslant 2n$，$\beta=3$ 时 $(2n+1) \leqslant i \leqslant 3n$。矩阵 $[\boldsymbol{M}_\beta]$ 和算子 $\{\boldsymbol{\mathcal{D}}\}$ 定义见 3.9.1 节。

4. 要点摘要

有限元空间的特征包括有限元网格和分配给网格单元的多项式次数和映射函数。多项式次数确定了一个在标准单元上定义的多项式空间。多项式空间由称为形函数的基函数张成。为四边形和三角形单元描述了两种形函数，称为拉格朗日和层次形函数。有限元空间由符合 1.3.2 节所述的连续性要求的约束，由映射形函数张成。

除非所有单元的映射都是多项式函数，其次数等于或小于单元的多项式次数，否则刚体旋转不会由有限元解精确表示。然而，当有限元空间通过 h 型、p 型或 hp 型扩展逐渐扩大时，将快速收敛到正确的解。有限元分析中使用的映射函数必须使单元内每个点的雅可比行列式为正。

3.10 后求解实现

在组装和求解操作之后，有限元解以数据集的形式存储，数据集包含形函数的系数、映射函数和标识与每个单元相关的多项式空间的索引。

一些感兴趣的数据，如温度、位移、通量、应变、应力，可以通过直接或间接方法从有限元解中计算，而其他数据，如应力强度因子，只能通过间接方法计算。本章介绍了用于工程数据计算和验证的技术。

3.11 解及其一阶导数的计算

如果对点 (x_0, y_0, z_0) 中解的值感兴趣，则需要搜索域以识别该点所在的单元。假设该点位于第 k 个单元中。下一步是找到标准坐标 (ξ_0, η_0, ζ_0)。

$$x_0 = Q_x^{(k)}(\xi_0, \eta_0, \zeta_0), \quad y_0 = Q_y^{(k)}(\xi_0, \eta_0, \zeta_0), \quad z_0 = Q_z^{(k)}(\xi_0, \eta_0, \zeta_0) \tag{3.70}$$

除非第 k 个单元的映射恰好是线性的，否则映射函数的逆函数是不明确的。因此，这一步骤涉及一个寻根程序，例如 Newton–Raphson 方法。

下一步是查找标识与单元相关联的标准空间的参数和计算基函数的系数。利用这些信息，可以计算解及其导数。例如，假设解是标量函数，并且标准空间 $S^{p,q}(\Omega_{st}^{(q)})$ 与第 k 个单元相关，用 Ω_k 表示。则点 $(x_0, y_0) \in \Omega_k$ 的有限元解为：

$$u_{FE}(x_0, y_0) = \sum_{i=1}^{n} a_i^{(k)} N_i(\xi_0, \eta_0) \tag{3.71}$$

式中，$n = (p+1)(q+1)$ 是张成 $S^{p,q}(\Omega_{st}^{(q)})$ 的形函数的数量，$N_i(\xi, \eta)$ 是形函数，$a_i^{(k)}$ 是相应的系数。当解是向量函数时，u_{FE} 的每个分量都是式（3.71）的形式。

计算点 (x_0, y_0) 中 u_{FE} 的一阶导数涉及计算相应点中雅可比矩阵的逆 (ξ_0, η_0)，并乘有限元解相对于标准坐标的导数。参考式（3.61）。

$$\left\{\begin{array}{c} \dfrac{\partial u_{FE}}{\partial x} \\ \dfrac{\partial u_{FE}}{\partial y} \end{array}\right\}_{(x_0, y_0)} = \left[\begin{array}{cc} \dfrac{\partial x}{\partial \xi} & \dfrac{\partial y}{\partial \xi} \\ \dfrac{\partial x}{\partial \eta} & \dfrac{\partial y}{\partial \eta} \end{array}\right]_{(\xi_0, \eta_0)}^{-1} \sum_{i=1}^{n} a_i^{(k)} \left\{\begin{array}{c} \dfrac{\partial N_i}{\partial \xi} \\ \dfrac{\partial N_i}{\partial \eta} \end{array}\right\}_{(\xi_0, \eta_0)} \tag{3.72}$$

式中，$x = Q_x^{(k)}(\xi, \eta)$，$y = Q_y^{(k)}(\xi, \eta)$。通过将温度梯度（应变张量）乘以导热系数矩阵（材料刚度矩阵）来计算通量矢量（应力张量）。向量和张量的变换在附录 K 中描述。

有限元解的导数在单元间边界是不连续的。因此，如果选择用于评估通量、应力等的点是节点或单元间边界上的点，则计算值取决于选择用于计算的单元。单元间边界上的法向应力和切向应力或法向通量分量的不连续程度是近似质量的一个指标。在 h 型的实现中，导数通常在积分点中进行评估，并在单元上进行插值。在等高线图形式的图形显示中，通常通过平均等高线来平滑掩盖单元边界处导数的不连续性。

在 p 型中，标准单元被细分以产生一个统一的网格，称为显示网格，并且在网格点中计算解及其导数。由于网格点的标准坐标是已知的，因此不涉及逆映射。等高线图的质量取决于显示的数据的质量和显示网格的精细程度。

搜索最大值或最小值还包括在标准单元上定义的均匀网格上的搜索。网格的精细度以及搜索最小或最大点的点数由参数控制。在 h 型的常规实现中，搜索网格通常由积分点或节点定义。

练习 3.15 考虑具有共同边缘的两个平面弹性单元。假设为单元指定了不同的材料属性。证明精确解对应的法向应力和切向应力必须相同公共边缘，因此法向应变和切向应变将是不连续的。提示：考虑在法线和切线方向定义的坐标系中的平衡。

3.12 节点力

回顾 1.4 节中节点力 $\{f^{(k)}\}$ 的定义：

$$\{f^{(k)}\} = [K^{(k)}]\{a^{(k)}\} - \{\bar{r}^{(k)}\} \quad k = 1,2,\cdots,M(\Delta) \tag{3.73}$$

式中，$[K^{(k)}]$ 是刚度矩阵，$\{a^{(k)}\}$ 是解向量，$\{\bar{r}^{(k)}\}$ 是对应于作用在单元 k 上的体积力和热载荷的载荷矢量。

3.12.1 h 型节点力

当使用基于 h 型的有限元分析来解决弹性问题时，节点力的处理方式与静态中集中力的处理方法相同。节点力的典型用途包括将某个感兴趣区域与较大结构隔离，并将隔离区域视为受节点力保持平衡的自由体，以及计算应力合力。基本假设是节点力可靠地表示载荷路径，即在静态不确定结构中的内力分布。这种假设通常通过节点力满足任何单元或单元组的静态平衡公式的论点来证明。以下讨论将展示平衡的满足与无约束刚度矩阵的秩不足有关。因此，节点力的平衡不应被解释为有限元解质量的指标，也不能保证节点力是静态不确定结构中内力的可靠近似。此外，节点力可用于计算应力合力。

例如，假设 Ω_k 是一个 8 节点四边形单元。用 n 表示的每个场的自由度为 8。符号表示如图 3.11 所示。

在扩展符号中，节点力矢量 $\{f^{(k)}\}$ 的单元为：

$$f_x^{(k,i)} = f_i^{(k)}, \quad f_y^{(k,i)} = f_{n+i}^{(k)}, \quad i = 1,2,\cdots,n \tag{3.74}$$

类似，向量 $\{\bar{r}\}$ 的单元如下所示：

$$\bar{r}_x^{(k,i)} = \bar{r}_i^{(k)}, \quad \bar{r}_y^{(k,i)} = \bar{r}_{n+i}^{(k)}, \quad i = 1,2,\cdots,n \tag{3.75}$$

在将式（3.65）中使用的符号用于平面弹性问题时，我们写为：

$$f_x^{(k,i)} = \int_{\Omega_{st}^{(q)}} ([M_1][J_k]^{-1}\{\mathcal{D}\}N_i)^T [E] \sum_{i=1}^{2n} \{\varepsilon_j^{(k)}\} a_j^{(k)} |J_k| \, d\xi d\eta - \bar{r}_x^{(k,i)} \tag{3.76}$$

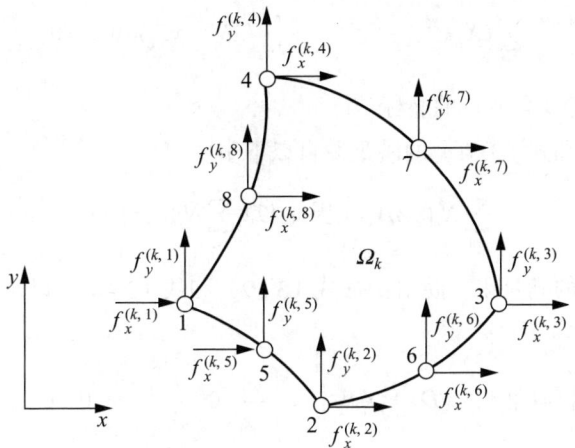

图 3.11 符号表示，与 8 节点四边形单元相关的节点力

和

$$f_y^{(k,i)} = \int_{\Omega_{st}^{(q)}} ([M_2][J_k]^{-1}\{\mathcal{D}\}N_i)^{\mathrm{T}}[E]\sum_{j=1}^{2n}\{\varepsilon_j^{(k)}\}a_j^{(k)}|J_k|\mathrm{d}\xi\mathrm{d}\eta - \bar{r}_y^{(k,i)} \quad (3.77)$$

式中，$[J_k]$ 是雅可比矩阵，以及

$$[M_1] = \begin{bmatrix} 1 & 0 \\ 0 & 0 \\ 0 & 1 \end{bmatrix} \quad [M_2] = \begin{bmatrix} 0 & 0 \\ 0 & 1 \\ 1 & 0 \end{bmatrix} \quad \{\mathcal{D}\} = \left\{\begin{array}{c} \dfrac{\partial}{\partial \xi} \\ \dfrac{\partial}{\partial \eta} \end{array}\right\}$$

$$\{\varepsilon_j^{(k)}\} = \begin{cases} [M_1][J_k]^{-1}\{\mathcal{D}\}N_j, & j = 1,2,\cdots,n \\ [M_2][J_k]^{-1}\{\mathcal{D}\}N_{j-n}, & j = n+1, n+2,\cdots, 2n \end{cases}$$

与体积力和热载荷相对应的载荷矢量的单元为：

$$\bar{r}_x^{(k,i)} = \int_{\Omega_{st}^{(q)}} N_i F_x |J_k|\mathrm{d}\xi\mathrm{d}\eta + \int_{\Omega_{st}^{(q)}} ([M_1][J_k]^{-1}\{\mathcal{D}\}N_i)^{\mathrm{T}}[E]\{\alpha\}T_\Delta |J_k|\mathrm{d}\xi\mathrm{d}\eta \quad (3.78)$$

$$\bar{r}_y^{(k,i)} = \int_{\Omega_{st}^{(q)}} N_i F_y |J_k|\mathrm{d}\xi\mathrm{d}\eta + \int_{\Omega_{st}^{(q)}} ([M_2][J_k]^{-1}\{\mathcal{D}\}N_i)^{\mathrm{T}}[E]\{\alpha\}T_\Delta |J_k|\mathrm{d}\xi\mathrm{d}\eta \quad (3.79)$$

静态平衡方程式为：

$$\sum_{i=1}^{n} f_x^{(k,i)} + \int_{\Omega_k} F_x \mathrm{d}x\mathrm{d}y = 0 \quad (3.80)$$

$$\sum_{i=1}^{n} f_y^{(k,i)} + \int_{\Omega_k} F_y \mathrm{d}x\mathrm{d}y = 0 \quad (3.81)$$

$$\sum_{i=1}^{n}(X_i f_y^{(k,i)} - Y_i f_x^{(k,i)}) + \int_{\Omega_k}(xF_y - yF_x)\mathrm{d}x\mathrm{d}y = 0 \qquad (3.82)$$

式中，X_i、Y_i 是第 i 个节点的坐标。

式（3.80）和式（3.81）的满足源自以下事实：

$$\sum_{i=1}^{n}N_i(\xi,\eta) = 1, \text{因此} \{\mathcal{D}\}\sum_{i=1}^{n}N_i(\xi,\eta) = 0$$

式（3.82）的满足来自映射函数式（3.39）和式（3.40），以及无穷小刚体旋转不会导致应变的事实：

$$\left([\boldsymbol{M}_1][\boldsymbol{J}_k]^{-1}\{\mathcal{D}\}\sum_{i=1}^{n}Y_i N_i\right)^{\mathrm{T}} \equiv \left\{\frac{\partial}{\partial x} \quad 0 \quad \frac{\partial}{\partial y}\right\}y = \{0 \quad 0 \quad 1\} \qquad (3.83)$$

$$\left([\boldsymbol{M}_2][\boldsymbol{J}_k]^{-1}\{\mathcal{D}\}\sum_{i=1}^{n}X_i N_i\right)^{\mathrm{T}} \equiv \left\{0 \quad \frac{\partial}{\partial y} \quad \frac{\partial}{\partial x}\right\}x = \{0 \quad 0 \quad 1\} \qquad (3.84)$$

通过将式（3.83）和式（3.84）代入表达式 $f_x^{(k,i)}$、$f_y^{(k,i)}$、$\overline{r}_x^{(k,i)}$ 和 $\overline{r}_y^{(k,i)}$，可得到式（3.82）。

注意，静态平衡的条件独立于 $\{a^{(k)}\}$ 而满足。因此，节点力的平衡与有限元解无关。

练习 3.16 考虑二维热传导问题。假设节点通量的计算与式（3.73）类似。定义与 $\{\overline{r}\}$ 类似的项，并表明节点通量加上单元上源项的积分之和为零。使用 8 节点四边形单元和 6 节点三角形单元来说明这一点。

3.12.2 p 型节点力

我们已经看到，在 8 节点四边形单元的情况下，节点力的平衡与形函数之和为 1，以及函数 x 和 y 可以表示为形函数的线性组合。当使用基于 Legendre 多项式积分的层次形函数时，如图 3.4 所示，则前四个形函数的和与 p 无关。因此，在式（3.80）~式（3.82）中，$n=4$。

示例 3.3 表示恒定厚度弹性体的矩形区域在边界段 BC 和 DA 上受到边界条件的作用，在边界上，法向位移 $u_n = 0$，切向位移 $u_t = \delta$，如图 3.12a 所示。下标 n 和 t 分别指向法向方向和切向方向。边界段 AB 和 CD 无牵引力。

我们使用一个单元（由域的阴影部分表示）和乘积空间来解决这一平面应力问题。在 $x = \ell/2$ 处应用反对称条件，节点编号如图 3.12b 所示。由于只使用了一个单元，因此删除了标识单元编号的上标。令 $l=1000\mathrm{mm}$，$d=50\mathrm{mm}$，$b=20\mathrm{mm}$，$E=200\mathrm{GPA}$，$\nu=0.295$，$\delta=5\mathrm{mm}$，节点力的计算值如表 3-1 所示。在此示例中，$\{\overline{r}\} = 0$。因此，根据 $\{f\} = [K]\{a\}$ 计算节点力。表 3-1 中所示的结果表明，无论有限元解的精度如何，节点力的平衡在每个 p 级都得到满足。

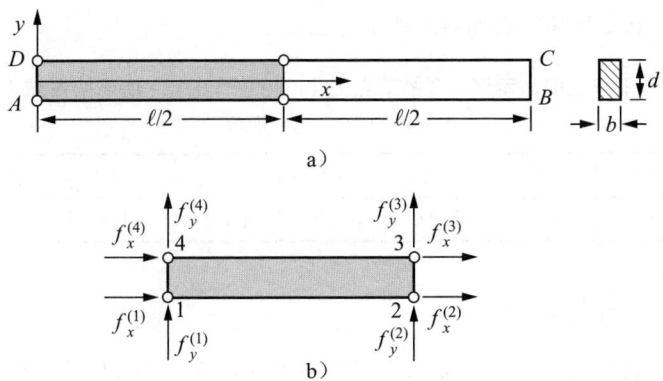

图 3.12 符号表示，示例 3.3

表 3-1 乘积空间，示例 3.3 的节点力（kN），符号如图 3.12b 所示

p	$f_x^{(1)}$	$f_x^{(2)}$	$f_x^{(3)}$	$f_x^{(4)}$	$f_y^{(1)}$	$f_y^{(2)}$	$f_y^{(3)}$	$f_y^{(4)}$
1	−1971.3	0.000	0.000	1971.3	−98.564	98.564	98.564	−98.564
2	−64.678	0.000	0.000	64.678	−3.234	3.234	3.234	−3.234
3	−50.546	0.000	0.000	50.546	−2.527	2.527	2.527	−2.527
4	−50.190	0.000	0.000	50.190	−2.509	2.509	2.509	−2.509
5	−50.010	0.000	0.000	50.010	−2.500	2.500	2.500	−2.500
6	−49.907	0.000	0.000	49.907	−2.495	2.495	2.495	−2.495
7	−49.843	0.000	0.000	49.843	−2.492	2.492	2.492	−2.492
8	−49.802	0.000	0.000	49.802	−2.490	2.490	2.490	−2.490

这个问题可以在图 3.13 所示的阴影域上解决，在这种情况下，x 轴上规定了反对称条件。采用图 3.13b 所示的表示法，当 $p=8$ 时，节点力计算结果如表 3-2 所示。可以看出，节点力再次满足静态平衡条件。

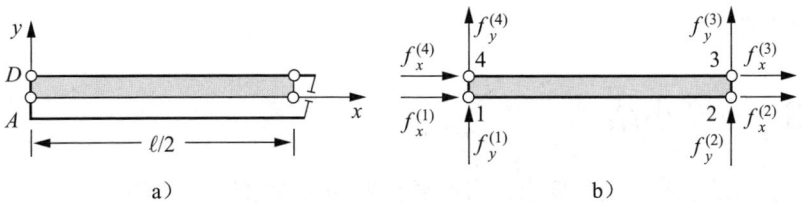

图 3.13 示例 3.3 的最小求解域

练习 3.17 在图 3.12a（图 3.13a）所示阴影区域上计算了表 3-1（表 3-2）所示的节点力。证明作用于边界段 BC 和 DA 上的应力合力相同。提示：绘制并标记图 3.13b 所示单元及其反对称对上的节点力值。

表 3-2 乘积空间，示例 3.3 的节点力（kN），图 3.13a 所示阴影域上的解，符号如图 3.13b 所示

p	$f_x^{(1)}$	$f_x^{(2)}$	$f_x^{(3)}$	$f_x^{(4)}$	$f_y^{(1)}$	$f_y^{(2)}$	$f_y^{(3)}$	$f_y^{(4)}$
8	−12.454	−37.353	0.000	49.806	4.922	1.144	1.346	−7.412

3.12.3 节点力和应力合力

节点力与提取应力合力的函数有关。我们在示例 3.3 的基础上对此进行说明。我们有：

$$\int_\Omega ([D]\{v\})^T [E][D]\{u_{FE}\} b dx dy = \int_{\partial\Omega} (T_x^{(FE)} v_x + T_y^{(FE)} v_y) b ds \tag{3.85}$$

式中，Ω 是图 3.12b 所示单元的域，b 是厚度。如果我们对节点 2 和 3 之间边的切向力（用 $V_{2,3}$ 表示）感兴趣，则我们选择在 Ω 上 $v_x = 0$，v_y 是 Ω 的平滑函数，这样在节点 2 和 3 之间的边上，有 $v_y = 1$；而在节点 1 和 4 之间的边长，$v_y = 0$。具体来说，如果我们选择 $v_y = N_2(\xi, \eta) + N_3(\xi, \eta)$，则有：

$$V_{2,3} = \int_{节点2}^{节点3} T_y^{(FE)} b dy = \sum_{j=1}^{2n} (k_{n+2,j} + k_{n+3,j}) a_j = f_y^{(2)} + f_y^{(3)} \tag{3.86}$$

式中，n 是每个场的自由度数量。在示例 3.3 中使用了乘积空间，因此 $n = (p+1)^2$。

练习 3.18 解决示例 3.3 的问题，并通过直接积分计算节点 4 和 1 之间边的应力合力 $V_{4,1}$ 和 $M_{4,1}$。继续细化网格，直到观察到令人满意的收敛。将结果与表 3-1 中节点力的计算结果进行比较。根据定义：

$$M_{4,1} = \int_{-d/2}^{+d/2} T_x y b dy$$

该练习表明，应力积分比提取效率低得多。点 A 和 D 中奇点的存在影响数值积分的精度。

3.13 本章小结

为了满足求解验证的要求，有必要证明相关数据的误差不超过规定的公差。在实际问题中，精确解通常是未知的，不可能确定近似误差。不过，可以证明满

足必要条件的相关数据误差很小。

误差估计基于这样一个先验知识,即与精确解相对应的相关数据是有限的,且与离散化参数无关。因此,误差小的一个必要条件是,随着自由度数的增加,计算数据应收敛到一个极限值。实现这一目标的有效而稳健的方法是使用适当设计的网格并增加多项式次数。这将在第 4 章中进一步讨论。

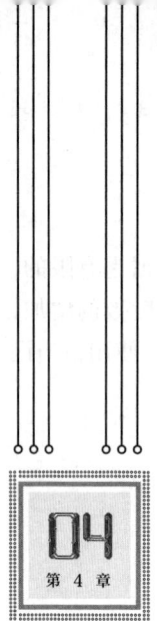

第 4 章

预处理和后处理程序及验证

在给定一组输入数据的情况下，如何选择有效的有限元离散化方案，以及如何从有限元解中提取感兴趣的量并估计其相对误差，这些问题将在本章中讨论。

预处理涉及输入数据的收集和验证，以及离散化方案的制定，目的是以有效的方式估计感兴趣的量。根据问题陈述，其中包括域的规范、材料性质、边界条件、感兴趣的量和可接受的误差容差，分析人员要考虑使用的软件工具的技术能力，并制定一个离散化方案，这需要理解问题定义和基本精确解的规律性之间的关系。因此，本章从讨论函数的规律性开始，并总结了有关数学定理的主要结果。

后处理涉及从有限元解中提取感兴趣的量，并估计它们的相对误差。如果发现超出了误差允许的范围，则必须对离散化进行修正，并获得新的解。本章还介绍了通量和应力强度因子提取的后处理程序。

4.1 二维和三维的规律性

关于有限元法的收敛性，存在着丰富而详尽的数学理论，其细节超出了本书的范围；然而，在有限元分析的实践中，理解这些定理的意义和含义是必不可少的。重点是椭圆边值问题在多边形和多面体域上的解是典型的分段解析函数。通过将局部网格细化和增加多项式次数组合，可以实现指数级速率的收敛，并从有限元解的结果序列中估计近似误差。

特别有趣的是奇异点和奇异曲线。奇异点通常是由数学问题的简化式引起的，包括解域的定义、材料属性的赋值和边界条件的规范。在工程应用中，将解域划分为主要域和次要域是有用的。QoI 是从主要域中提取的。

在次要域的奇点很麻烦，往往收敛缓慢，并可能扰乱感兴趣的计算量。奇点也可能出现在主要域。例如，在线性弹性断裂力学中，感兴趣的量是应力强度因子。理解奇点产生的原因以及奇点如何影响数值解，对于理解和正确应用有限元方法是至关重要的。

函数的规律性可通过有多少个导数是平方可积的来衡量。在一维中，精确解的规律性取决于系数 k 和 c 的平滑性以及强迫函数 f。在二维和三维空间中，规律性还取决于顶点角、材料属性、边界条件和源函数。在三维中，解的规律性也取决于边界面相交的角度。

4.2 二维的拉普拉斯方程

我们考虑拉普拉斯方程在二维域角点的邻域内的解，如图 4.1a 中的点 B。我们假设 Γ_{AB} 和 Γ_{BC} 的边界条件是 $u=0$ 或 $\partial u/\partial n=0$。极坐标下的拉普拉斯方程 (r,θ) 为：

$$\Delta u \equiv \frac{\partial^2 u}{\partial r^2} + \frac{1}{r}\frac{\partial u}{\partial r} + \frac{1}{r^2}\frac{\partial^2 u}{\partial \theta^2} = 0 \tag{4.1}$$

特别地，我们感兴趣的是这样的解：$u=r^\lambda F(\theta)$ 且 $\lambda \neq 0$。这种解通常与几何奇点、边界条件和材料界面的交点有关。代入式（4.1）有：

$$F'' + \lambda^2 F = 0$$

它的通解是：

$$F = a\cos\lambda\theta + b\sin\lambda\theta \tag{4.2}$$

式中，a、b 是任意常数。因此，解可以写成：

$$u = r^\lambda (a\cos\lambda\theta + b\sin\lambda\theta) \tag{4.3}$$

例如，考虑边界段 Γ_{AB} 和 Γ_{BC} 上的边界条件 $u=0$ 的问题（即 $\theta = \pm\alpha/2$）：

$$a\cos\lambda\alpha/2 + b\sin\lambda\alpha/2 = 0$$

$$a\cos\lambda\alpha/2 - b\sin\lambda\alpha/2 = 0$$

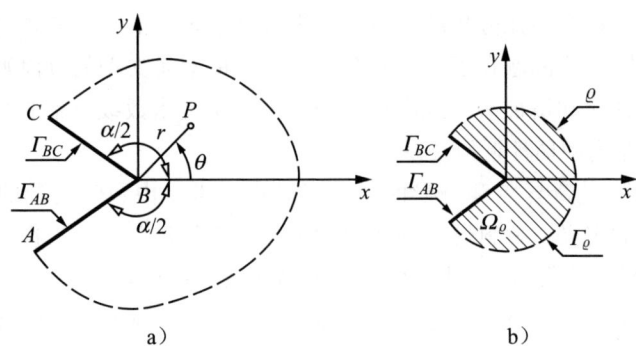

图 4.1 符号表示，角点

将这两个方程相加和相减，我们发现：

$$\cos\lambda\alpha/2 = 0, \quad 则\ \lambda\alpha/2 = \pm(2m-1)\pi/2, \quad m=1,2,\cdots \tag{4.4}$$

$$\sin\lambda\alpha/2 = 0, \quad 则\ \lambda\alpha/2 = \pm n\pi, \quad n=1,2,\cdots \tag{4.5}$$

请注意，满足式（4.4）和式（4.5）的 λ 值可以是正的，也可以是负的。但是，由式（4.3）给出的函数 u 只有在 $\lambda \geq 0$ 时才位于能量空间中。因此，将 $\lambda = 0$ 排除在外，我们将关注 $\lambda > 0$，则有：

$$\lambda_m^{(s)} \overset{\text{def}}{=} \frac{(2m-1)\pi}{\alpha}, \quad \lambda_n^{(\alpha)} \overset{\text{def}}{=} \frac{2n\pi}{\alpha} \tag{4.6}$$

式中，$m,n = 1,2,\cdots$，解可以写成如下形式：

$$u = \sum_{m=1}^{\infty} A_m r^{\lambda_m^{(s)}} \cos\lambda_m^{(s)}\theta + \sum_{n=1}^{\infty} B_n r^{\lambda_n^{(\alpha)}} \sin\lambda_n^{(\alpha)}\theta, \quad r \leq r_c \tag{4.7}$$

式中，r_c 是无穷级数的收敛半径。

观察式（4.7），第一项是一个关于 x 轴的对称函数，第二项是一个反对称函数。如果解是对称的（关于 x 轴），那么 $B_n = 0$，如果它是反对称的，那么 $A_m = 0$。注意，当 $\alpha = \pi/k$，其中 $k = 1,2,\cdots$，则 r 的幂为整数，u 为解析函数。对于 α 的其他值，解 u 在角点上不是解析的，当 $\alpha > \pi$ 时，则 u 对 r 的一阶导数在角点上为无穷大，前提是 $a_1 \neq 0$，且 u 位于索伯列夫（Sobolev）空间 $H^{1+\lambda_1^{(s)}-\epsilon}(\Omega)$，其中 $\epsilon > 0$ 是任意小的。

练习 4.1 考虑图 4.1a 所示角点 B 附近 $\Delta u = 0$ 的解，令 Γ_{BC} 上 $u = 0$，Γ_{AB} 上法向导数 $\partial u/\partial n = 0$。证明 u 可以写成：

$$u = \sum_{n=1}^{\infty} A_n r^{\lambda_n}(\cos\lambda_n\theta + (-1)^n \sin\lambda_n\theta), \lambda_n = \frac{(2n-1)\pi}{2\alpha}$$

提示：Γ_{AB} 上的条件 $\partial u/\partial n = 0$ 等同于 $\partial u/\partial \theta = 0$。

练习 4.2　假设在 Γ_{AB} 和 Γ_{BC} 上 $\partial u/\partial n = 0$，在图 4.1a 所示的角点 B 附近，构造与式（4.7）类似的级数展开。

练习 4.3　当 $\lambda < 0$ 时，证明式（4.3）定义的 $u(r,\theta)$ 不在能量空间中。

练习 4.4　考虑函数 $u = r^\lambda F(\theta,\phi)$，其中 r、θ、ϕ 是以角点为中心的球坐标，F 是解析函数。当 $\lambda > -1/2$ 时，证明 $\partial u/\partial r$ 在三维上是平方可积的。

4.2.1　二维模型问题，$u_{EX} \in H^k(\Omega)$，$k-1 > p$

L 形域可通过移除以原点为中心、半径为 r_0 的圆形扇区来得到修正。用 Ω_0 来表示这个圆形扇区，解域可定义为：

$$\Omega \stackrel{\text{def}}{=} \{(X,Y) | (X,Y) \in (-1,1)^2 \setminus [0,1)^2 \setminus \Omega_0\}$$

式中，反斜杠（\）是集合运算符中的减法操作。解域及符号表示如图 4.2a 所示。

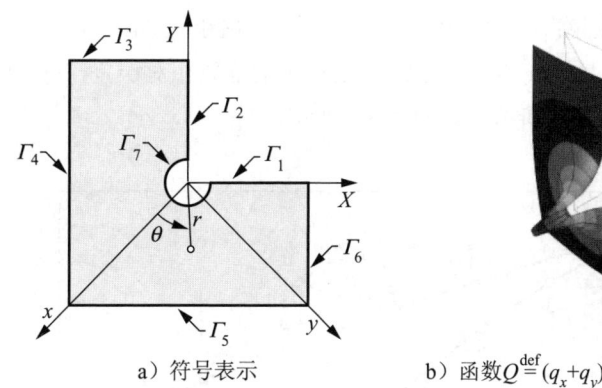
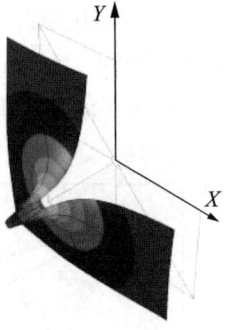

a）符号表示　　　　b）函数 $Q \stackrel{\text{def}}{=} (q_x+q_y)_{FE}$，对应于 r_0=0.05，p=8

图 4.2　带圆形切口的 L 形域

定义边界条件，使其对应于精确解：

$$u_{EX} = r^{2/3}\cos 2\theta/3 \tag{4.8}$$

其中，边界条件为：在 Γ_1 和 Γ_2 上 $u=0$，在 $\Gamma_q \stackrel{\text{def}}{=} \Gamma_3 \cup \Gamma_4 \cup \Gamma_5 \cup \Gamma_6 \cup \Gamma_7$ 上，指定通量 q_n：

$$q_n = -\nabla u_{EX} \cdot \boldsymbol{n}_j \tag{4.9}$$

式中，$\boldsymbol{n}_j$ 为边界段 $\Gamma_j (j=3,4,5,6)$ 的单位法向量。在圆形边界段 Γ_7 上，式（4.9）采用如下形式：

$$q_n = \frac{\partial u_{EX}}{\partial r}$$

在这个问题中,奇点在解域之外,因此精确解是整个定义域上的解析函数。解的平滑度随 r_0 的增加而增加,势能的确切值为:

$$\pi_{\text{exact}} = -\frac{1}{2} \int_{\Gamma_q} q_n u_{EX} \mathrm{d}s \tag{4.10}$$

对于 $r_0 = 0.05$,有 $\pi_{\text{exact}} = -0.90364617$。接下来讨论两种离散化方案:

(1)一种均匀网格序列,其特征为 $h = 1, 1/2, 1/3, \cdots$,并且 $p = 2$(积空间)分配给所有单元。均匀网格上 h 型收敛性的先验估计由式(1.91)给出。在这种情况下,$k - 1 > p$,因此有

$$\|u_{EX} - u_{FE}\|_{E(\Omega)} \leqslant C(k,p) h^p \approx \frac{C(k,p)}{N^{p/2}} \tag{4.11}$$

式中,$C(k,p)$ 是一个正常数,与 h 无关,我们利用了二维中的 $N \propto h^{-2}$。因此,渐近收敛速率为 $\beta = p/2 = 1$。如图 4.3 所示,这个值是从上方接近的。

(2)6 个单元的均匀网格,p 从 2 到 8(乘积空间)。由于 u_{EX} 是一个解析函数,收敛速率将是指数级的。在 log-log 坐标轴上绘制能量范数相对误差与 N 的关系图时,斜率绝对值随 N 的增大而增大,如图 4.3 所示。

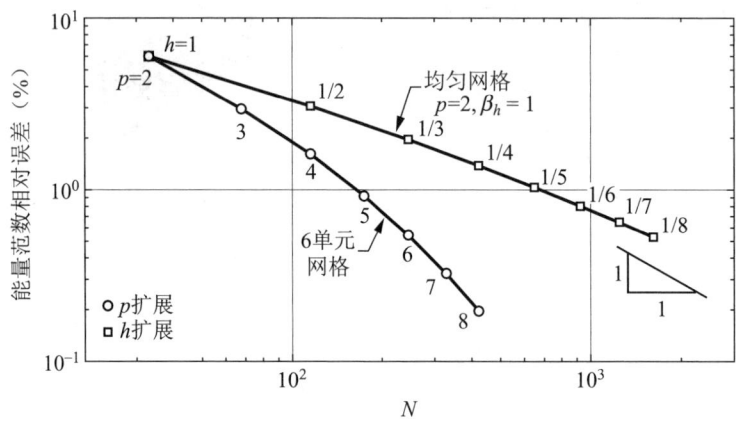

图 4.3 带圆形切口的 L 形域($r_0 = 0.05$),两种离散化方案的比较

函数 $Q \stackrel{\text{def}}{=} (q_x + q_y)_{FE} = -\left(\frac{\partial u_{FE}}{\partial x} + \frac{\partial u_{FE}}{\partial y}\right)$ 对应 $r_0 = 0.05$,使用 $p = 8$(积空间)在 6 单元网格上计算的结果如图 4.2b 所示。精确解是一个解析函数,因此它可以在定义域内和定义域边界上展开为泰勒级数。误差项取决于 u_{EX} 的 $(p+1)$ 阶导数。

4.2.2 二维模型问题，$u_{EX} \in H^k(\Omega)$，$k-1 \leqslant p$

我们定义第二个模型问题，使式（4.7）的第一项定义在图 4.4a 所示的 L 形域上，是精确解 u_{EX}。这类似式（1.5）给出的一维模型问题，其解为在区间 $I=(0,1)$ 上的 $u_{EX} = x^\alpha(1-x)$。

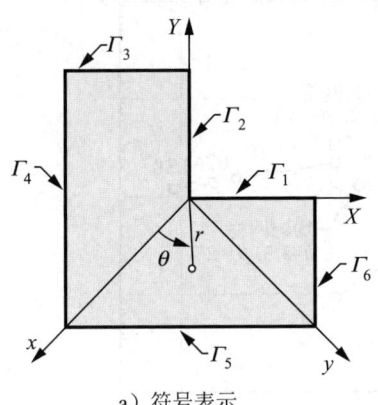 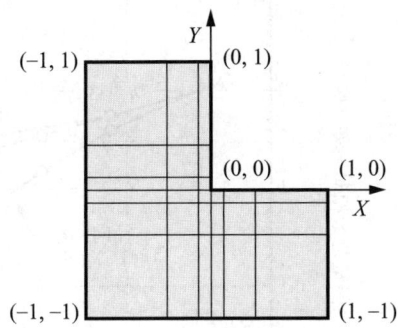

a）符号表示　　　　　　　　　b）对应参数 $M=3$ 和 $\gamma=2$ 的径向分级的 27 元素网格

图 4.4　L 形域

我们分配以下边界条件：在 Γ_1 和 Γ_2 上 $u=0$。在 $\Gamma_q \stackrel{\text{def}}{=} \Gamma_3 \cup \Gamma_4 \cup \Gamma_5 \cup \Gamma_6$ 上，指定通量 q_n 与式（4.8）的解一致，请参见式（4.9）。势能的确切值为：

$$\pi_{\text{exact}} = -\frac{1}{2} \int_{\Gamma_q} q_n u_{EX} \, ds = -0.9181133309 \tag{4.12}$$

除了位于坐标系原点的顶点外，解的所有导数都存在。解位于索伯列夫（Sobolev）空间 $H^{5/3-\epsilon}(\Omega)$，见 A.2.4 节。由于势能的确切值是已知的，从式（1.100）可以计算出每次离散的能量范数的相对误差，从式（1.102）可以计算出实现的收敛速率。接下来讨论三种离散化方案：

1. $p=2$（乘积空间）的均匀网格序列。单元的大小为：

$$h_i = \frac{1}{3i}, \quad i=1,2,\cdots \tag{4.13}$$

在均匀网格上 h 型收敛性的先验估计由式（1.91）给出。在这种情况下，$k-1 < p$，因此：

$$\|u_{EX} - u_{FE}\|_{E(\Omega)} \leqslant C(k,p) h^{k-1} \approx \frac{C(k,p)}{N^{1/3}} \tag{4.14}$$

式中，$C(k,p)$ 是一个正常数，与 h 无关，我们利用了二维中的 $N \propto h^{-2}$。因此，渐

近收敛速率为 $\beta=1/3$。

2. 均匀网格，$h=1/3$（27 个单元），p 从 2 到 8（乘积空间）。由于奇点是顶点，能量范数中 p 型的渐近收敛速率是 h 型的两倍，因此 $\beta=2/3$。如图 4.5 所示，这确实实现了。

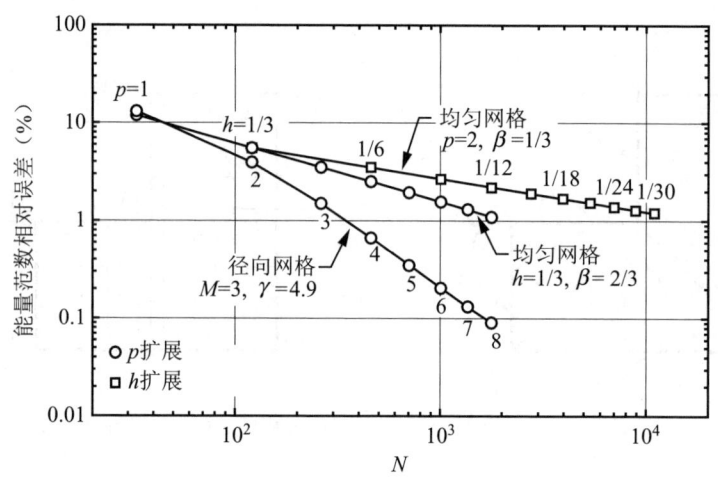

图 4.5　L 形域，三种离散化方案比较，能量范数相对误差（%）

3. 一个由 27 个单元组成的固定网格，具有径向分级，p 从 1 到 8（乘积空间）。基础网格的分级由参数 $\gamma>0$ 控制。x 轴正向上的节点为：

$$x_i = \left(\frac{i-1}{M}\right)^{\gamma}, \quad i=1,2,\cdots,M+1 \qquad (4.15)$$

式中，M 是具有 x 轴正向边界的单元数量。将这种划分扩展到整个域，如图 4.4b 所示，其中显示了参数 $M=3$、$\gamma=2$ 对应的网格。我们选择 $\gamma=4.9$，因为这个值使得软件允许的最高多项式阶次的势能最小，在本例中 $p=8$。径向网格的结果如表 4-1 所示。

表 4-1 最后一列是误差估计的有效性指标，有效性指数用 θ 表示，定义为估计相对误差与准确相对误差的比值。有效性指数只能计算那些已知确切解的问题。观察到相对误差被略微高估了，这是因为估计是基于收敛速率是代数的假设，见式 (1.92)；然而，在前渐近范围内，它比代数更强。

本文考虑的三种离散化方案的结果如图 4.5 所示。可以看出，在径向分级网格上进行 p 扩展比在均匀网格序列上进行 h 扩展或在固定均匀网格上进行 p 扩展要有效得多。原因是对于 $1\leqslant p\leqslant 8$（软件支持）的多项式范围，径向网格对奇异角的邻域进行了过度细化，因此误差本质上来自解的平滑部分，其中 p 扩展的收敛速率是指数级的。当使用强分级网格时，这是 p 型渐近行为的代表。随着 p 水平的增加，收敛曲线将减缓到渐近速率，在这种情况下 $\beta = 2/3$。但是，此时能量范数的相对误差较小。

这个例子说明了重要的一点：在有限元方法中，选择离散化方案的目标是以有效的方式实现所需的精度。当网格以这样一种方式布局时，对于软件支持的 p 值范围，p 扩展在渐近范围之前，是最好完成的。

表 4-1 L 形域，径向网格 ($\gamma = 4.9$)，27 个单元，乘积空间。
能量范数的估计与精确相对误差

p	N	π_p	β		$(e_r)_E$ (%)		θ
			估计	精确	估计	精确	
1	16	0.95282287	0.000		19.444	19.444	1.00
2	85	0.91965811	0.932	0.932	4.102	4.102	1.00
3	208	0.91831905	1.127	1.126	1.497	1.497	1.00
4	385	0.91815493	1.300	1.298	0.672	0.673	1.00
5	616	0.91812462	1.394	1.388	0.349	0.351	1.00
6	901	0.91811717	1.442	1.419	0.202	0.204	0.99
7	1240	0.91811490	1.464	1.403	0.126	0.131	0.97
8	1633	0.91811408	1.467	1.330	0.084	0.091	0.93
推测		0.91811343				0.033	—

Dirichlet 边界条件

让我们对所有边界段施加 Dirichlet 边界条件。由于 u_{EX} 是一个正弦函数，而我们的基函数是映射的形函数，因此有必要首先在单元边界上用基函数近似 u_{EX}，然后在基函数的系数上施加 Dirichlet 条件。3.6 节概述了此过程。我们感兴趣的是由基本边界条件的近似所产生的误差大小。

注释 4.1 1.5.3 节中描述误差的后验估计是基于 h 或 p 扩展在渐近范围内的假设，也就是说，h 足够小或 p 足够大，以证明式（1.91）中 ≤ 符号可以替换为 ≈ 符号。正如我们在本节中所看到的，预渐近收敛速率比代数收敛速率更快。

练习 4.5 解释为什么在 Γ_q 上指定诺伊曼（Neumann）条件时势能 π_p 为负，而在 Γ 上指定 Dirichlet 条件时势能为正。

4.2.3 给定点的通量矢量计算

在有限单元解中计算给定点上的通量矢量是直接的。首先确定给定点的标准

坐标 (ξ_0, η_0)，然后在点 (ξ_0, η_0) 中求通量矢量，有：

$$\begin{Bmatrix} q_x^{(FE)} \\ q_y^{(FE)} \end{Bmatrix} = -\begin{bmatrix} k_x & k_{xy} \\ k_{xy} & k_y \end{bmatrix} [\boldsymbol{J}]^{-1} \begin{Bmatrix} \partial u_{FE}/\partial \xi \\ \partial u_{FE}/\partial \eta \end{Bmatrix} \tag{4.16}$$

式中，$[\boldsymbol{J}]$ 为 3.8.1 节定义的雅可比矩阵。

让我们考虑，例如，图 4.6a 所示的带有圆形切口的 L 形域，在每个边界段应用 Dirichlet 边界条件。边界条件对应于精确解 $u = r^{2/3}\cos(2\theta/3)$（在 xy 坐标系中）。

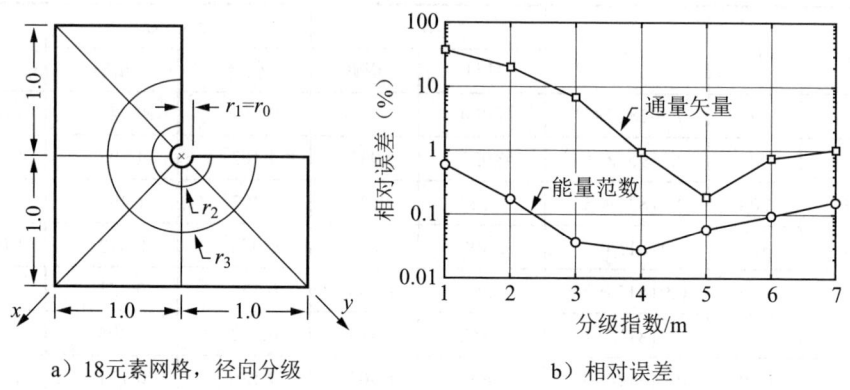

a）18 元素网格，径向分级 b）相对误差

图 4.6 带圆形切口的 L 形域

精确通量矢量在 x、y 坐标系中的分量为：

$$q_x = -\frac{2}{3}r^{-1/3}\cos(\theta/3), \quad q_y = -\frac{2}{3}r^{-1/3}\sin(\theta/3)$$

我们定义通量矢量的相对误差为：

$$e_{\text{fv}} \stackrel{\text{def}}{=} 100\frac{\sqrt{(q_x - q_x^{(FE)})^2 + (q_y - q_y^{(FE)})^2}}{2r_1^{-1/3}/3} \tag{4.17}$$

其中分母是通量矢量在定义域上绝对值的最大值。具体来说，我们对 $x = r_0$、$y = 0$ 处的通量矢量的相对误差感兴趣。由于该点位于对称线上，通量矢量与对称线的方向一致，该线与圆形边界垂直。

我们将使用图 4.6a 所示的 18 单元网格，并定义圆的半径如下：

$$r_i = r_1 + (1 - r_1)\left(\frac{i-1}{3}\right)^m, \quad i = 1, 2, 3$$

即径向上采用径向分级，由分级指数 m 控制。设 $r_1 = r_0 = 0.001$，$m = 1, 2, \cdots$，$p = 8$（乘积空间），我们计算点 $(r_0, 0)$ 处通量矢量的相对误差和能量范数。

计算结果如图 4.6b 所示。可以看出，能量范数的最小误差出现在 $m=4$ 左右，通量矢量 (e_{fv}) 的最小误差出现在 $m=5$ 左右。在 $m<4$ 时，能量范数误差较小，而 e_{fv} 误差较大。这是因为能量范数中的误差取决于一阶导数在整个域上误差的平方积分，而 e_{fv} 是在一个特定点上计算的。在本示例中，当 $m<4$ 时，导数的误差在圆形切口的小邻域内是很大的；但是，该误差仅对误差能量范数产生很小的影响。

对于 $m<4$，通量矢量误差主要来自主要感兴趣的小切口区域邻域的欠细化，而对于 $m>5$，误差主要来自次要感兴趣区域。

注释 4.2　在能量范数中找出误差最小的分级指数值并不难。一般来说，对于感兴趣量，这不是最优的分级指数。然而，合理的预期是，QoI 的近似误差将不会远离这个最小值。在本例中，情况确实如此，如图 4.6b 所示。

4.2.4　通量强度因子的计算

从有限元解计算渐近展开式系数的算法如下所述。该算法基于路径独立积分的存在性和特征函数的正交性。这些系数称为通量强度因子。

考虑一个边界为 Γ 的二维域 Ω。对于 $E(\Omega)$ 中的任意两个函数，我们有：

$$\int_\Omega \Delta u v \mathrm{d}x\mathrm{d}y = \oint_\Gamma (\nabla u \cdot \boldsymbol{n})v\mathrm{d}s - \oint_\Gamma (\nabla v \cdot \boldsymbol{n})u\mathrm{d}s + \int_\Omega \Delta v u \mathrm{d}x\mathrm{d}y$$

我们两次应用了散度定理，当 u 和 v 都满足拉普拉斯方程时，即 $\Delta u = 0$、$\Delta v = 0$，则该式变为：

$$\oint_\Gamma (\nabla u \cdot \boldsymbol{n})v\mathrm{d}s = \oint_\Gamma (\nabla v \cdot \boldsymbol{n})u\mathrm{d}s \tag{4.18}$$

该式适用于 Ω 及其任何子域。

1. 路径独立积分

现在考虑一个角点附近的子域 $\Omega^\star$，由图 4.7 中的阴影区域表示。假设在 $\Gamma_2^\star$ 和 $\Gamma_4^\star$ 上有 $u=0$ 或 $\nabla u \cdot \boldsymbol{n} = 0$，以及 $v=0$ 或 $\nabla v \cdot \boldsymbol{n} = 0$。则式 (4.18) 为：

$$\int_{\Gamma_1^\star} (\nabla u \cdot \boldsymbol{n})v\mathrm{d}s + \int_{\Gamma_3^\star} (\nabla u \cdot \boldsymbol{n})v\mathrm{d}s = \int_{\Gamma_1^\star} (\nabla v \cdot \boldsymbol{n})u\mathrm{d}s + \int_{\Gamma_3^\star} (\nabla v \cdot \boldsymbol{n})u\mathrm{d}s$$

这相当于：

$$\int_{\Gamma_1^\star} (\nabla u \cdot \boldsymbol{n})v\mathrm{d}s - \int_{\Gamma_1^\star} (\nabla v \cdot \boldsymbol{n})u\mathrm{d}s = -\int_{\Gamma_3^\star} (\nabla u \cdot \boldsymbol{n})v\mathrm{d}s + \int_{\Gamma_3^\star} (\nabla v \cdot \boldsymbol{n})u\mathrm{d}s$$

观察沿 $\Gamma_1^\star$ 的积分是顺时针方向，而沿 $\Gamma_3^\star$ 的积分是逆时针方向。沿着 $\Gamma_1^\star$ 反转积分方向，使两个积分都围绕角点逆时针方向，我们发现两个积分相等，且由于 $\Omega^\star$ 是任意的，我们可以选择任意的逆时针路径 $\Gamma^\star$ 和积分表达式：

$$I_{\Gamma^\star} \stackrel{\text{def}}{=} -\int_{\Gamma^\star}(\nabla u \cdot \boldsymbol{n})v\mathrm{d}s + \int_{\Gamma^\star}(\nabla v \cdot \boldsymbol{n})u\mathrm{d}s \tag{4.19}$$

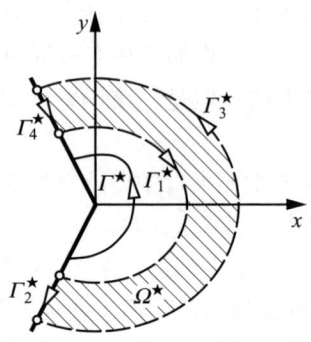

图 4.7 $\Omega^\star$ 定义

将是路径独立的。

2. 正交性

令 $u = r^{\lambda_i}\phi_i(\theta)$、$v = r^{\lambda_j}\phi_j(\theta)$ 且 $\Gamma^\star = \Gamma_\varrho$，其中 Γ_ϱ 是以角点为圆心，半径为 ϱ 的圆形路径。关于 Γ_ϱ，有：

$$\nabla u \cdot \boldsymbol{n} = \left(\frac{\partial u}{\partial r}\right)_{r=\varrho} = \lambda_i \varrho^{\lambda_i - 1}\phi_i(\theta)$$

$$\nabla v \cdot \boldsymbol{n} = \left(\frac{\partial v}{\partial r}\right)_{r=\varrho} = \lambda_j \varrho^{\lambda_j - 1}\phi_j(\theta)$$

令 $\mathrm{d}s = \varrho\mathrm{d}\theta$，式（4.19）可以写为：

$$I_{\Gamma_\varrho} = (\lambda_j - \lambda_i)\varrho^{\lambda_i + \lambda_j}\int_{-\alpha/2}^{\alpha/2}\phi_i(\theta)\phi_j(\theta)\mathrm{d}\theta$$

由于 I_{Γ_ϱ} 是路径独立的，所以当 $\lambda_j \neq \pm\lambda_i$ 时，积分表达式必须为零。注意，由于 $\Omega^\star$ 不包含角点，所以负特征值对应的解在能量空间中。在后面部分，我们将表示为

$$C_{ij} \stackrel{\text{def}}{=} \int_{-\alpha/2}^{\alpha/2}\phi_i(\theta)\phi_j(\theta)\mathrm{d}\theta \text{ 和 } C_{ij}^- \stackrel{\text{def}}{=} \int_{-\alpha/2}^{\alpha/2}\phi_i(\theta)\phi_j^-(\theta)\mathrm{d}\theta \tag{4.20}$$

式中，$\phi_j^-(\theta)$ 为 $-\lambda_j$ 对应的特征函数。当 $\phi_j \neq \phi_i$、$\phi_j \neq \phi_i^-$ 时，特征函数是正交的，即 $C_{ij} = 0$。

注释 4.3 在拉普拉斯算子的情况下，所有的特征值都是实数和简单的。

练习 4.6 证明对于式（4.7）给出的渐近表达式，有：

$$C_{ij} = \begin{cases} \alpha/2, & \text{若 } i = j \\ 0, & \text{若 } i \neq j \end{cases}$$

3. A_k 的提取

利用特征函数的正交性质，可以从有限元解中提取系数 $A_k, k=1,2,\cdots$ 的近似值。考虑渐近展开式，有：

$$u_{EX} = \sum_{i=1}^{\infty} A_i r^{\lambda_i} \phi_i(\theta) \tag{4.21}$$

假设我们对计算 A_k 感兴趣。然后我们定义提取函数 w_k，如下所示：

$$w_k \stackrel{\text{def}}{=} r^{-\lambda_k} \phi_k^-(\theta)$$

求以圆角点为中心的圆形路径 Γ_ϱ 上的路径独立积分，有：

$$I_{\Gamma_\varrho}(u_{EX}, w_k) = -\int_{\Gamma_\varrho} (\nabla u_{EX} \cdot \boldsymbol{n}) w_k \mathrm{d}s + \int_{\Gamma_\varrho} (\nabla w_k \cdot \boldsymbol{n}) u_{EX} \mathrm{d}s \tag{4.22}$$

现在留给读者去证明，利用特征函数的正交性，有：

$$A_k = -\frac{1}{2 C_{kk}^- \lambda_k} I_{\Gamma_\varrho}(u_{EX}, w_k) \tag{4.23}$$

在有限元法中，用 u_{FE} 代替 u_{EX} 得到 A_k 的近似值。这种方法称为轮廓积分法，非常有效，如下示例所示。

示例 4.1 考虑如图 4.4 所示的 L 形域问题，在 Γ_1 和 Γ_2 上边界条件 $u = 0$。在所有其他边界段上 q_n 对应于精确解，有：

$$u_{EX} = r^{2/3} \cos(2\theta/3) \tag{4.24}$$

注意，这是由式（4.7）给出的展开式对称部分的前导项。这个例子说明，如果我们用 u_{FE} 代替式（4.22）中的 u_{EX}，那么我们将得到一个很好的近似系数 A_1 的确切值，在这个例子中，系数 A_1 为 1。提取函数为：

$$w_1(\varrho, \theta) = \varrho^{-2/3} \cos(2\theta/3) \tag{4.25}$$

同时，有：

$$(\nabla w_1 \cdot \boldsymbol{n})_{r=\varrho} = -\frac{2}{3} \varrho^{-5/3} \cos(2\theta/3) \tag{4.26}$$

式中，ϱ 表示提取圆的半径。

$$C_{11}^- = \int_{-3\pi/4}^{3\pi/4} \cos^2(2\theta/3) \mathrm{d}\theta = 3\pi/4$$

A_1 的近似值由式（4.22）计算，在本例中为：

$$A_1^{(FE)} = -\frac{1}{2C_{11}^-\lambda_1}\left(\varrho^{1/3}\int_{-3\pi/4}^{3\pi/4}(\nabla u_{FE}\cdot \boldsymbol{n})\cos(2\theta/3)\mathrm{d}\theta + \right.$$

$$\left.\frac{2}{3}\varrho^{-2/3}\int_{-3\pi/4}^{3\pi/4}\cos(2\theta/3)u_{FE}\mathrm{d}\theta\right) \tag{4.27}$$

我们沿半径为 ϱ 的任意圆路径上计算 u_{FE} 和 $\nabla u_{FE}\cdot\boldsymbol{n}$，并在积分点上计算数值 $A_1^{(FE)}$。被积函数是平滑函数，因此可以有效地控制数值积分的误差。对于本例，我们使用 27 个单元的均匀网格，$h=1/3$，抽取圆的半径为 $\varrho=0.2$。从 $p=1$ 到 $p=5$（乘积空间）的计算结果如表 4-2 所示。可以看出，$A_1^{(FE)}$ 的相对误差比能量范数的相对误差减小得快很多。因此，轮廓积分方法被认为是超收敛的。

表 4-2 示例 4.1：使用 $\varrho=0.2$ 的轮廓积分法提取结果

多项式次数（p）	1	2	3	4	5
$A_1^{(FE)}$	1.0242	1.0075	0.9920	1.0027	0.9987
$A_1^{(FE)}$ 的相对误差（%）	2.42	0.75	0.80	0.27	0.13
能量范数误差（%）	11.93	5.54	3.52	2.53	1.95

示例 4.2 我们参考练习 4.1 的结果，在图 4.8a 所示的域上构造一个模型问题，使精确解为渐近展开的前两项的线性组合：

$$u_{EX} = a_1 r^{\lambda_1}\underbrace{(\cos\lambda_1\theta - \sin\lambda_1\theta)}_{\phi_1(\theta)} + a_2 r^{\lambda_2}\underbrace{(\cos\lambda_2\theta + \sin\lambda_2\theta)}_{\phi_2(\theta)}$$

式中，$\lambda_1 = \pi/(2\alpha)$，$\lambda_2 = 3\pi/(2\alpha)$。令 $\alpha = 7\pi/4 = 315°$，边界条件为：在 Γ_{AB} 上 $\partial u/\partial n = 0$，在 Γ_{BC} 上 $u=0$，在 Γ_{AC} 上指定 u_{EX} 对应的通量：

$$q_n = -a_1\lambda_1 r^{\lambda_1-1}(\cos\lambda_1\theta - \sin\lambda_1\theta) - a_2\lambda_2 r^{\lambda_2-1}(\cos\lambda_2\theta + \sin\lambda_2\theta)$$

我们将特征函数进行如下归一化，设 θ_i 为 $\phi_i(\theta)$ 绝对值最大的角度：

$$\theta_i = \arg\max_{\theta\in I_\alpha}|\phi_i(\theta)| \quad \text{其中 } I_\alpha \stackrel{\text{def}}{=} \{\theta|-\alpha/2 \leq \theta \leq +\alpha/2\}$$

定义归一化特征函数，使 $\varphi_i(\theta)$ 在 I_α 上的最大值 1：

$$\varphi_i(\theta) \stackrel{\text{def}}{=} \phi_i(\theta)/\phi_i(\theta_i) \tag{4.28}$$

函数 $\varphi_1(\theta)$ 和 $\varphi_2(\theta)$ 如图 4.8b 所示。若令 $a_1=1.0$、$a_2=0$，那么，使用一个 16 单元网格，在角点周围有一层几何梯度单元，在 $p=8$ 时，能量范数的估计相对误差为 17.21%。采用本节所述的提取方法，第一个归一化本征函数系数的计算值为 $A_1 = 1.348$。其精确值为 1.414，因此相对误差为 4.66%。

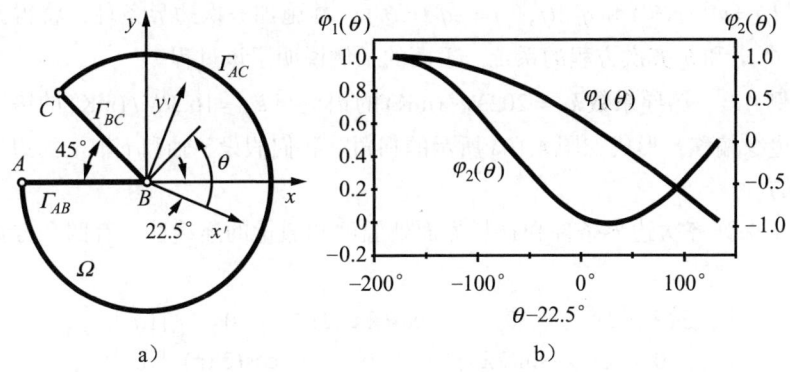

图 4.8 示例 4.2：前两个归一化特征函数

练习 4.7 对于示例 4.2 中描述的问题，令 $a_1 = 0$、$a_2 = 1.0$。确定第二个归一化特征函数的系数 A_2 的近似值，并估计相对误差。实际值为 -1.414。

4.2.5 材料界面

二维材料界面问题的示意图如图 4.9 所示。这些阴影代表了具有恒定导热系数的不同材料。

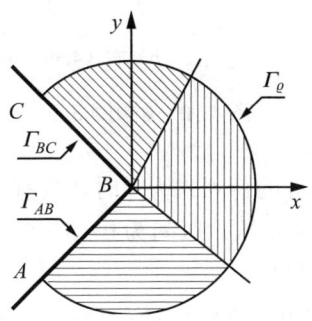

图 4.9 符号表示，二维材料界面

材料界面与边界的交点为奇点。这些奇点附近解的特征是函数的形式，像之前一样，即：$u = r^\lambda F(\theta)$。但是，这里 $F(\theta)$ 是一个分段分析函数。

由于解必须满足每个扇区上的拉普拉斯方程，第 k 个扇区上的解可以写成：

$$u^{(k)} = r^\lambda (a_k \cos(\lambda\theta) + b_k \sin(\lambda\theta)), \quad k = 1, 2, \cdots, n \tag{4.29}$$

式中，n 为扇区数。我们假设在 Γ_{AB} 和 Γ_{BC} 上规定了齐次 Dirichlet 或诺伊曼（Neumann）边界条件。对 $u^{(k)}$ 和垂直于材料界面的通量施加连续性，即

$u^{(k-1)}(r,\theta_k) = u^{(k)}(r,\theta_k)$ 和 $q_n^{k-1}(r,\theta_k) = -q_n^k(r,\theta_k)$，并施加齐次边界条件，将得到一个包含 $2n$ 个 a_k 和 b_k 齐次方程的系统。下面的示例说明了该过程。

示例 4.3　热导系数 $k_{al} = 202\,\text{W}/(\text{mK})$ 的铝板与 $k_{cn} = 16.3\,\text{W}/(\text{mK})$ 的铬镍钢板结合。边缘偏移，形成如图 4.10a 所示的拐角。我们假设 x 轴和 y 轴上的边界是完全绝缘的。

为了保证齐次边界条件和材料界面处温度和通量的连续性，有四个方程是必要的：

$$\begin{bmatrix} -\sin(\lambda\pi/2) & 0 & \cos(\lambda\pi/2) & 0 \\ 0 & -\sin(2\lambda\pi) & 0 & \cos(2\lambda\pi) \\ \cos(\lambda\pi) & \cos(\lambda\pi) & \sin(\lambda\pi) & \sin(\lambda\pi) \\ -k_{al}\sin(\lambda\pi) & -k_{cn}\sin(\lambda\pi) & k_{al}\cos(\lambda\pi) & k_{cn}\cos(\lambda\pi) \end{bmatrix} \begin{Bmatrix} a_1 \\ a_2 \\ b_1 \\ b_2 \end{Bmatrix} = 0 \quad (4.30)$$

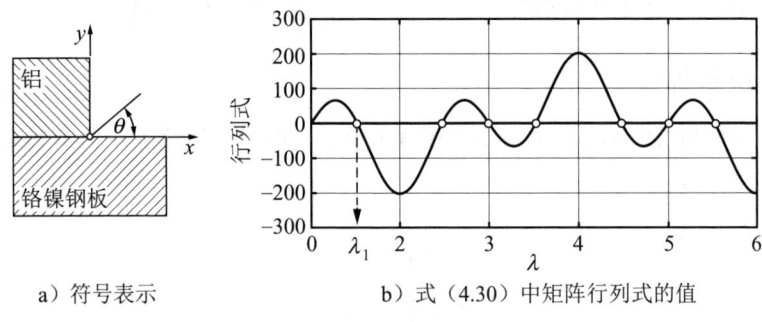

a）符号表示　　　　b）式（4.30）中矩阵行列式的值

图 4.10　示例 4.3

这些方程只有当系数矩阵的行列式为零时才具有非平凡解，有无穷多个特征值。行列式是图 4.10b 中 λ 的函数，区间为 $0 < \lambda < 5$，其中前 7 个根由空心圆圈表示。第一个特征值 $\lambda_1 = 0.5238$。

练习 4.8　画出示例 4.3 中 λ_1 对应的特征函数。调整特征函数以使其最大值为 1。

练习 4.9　求示例 4.3 问题的第二个特征值和对应的特征函数。部分答案：$\lambda_2 = 1.4762$。

练习 4.10　求修正示例 4.3 中问题的第一特征值和第二特征值，使 x 轴和 y 轴边界上的温度为零。部分答案：$\lambda_1 = 0.8762$。

斯特克洛夫（Steklov）方法

可以使用斯特克洛夫（Steklov）方法从数值上确定特征对。该方法基于如下思想：在半径为 ϱ 的圆边界上，如图 4.1b 所示，函数 $u = r^\lambda F(\theta)$ 的法向导数为：

$$\left(\frac{\partial u}{\partial n}\right)_{\Gamma_\varrho} = \left(\frac{\partial u}{\partial r}\right)_{r=\varrho} = \lambda \varrho^{\lambda-1} F(\theta) = \frac{\lambda}{\varrho} u \tag{4.31}$$

考虑两种或多种材料结合且材料界面（这里不考虑曲面界面的处理）与原点边界相交的问题，见图 4.1b。在 Γ_{AB} 和 Γ_{BC} 上规定了齐次自然或本质边界条件。

假设 $\bar{Q} = 0$、稳态条件存在，并且在 Γ_{AB} 和 Γ_{BC} 上 $u = 0$ 或 $\partial u / \partial n = 0$，式（2.34）的广义形式为：

$$\int_{\Omega_\varrho} \operatorname{grad} v[\kappa] \operatorname{grad} u \mathrm{d}x\mathrm{d}y = \frac{\lambda}{\varrho} \int_{\Gamma_\varrho} uv \mathrm{d}s \text{对于所有} v \in E^0(\Omega_\varrho) \tag{4.32}$$

式中，$[\kappa]$ 是在材料界面处不连续的材料性质的正定矩阵，Ω_ϱ 在图 4.1b 中定义。式（4.32）是一个特征值问题，特征值是实数。用有限元法求解式（4.32）时，特征函数是 $F(\theta)$ 的分段多项式函数的近似值。数值特征值问题的大小可以简化为与等高线 Γ_ϱ 相关的自由度的数量。关于斯特克洛夫方法的进一步讨论和说明性示例，请参阅文献 [112]。

4.3 三维拉普拉斯方程

在本节中，我们考虑将 L 形域问题扩展到三维。如图 4.11 所示，该域称为 Fichera 立方体。

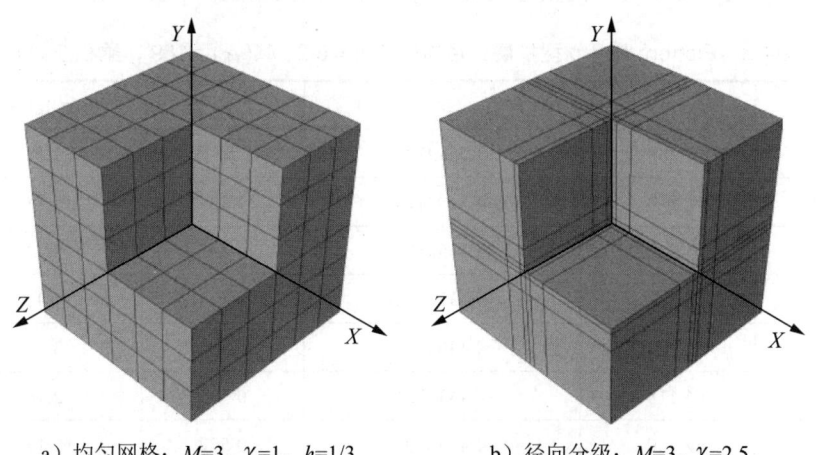

a) 均匀网格：$M=3$, $\gamma=1$, $h=1/3$ b) 径向分级：$M=3$, $\gamma=2.5$

图 4.11　Fichera 域，189 单元网格

Fichera 立方体广泛用于对各种离散化和误差控制程序进行基准测试。这个域

可定义为：

$$\Omega \stackrel{\text{def}}{=} \{(X,Y,Z) | (X,Y,Z) \in (-1,1)^3 \setminus [0,1)^3\} \tag{4.33}$$

边界曲面位于平面 $X=0$、$Y=0$、$Z=0$ 和 $X=\pm1$、$Y=\pm1$、$Z=\pm1$ 处。在边界 $X=0$ 和 $Z=0$ 上规定了齐次 Dirichlet 边界条件 $(u=0)$。此外，在边界 $Y=0$ 上还规定了齐次 Neumann 条件 $(q_n=0)$，L 形边界 $X=1$、$Y=1$、$Z=1$ 上 Neumann 条件 $(q_n=0.1)$，以及在边界 $X=-1$、$Y=-1$、$Z=-1$ 上 $q_n=-0.5$。

在二维中，可以通过单一参数 λ 来表示 u_{EX} 的规律性，在三维中却不能实现。然而，我们可以认为与坐标轴重合的边缘上的奇点和 L 形域的顶点奇点相似，式（4.7）给出的为边缘坐标的函数的展开系数，并且收敛性将以这些奇点为特征，具体见注释 4.4。文献 [62] 中对具有分段光滑边界的域上的奇点进行了理论分析。

这个问题的确切解有待商榷。使用 1.5.3 节中所述的步骤、根据 189 个单元的径向分级网格上的 p 型扩展结果可估算势能的参考值。具体数据见表 4-3。

径向网格的分级参数为 $\gamma=6.2$，选择该参数是因为它在 $p=8$ 时最小化势能。

对于 h 型扩展，使用了一系列均匀网格，并参考表 4-3 中的势能推算值预估了收敛速度，预估的结果列于表 4-4 中。

对于 p 型扩展，使用了 189 个单元的均匀网格，并参考表 4-4 中的势能推算值预估了收敛速度，预估的结果列于表 4-5 中。

在图 4.12 中，以 log-log 尺度绘制了能量范数下的估计相对误差与自由度曲线，这些曲线对应于均匀网格上的 h 型扩展和径向网格上的 p 型扩展。

表 4-3 Fichera 域（p 型扩展，径向网格 $\gamma=6.2$、$M(\Delta)=189$，乘积空间）

p	N	π_p	β_p	$(e_r)_E(\%)$
1	288	−3.96897295	—	32.78
2	1,890	−4.34971145	0.423	14.78
3	5,940	−4.41536773	0.492	8.42
4	13,572	−4.43381736	0.533	5.42
5	25,920	−4.44057198	0.562	3.77
6	44,118	−4.44342415	0.565	2.79
7	69,300	−4.44482967	0.577	2.15
8	102,600	−4.44557782	0.577	1.71
推算值		−4.44688294	—	—

表 4-4 Fichera 域（h 型扩展，均匀网格细化，$p=2$，乘积空间）

h	$M(\Delta)$	N	π_h	k_h	β_h	$(e_r)_E(\%)$
1/3	189	1,890	−4.21669217	0	0	22.75
1/6	1,512	13,572	−4.30253820	1.337	0.118	18.02
1/9	5,103	44,118	−4.33699192	1.336	0.116	15.72
1/12	12,096	102,600	−4.35632002	1.336	0.115	14.27
1/15	23,625	198,090	−4.36893882	1.336	0.114	13.24
1/18	40,824	339,660	−4.37793385	1.336	0.114	12.45
1/21	64,827	536,382	−4.38472583	1.336	0.113	11.82
1/24	96,768	797,328	−4.39006756	1.336	0.113	11.30
1/27	137,781	1,131,570	−4.39439827	1.337	0.113	10.86
1/30	189,000	1,548,180	−4.39799291	1.337	0.113	10.49
1/33	251,559	2,056,230	−4.40103312	1.337	0.113	10.15
1/36	326,592	2,664,792	−4.40364413	1.337	0.113	9.86
1/39	415,233	3,382,938	−4.40591530	1.337	0.113	9.60
参考值			−4.44688294	—	—	—

对于 h 版本，准均匀网格，我们可以把式（1.91）写为：

$$\sqrt{\pi_h - \pi} \approx C_h(k, p, u_{EX}) h^{k-1} \tag{4.34}$$

式中，π_h 表示以 h 为特征网格的势能，π 是势能（未知）的精确值。C_h 是常数，与 h 无关，同时 k 是 u_{EX} 所在的索伯列夫空间的索引。这里我们使用 $\pi_{ref}=-4.44688294$（见表 4-3）作为参考值来逼近实际的 π 值。

表 4-5 Fichera 域（p 型扩展，均匀网格，$M(\Delta)=189$，乘积空间）

p	N	π_p	β_p	$(e_r)_E(\%)$
1	288	−3.96101944	—	33.05
2	1890	−4.21669217	0.199	22.75
3	5940	−4.30016800	0.197	18.16
4	13572	−4.34150404	0.200	15.39
5	25920	−4.36584861	0.203	13.50
6	44118	−4.38173819	0.205	12.10
7	69300	−4.39284714	0.207	11.02
8	102600	−4.40100653	0.209	10.16
参考值		−4.44688294	—	—

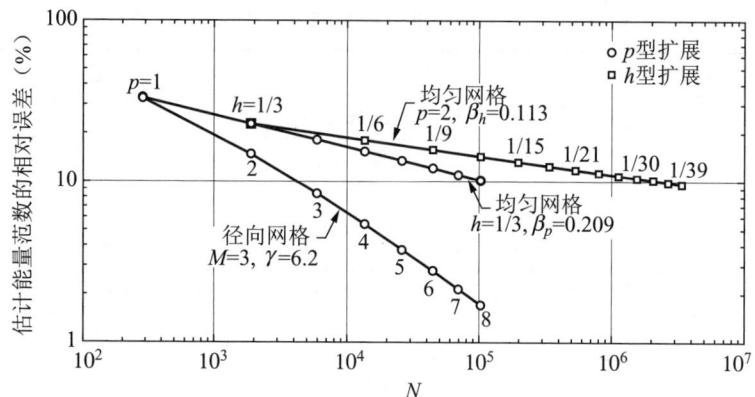

图 4.12 Fichera 域上的 Laplace 问题（三种离散化方案的比较）

我们从表 4-4 所示的 Fichera 问题的有限元解序列中估计指标 k，其中，k_h 所在的列显示了基于式（4.34）的下列式得到的 k 的估计值：

$$k_h^{(i)} = 1 + \frac{1}{2} \frac{\log(\pi(h_i) - \pi_{\text{ref}}) - \log(\pi(h_{i-1}) - \pi_{\text{ref}})}{\log(h_i) - \log(h_{i-1})} \tag{4.35}$$

式中，索引 i 指的是表中的第 i 个条目，可得结果为：

$$\lim_{h \to 0} k_h \approx 1.337 \tag{4.36}$$

使用 1.5.3 节描述的方法计算所得的收敛速度结果如 β_h 列所示，β_h 的预估值我们可以根据式（1.9）写成：

$$\sqrt{\pi_h - \pi} \approx \frac{C}{N^{\beta_h}} \tag{4.37}$$

在三维中，我们根据 $N \propto h^{-3}$ 的比例关系，预期得到：

$$\beta_h \approx \frac{k_h - 1}{3} \approx 0.113 \tag{4.38}$$

如表 4-4 所示，情况确实如此。

参照表 4-5，我们可以看到 p- 收敛速率的预估值为 $\beta_p \approx 0.209$ 并在不断增加，根据这些数据，我们可以推测，在三维空间中，当所有的奇异弧都与单元边重合时，在有限元法的应用中通常满足 $\beta_h < \beta_p < 2\beta_h$，或者 $\beta_p \to 2\beta_h$；在二维中，这种情况将在 N 值非常高的时候发生。根据 Fichera 域中弹性问题开发的经验数据来看，第二种猜想更有可能是正确的。具体见附录 C。

注释 4.4 在 4.2 节中，我们考虑了由式（4.3）给出的渐近展开形式，通过参数 a 和 b 来满足相交边上的边界条件。在三维中，我们假设在两个平面的交点处有相同的函数形式，此时两个系数是边缘坐标的函数。例如，参考图 4.11，沿着 X 轴的方向可得：

$$u = r^\lambda a(X)\cos(\lambda\theta) + b(X)\sin(\lambda\theta) \tag{4.39}$$

它必须满足 Laplace 方程的显性形式，柱面形式写为：

$$\Delta u \equiv \frac{\partial^2 u}{\partial r^2} + \frac{1}{r}\frac{\partial u}{\partial r} + \frac{1}{r^2}\frac{\partial^2 u}{\partial \theta^2} + \frac{\partial^2 u}{\partial X^2} = 0 \tag{4.40}$$

只有当 $a(X)$ 和 $b(X)$ 是线性函数时才会满足上述条件。如果 $a(X)$ 和 $b(X)$ 是次数大于 1 的多项式，那么它的函数形式必须满足阴影函数。并且，对于 L 形域，阴影函数比相应的特征函数更平滑。因此，阴影函数不影响收敛速度。具体分析可见文献 [112]。

4.4 平面弹性

二维弹性中角奇点的分析类似 4.2 节中处理拉普拉斯问题的角奇点的方法，然而，并不是所有的特征值都是存在或者简单的。详细信息见附录 G。

4.4.1 L 形域上的弹性问题

假设相交边界段是无应力的，对于 L 形域二维弹性问题的角奇异性分析，在附录 G.2.3 节中进行了概述。最小的正特征值是 $\lambda_1 = 0.54448374$。在索伯列夫空间 $H^{1+\lambda_1-\varepsilon}(\Omega)$ 中给出了精确的解，因此我们期望在均匀网格上 $h-$ 收敛速率为 $\beta_h = \lambda_1/2$，$p-$ 收敛速率为 $\beta_p = \lambda_1$。

与渐近展开的第一项对应的应力场由式（G.28）给出，位移场由式（G.29）给出。根据这一信息，势能的确切值由如下积分得到：

$$\begin{aligned}\pi(\boldsymbol{u}_{EX}) &= -\frac{1}{2}\oint[u_x(\sigma_x n_x + \tau_{xy}n_y) + \tau_{xy}n_x + \sigma_y n_y]t_z \mathrm{d}s \\ &= -4.15454423\frac{a_1^2\ell^{2\lambda_1}t_z}{E}\end{aligned} \tag{4.41}$$

式中，n_x、n_y 为 x、y 坐标系中边界的单位法向量，如图 4.4 所示，ℓ 是长度比例系数，t_z 是厚度（常数），E 是弹性系数。平面张力系数假定为 $\nu = 0.3$。

1）采用一系列均匀网格进行 $h-$ 扩展，h 的范围为 $1/30 \sim 1/3$，$p=2$，乘积空间。2）使用 27 单元均匀网格进行 $p-$ 扩展，p 的范围为 $1 \sim 8$，乘积空间。3）使用 27 单元均匀网格进行 $p-$ 扩展，$\gamma = 5.0$，乘积空间。三者的计算结果如图 4.13 所示。实现的收敛速度 β_h 和 β_p 与理论估计非常接近。

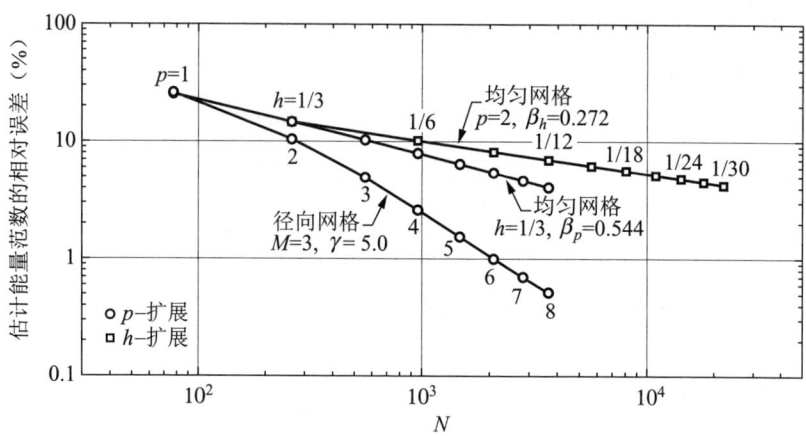

图 4.13 L 形域上的弹性问题（三种离散化方案的比较，平面应变，$v=0.3$，在可重入边缘上施加无应力边界条件）

27 单元径向网格的 p-扩展的估计、准确收敛速度和能量范数相对误差如表 4-6 所示，其中精确值是利用式（4.41）给出的势能精确值计算的，估计值是根据势能的推算值计算的，最后一行显示了推算值的误差。

表 4-6 能量范数相对误差估计与精确值（L 形域，自由－自由边界条件，平面应变，$v=0.3$，径向网格（$\gamma=5.0$），27 单元，乘积空间）

p	N	$\dfrac{\pi_p E}{a_1^2 \ell^{2\lambda} t_z}$	β		$(e_r)_E (\%)$		θ
			估计	精确	估计	精确	
1	77	−3.87071791	—	—	26.137	26.138	1.00
2	263	−4.10911566	0.746	0.746	10.455	10.457	1.00
3	557	−4.14439620	0.999	0.999	4.939	4.942	1.00
4	959	−4.15172126	1.181	1.177	2.600	2.607	1.00
5	1469	−4.15355459	1.241	1.229	1.531	1.543	0.99
6	2087	−4.15412877	1.267	1.236	0.981	1.000	0.98
7	2813	−4.15434288	1.283	1.213	0.669	0.696	0.96
8	3647	−4.15443336	1.283	1.149	0.480	0.517	0.93
推算值		−4.15454423	—	—	—	0.192	—

练习 4.11 为 L 形域构造一个类似图 4.4 所示的 27 单元网格。同时，进行几何分级：令 $q=0.07$，并使用式（1.57）沿着相交的边界段定位节点，将网格扩展到整个域。将得到的相对误差与表 4-6 中的误差进行比较，会发现这两种分级模式产生了相似的结果。

4.4.2 二维裂纹尖端奇点

裂纹尖端奇点的研究具有重要的现实意义。这是因为在抗损伤设计中,假定在结构开始使用时,关键位置部分存在小裂纹,那么当结构受到循环载荷时,裂纹就会扩大。设计的目标是确保裂纹在检查间隔之间,不会增长超过其部分临界长度。

裂纹扩展的速率与渐近扩展的前项系数相关,可以说明的是,高度非线性的裂纹扩展过程是由周围的弹性应力场驱动的,而当体积在非线性过程变得足够小时,只需要考虑渐近扩展的前项即可。前项系数与应力强度因子成正比,而应力强度因子是线性弹性断裂力学(LEFM)中感兴趣的量。本节拟用轮廓积分法提取应力强度因子,该方法类似 4.2.4 节中所描述的方法。

对于裂纹($a = 2\pi$),将附录中式(G.18)及式(G.19)简化为一个公式:

$$\sin 2\lambda\pi = 0 \text{ 因此 } \lambda_n = \pm\frac{n}{2}, n = 1, 2, 3, \cdots$$

式中,所有的根都是存在且唯一的,并可用于计算对称(模式 I)和反对称(模式 II)展开的第一项的系数。

在工程文献中,习惯将模式 I 应力张量的笛卡儿分量写成如下形式:

$$\sigma_x = \frac{K_I}{\sqrt{2\pi r}} \cos\frac{\theta}{2}\left(1 - \sin\frac{\theta}{2}\sin\frac{3\theta}{2}\right) + T + O(r^{3/2}) \tag{4.42}$$

$$\sigma_y = \frac{K_I}{\sqrt{2\pi r}} \cos\frac{\theta}{2}\left(1 + \sin\frac{\theta}{2}\sin\frac{3\theta}{2}\right) + O(r^{3/2}) \tag{4.43}$$

$$\tau_{xy} = \frac{K_I}{\sqrt{2\pi r}} \sin\frac{\theta}{2}\cos\frac{\theta}{2}\cos\frac{3\theta}{2} + O(r^{3/2}) \tag{4.44}$$

式中,$-\pi \leq \theta \leq \pi$,$T$ 是一个常量,叫做 T 应力,具体可见 H.1 节。常数 K_I 称为模式 I 应力强度因子。而反对称(模式 II)应力张量分量通常写成如下形式:

$$\sigma_x = -\frac{K_{II}}{\sqrt{2\pi r}} \sin\frac{\theta}{2}\left(2 + \cos\frac{\theta}{2}\cos\frac{3\theta}{2}\right) + O(r^{3/2}) \tag{4.45}$$

$$\sigma_y = \frac{K_{II}}{\sqrt{2\pi r}} \sin\frac{\theta}{2}\cos\frac{\theta}{2}\cos\frac{3\theta}{2} + O(r^{3/2}) \tag{4.46}$$

$$\tau_{xy} = \frac{K_{II}}{\sqrt{2\pi r}} \cos\frac{\theta}{2}\left(1 - \sin\frac{\theta}{2}\sin\frac{3\theta}{2}\right) + O(r^{3/2}) \tag{4.47}$$

式中,K_{II} 称为模式 II 应力强度因子。

应力强度因子的计算

Navier 方程的轮廓积分方法(CIM)与 4.2.4 节中概述的 Laplace 方程的轮廓

积分方法类似，都是基于路径独立积分和特征函数的正交性。关于二维弹性问题的详细信息可见文献 [96]。

在假设体积力为零和温度恒定的情况下，Navier 方程的路径独立的轮廓积分为：

$$I_\Gamma \stackrel{\text{def}}{=} \int_\Gamma (T_x^{(u)} w_x + T_y^{(u)} w_y)\mathrm{d}s - \int_\Gamma (T_x^{(w)} u_x + T_y^{(w)} u_y)\mathrm{d}s \tag{4.48}$$

式中，上标 u、w 表示精确解，可在奇点相交的边缘上满足 Navier 方程和齐次边界条件的测试函数，Γ 为从一条边开始，沿逆时针方向延伸至另一条边的任意轮廓线，如图 4.7 所示。我们假设 Γ 是一个圆形轮廓，它的半径是任意的，并求出 K_I、K_{II} 和 T 的值，具体可见附录 H。

在特殊条件下，应力强度因子可以通过能量释放速率来确定。根据能量释放速率计算应力强度因子的过程详见附录 H。

示例 4.4 平面应变断裂韧性，是表征裂纹扩展迅速、无边界时的应力强度因子，用 k_{IC} 表示。它被认为是量化材料抗裂纹扩展能力的一种材料特性。

k_{IC} 的测量步骤遵循一定的标准。常用的方法是紧致拉伸试样（CT）和单边切口弯曲试样（SENB）。如图 4.14a 所示为初始裂纹长度为 a 的典型 CT 试样，初始裂纹是通过稳定的疲劳裂纹扩展产生的。

在这个例子中，我们考虑以下问题：由于平面应变在实验中无法实现，那么平面应变模型 K_I 与沿着 CT 试样裂纹正面的 K_I 之间有什么区别。

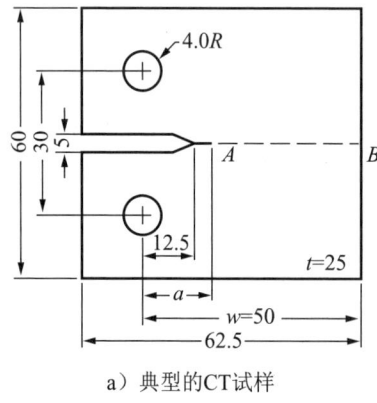
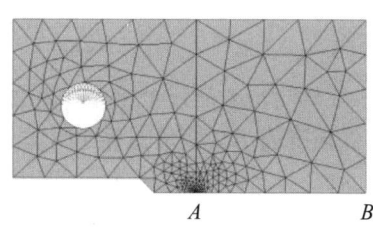

a）典型的CT试样   b）典型有限元网格

图 4.14

选择的材料是一种具有弹性性质 $E = 71.7\text{GPa}$、$v = 0.333$ 的铝合金，令 $a=25\text{mm}$，采用轮廓积分法，当施加的力为 1kN 时，可得 $K_I = 54.45\text{MPa}\,\text{mm}^{1/2}$。该结果可通过 27 单元几何梯度有限元网格进行验证。

通过拉伸 27 单元网格可得到 CT 标本的三维表示，如图 4.15b 所示。由于 CT 试样有两个对称平面，使用图 4.15b 所示的四分之一模型即可。在矩形区域上规定了对称性，其中三个顶点 A、B、C 在平面 CDE 上且可见。圆柱表面通过分布的正弦法向牵引力加载，其合力为 1KN。其他表面则是无牵引力的。

应力强度因子 K_I 可采用轮廓积分法，通过计算沿裂纹前沿的 11 个等间距点得到。在每个点上使用 6 个提取圆的序列，圆的半径范围从 0.6mm（图 4.15a 所示的最内层单元之外）～ 0.8mm。所得的结果通过线性回归可外推到零半径。虽然三维有限元解受阴影函数影响（见注释 4.4），但外推到零半径可以消除阴影函数引起的扰动。

如图 4.15c 所示为所得的外推值。最大值（59.4MPa mm$^{1/2}$）出现在对称面上，比在平面应变模型获得的数值高 8.4%。在平面应变情况下，裂纹前沿与无应力表面相交处的奇异点和裂纹尖端的奇异点不同。因为零牵引条件不仅要在裂纹表面上满足，在边界表面上也要满足。

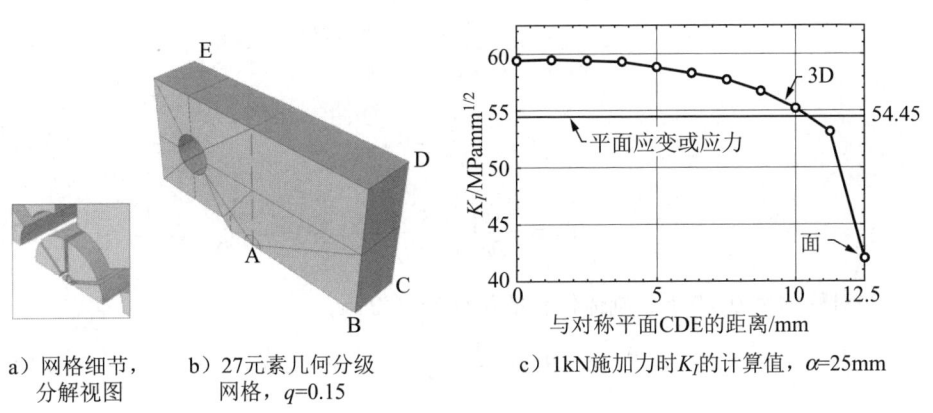

a）网格细节，分解视图　　b）27元素几何分级网格，q=0.15　　c）1kN施加力时 K_I 的计算值，a=25mm

图 4.15　紧致拉伸试验试样的四分之一

注释 4.5　ASTM 标准 E1820-01 提供了以下用于计算 K_I 的公式：

$$K_I \approx \frac{P}{t\sqrt{w}} \frac{2+a/w}{(1-a/w)^{3/2}} (0.886 + 4.64(a/w) - 13.32(a/w)^2 + 14.72(a/w)^3 - 5.6(a/w)^4)$$

式中，P 为作用力。利用示例 4.4 中的数据，我们可以得到 $K_I \approx 54.64$MPa mm$^{1/2}$，所得的结果与平面应变结果非常接近。

注释 4.6　我们假设裂缝前沿是一条直线，这一假设是为了使平面应变和三维模型之间能够进行比较。实际上，初始裂纹是通过使试样承受稳定裂纹扩展的循环载荷而引起的，在这个过程中导致了弯曲裂纹前沿的产生。在标准试验中，如果初始裂纹长度沿裂纹前沿的变化超过5%，那么试验结果无效。

练习 4.12 假设示例4.4中材料的断裂韧性为20MPamm$^{1/2}$。估算当裂纹长度为30mm时，预计何时会发生快速裂纹扩展的应用载荷。

4.4.3 作用在边界上的强迫函数

强迫函数影响着解的正则性。下面我们考虑集中力和作用于半无限平面物体上的阶跃函数，两者的符号表示如图4.16所示。

集中力

在这种情况下，应力函数为：

$$U = -\frac{F_0 r}{\pi}\theta\sin\theta \tag{4.49}$$

例如，参见文献[105]，对应的应力分量为：

$$\sigma_r = \frac{1}{r}\frac{\partial U}{\partial r} + \frac{1}{r^2}\frac{\partial^2 U}{\partial \theta^2} = -\frac{2F_0}{\pi}\frac{\cos\theta}{r} \tag{4.50}$$

$$\sigma_\theta = \frac{\partial^2 U}{\partial r^2} = 0 \tag{4.51}$$

$$\tau_{r\theta} = -\frac{\partial}{\partial r}\left(\frac{1}{r}\frac{\partial U}{\partial \theta}\right) = 0 \tag{4.52}$$

在对称约束 $\theta = 0$ 下，刚体位移的位移分量为：

$$u_r = -\frac{2F_0}{\pi E}\cos\theta\ln r - \frac{(1-\nu)F_0}{\pi E}\theta\sin\theta + C\cos\theta \tag{4.53}$$

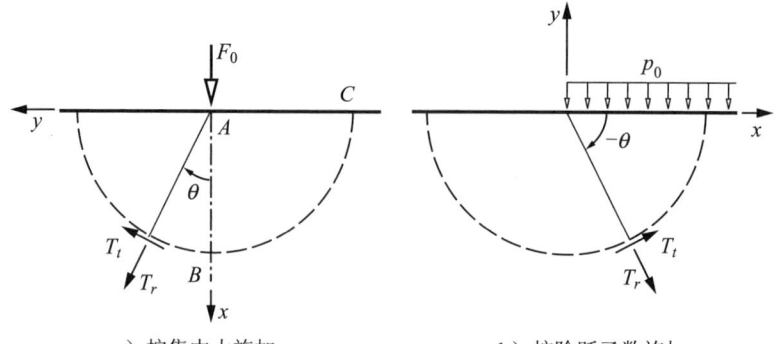

a）按集中力施加　　　　b）按阶跃函数施加

图 4.16

$$u_\theta = \frac{2\nu F_0}{\pi E}\sin\theta + \frac{2F_0}{\pi E}\ln r \sin\theta + \frac{(1-\nu)F_0}{\pi E}(\sin\theta - \theta\cos\theta) - C\sin\theta \quad (4.54)$$

式中，C 是任意常数。如果我们在正 x 轴上任意选择一个参考点，假设 $x = d$，并且设 $u_r(d,0) = 0$，那么根据式（4.53），我们可得到 $C = 2F_0 \ln d /(\pi E)$。在这种情况下，$U_x(r,0)$ 是从这一点开始测量的。注意在原点处，$u_r(0,\theta) = \infty$ 且 $\partial U_r / \partial r$ 在任何包含原点的子域上都不是平方可积的，因此 u_r 不在能量空间中。在二维和三维弹性力学中，集中力和点约束是不适用的。这一点将在 5.2.8 节中通过一个示例进行讨论和说明。

阶跃函数

如图 4.16b 所示为阶跃函数，法向牵引力从 0 变为 $-p_0$ 的点为一个奇点。应力函数为：

$$U = -\frac{p_0 r^2}{2\pi}\left(\pi + \theta - \frac{1}{2}\sin 2\theta\right), \quad -\pi \leqslant \theta \leqslant 0 \quad (4.55)$$

而应力分量为：

$$\sigma_r = \frac{1}{r}\frac{\partial U}{\partial r} + \frac{1}{r^2}\frac{\partial^2 U}{\partial \theta^2} = -\frac{p_0}{\pi}\left(\pi + \theta + \frac{1}{2}\sin 2\theta\right) \quad (4.56)$$

$$\sigma_\theta = \frac{\partial^2 U}{\partial r^2} = -\frac{p_0}{\pi}\left(\pi + \theta - \frac{1}{2}\sin 2\theta\right) \quad (4.57)$$

$$\tau_{r\theta} = -\frac{\partial}{\partial r}\left(\frac{1}{r}\frac{\partial U}{\partial \theta}\right) = \frac{p_0}{2\pi}(1 - \cos 2\theta) \quad (4.58)$$

在这种情况下，应力分量是有限的，但不是单值的奇点。观察沿着原点的 x 轴 $(\theta = 0)\tau_{r\theta} = 0$ 和沿着 y 轴的 $(\theta = -\pi/2)\tau_{r\theta} = p_0/\pi$，在原点处它是多值的。类似，在原点 $-2p_0$ 到 0 范围内的正应力之和 $\sigma_r + \sigma_\theta = -2p_0(1 + \theta/\pi)$，这取决于接近原点的方向。

练习 4.13 参见图 4.16b。令 $p_0 = 1$，圆的半径为 100mm。指定圆边界上由式（4.56）～式（4.58）给出的应力所对应的牵引力。绘制应力之和，并计算能量误差。

4.5 鲁棒性

如果对参数的所有容许值一致收敛，那么参数相关问题的近似数值方法则认为是鲁棒的。在本节中，我们考虑以泊松比作为参数的鲁棒性。

当泊松比 ν 接近 1/2 时，低阶单元的 $h-$ 收敛速度，若以能量标准来衡量，则会变慢。此外，利用胡克定律从有限元解中计算出的第一应力不变量的误差会增大。这被称为泊松比锁定或体积锁定。

为了解释发生锁定的原因，我们证明了对于任意规则四边形单元的网格，$p=1$ 时，材料是不可压缩的，自由度的数量与单元的数量无关，因此不可能出现收敛。

考虑图 4.17 所示的四边形单元均匀网格。第 i 个单元的位移分量为：

$$u_x^{(i)} = a_1^{(i)} + a_2^{(i)} x + a_3^{(i)} y + a_4^{(i)} xy \tag{4.59}$$

$$u_y^{(i)} = a_5^{(i)} + a_6^{(i)} x + a_7^{(i)} y + a_8^{(i)} xy \tag{4.60}$$

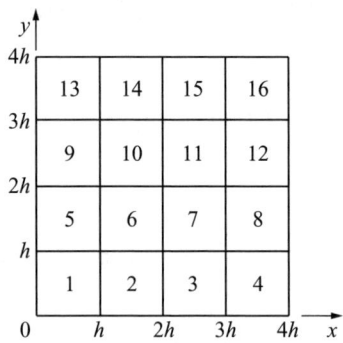

图 4.17 泊松比固定

对于不可压缩弹性材料，体积机械应变 $\epsilon_{kk} - 3\alpha\Gamma_\Delta$ 为零，与式（2.84）中定义的静流体应力 σ_0 无关。因此，在平面应变的情况下，位移分量满足约束：

$$\epsilon_x^{(i)} + \epsilon_y^{(i)} \equiv \frac{\partial u_x^{(i)}}{\partial x} + \frac{\partial u_y^{(i)}}{\partial y} = 0 \tag{4.61}$$

则 $a_4^{(i)} = a_8^{(i)}$，$a_7^{(i)} = -a_2^{(i)}$，因此：

$$u_x^{(i)} = a_1^{(i)} + a_2^{(i)} x + a_3^{(i)} y \tag{4.62}$$

$$u_y^{(i)} = a_5^{(i)} + a_6^{(i)} x - a_2^{(i)} y \tag{4.63}$$

考虑单元 1 和单元 2 之间的连续性：

$$a_1^{(1)} + a_2^{(1)} h + a_3^{(1)} y = a_1^{(2)} + a_2^{(2)} h + a_3^{(2)} y \tag{4.64}$$

$$a_5^{(1)} + a_6^{(1)} h - a_2^{(1)} y = a_5^{(2)} + a_6^{(2)} h - a_2^{(2)} y \tag{4.65}$$

有：

$$a_3^{(1)} = a_3^{(2)}, \quad a_2^{(1)} = a_2^{(2)}$$

等价于：

$$\frac{\partial u_x^{(1)}}{\partial x} = \frac{\partial u_x^{(2)}}{\partial x} \text{ 和 } \frac{\partial u_x^{(1)}}{\partial y} = \frac{\partial u_x^{(2)}}{\partial y}$$

由此可得，u_x 的两个导数在单元 1 和单元 2 的界面上是连续的。同样的论证也可以证明这两个导数在单元 2 和 3、3 和 4 等界面上也是连续的，在单元 5 和 6 等界面上也是如此。由于 u_x 是连续的，它必须是整个定义域上的线性函数，与单元的数量无关。

同样，从元素 1 和元素 5 之间的连续性条件，我们发现

$$\frac{\partial u_y^{(1)}}{\partial x} = \frac{\partial u_x^{(5)}}{\partial x} \text{ 和 } \frac{\partial u_y^{(1)}}{\partial y} = \frac{\partial u_y^{(5)}}{\partial y}$$

因此，u_y 的两个导数在单元 1 和 5、单元 5 和 9 等界面上也是连续的。故 u_y 也是整个定义域上的线性函数，与单元的数量无关。所以，对于整个定义域：

$$u_x = a_1 + a_2 x + a_3 y \tag{4.66}$$

$$u_y = a_4 + a_5 x - a_2 y \tag{4.67}$$

也就是说，无论使用多少个单元，有限元空间的维度都是 5。所有其他自由度都需要满足体积和连续性约束。

因为单元的数量和约束条件的数量是固定的，与自由度的数量无关，所以在 $p-$ 版本中不会发生锁定。这些单元可以在变形的同时保持恒定的体积。然而，需要特别注意从有限元解计算正应力的情形。这将在示例 4.6 中进行讨论。

示例 4.5 在这个示例中，我们考虑一个经典的弹性问题，假定平面应变条件如下，在无限大板中的一个刚性圆形夹杂物，在无限远处受到单向拉伸力，域和符号表示如图 4.18a 所示。我们将使用 $a=1$，$b/a=5$ 和厚度 $t_z=1$。由四个单元组成的有限元网格如图 4.18b 所示。

边界条件为：沿圆弧 AD，位移分量均为零。沿对称线 AB 和 CD，法向位移和切向应力均为零。沿着圆弧 BC，法向力和切向应力由文献 [60] 中的经典解的显示形式给出。极坐标下的位移分量为：

$$u_r = \frac{\sigma_\infty}{8Gr}\left\{(\kappa-1)r^2 + 2\gamma a^2 + \left[\beta(\kappa+1)a^2 + 2r^2 + \frac{2\delta a^4}{r^2}\right]\cos 2\theta\right\} \tag{4.68}$$

$$u_\theta = -\frac{\sigma_\infty}{8Gr}\left[\beta(\kappa-1)a^2 + 2r^2 - \frac{2\delta a^4}{r^2}\right]\sin 2\theta \tag{4.69}$$

应力分量为：

$$\sigma_r = \frac{\sigma_\infty}{2}\left[1 - \frac{\gamma a^2}{r^2} + \left(1 - \frac{2\beta a^2}{r^2} - \frac{3\delta a^4}{r^4}\right)\cos 2\theta\right] \quad (4.70)$$

$$\sigma_\theta = \frac{\sigma_\infty}{2}\left[1 + \frac{\gamma a^2}{r^2} - \left(1 - \frac{3\delta a^4}{r^4}\right)\cos 2\theta\right] \quad (4.71)$$

$$\tau_{r\theta} = -\frac{\sigma_\infty}{2}\left(1 + \frac{\beta a^2}{r^2} + \frac{3\delta a^4}{r^4}\right)\sin 2\theta \quad (4.72)$$

式中，κ、β、γ、δ 是仅依赖泊松比 ν 的常数。

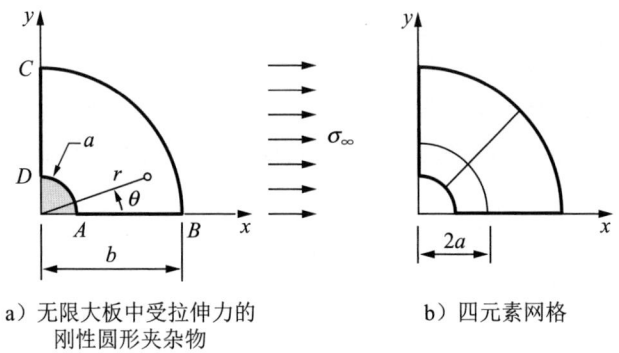

a）无限大板中受拉伸力的刚性圆形夹杂物

b）四元素网格

图 4.18

对于平面应变：

$$\kappa = 3 - 4\nu; \quad \beta = -\frac{2}{3-4\nu}; \quad \gamma = -(1-2\nu); \quad \delta = \frac{1}{3-4\nu} \quad (4.73)$$

对于平面应力：

$$\kappa = \frac{3-\nu}{1+\nu}; \quad \beta = -\frac{2(1+\nu)}{3-\nu}; \quad \gamma = -\frac{1-\nu}{1+\nu}; \quad \delta = \frac{1+\nu}{3-\nu} \quad (4.74)$$

我们设 $E = 1$，$\nu = 0.49999$。结果表明，能量范数具有较强的 $p-$ 收敛性。通过应力检验法得到了有限元解。每个单元边选取 12 个高斯点，并通过数值求积计算作用在圆弧 BC 上的法向应力和切向应力对应的载荷矢量。对于 $b/a = 5$，准确的应变能计算如下：

$$U(u) = \frac{1}{2}\int_0^{\pi/2}(u_r\sigma_r + u_\theta\tau_{r\theta})b\mathrm{d}\theta = 7.31883865\frac{\sigma_\infty^2 a^2 t_z}{E} \quad (4.75)$$

p 在 3～8（乘积空间）范围内的应变能计算值，以及能量范数的估计、精确相对误差如表 4-7 所示。可以看到，收敛曲线 β 的斜率随着 p 的增加而增加。这是因为精确解是一个解析函数，所以 $p-$ 收敛的速度是指数级的。尽管如此，基于收敛速度是代数的假设[见式（1.92）]，我们的后验误差估计器提供了非常合理的估计。

示例 4.6 我们考虑示例 4.5 中描述的无限大板中的刚性圆形夹杂物问题。假定平面应变，有限元网格由 4 个单元组成，如图 4.18b 所示。我们感兴趣的是在最大范数中测量法向应力之和 $\sigma_x + \sigma_y$ 的相对误差。参考式（4.70）和式（4.71），可得到 $\sigma_x + \sigma_y$ 是一个应力不变量，我们定义：

$$\Sigma \stackrel{\text{def}}{=} \sigma_r + \sigma_\theta = \sigma_x + \sigma_y = \sigma_\infty \left(1 + \frac{2}{3-4\nu}\left(\frac{a}{r}\right)^2 \cos 2\theta\right)$$

我们定义最大范数中的相对误差百分比如下：

$$(e_r)_\Sigma \stackrel{\text{def}}{=} 100 \frac{\max \left|\Sigma - (\sigma_x^{(FE)} + \sigma_y^{(FE)})\right|}{\sigma_\infty (1 + 2/(3-4\nu))} \tag{4.76}$$

表 4-7 应变能收敛性（$\nu = 0.49999$）（无限板中的刚性圆形夹杂物受拉伸力作用，四单元网格，乘积空间，$b/a = 5$）

p	N	$\dfrac{U(u)E}{\sigma_\infty^2 a^2 t_z}$	β	相对误差	
				估计值	精确值
3	72	6.53074253	—	32.81	32.81
4	128	7.29188870	2.93	6.07	6.07
5	200	7.31760970	3.46	1.30	1.30
6	288	7.31873361	3.37	0.38	0.38
7	392	7.31882930	3.86	0.12	0.11
8	512	7.31883783	3.86	0.04	0.03
精确值		7.31883865	—	—	0

$p = 8$ 时的计算结果如表 4-8 所示。结果表明，泊松比趋近于 1/2 时，$(e_r)_\Sigma$ 迅速增加，且在实体空间比乘积空间增长更快。这表明乘积空间比实体空间更健壮。

表 4-8 示例 4.6：在无限板中的刚性圆形夹杂物受拉伸力作用（平面应变，最大相对误差 $(e_r)_\Sigma$ 对泊松比的依赖，四元网格，$p=8$）

空间	泊松比			
	0.49	0.499	0.4999	0.49999
乘积	0.486	2.725	4.988	32.84
实体	2.070	8.981	39.68	233.1

当 $v=0.49999$ 时，图 4.19 中显示了沿边界段 AD 的正应力之和的确切值以及采用乘积和实体空间的计算值，$p=8$。对于实体空间，最大误差出现在 2° 附近，而对于乘积空间，最大误差在 45°。对于乘积和实体空间来说，在 45° 处的变动大小是相同的。

这个例子说明了在考虑的参数范围内，乘积空间具有明显比实体空间更好的收敛性。一般来说，$p-$ 版本比 $h-$ 版本更健壮。

练习 4.14 使用 $b/a=5$、$p=8$、乘积空间，求解示例 4.5 中 $v=0.3$、0.49、0.499 时的刚性夹杂物问题。解释为什么在最大范数下测量的 $\tau_{r\theta}$ 误差实际与 v 无关。

练习 4.15 重复计算示例 4.6 中的平面应力。解释为什么实际上 $(e_r)_\Sigma$ 的值与 v 无关。

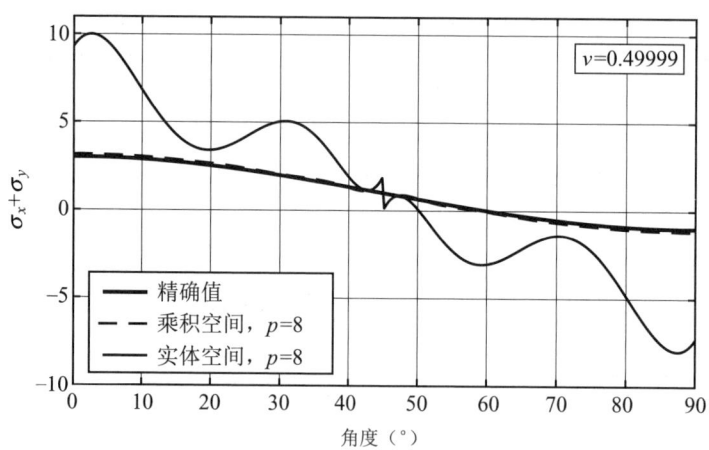

图 4.19 示例 4.6，刚性圆形夹杂物边界处的法向应力之和（泊松比：0.49999）

练习 4.16 使用 32、64 和 128 个单元的准均匀网格序列 $p=2$（乘积空间）解决示例 4.5 的问题，并使用式（4.75）给出的应变能的精确值，计算每个有限元解的能量范数相对误差和解序列的收敛速度 β。理论收敛速度 $(\beta=1)$ 能够实现吗？

如果不能，为什么？

练习 4.17 将示例 4.6 中的四个单元统一细分为 100 个单元。利用 $b/a=5$、$p=2$、乘积空间，求解示例 4.5 中当 $\nu=0.3$、0.49、0.499 时的刚性夹杂物问题，并求 $(e_r)_\Sigma$ 的值。部分解：当 $\nu=0.49$ 时，你会发现 $(e_r)_\Sigma = 25.34\%$。

4.6 解的验证

为了能够进行分析，有必要确定从有限元解中计算的 QoI 是否足够精确。QoI 的精度取决于以能量范数测量的有限元解的精度以及计算 QoI 的方法。我们已经在示例 1.9 中进行了简单的说明。本节只考虑直接计算方法。

解的验证包括以下步骤：（a）确定在分析中使用了正确的输入数据；（b）感兴趣的量基本上独立于表征有限元空间的参数。这是基于这样一种想法：虽然我们不知道 QoI 的确切值，但我们知道它存在且是唯一的，并且与离散化无关。因此，只要 QoI 的计算值随着自由度的增加而发生显著变化，它就不能接近其极限值。

这涉及获得对应于有限元空间序列的两个或多个有限元解，以及检查由有限元解生成的信息。建议操作步骤如下：

（1）图形化显示解，检查解是否合理。例如，以 1：1 比例绘制变形配置，可以发现在指定载荷、约束条件或材料属性时是否出现了巨大误差的信息。

（2）预估能量范数的相对误差及其收敛速度。能量范数中的预估相对误差是解的整体质量的一个有用指标，大致等同于应力中的预估均方根误差，见 2.6.2 节。预估的收敛速率是误差变化率是否与问题类别的渐近速率一致的一个指标。与理论收敛速率的显著偏差通常表明输入数据或有限元网格中存在错误。例如，单元可能高度扭曲。

（3）在应力或通量较大的区域，检查应力和通量中是否存在跳跃间断点。单元内部边界处的法向通量和法向应力及切向应力分量必须是连续的。在应力或通量小的区域，一些不连续通常是可以接受的。应力和通量在单元边界处出现明显的跳跃不连续性通常表明网格不够精细，或多项式次数不够高，或单元变形太严重。

（4）感兴趣的量基本上独立于网格或单元的多项式次数。预估极限值，获得预估的极限值以及预估的极限值与最高自由度对应的计算值之间的百分比差异。

下面的示例将说明这些步骤。

示例 4.7 在本例中，我们将演示验证的过程。感兴趣的量是在一个剪切配件圆角区域中的最大冯·米塞斯应力。几何结构、符号和边界条件如图 4.20 所示。配件由下式给定的均匀压力加载：

$$p = \frac{4F}{\pi(D_w^2 - D^2)}$$

式中，F 是施加的力，D 是孔的直径，D_w 是压力作用区域的外径。数值如下：F=1000lbs（4448N），D=0.375（9.525mm），D_w=0.650（16.51mm），外半径 R_0=1.10（27.94）mm，壁厚 T_w=0.60（15.24mm），长度 L=3.0（76.2mm），圆角半径 R_f=0.1（2.54mm），垫厚 T_e=0.50（12.70mm），偏置 h=0.45（11.43mm），弹性模量 E=1.05E7PSi（7.24E4MPa），泊松比 v=0.30。

有限元网格如图 4.20b 所示。它由 24 个六面体单元和 2 个五面体单元组成。我们将对实体空间执行 h 扩展和 p 扩展。h 扩展的初始网格为图 4.20b 所示网格，用 h_1 表示初始网格中最大单元的直径。对参数空间中的单元进行均匀划分后得到网格序列，即 $h_k = h_1/k(k=1,2,3,\cdots)$，对应的单元数量由 $M(\Delta_k) = 26k^3$ 给出。

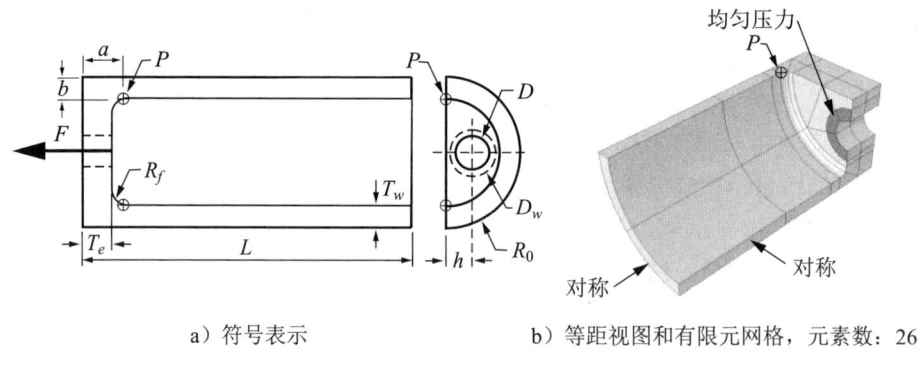

a）符号表示　　　　　b）等距视图和有限元网格，元素数：26

图 4.20　示例 4.7

对于 p 扩展，使用图 4.20b 所示的网格。在 $p=8$ 时能量范数的相对误差预估为 0.83%。如图 4.20 所示，最大冯·米塞斯应力出现在点 p 处。位置参数为：$a=14.94\text{mm}, b=3.83\text{mm}$。点 p 位于圆角的顶面与环面的交点处，因此 p 点的应力是单轴的。

由 h 扩展和 p 扩展得到的有限元解序列所对应的冯·米塞斯应力值如图 4.21 所示。

通过 h 扩展或 p 扩展，随着自由度的增加，最大应力的位置和大小都发生了变化。在这里，我们确定了发现最大值的位置，并计算了该位置冯·米塞斯应力的估值序列。可以看到 h 扩展或 p 扩展的收敛也不是单调的。

注释 4.7　在前面的例子中，基于以下考虑：如果最大应力将发生在施加载荷的附近，那么这个模型将不适合确定最大应力。我们排除了载荷应用的邻域。这是因为载荷是通过机械接触传递的，这里的机械接触被理想化为均匀的压力分布。如果对接触区域的应力分布感兴趣,那么必须建立不同的模型。我们主要感兴趣的区域是圆角区域,接触区域是次要的。

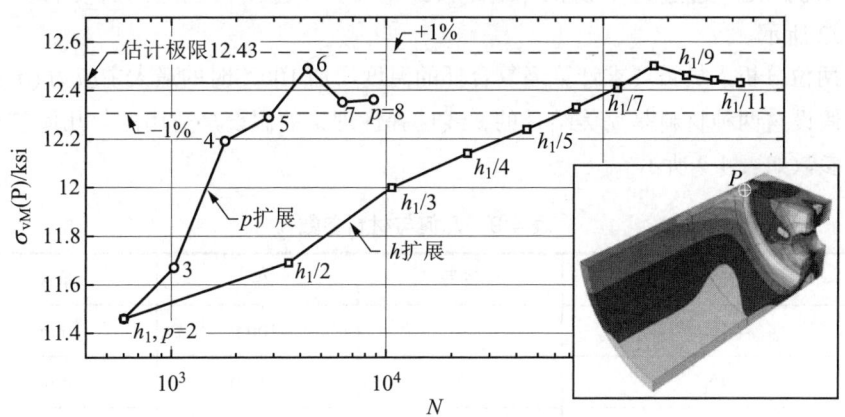

图 4.21　示例 4.7 收敛点

注释 4.8　由 p 扩展生成的有限元空间是层次化的,而由 h 扩展生成的有限元空间可能是层次化的,也可能不是。一般来说,网格生成器创建的网格序列不是层次化的。

注释 4.9　在许多实际问题中,QoI 位于解域的一些子域中。例如,我们可能感兴趣的应力在一个大型板材的紧固件孔附近。紧固件孔的附近是主要感兴趣的区域,其余部分是次要感兴趣的区域。计算数据中的错误可能是由主要或次要兴趣区域,或两者兼有的离散化不足引起的。由次要感兴趣区域离散化不足引起的误差称为污染误差。

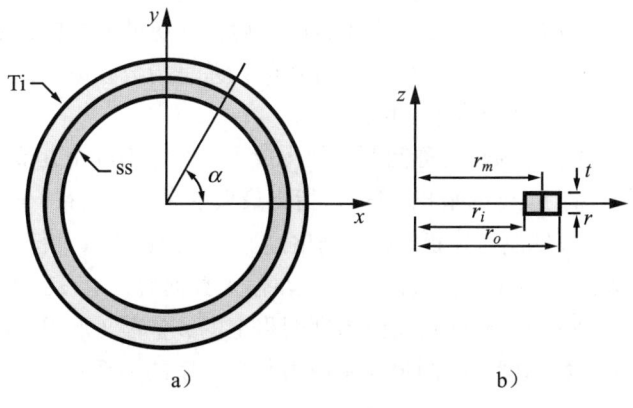

图 4.22　复合环符号表示

示例 4.8 展示了在分析人员不理解输入数据与精确解之间的规律性关系时，经常发生的错误。

示例 4.8 通过将不锈钢（ss）和钛（Ti）环连接在一起制成复合环。如图 4.22 所示。

两位分析人员被要求计算当复合环的温度增加 100℃时的最大主应力 $(\sigma_1)_{max}$。他们假设这两种材料是完美结合的，线性弹性理论的假设是适用的。几何参数和材料参数如表 4-9 所示。

表 4-9 几何与材料参数

描述	符号	值	单位
半径	r_i	100.0	mm
半径	r_o	115.0	mm
半径	r_m	107.5	mm
厚度	t	20	mm
弹性模量，ss	E_s	2.0×10^5	MPa
泊松比，ss	v_s	0.295	—
热膨胀系数，ss	α_s	1.17×10^{-5}	1/C°
弹性模量，Ti	E_t	1.1×10^5	MPa
泊松比，Ti	v_t	0.31	—
热膨胀系数，Ti	α_t	8.64×10^{-6}	1/C°

分析员 A 把这个问题描述为平面应力问题。他在 30°扇面上使用两个四边形单元（$\alpha = 30°$），并在进行 p 扩展（乘积空间）后，发现最大主应力沿材料界面生成，其值为 22.1MPa。他通过证明能量范数的误差呈指数收敛，最大法向应力在 $p=3,4,\cdots,8$ 时基本不变来支撑他的结论。

分析员 B 将其表述为轴对称问题。他生成了一个由 800 个九节点四边形单元组成的均匀网格（即 $p=2$ 的乘积空间），指出最大主应力发生在 $r=r_m$、$z=t/2$ 处，其值为 52.8MPa。根据他的判断，认为网格足够小，因此没有进行解的验证。

这两个结果之间存在非常大的差异，在输入数据后，也没有发现任何错误。我们使用图 4.23 所示的 16 单元几何梯度网格上的 p 扩展（乘积空间）解决了轴对称问题。在半对数标度上绘制最大主应力与自由度的关系图时，发现它不会收敛到极限值。

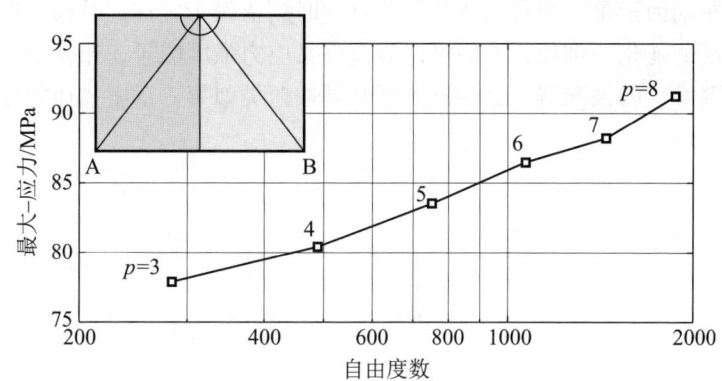

图 4.23 最大主应力的差异（结果是在 16 单元几何梯度网格上进行 p 扩展得到的。在边界段 AB 上应用对称边界条件）

解决方案

分析员 A 解决了对称平面 ($z=0$) 的问题，因此他的模型无法解释在点 $r=r_m$、$z=\pm t/2$ 处由材料性质突变引起的奇点。这个问题的精确解是解析函数，即为什么 $p-$ 收敛是指数级的，分析员 A 准确地解决了错误的问题。

分析员 B 解决了正确的问题，但计算出的 $(\sigma_1)_{max}$ 值存在很大（实际上是无穷大）误差。$(\sigma_1)_{max}$ 的确切值在奇点上不是固定的，因此所获得的 $(\sigma_1)_{max}$ 的绝对误差是无限大的。

现在你面临着一个不愉快的问题，必须向你的检查员解释，在所描述的建模假设下要求最大应力是毫无意义的。

讨论

数学模型的制定依赖于感兴趣的量（QoI）。分析员 A 没有考虑到平面应力模型不能表示 $r=r_m$、$z=\pm t/2$ 处的应力提升，这些应力提升是三维的奇异弧、轴对称式中的奇点。因此，分析员 A 选择的降维模型是不合适的。如果 QoI 是（比如说）最大径向位移，那么两个模型都是合适的。分析员 A 将得到 0.121mm，分析员 B 将得到 0.122mm。

检查员或许对预测失败（或失败的概率）感兴趣，并错误地认为失败与线性弹性问题精确解对应的最大应力相关。然而，在这个问题中，对于任何温度变化，最大应力都不是一个有限数值，因此它不是失败的预测器。

可以为预测失败事件制定各种理论。然而，这些理论都受到一个限制，即失败发生的驱动因素是一个有限数值，并且它时刻依赖于施加的载荷，在这种情况下就是温度的变化。例如，人们可以假设广义应力强度因子，或体积上的平均应力，是失败发生的预测器。这些预测器必须按照类似第 6 章中描述的过程进行校准和测试。

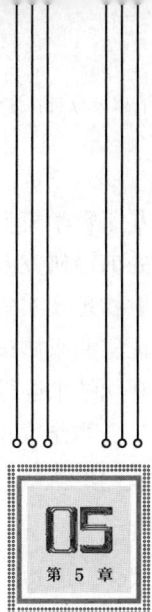

第 5 章

模　　拟

　　模拟在第 1 章中的定义是：一个系统或过程的运行模仿另一个系统或过程的运行。在本章中，我们将研究机械系统是如何工作的，以及如何用数学模型模仿它们。我们关注的是在给定几何形状、材料特性和载荷的条件下，预测某些感兴趣量（QoI）。在机械系统建模中，常见的 QoI 包括位移、应力、应变、应力强度系数、极限载荷等。这些数量能够帮助工程师做出设计、认证和维护的决策。

　　模拟从对物理现实的精确表述开始，这种表述以数学模型的形式呈现。数学模型是指所有用于预测感兴趣量的数学运算过程，无论是确定性的还是概率性的。沃尔夫冈·保利（Wolfgang Pauli）强调了区分实际现实和物理现实概念的重要性。这句话意味着，将有关物理现实的概念转化为数学模型包含了主观方面。人们可能会提出各种概念来模拟某个系统或过程的运行。因此，需要有客观标准来评估数学模型的相对价值。本章将对数学模型的表述进行描述和说明。

　　虽然沃尔夫冈·保利是在量子力学领域思考现实的本质，但他的观点具有普遍意义，适用于任何涉及数学模型模拟的工程或科学项目，以便归纳从事件观察中收集的数据。工程师在某些方面比物理学家更有优势，因为在工程领域的前沿，基于数学模型进行观测和验证往往比在物理领域的前沿容易得多，因为物理领域的前沿研究范围是从亚原子到宇宙。无论是工程领域还是物理领域，目标都是将对物理现实的理解和思考转化为数学模型，再进一步校准数学模型，最后通过验证实验来测试数学模型，即将模型预测的结果与物理实验的结果或对物理事件的观测结果进行比较。

数学模型应被定义为基于物理现实概念 I 的精确表述，将一组数据 D 转化为另一组数据 F（感兴趣量）。用简写形式表示为，

$$(D,I) \to F \tag{5.1}$$

式中，右边的箭头表示数学模型，而该模型（根据定义）反映了 (D,I) 到感兴趣量的全部转化过程。

例如，在全球失效试验研究中[48]，研究人员试图预测由复合材料组成的测试产品的失效事件概率。在这种情况下，失效理论是数学模型的一部分，而 F 是预测试验结果所需的数据集。此外，数学模型还包括构成规则和多尺度程序，这些程序将宏观和微观事件的子模型联系起来。当目标是预测失效概率时，统计子模型也是数学模型的一部分。

在第 6 章中，将讨论用于预测高循环疲劳失效事件概率的数学模型。

注释 5.1　经常使用的术语"基于物理的模型"并没有一个明确的含义。数学模型是关于物理现实特定方面定义明确的概念。通常有几种相互竞争的模型用来预测同一现象。在第 6 章中，我们将介绍对各种模型进行评级的客观方法。

5.1　建立一个非常有用的数学模型

为了阐明将物理现实的概念转化为数学模型的过程，我们追溯了一个著名的且极其有用的数学模型"伯努利 - 欧拉梁模型"的发展历史。

5.1.1　伯努利 - 欧拉梁模型

关于任意截面棱柱梁的伯努利 - 欧拉梁模型的公式，可以在关于材料强度的书中找到。为了简单起见，这里只讨论矩形截面梁的特殊情况下的公式。符号表示如图 5.1 所示。坐标轴的原点与横截面的中心点重合。

该公式的推导包含三个步骤：第一，假设梁的变形模式并推断应变分布。第二，定义应力 - 应变的关系。这里只考虑线性弹性的应力 - 应变关系。第三，平衡方程表示：与作用在横截面上的法向应力相关的弯矩必须与施加的弯矩保持平衡。假设变形足够小，以至于可以参照未变形的配置写出平衡方程。

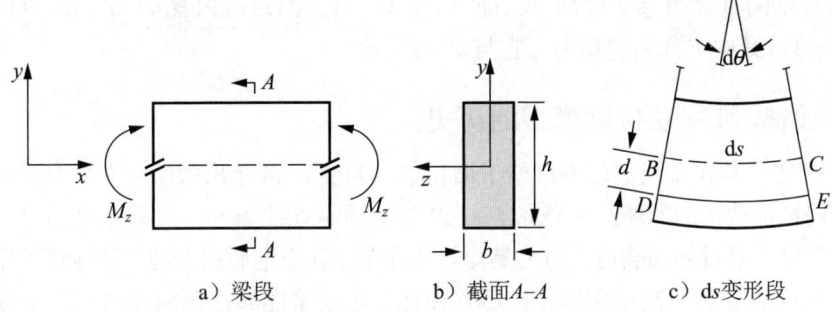

a) 梁段　　　　　b) 截面 A-A　　　　c) ds 变形段

图 5.1　矩形截面梁及符号表示

参考图 5.1，假设弯矩导致截面旋转而不变形（平面截面保持平面），因此凸面的纤维延长，凹面的纤维缩短。xz 平面内的纤维不会变形。xz 平面称为中性平面，它与截面的交点称为中性轴。在图 5.1 中，z 轴与中性轴平行。

曲率半径用 r 表示，弧线 ds 与旋转中心的夹角用 dθ 表示，$(r+d)$dθ 表示弧线 DE 的长度。应变被定义为长度变化除以原始长度。ds 为原始长度，因为它在中性平面内。

因此，应变为：

$$\varepsilon = \frac{(r+d)\mathrm{d}\theta - r\mathrm{d}\theta}{r\mathrm{d}\theta} = \frac{d}{r} = -\frac{y}{r} \tag{5.2}$$

假设应力与应变成正比，即 $\sigma = E\varepsilon$，其中 E 是弹性模量，应力必须与弯矩保持平衡。

$$M = -\int_{-h/2}^{h/2} \sigma y b\, \mathrm{d}y = \frac{E}{r}\int_{-h/2}^{h/2} y^2 b\, \mathrm{d}y = \frac{Mbh^3}{12} = \frac{EI}{r} \tag{5.3}$$

式中，在截面上进行积分（d$A = b$dy），I 是截面关于 z 轴的惯性矩。

用 $u = u(x)$ 表示中性轴的位移。u 的曲率为：

$$\frac{1}{r} = \frac{u''}{(1+(u')^2)^{3/2}} \approx u'' \tag{5.4}$$

式中，当 $(u')^2 \ll 1$ 时，近似等式（$\approx$）成立，这在绝大多数机械工程和结构工程的应用中都是满足的。如果梁受到分布式载荷 q 的作用（以力/长度单位给出），假设 q 在正 y 方向为正，M 在图 5.1 中为正，则平衡方程为：

$$M'' = q \tag{5.5}$$

结合式（5.3）、式（5.4）和式（5.5），可得到伯努利 - 欧拉梁模型：

$$(EIu'')'' = q \tag{5.6}$$

最常见的重要边界条件如下：简支 $u=M=0$，固定或内置 $u=u'=0$，自由：$M=V=0$，其中 V 称为剪切力，它与 u''' 成正比。

5.1.2 伯努利-欧拉梁模型的历史记录

伯努利-欧拉梁模型的发展始于伽利略，他在 1638 年出版的一本书中探讨了结构如何抵抗载荷的问题。他研究了一端固定、另一端受载的一个矩形截面梁，但错误地假设，梁对外加载荷的阻力是均匀地分布在其固定截面上的。这导致了伽利略对梁强度的预测值高于实际值。尽管如此，他还是能够准确地预测，一个围绕 z 轴（即图 5.1 中的 $M_z = M$）弯曲的矩形截面梁，其强度是围绕 y 轴（$M_y = M$）弯曲的同一根梁的 h/b 倍。

罗伯特·胡克（Robert Hooke）用木梁进行了实验，发现梁体凸面的纤维被拉伸，而凹面的纤维被压缩。他还发现，作用力与相应位移量始终保持恒定比例关系。当应力张量的分量可以表示为应变张量分量的线性组合时，这种关系被称为胡克定律。雅各布·伯努利对弹性棒的偏转曲线进行了研究。他遵循 5.1.1 节的公式推导步骤，但错误地假定凹面（$y = h/2$）的最内层纤维的应变为零：

$$\varepsilon = \frac{y - h/2}{r_c}, -h/2 < y < h/2$$

式中，r_c 是凸面最外层纤维的半径。令 $\eta = h/2 - y$，他得出与式（5.3）相似的下式：

$$M = -\int_0^h \sigma \eta b \mathrm{d}\eta = \frac{Eb}{r_c}\int_0^h \eta^2 \mathrm{d}y = \frac{Ebh^3}{3r_c}$$

是正确弯矩的 $4r/r_c$ 倍。

欧拉采用了变分法来确定适当的函数形式：

$$M = C\frac{u''}{(1 + (u')^2)^{3/2}}$$

因此，根据欧拉的观点，C 取决于弹性特性，对于矩形截面梁来说，它与 bh^2 成正比。正确的表述应该是：与 bh^3 成正比，如式（5.3）所示。欧拉建议通过实验来确定 C。我们现在知道，$C=EI$，其中 E 是通过实验确定的材料参数，I 是横截面属性，参见式（5.3）。

克劳德·路易·纳维尔（Claude-Louis Navier）在 1826 年完成了伯努利-欧拉梁模型公式，他证明了在轴向力为零和材料服从胡克定律的假设下，中性轴通过截面的中心点。

这种模型的第一次大规模技术应用是为 1889 年世界博览会设计的埃菲尔铁塔。在此之前，建筑物和桥梁的设计都依赖于以往的经验和先例。埃菲尔铁塔的建成展示了这种模型的实用性。

以上是对伯努利-欧拉梁模型发展历史的一个非常简略的总结。对于其他信息，可参考文献 [102，106]。

在定义数学模型时，必须明确其适用范围。在伯努利-欧拉梁模型中，当梁受到纯弯曲时，平面截面保持平面的假设是正确的，但是当涉及剪切力时，剪切变形可能不是可以忽略的。当梁的长度与深度之比小于 10 左右或横向载荷的波长小于梁深的几倍时，就会出现这种情况。另一个限制是应力必须落在弹性范围内。对于细长梁，假设变形很小，并据此以未变形的构型来表述平衡条件，可能并不切实际。在这种情况下，必须根据变形后的构型建立平衡方程，并求解非线性数学问题。

当前，构建细长弹性体的数学模型遵循的是一种截然不同的模式：这些模型被认为是非线性连续体的通用三维模型的降维形式[4]。伯努利-欧拉梁模型是一个具体的例子，尽管它很简单且有局限性，但有很多实际应用。

到 20 世纪中叶，固体力学领域的数学模型的构建已经成熟。然而，它们在工程实践中的应用受到了严重的限制，因为使用经典方法求解数学问题只能在特殊和高度简化的情况下进行。数字计算机的出现，消除了这一限制，并为数值模拟开辟了巨大的新的可能性。

5.2 有限元建模与数值模拟

有限元建模的概念和实践是在数值模拟的理论基础建立的 10 多年之前产生的。有限元建模和数值模拟这两个词有时视为同义词使用。工程师和工程分析人员经常提到数值模拟，尽管他们通常是指有限元建模。了解这两者之间的区别至关重要。

5.2.1 数值模拟

图 5.2 是数值模拟的主要组成部分的示意图。该图是对式 (5.1) 的重述，并说明了感兴趣量（F）是通过数值方法求解的。因此，我们不得不依赖 F 的数值近似解，记作 F_{num}。正如我们在第 1 章中看到的，仅仅计算 F_{num} 是不够的，还必须估计和控制近似误差 $|F - F_{\text{num}}|$。

数学模型的构建是一个创造性的过程，涉及各种各样的主观选择。此外，数值问题的求解和感兴趣量的误差控制涉及应用基于公认的数学定理的算法程序。在数学模型建立之后，主观选择就被限制在选择离散化方案和提取程序上，只要现有的软件工具允许这些选择。

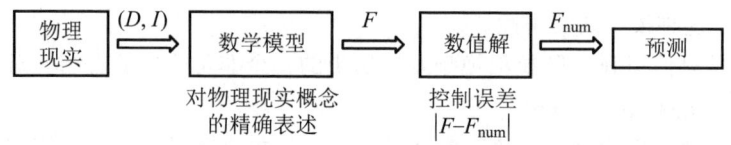

图 5.2 数值模拟的主要组成部分

必须承认存在两种不同的误差来源。一种是在构建数学模型时因假设产生的模型形式误差。另一种是用 F_{num} 近似 F 时产生的数值误差。

式（5.1）中的右箭头表示了与构成方程和失效起始模型相关的系数。这些系数必须使用实验数据进行校准。在校准过程中，假设数学模型是正确的，其系数被确定为与实验结果相匹配，或几乎相匹配。如果 $|F-F_{num}|$ 与实验误差相比不能忽略不计，那么系数以及预测就会受到数值误差的污染。

经过校准的模型也是在校准域和范围内经过验证的模型。在不属于校准域的环境中进行的验证实验可以阐明校准域范围的大小。如果我们能使校准域变得像我们希望的那样小，那么我们几乎可以验证任何模型。

注释 5.2 在继续进行之前，必须确定数值近似方案（离散化）满足一致性和稳定性的要求。这些要求可以通过本书所详述的方法来满足。关于一致性和稳定性的进一步信息，请参考文献 [5]。

注释 5.3 因为物理测试的结果是随机发生的，校准的参数也是随机数。当这些数字的统计离散性较小时，通常会忽略随机性，而报告平均值。例如，这是在说明弹性模量和泊松比时的通常做法。然而，结果可能有极高的分散性，如材料的疲劳测试。在这种情况下，数学模型中必须包括一个统计子模型，QoI 是结果的预期概率。这将在第 6 章介绍。

5.2.2 有限元建模

关于有限元方法的早期工作完全是由精通结构分析矩阵方法的工程师完成的。他们的计划是开发用于解决弹性问题和其他类似问题的计算机代码，与当时已经用于结构桁架和框架分析的计算机代码相媲美。他们希望这将使他们能够更准确地预测结构桁架和框架行为。他们将有限元方法视为结构分析的矩阵方法。

理想化的桁架是由无摩擦铰链连接的杆单元组成的。假设一个理想化的杆单元为一个线性弹簧，只受轴向拉力或压缩力的作用。给定横截面积 A、弹性模量 E 和长度 ℓ，轴向力 F 和相应的长度变化 δ 之间的关系为 $F = (AE/\ell)\delta$，其中括号内的项是杆的弹簧常数。图 5.3a 中描述了一个杆单元。杆单元的长度和方向由铰链的坐标决定，铰链也称为节点，如图 5.3a 的空心圆圈所示。

令 $\{F\} = \{F_x^{(1)} F_x^{(2)} F_y^{(1)} F_y^{(2)}\}^T$ 和 $\{u\} = \{u_x^{(1)} u_x^{(2)} u_y^{(1)} u_y^{(2)}\}^T$，则节点力分量和节点位移

分量之间的关系可写为:

$$\{F\}=[K]\{u\} \tag{5.7}$$

式中,$[K]$ 是一个奇异矩阵,称为单元刚度矩阵,见式 (5.9)。为桁架的每个节点写出力平衡方程,然后将节点位移计入方程,以确定整个桁架的节点力和节点位移之间的联系。最后,施加节点约束,并求解节点位移的线性方程系统,其系数矩阵是非正交的。

为了将结构分析的矩阵方法扩展到连续体问题,有必要建立与式 (5.7) 类似的关系。桁架单元的应力合力是作用在节点上的力。然而,这样的解释对于连续体问题并不存在。在连续体问题的背景下,术语节点力是指一个类似力的实体,其能量水平与单元的应变能量相当[113]。作为说明,对于图 5.3b 中看到的平面应力或平面应变三角形,有 $\{u\}^T\{F\} = \{u\}^T[K]\{u\}$,其中 $\{u\}$ 是 6×1 的节点位移矢量,$[K]$ 是一个半正定的 6×6 对称矩阵。单元的应变能量通过对应于形函数的应变与节点位移相关联。

目标是为各种应用制定单元刚度矩阵和载荷矢量。这种以单元为导向的方法对有限元计算机程序的开发以及工程界对有限元方法的直观理解产生了重大影响。这一观点是有限元建模技术的基础,有限元建模的主要组成部分如图 5.4 所示。

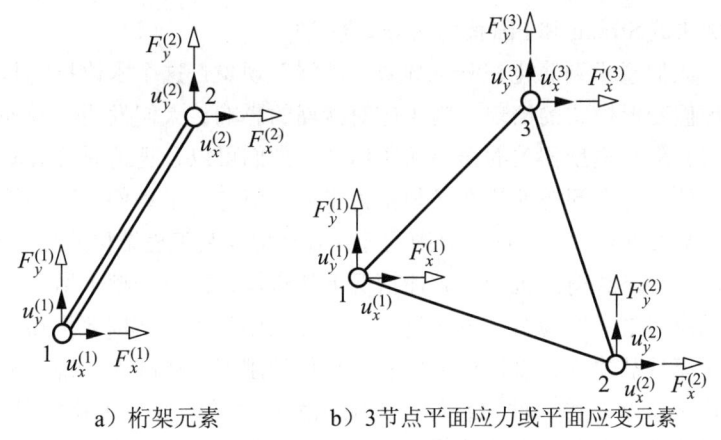

a) 桁架元素　　b) 3节点平面应力或平面应变元素

图 5.3　符号表示

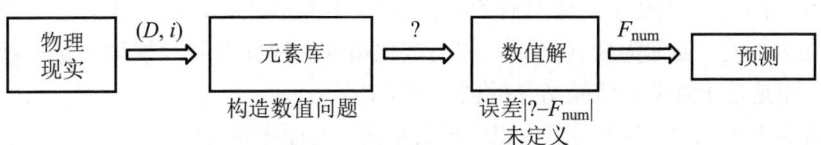

图 5.4　有限元建模的主要组成部分

当比较图 5.4 和图 5.2 时，有限元建模和数值模拟之间的区别应该变得清晰。在有限元建模中，进行了类似式（5.1）的转换。然而，在以数学模型的形式精确制定物理现实 I 时，直觉（i）被用来通过从有限元软件产品的单元库中组装单元来构建一个数值问题。

$$(D,i) \to F_{\text{num}} \qquad (5.8)$$

有限元建模的从业者默许将建立数学模型的责任交给了有限元软件程序的开发者。然而，如果不知道这些单元是如何创建和实现的，就不可能评估一个数值问题是否符合正确构建的数学模型，以及感兴趣量（F 值）是否被正确地描述。一般来说，用户不容易获得实施的具体细节。

单元库包括由技术理论确定的单元（例如，梁、板、平面应力、浅壳、实体等）、节点数、式中利用的变分原理和应用的积分规则（全积分或简化积分）。例如，用于解决热弹性问题的六面体单元可以被称为 20 个节点的三次方位移、线性温度、混合、线性压力、简化积分。

当用于计算刚度矩阵项的积分点少于所要求的最低数量时，就会出现简化积分的情况。关于这个问题已经有很多相关文章。一般假设是，低阶多项式的单元"太僵硬"，当使用简化积分时，它们变得不那么僵硬。文献 [114] 是一个例子。这是一个典型的有限元建模争论，其中单元属性的改变没有考虑到基本的变分原理。这种做法被 Strang 和 Fix 称为变分犯罪[89]。

后来，人们意识到简化积分会导致"沙漏"现象，这个术语指的是具有零应变能量的虚假变形模式的出现。为了应对沙漏的影响，人们发明了额外的数值方案。鉴于与有限元模型相关的误差无法估计，人们可以合理地质疑有限元模型是否有任何价值。这个问题的答案必须是肯定的，但有以下条件。区分结构和材料强度模型是至关重要的。目前，有限元建模是评估复杂工程结构的唯一可行方法，如承受静态和动态载荷的机身、碰撞情况下的车体，以及大型土木与海洋工程结构。有限元模型是在经验指导下通过直观的方法创建的。结构部件和结构部件组件的有限元模型被建立，以接近部件和子组件的刚度。像圆角、铆钉和螺栓这样的次要特征被忽略。将部件和组件的有限元表示法的刚度与实验数据进行比较，并调整有限元模型以适应实验结果。其目的是建立合理的结构部件之间的力分布估计。

有趣的是，有限元模型的有效应用是通过两大误差的近似抵消而变得可行的：概念误差（也称为变异犯罪）和离散化错误。建立有限元模型不是一项科学活动，而是基于直觉、经验指导的创造性工作。

练习 5.1 证明对于一个理想的桁架单元，其刚度矩阵为：

$$[\mathbf{K}] = \frac{AE}{\ell}\begin{bmatrix} \cos^2\alpha & -\cos^2\alpha & \sin\alpha\cos\alpha & -\sin\alpha\cos\alpha \\ -\cos^2\alpha & \cos^2\alpha & -\sin\alpha\cos\alpha & \sin\alpha\cos\alpha \\ \sin\alpha\cos\alpha & -\sin\alpha\cos\alpha & \sin^2\alpha & -\sin^2\alpha \\ -\sin\alpha\cos\alpha & \sin\alpha\cos\alpha & -\sin^2\alpha & \sin^2\alpha \end{bmatrix} \quad (5.9)$$

式中，ℓ 为桁架单元的长度，节点坐标用 (x_i, y_i) 表示，$i=1,2$，且

$$\sin\alpha = (y_2 - y_1)/\ell, \quad \cos\alpha = (x_2 - x_1)/\ell$$

练习 5.2　参考练习 5.1。证明不管节点位移如何，节点力都满足平衡方程。

$(a)\ F_x^{(1)} + F_x^{(2)} = 0, \quad (b)\ F_y^{(1)} + F_y^{(2)} = 0, \quad (c)\ F_y^{(2)}\cos\alpha - F_x^{(2)}\sin\alpha = 0$

5.2.3 校准与调校

数学模型需要进行校准，而有限元模型则需要进行调校。本节将讨论它们之间的区别。

1. 校准

在数值模拟中，为了校准目的，假设数学模型的函数形式是正确的。描述材料属性和边界条件的参数是通过比较实际数据和已知参数时的预期结果来估计的。一个简单的例子是通过对同一材料制成的弹性棒施加一个已知的力并测量产生的位移来确定材料的弹性模量。在已知棒的横截面积和长度的情况下，弹性模量可以很容易计算出来。在第 6 章中，将展示一个更具挑战性的校准问题示例。

校准的数据有一个有效区间。例如，对于弹性模量，该区间由零和相应的拉伸和压缩极限定义。校准域由指定系数的区间集合以及与数学模型中与假设相关的约束决定。

在大多数情况下，数学问题必须通过数值方法求解。在这种情况下，关键是要保证与实验错误和不确定性相比，计算出的相关量的误差小到可以忽略不计。

2. 调校

有限元模型中的调校是指修改有限元网格以反映实验结果的过程。因此，有限元模型是在调整参数的有限邻域内的插值器。

调校通常被用于研究大的结构系统，如事故情况下的汽车和飞机机身的结构分析。事实上，目前，有限元模型是对这种大型系统进行建模的唯一可行的方法。

由于验证是指评估数学模型的预测性能，同时保证离散化误差最小化，而在有限元建模中，模型的形式误差与离散化误差没有分开，所以有限元模型无法进

行验证。

虽然有可能使用有限元模型产生的数据很好地匹配某些可观测量,但在其他感兴趣量上却可能存在很大的误差。这将在 5.2.8 节得到证明。

5.2.4 模拟治理

有许多具有挑战性的工程问题需要不断研究、开发和完善数值模拟方法。例如,当新材料和材料系统产生时,定义、校准和测试新的构成法则和失效标准是很重要的。以航空航天工程领域为例,一个受到广泛关注的话题是建立纤维增强复合材料层压板的设计规则。这是一个非常有趣的话题。另一个关键方面是制定基于状态的维护规则。基于对高价值资产(如飞机)服务历史的了解,对其进行检查和维修的最佳周期是什么?如果发现某个主要结构件有损坏,应该采取什么措施?为回答这些问题和其他类似的问题,有必要根据数值模拟的概念和方法,制定用于预测裂纹形成和裂纹扩展率的结构和强度模型。

模拟治理是一种管理职能,涉及对数值模拟的所有领域进行指挥和控制。这是通过建立系统改进工程决策工具的过程来实现的。这包括(a)正确制定数学模型;(b)选择和采用现有的最佳数值模拟技术;(c)协调实验工作和数值模拟;(d)实验数据的记录和存档;(e)应用数据和解决方案验证程序;(f)根据从物理实验和现场观察中收集的新信息修改数学模型;以及(g)数学模型的标准化。

在制定模拟管理计划时,必须考虑到每个组织的目标,或组织内每个部门的任务。如果这个目标是应用预先存在的设计和认证规范,那么重点应该是解决方案的验证和标准化。为了实现制定设计规则或根据基于状态的维护做出选择的目的,需要将验证、确认和不确定性量化纳入计划。

5.2.5 数值模拟中的里程碑

为了明确区分有限元建模和数值模拟,以及帮助理解有限元建模在数值模拟建立之前是如何发展的,下面将对有限元方法发展中的一些最重要的里程碑进行简要回顾。这一回顾也将有助于理解为什么以及如何在数值模拟建立之前发展有限元建模。在图 5.5 中显示的有限元分析(FEA)的时间线上,这些重要的里程碑以编号箭头表示。

① 1956 年,第一篇关于有限元技术的工程论文发表[107]。第二年,苏联成功发射了第一颗卫星,即斯普特尼克号,这标志着太空竞赛的开始。这导致了工程和科学项目的大量支出,以支持美国太空计划。这些投资为学术机构和航空航天工业快速开发各种有限元计算机代码提供了资金。

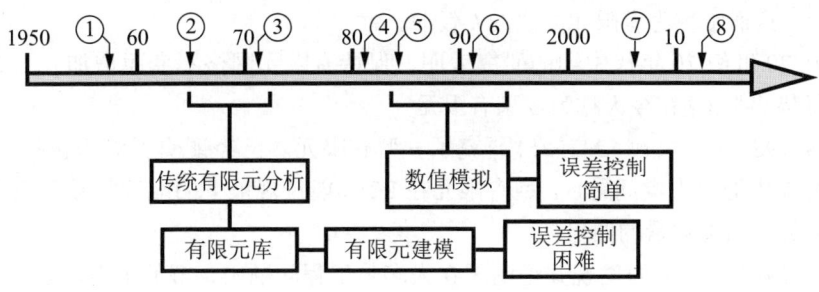

图 5.5　FEA 时间线

② 1965 年，美国宇航局发出了一份提案请求，这最终导致了 NASTRAN[56] 有限元软件的诞生。该软件的某些版本仍然在现代工程中使用。这一事件被认为是传统有限元代码开发的起点。如图 5.5 中的有限元时间线所示，在随后的 5～7 年里，传统有限元代码的基础设施得到了实质性的建设。20 世纪 60 年代已有的关于有限元方法的知识成为指导这种方法发展的指南针。这种基础设施所带来的限制使得传统有限元分析代码无法跟上有限元方法的发展步伐。

③ 大约在 1972 年，人们首次对有限元方法的数学基础进行了系统探索[12]。这是一个重要的里程碑，因为数学家对有限元方法的看法与工程师非常不同。工程师（一般来说）认为有限元方法是一种建模工具，允许从有限元软件产品库中选择各种单元进行组合。而数学家认为有限元方法是一种建模工具，允许他们通过用非常少的单元来解决复杂的问题。数学家认为，相关的数值问题的解决方案接近他们感兴趣物品在不同的负载条件下的物理反应，如机身、涡轮盘、压力容器等。

此外，数学家认为有限元是一种技术，可以用来获取数学问题的近似解，这些问题已经被很好地定义。例如，线性弹性方程建立了一个数学问题，在解域、材料特性、载荷和约束的特定情况下，只能有一个精确解，用符号 u_{EX} 表示。精确解的近似值由符号 u_{FE} 表示，它代表有限元解。

假设我们对某个量 $\Phi(u_{EX})$ 感兴趣。一个关键问题是 $\Phi(u_{FE})$ 与 $\Phi(u_{EX})$ 有多接近？依靠 $\Phi(u_{FE})$ 而不对我们感兴趣的量（QoI）的近似误差进行一些估计，常常会导致错误的结论。有限元模型通常不对应于一个定义明确的数学问题，因此不可能确定该误差是多少。在有限元建模实践中，$\Phi(u_{EX})$ 不是有限数的情况并不少见。在这种情况下，报告 $\Phi(u_{FE})$ 是一个严重的概念性错误。例如，见示例 4.8。

近似的准确性取决于单元的多项式次数和有限元网格。在有限元方法的早期实现中，单元的多项式次数（用符号 p 表示）被设置为一个较低值，通常是 $p=1$ 或 $p=2$，近似误差通过网格细化来控制，以减少网格中最大单元的尺寸，用符号

h 表示。这通常称为有限元方法的 h 版本。

在 20 世纪 70 年代中期的研究表明，保持有限元网格不变而增加 p，具有显著的优势[100]。这在今天称为 p 型有限元。

④ 1981 年，文献 [24, 25] 研究了 p 型有限元。已经证明了对于包括二维线性弹性在内的一大类问题，p 型有限元在 L2 和能量规范下的渐近收敛率至少是 h 型有限元自由度数量的两倍。

⑤ 1984 年，人们发现并证明了在大多数工程问题中，解的平滑性是这样的：当有限元网格被适当分级时，那么随着 p 的增加，有限元解会呈指数级收敛（以能量准则或 L2 准则）[14, 90]。在使用有限元技术时，网格和多项式次数都会对调节近似误差起着关键作用。h 型有限元和 p 型有限元是有限元的具体实例。h 型有限元和 p 型有限元之间的区别与方法本身的理论基础关系不大，而与方法的演变历史关系较大。最简单和最有效的方法是估计和管理感兴趣量的近似误差，这是由 p 型有限元实现的。从实际的角度来看，这是 p 型有限元最重要的优势。

⑥ 任何数学模型都可以视为一个更完整模型的特定实例。因此，任何数学模型都是某种层次序列中的组成部分。例如，一个塑性变形的模型可以被认为是基于线性弹性理论假设的模型的一个特定案例。在获得涉及线性弹性问题的答案后，人们就可以确定模型中的假设是否准确。如果它们不被满足，分析者就需要利用一个更全面的模型。20 世纪 80 年代末首次开始建立一个分层建模框架[101]。它能够实现从低级到高级模型层次的平稳过渡。从图 5.5 可以看出，到 20 世纪 90 年代中期，为分层模型创建概念演示的工作以及其配套的文档已经基本完成。

⑦ 2006 年，美国机械工程师学会（ASME）发布了第一份关于计算固体力学的验证和确认（V&V）指南。该指南是在计算固体力学领域发布的。主要观点是，每当工程决策根据数值模拟的结果做出选择时，就会有一种对可靠性的期望。如果没有这种期望，就不可能证明执行模拟项目所需的支出是合理的。如果模拟结果产生了误导性信息，那么这种做法就会产生负面的经济价值，并可能产生严重的影响。由于缺乏数值模拟的质量保证，已经导致了昂贵的维修、改造、项目延迟，以及重大的安全问题。这些情况已经被广泛记录下来。因此，有必要确保通过数值模拟得到高质量的结果。美国机械工程师协会（ASME）特别建议采取以下步骤进行质量控制：代码验证、估计有关数量的近似误差，以及通过比较预测结果和实验观察来验证数学模型。

⑧ 2012 年，文献 [92] 从机械和结构工程的角度提出了模拟治理的概念。在 2017 年 NAFEMS 世界大会上，模拟治理被评为数值模拟领域八大问题之首。

5.2.6 示例：吉尔克曼问题

为了探索在特定环境下有限元建模和数值模拟的区别，国际计算力学协会

（IACM）邀请读者使用任何可用的有限元分析软件来解决以下问题，即吉尔克曼（Girkmann）问题[39]。

一个厚度为 $h = 0.06\text{m}$，冠状半径 $R_c = 15.00\text{m}$ 的球壳在子午角 $\alpha = 2\pi/9(40°)$ 处与一个加固环相连。环的尺寸是：$a = 0.60\text{m}$，$b = 0.50\text{m}$。球壳中表面的半径为 $R_m = R_c/\sin\alpha$，符号如图 5.6 所示。z 轴是旋转对称轴。由钢筋混凝土制成的外壳被假定为均质、各向同性和线性弹性，弹性模量 $E = 20.59\text{GPa}$，泊松比 $\nu = 0$。

只考虑重力载荷。材料的等效（均质）单位重量为 $32.69\text{kN}/\text{m}^3$。假设均匀法向压力 P_{AB} 作用在加固环的底部 AB。P_{AB} 的合力等于结构的重量。假设加固环是无重量的。计算目标如下。

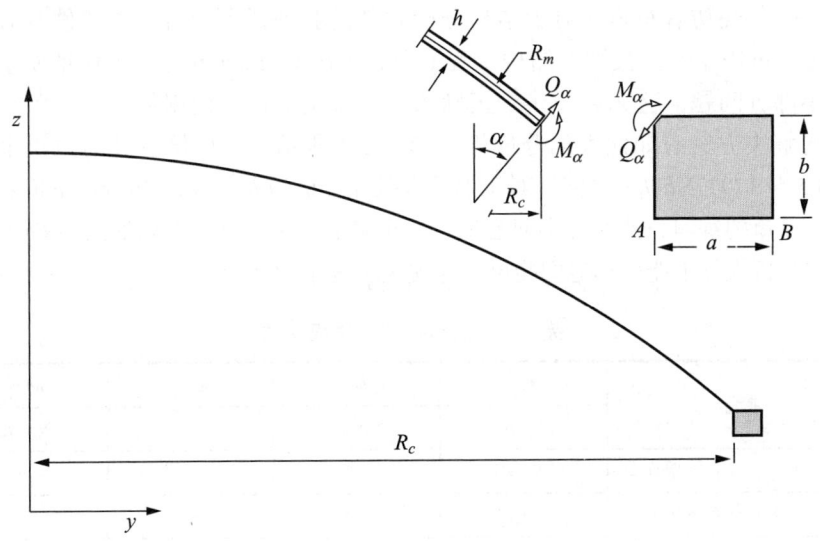

图 5.6 吉尔克曼问题

- 以 Nm/m 为单位求出切向力 Q_α，以 N/m 为单位求出作用在球壳和加固环交界处的弯矩 M_α。
- 确定壳内最大弯矩的位置（经角）和大小。
- 验证结果是否在 5% 的误差范围以内。

这个问题声明发表在 IACM Expressions 2008 年 1 月刊[76]上。这个问题声明与 Girkmann 以两种不同方式制定的原始问题声明不同。在文献 [39] 中，力的单位是 kg·N（长度单位是 cm），而在文献 [76] 中，采用了国际单位制（SI）单位。另外，文献 [39] 中计算的目的之一是找到环和壳之间每单位长度的径向力。而文献 [76] 的实验目的是要弄清楚环和壳之间每单位长度的剪切力。发表在 2009 年 1 月版的后续文章[77]对收到的答复进行了总结，文献 [99] 提供了关于该主题的进一步信息。

收到的解决方案中有 11 个是通过使用在传统有限元代码中实现的有限元建模方法获得的。这些遗留的有限元代码是商业有限元代码，其基础设施是为支持有限元建模而设计的。在依赖遗留代码的受访者中，只有两个人尝试验证了答案。然而，感兴趣的量要么根本没有收敛，要么似乎收敛到了错误的结论。表 5-1 提供了调查结果的全部内容。

一位受访者试图通过对四分之一的加固壳进行六次连续的均匀网格细化来证明壳 − 实体模型的 h 收敛性。在第六次细化中，总共使用了 1.2 亿个自由度。尽管与六次细化相对应的力矩序列仍未收敛，但它们看起来正朝着大约 −205Nm/m 的方向发展，而剪切力似乎已经收敛到 1140N/m 左右。

另一位受访者写道，对于结构分析软件的验证任务而言，该软件具有足够的质量，可用于安全关键的结构工程专业，解决 Girkmann 等只占保证质量所需的一小部分问题，这无可否认是正确的。这就是为什么使用传统的有限元代码得到的解决方案有如此大的分散性。如表 5-1 所示，壳环接触处的扭矩报告值在 −205～17977Nm/m 之间。对于熟悉有限元分析的人来说，Girkmann 问题应该是一个简单的练习，然而许多回答都是不正确的。不能合理准确地回答 Girkmann 问题的分析人员不能声称他们能可靠地解决更复杂的问题。

表 5-1 遗留代码：结果总结

单元	Q_a N/m	M_a Nm/m	φ_{max} °	M_{max} Nm/m
轴对称 4 节点实体单元	953.7	−10.57	—	—
轴对称 8 节点实体单元	953.7	−19.67	—	—
轴对称壳 − 实体单元	593.8	−140.12	—	—
轴对称壳 − 实体单元	—	−78.63	—	—
壳 − 实体单元	1140.0	−205.00	37.70	215.00
壳 − 实体单元	16660.0	17976.6	—	—
轴对称实体	963.2	−33.73	—	—
壳 − 实体单元	1015.7	86.30	—	231.09
轴对称实体	949.2	−36.62	—	—
壳 − 实体单元	951.3	−38.35	—	—
轴对称实体	989.1	−89.11	38.00	238.63

有几个受访者对处理壳环互动的适当方式不确定。其中一位受访者描述如下：不清楚如何协调这种差异，然而做错这一步可能会带来不准确的后果。在

使用有限元模型时，这是一个经常出现的情况，因为不同种类的单元需要连接在一起。

表 5-2 列出了通过使用各种数值模拟的代码可能取得的结果。这些算法能够进行后验误差估计，这是数值模拟中的一项基本技术要求。

为了从有限元解中计算壳环接触处的剪力和弯矩，可以使用提取函数[99]，即表 5-2 中的第二项。可以将这种方法与 1.4 节中涉及的 QoI 的间接计算进行比较。表 5-2 中的最后两项是基于 Girkmann 循环研究[66]结束后进行的工作。

Girkmann 得到的弯矩 M_a（也出现在文献 [104] 的译文中）与数值模拟代码得到的验证解相差近 3 倍，这一事实既是有趣的，也是令人惊讶的（见表 5-2 和表 5-3）。Pitkäranta 等人[78]进行研究以确定导致这一结果的因素。结果发现，Girkmann 的假设是造成这种差异的主要原因，即 Girkmann 假设分布式膜力的合力和分布式轴向反作用力的合力通过脚环的中心点。在表 5-3 中，M-B-RE 模型指的是对经典膜理论的一个特殊改编。这种特殊的改编使用弯曲理论来解释壳－环界面的边界层效应，并使用工程理论（最小能量模型）来模拟环。

表 5-2　数值模拟代码：结果总结

模型	Q_a	M_a	φ_{max}	M_{max}
	N/m	Nm/m	°	Nm/m
轴对称实体	934.5	−34.81	—	—
轴对称实体提取[99]	943.6	−36.81	38.15	255.10
轴对称实体	940.9	−36.63	38.20	254.92
M-B-RE	948.4	−37.31	38.20	254.50
轴对称实体	940.9	−36.80	38.15	254.80
轴对称实体 hp 型有限元[66]	943.7	−36.79	38.14	254.90
轴对称壳－环 h 型有限元[66]	942.4	−37.36	38.14	254.10

表 5-3　用经典的方法求解：结果总结

方法	Q_a	M_a
	N/m	Nm/m
Girkmann[39, 104]	1007.4	−110.5
Pitkäranta（M-B-RE 模型）[78]	944.9	−36.67

注释 5.4　尽管外壳被认为是均质和各向同性的，但问题描述表明它是由钢筋混凝土建造的。尽管这两个命题是相互排斥的，但这是工程实践中经常使用的一种理想化处理方式。在结构分析中，钢筋产生的不均匀性和各向异性被忽略了，

但是在强度分析中，它们被考虑到了。结构分析问题中的 QoI 包括应力合力、位移和自然频率。同质化模型能够很好地提供这种信息质量的近似值。

注释 5.5 在这个特殊示例中，我们并不关心这个数学问题是否是一个由钢筋混凝土制成并由脚环支撑的球形外壳的现实模型。给定感兴趣量，我们只关心这个数学问题的数值解与质量指数有关是正确的。

5.2.7 示例：紧固结构连接

在这个例子中，我们分析了图 5.7 所示的紧固结构连接（凸块），目的是确定每个紧固件施加在凸块上的剪切力和凸块在紧固件孔附近的最大拉应力。我们将评估各种建模假设对感兴趣量的影响。我们将考虑基于材料强度的模型，只需要简单的手工计算，以及基于有关紧固件孔的边界条件的两个假设的模型和有限元模型。

尺寸（mm）如下：$a = 75$，$b = 55$，$s_1 = 32.5$，$s_2 = 40$，$d_1 = 17.5$，$d_2 = 17.5$，$r_h = 3.2$，$r_1 = 25$，$r_2 = 12.5$，凸块的厚度为 $t = 6.4$（恒定）。凸块是由 2014-T6 铝制成的。弹性特性为 $E = 7.52 \times 10^4 \text{MPa}$，$v = 0.397$。设 $F = 12.0 \text{kN}$，$\alpha = 35°$。

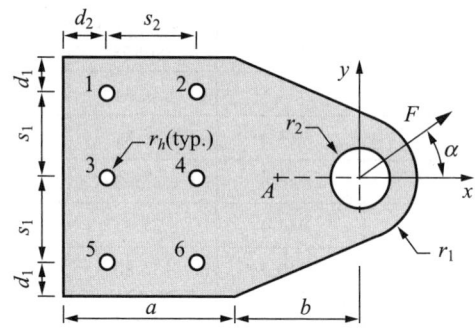

图 5.7 Lug 问题，符号表示

模型 1：材料强度

通过根据附录 J 中概述的模型进行手工计算，我们能够确定每个紧固件孔施加在板上的力的大小和方向。

在这个模型中，数学问题被简化了，假定凸块是一个完全刚性的物体，其位移和旋转由紧固件的弹性决定，这是用线性弹簧模拟的，从而简化了数学问题。我们通过利用式（J.14）和式（J.15）来确定紧固件力的组成部分，并确定其方向和大小（详情见附录 J）。这是在假设每个紧固件的弹簧率相同的情况下进行的。结果如表 5-4 所示。

表 5-4 用附录 J 中描述的方法估计的紧固件力

	紧固件					
	1	2	3	4	5	6
力（N）	1675.0	3409.5	1812.3	3479.1	4824.2	5665.0
角度（°）	27.6	−64.2	154.7	−118.1	170.8	−147.2

数据中的这些误差完全是建模过程中的一个假设造成的，即凸块是完全刚性的。当涉及紧固件中的力的大小和方向时，没有近似误差。这些误差完全是模型形式误差。

可以做一个建模假设，即紧固件之间有足够的距离，以至于最大应力不会受到相邻紧固件的显著影响，以估计两个紧固件之间的最大应力。因此，有可能找到一个替代问题，其中最大应力的计算是针对两个距离足够远的紧固件，并由均匀分布的牵引力加载，其结果是力彼此相等但方向相反。这种方法是工程师们使用简化模型来得出 QoI 初步估计的典型方法。

具体来说，考虑图 5.8 中所示的问题。这个问题涉及两个半径为 r_h 的紧固件孔，其中心位于距离 2ℓ 处。孔的周边受到正弦法向牵引力 T_n 的作用。

$$T_n = \begin{cases} (-2/(r_h t \pi))\cos\theta, & |\theta| \leq \pi/2 \\ 0, & |\theta| > \pi/2 \end{cases} \tag{5.10}$$

式中，t 是板的厚度。对称性边界条件在线段 AB、CD、DE 上被规定。线段 EF 和 FA 是无牵引力的。

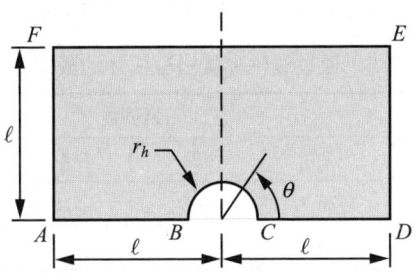

图 5.8 替代问题，符号表示

假设 $r_h = 3.2\text{mm}$，$t = 6.4$，可在 $\ell/r_h = 10 \sim 1000$ 的范围内求解问题，我们发现主应力的最大值收敛于 0.0197MPa。因此，在紧固件孔附近的最大法向应力的估计值是 0.0197MPa/N。因此，估计的最大应力是 $0.0197 \times 5665.0 = 111.6$MPa，出现在 6 号紧固件孔的周围。

第二个建模误差是由于引入替代问题而导致的。通过向紧固件孔提供正弦法向拉力，与表 5-4 中的轴承力静态相同，可以消除这种误差。T_n 的公式与式（5.10）中的相同；但是，它是从作为结果产生的力的作用线测量的。

在 6 号紧固件孔的外围，该区域最大的拉应力达到了 206.7MPa。将这个结果与替代问题的估计值（111.6MPa）进行比较后就会发现，最大局部应力值完全取决于在紧固件孔上运行的力，这一假设引入了一个重大的建模误差。

注释 5.6 替代问题与静电学中的偶极子问题类似，其中关注的是一对大小相同但符号相反的电荷，且相隔一定距离时所产生的静电势场。

模型 2：紧固件由线性弹簧建模

假设每个紧固件边界处的法向和剪切力分别用 T_n 和 T_t 表示，为

$$T_n = -k_n u_n, \quad T_t = 0 \tag{5.11}$$

式中，u_n 代表法向位移，k_n 代表弹簧刚度，是考虑紧固件杆支撑效应所必要的。弹簧系数代表紧固件杆的径向应力与位移比，在平面应变条件下，弹簧系数可使用以下公式确定。

$$k_n = \frac{2E}{d(1+\nu)(1-2\nu)} \tag{5.12}$$

式中，E 代表弹性模量，d 代表直径，ν 代表紧固件的泊松比。我们假设凸块和紧固件的材料特性是相同的。表 5-5 中列出了紧固件施加的力以及作用方向。

由于紧固件和凸块之间的相互作用是通过机械接触完成的，因此，在紧固件和凸块之间仅存在压迫力，期望这个模型能提供一个准确的紧固件力的近似值是不现实的。然而，它确实是解决接下来描述问题的重要第一步。

表 5-5　通过线性弹簧模型估计的紧固件力

	紧固件					
	1	2	3	4	5	6
力（N）	961.9	3426.5	884.8	3538.2	2363.2	8603.4
角度（°）	32.8	−39.0	139.0	−137.6	170.0	−153.4

模型 3：紧固件由非线性弹簧建模

该模型与模型 2 相同。然而，紧固件和凸块之间的接触是由弹簧表示的，只在压缩中起作用：

$$T_n = \begin{cases} -k_n u_n & \text{对于} u_n > 0 \\ 0 & \text{对于} u_n \le 0 \end{cases} \tag{5.13}$$

正因为如此，这个问题是非线性的，只能通过迭代求解。在迭代求解中，首先是求解模型 2。之后，需要不断取消拉伸弹簧的牵引力，直到达到指定的公差。为了找到这个问题的解决方案，公差 τ 被设定为 0.001。这表明迭代继续，直到满足条件：

$$\|a_k - a_{k-1}\|_2 \leq \tau \|a_k\|_2 \tag{5.14}$$

式中，$\|a_k\|_2$ 是第 k 次迭代时解向量的欧几里得范数。

需要进行五次迭代。表 5-6 列出了对紧固力进行计算的结果。凸块的最大应力出现在六号紧固件的外围，其值为 254.9MPa。这些结果似乎并没有受到应用于紧固件的弹簧刚度的影响。例如，我们发现，弹簧刚度减少 10%，最大主应力仅变化 0.1N（0.04%），最大紧固力变化 27N（0.4%）。

表 5-6 通过非线性弹簧模型估计的紧固件力

	紧固件					
	1	2	3	4	5	6
力（N）	1228.3	3557.0	1261.0	3593.5	3062.6	7471.1
角度（°）	33.1	−49.5	148.2	−132.3	169.3	−152.7

模型 4：三维接触问题

前面讨论的三个模型是为近似求解本节讨论的三维多体接触问题而设计的。在这个模型中，凸块和紧固件杆被视为三维弹性体。紧固件杆被理想化为半径为 r_h 和长度为 ℓ 的圆柱体，每个紧固件孔中心对称。$\ell = \pm t/2$ 处的边界条件为 $u_x = u_y = T_z = 0$，对于圆柱形表面，规定了下式所示的无摩擦接触条件：

$$T_n g = 0 \tag{5.15}$$

式中，T_n 代表法向牵引力，g 代表紧固件杆部和凸块之间存在的间隙函数。切向牵引力，用符号 T_t 表示，为零。可以推测，初始的间隙函数为零。反复调整 T_n 直到式（5.15）满足设定的公差范围，以求解接触问题。用 $(\Delta T_n)_k$ 表示 T_n 的第 k 次增量，停止准则为

$$\max_S (\Delta T_n)_k < \tau \max_S T_n \tag{5.16}$$

式中，S 是圆柱形表面，τ 是公差。例如，设所有紧固件的 $\ell = t$，$\tau = 0.01$，使用图 5.9a 所示的有限元网格，$p = 8$，我们可以得到表 5-7 中的结果。

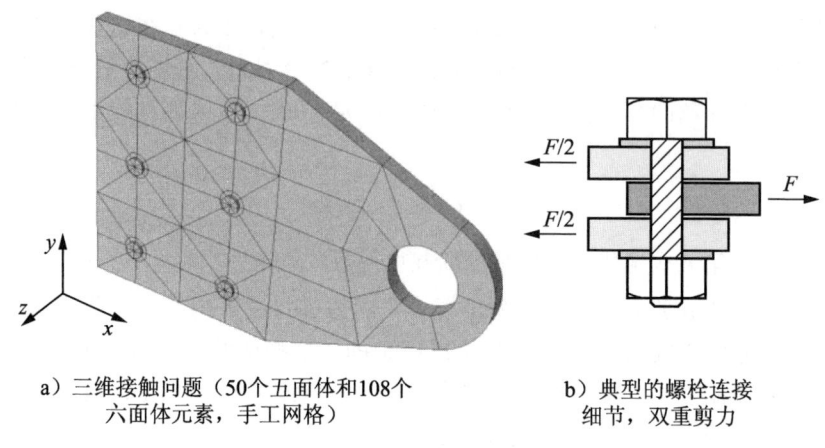

a）三维接触问题（50个五面体和108个六面体元素，手工网格）

b）典型的螺栓连接细节，双重剪力

图 5.9

表 5-7 中的紧固件力是通过数值积分获得的。平衡误差为 0.03%。经计算，6 号紧固件孔周围的凸块周边区域最大应力为 $(\sigma_1)_{max} = 287.4 \, \text{MPa}$。使用 p 扩展确定了所提供的报告结果的相对误差小于 1%。

表 5-7 由多体接触模型估计的紧固件力

	紧固件					
	1	2	3	4	5	6
力（N）	1102.8	3395.4	1348.6	3511.7	3117.7	7063.5
角度（°）	30.1	-49.4	156.0	-132.6	172.9	-153.0

注释 5.7 在模型 1 至模型 4 的公式中，假设紧固件和凸块之间以及凸块和连接凸块的板之间没有摩擦，如图 5.9b 所示。该假设用于剪切接头的设计。为了在验证实验中测试该模型的预测性能，必须对结构连接进行润滑。可以设计连接，使力通过连接板之间的摩擦传递，而不是通过紧固件中的剪切力传递。这种连接称为张力连接。

讨论

建立数学模型是为了模拟物理现实中的某些单元。本例目的是模仿结构连接功能，从允许应力设计的角度来看是安全的。在前面的内容中，我们主要讨论了如何定义四个不同的数学模型。在模型 1 的情况下，不需要任何形式的数值近似。在涉及模型 2、3 和 4 的情况下，数值近似的误差在 QoI 中小于 1%。因此，表 5-4～表 5-7 中显示的紧固力的变化，以及计算的最大法向应力的差异，是由建模假设的差异引起的。

当一个模型中简化假设的数量减少时，数值模拟提供的数据可信度就会上升。因此，模型 4 产生的结果比其他三个模型得到的结果更可信。值得注意的是，当简化假设的数量减少时，模型的复杂性就会增加。在开发任何数学模型时，需要考虑的一个基本问题是，使模型足够好地实现其预期目的所需的最小复杂度是什么？如果不调查建模假设对 QoI 的影响，就无法回答这个问题。例如，模型 3（与模型 4）估计的凸块最大应力为 254.9MPa（与 288.9MPa），相差 11%。如果这个差异是可以接受的，那么模型 3 足以满足其预期功能。如果不先纠正模型 4 的问题，我们就无法对此进行研究。

到目前为止，凸块模型一直被认为是一个确定性的问题，假设是完全匹配的。由于孔的大小与紧固件杆完全相同，因此紧固件杆和凸块之间没有间隙或干扰。实际上，匹配的质量存在相当大的不确定性。即使在实验室环境下，通过适当地铰孔来获得滑动匹配，也不能消除间隙的影响[57]。因此，必须考虑缝隙和干扰的影响。这可以通过改变式（5.13）中的边界条件来实现：

$$T_n = \begin{cases} -k_n(u_n + \delta_n) & \text{对于 } u_n + \delta_n > 0 \\ 0 & \text{对于 } u_n + \delta_n \leq 0 \end{cases} \quad (5.17)$$

式中，δ_n 是干涉或间隙，即 $\delta_n = (d_f - d_h)/2$，其中 d_f 是紧固件的直径，d_h 是孔的直径。δ_n 值的不确定性是预测紧固件力分布的主要不确定性来源，因此也是预测凸块中最大应力的主要不确定性来源。

示例 在这个例子中，我们假设 1 到 5 号紧固件是紧密配合的，也就是说，对于 $i = 1, 2, \cdots, 5$，$\delta_n^{(i)} = 0$，但是 6 号紧固件有 0.025mm 的间隙，即 $\delta_n^{(6)} = -0.025\text{mm}$。我们对紧固件力的分布和由非线性弹簧模型计算的最大主应力感兴趣。结果显示在表 5-8 中。比较表 5-8 和表 5-6，很明显，6 号紧固件处的间隙产生了显著的力的重新分配。紧固件周围的最高主应力是 189.2MPa。它发生在 6 号紧固件的周边。因此，最大应力发生了显著变化。

所关注的数值对 $\delta_n^{(i)}$ 所定义的拟合度相当敏感。可以通过蒙特卡洛模拟来模拟结构连接对载荷的反应。然而，其结果很容易受到关于 $\delta_n^{(i)}$ 的统计分布假设的影响，而这些假设很难验证。

表 5-8 示例：由非线性弹簧模型估计的紧固件力

	紧固件					
	1	2	3	4	5	6
力（N）	1560.1	4629.5	2099.2	5848.0	5784.9	2732.4
角度（°）	36.6	-54.6	150.7	-131.9	172.0	-146.0

5.2.8 有限元模型

在有限元建模实践中,忽略紧固件的直径并对位于每个紧固件中心的节点施加位移约束的情况并不少见。通过计算有限元解的节点力可以估计紧固件力。

这个问题的解不在能量空间内:如果网格逐渐细化,那么应变能以及最大位移将无限增加。通过对共享该顶点的所有单元中与受约束顶点对应的节点力分量求和来估算紧固件力。将表明这些紧固件力完全满足平衡方程,与有限元解无关。

在假定平面应力的情况下,比较表 5-6 和表 5-9 中的条目,可以看出紧固件力相差不大。这一结果是两个误差几乎相互抵消的结果。在二维和三维弹性中不允许有点约束,这是概念性的误差。另一个误差是因紧固件力的近似误差很大而造成的数值误差。可以合理地推测紧固件力将收敛为模型 1 计算的紧固件力,请参见表 5-4。表 5-9 列出了图 5.10 所示的六节点三角形的 2227 单元网格的紧固件力。

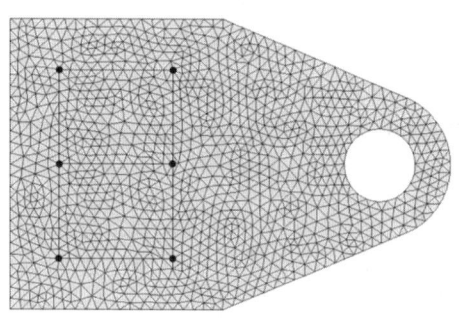

图 5.10 由 2227 个三角形组成的有限元网格(受约束的节点由粗点表示)

为了证明位移发散,我们计算了 25mm 直径孔(半径 r_2)的周长在施加力方向上的平均位移。平均位移定义为

$$d_{ave} = \frac{1}{2\pi} \int_0^{2\pi} (u_x \cos\alpha + u_y \sin\alpha) \mathrm{d}\theta \tag{5.18}$$

式中,α 是图 5.7 中所示的角度。

表 5-9 通过有限元建模估算的紧固件力

	紧固件					
	1	2	3	4	5	6
力(N)	1220.5	3190.9	1175.6	3304.9	3222.8	7760.6
角度(°)	29.7	-46.7	146.1	-130.0	171.7	-151.1

在图 5.10 所示的 2227 单元网格上，通过将单元的多项式次数从 1 均匀地增加到 8 来获得一系列解。在图 5.11 中的半对数图上绘制了 d_{ave} 的计算值与自由度的关系。观察到缓慢的（对数）发散。d_{ave} 的精确值为无穷大。在本例中，$p=2$ 对应的 d_{ave} 的计算值为 0.105mm，因此绝对误差为无穷大，相对误差为 100%。然而，由于位移发散非常缓慢，因此使用此有限元模型获得了可靠的结果：d_{ave} 的计算值介于模型 2 和模型 3 预测的 d_{ave} 之间（见图 5.11）。这是两个非常大的误差相互抵消的示例（概念错误和数值错误）。

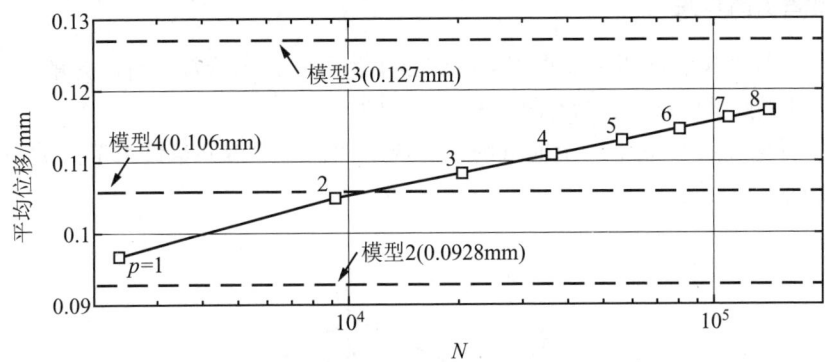

图 5.11 25mm 直径孔的周长在施加力方向上的平均位移与自由度的关系

注释 5.8 结构连接件的弹簧刚度是一种受关注的典型工程量。弹簧刚度的一种可能定义是 $k=F/d_{ave}$，其中 F 是图 5.7 中所示的施加力。弹簧刚度的另一个定义是 $k=F^2/(2U)$，其中 U 是应变能。随着自由度的增加 $d_{ave} \to \infty$ 和 $U \to \infty$。如果自由度逐渐增加，则在这两种定义下，有限元模型预测的弹簧刚度将收敛于零。

虽然通过有限元建模可以较好地估计结构连接的位移和弹簧刚度，但由有限元解计算得到的紧固件附近的最大应力估计值对离散化非常敏感，因此特定的离散化会导致概念误差和数值误差近似抵消的概率很低。

在图 5.10 所示的有限元网格的具体实例中，采用 3 节点和 6 节点平面应力三角形（$p=1$ 和 $p=2$），两种情况下计算得到的最大应力值均位于紧固件 6 处。然而，它们的差别很大，如表 5-10 所示。另一方面，如果我们对某点的应变读数感兴趣，例如位于 $x=-37.0$mm、$y=0$ 的点 A（见图 5.7），用 $(\epsilon_x)_A$ 表示，那么有限元模型的结果将合理地接近模型 4 的结果，并且如果单元的大小逐渐减小或多项式次数增加，结果将会收敛[20]。

表 5-10 表明，根据感兴趣量，在有限元建模中可能会或可能不会出现接近抵

消的概念误差和数值误差。

表 5-10 有限元建模和模型 3 中的感兴趣量

单元	N	$(\sigma_1)_{max}$	$(\epsilon_x)_A$
3 节点（$p=1$）	2356	184.0	$2.72E{-}4$
6 节点（$p=2$）	9178	468.6	$2.67E{-}4$
模型 3		254.7	$2.87E{-}4$

节点力的平衡

在本节中我们证明了节点力恰好满足平衡方程，不依赖于有限元解。因此，节点力的平衡不应被解释为有限元解是精确的。

我们参考图 5.10 中所示的点约束凸块示例，并考虑共享约束节点的一组单元，如图 5.12 所示。

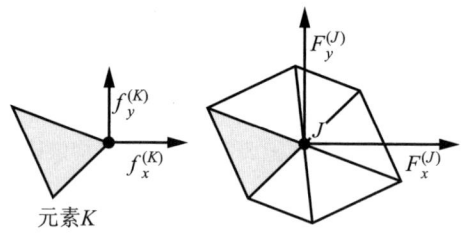

图 5.12 节点力，符号表示

受约束节点集用 $\mathcal{N}$ 表示。共享节点 $J \in \mathcal{N}$ 的单元编号集用 $\mathcal{I}_J$ 表示。大写索引指的是全局编号，小写索引指的是局部编号。分配给单元 K 的多项式次数用 p_K 表示。不失一般性，我们假设顶点的局部编号使得顶点 1 与受约束节点重合。映射函数的逆表示为

$$\xi = Q_\xi^{(K)}(x,y), \eta = Q_\eta^{(K)}(x,y)$$

并在单元 $K \in \mathcal{I}_J$ 上定义：

$$V_x^{(K)}(x,y) = \{N_1(Q_\xi^{(K)}, Q_\eta^{(K)}) 0\}^T, \quad V_y^{(K)}(x,y) = \{0\ N_1(Q_\xi^{(K)}, Q_\eta^{(K)})\}^T$$

式中，$N_1(\xi,\eta)$ 是与顶点 1 关联的形函数。根据定义，节点力分量 $f_x^{(K)}$ 为：

$$f_x^{(K)} = \sum_{j=1}^{2n_K} k_{ij}^{(K)} a_j^{(K)} = B(u_{FE}^{(K)}, V_x^{(K)}), \quad K \in \mathcal{I}_J \qquad (5.19)$$

式中，$k_{ij}^{(K)}$ 是有限元 K 的刚度矩阵的一个单元，$a_j^{(K)}$ 是局部编号约定中的形函

数 j 的系数，$n_K = (p_K+1)(p_K+2)/2$ 是形函数的数量。

根据定义，节点分力 $F_x^{(J)}$ 为：

$$F_x^{(J)} = \sum_{k \in \mathcal{I}_J} f_x^{(K)} = B(\boldsymbol{u}_{FE}^{(K)}, \boldsymbol{v}_x^{(J)}) \tag{5.20}$$

式中，$\boldsymbol{v}_x^{(J)}$ 定义为：

$$\boldsymbol{v}_x^{(J)} = \sum_{K \in \mathcal{I}_J} \boldsymbol{V}_x^{(K)} \tag{5.21}$$

式（5.21）是 $F_x^{(J)}$ 的提取函数，也是一个位于有限元空间中的函数，除编号为 $K \in \mathcal{I}_J$ 的单元外，在所有单元上都为零。假设 $\boldsymbol{w}_x = \{1\ 0\}^T$，有：

$$B\left(\boldsymbol{u}_{FE}, \boldsymbol{w}_x - \sum_{J \in \mathcal{N}} \boldsymbol{v}_x^{(J)}\right) = r_2 t \int_0^{2\pi} T_x(\theta) d\theta = F\cos\alpha \tag{5.22}$$

由于 $\boldsymbol{w}_x$ 是刚体位移，有 $B(\boldsymbol{u}_{FE}, \boldsymbol{w}_x) = 0$，使用式（5.20）可得到平衡方程：

$$-\sum_{J \in \mathcal{N}} F_x^{(J)} = F\cos\alpha \tag{5.23}$$

类似假设 $\boldsymbol{w}_y = \{0\ 1\}^T$，可得到：

$$F_y^{(J)} = \sum_{k \in \mathcal{I}_J} f_y^{(K)} = B(\boldsymbol{u}_{FE}^{(K)}, \boldsymbol{v}_y^{(J)}) \tag{5.24}$$

因此有：

$$-\sum_{J \in \mathcal{N}} F_y^{(J)} = F\sin\alpha \tag{5.25}$$

为了表明节点力分量满足力矩平衡，定义刚体旋转矢量 $\boldsymbol{w}_{\text{rot}} = \{-y\ x\}^T$ 并表示为：

$$B\left(\boldsymbol{u}_{FE}, \boldsymbol{w}_{\text{rot}} - \sum_{J \in \mathcal{N}} (-y_J \boldsymbol{v}_x^{(J)} + x_J \boldsymbol{v}_y^{(J)})\right) = r_2 t \int_0^{2\pi} (-yT_x + xT_y) d\theta \tag{5.26}$$

式中，x_J、y_J 是第 J 个节点的坐标。由于 $\boldsymbol{w}_{\text{rot}}$ 是刚体旋转，有 $B(\boldsymbol{u}_{FE}, \boldsymbol{w}_{\text{rot}}) = 0$。使用式（5.20）和式（5.24），得到：

$$-\sum_{J \in \mathcal{N}} (-y_J F_x^{(J)} + x_J F_y^{(J)}) = r_2 t \int_0^{2\pi} (-yT_x + xT_y) d\theta \tag{5.27}$$

式（5.27）是节点力和施加的牵引力的力矩平衡方程。

注释 5.9 虽然节点力取决于有限元解，但满足三个平衡方程式（5.23）、式（5.25）和式（5.27）并不依赖于有限元解。因此，节点力满足平衡方程并不能表明有限元解的质量。

注释 5.10 可以证明，作用在任意单元子集上的节点力满足平衡方程。据此，在工程实践中可以隔离零件结构进行详细分析。孤立的部分被可视化为受节点力作用的自由体。

讨论

点约束凸块问题没有精确解，但是基于不存在解的有限元近似对某些数据的预测可能接近物理实验中观察到的结果。原因之一是可观察量，例如任何点的位移、应变计测量得的应变等，将给出与有限元模型预测的读数相当接近的读数。

第二个原因是，在某些感兴趣的量中，会出现两个大误差的抵消。以图 5.11 中 25mm 直径孔的平均位移为例，此 QoI 无法验证，因为它的确切值为无穷大。然而，无论是通过 h 扩展还是 p 扩展，随着自由度的增加，发散趋势十分缓慢且不易察觉。在 QoI 的有限元建模实践中很少进行验证，观察到的位移可能接近有限元模型预测的位移。这似乎支持了有限元模型通过了验证测试这一（错误的）结论。这样的结论将是错误的，因为验证是指测试一个已正确制定的数学模型的预测性能。这只有在首先证明 QoI 的数值近似误差较小的情况下才有可能。如果精确解对应的 QoI 不为有限值，则说明模型建立不当，因此无法验证。

由于在有限元模型中省略了紧固件孔，因此该模型不能用于估计紧固件孔附近凸块处的最大拉应力。根据这里考虑的问题陈述，这是一个 QoI。

练习 5.3 只考虑二维弹性情况下，解释为什么 $B(\boldsymbol{u}_{FE}, \boldsymbol{w}_{rot}) = 0$，其中 $\boldsymbol{w}_{rot} = \{-y \; x\}^{\mathrm{T}}$。

练习 5.4 写出三维弹性力学中表示绕 x、y、z 轴的无穷小刚体旋转的三个位移向量。

5.2.9　示例：具有位移边界条件的螺旋弹簧

图 5.13 所示的螺旋弹簧的中心线由下式给出：

$$x = r_c \cos\theta \quad -\pi < \theta < 11\pi$$
$$y = r_c \sin\theta \quad -\pi < \theta < 11\pi$$
$$z = \begin{cases} 0 & -\pi < \theta \leq 0 \\ \theta d/(2\pi) & 0 < \theta \leq 10\pi \\ 5d & 10\pi < \theta < 11\pi \end{cases}$$

式中，$r_c = 50.0$ 是线圈半径，$d = 25.0$ mm 是螺距。求解域为垂直于中心线的任意截面为半径 $r_w = 5.0$ mm（导线半径）的圆形。然而，导线在端部被切害面 $z = 0$ 和 $z = 5d$ 截断。

弹簧材质为 AISI 5160 合金钢，弹性模量为 200GPa，泊松比为 0.285，屈服强度为 285MPa。假设轴向位移 u_z 在 $z=0$ 处为零，在 $z = 5d$ 处为 $u_z = \Delta$，$\Delta < 0$。

目标是确定 $\Delta = 0$ 和 $\Delta = -25$mm 时以 N/mm 为单位的弹簧刚度，并验证报告值的近似误差不大于 3%。

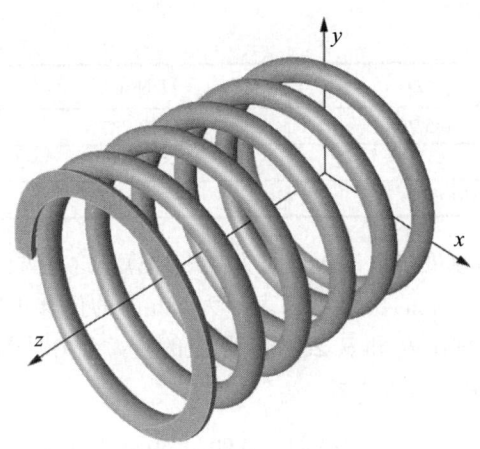

图 5.13 螺旋弹簧

该解分为两步：首先，描述了线性模型的解。通过线性模型，我们理解了一个线性弹性问题：应力－应变关系遵循胡克定律，位移足够小，因此可以参考未变形的配置来编写平衡方程。其次，我们求解几何非线性模型。在此表述中，假设 Cauchy 应力和 Almansi 应变张量之间存在线性关系。有关详细信息，请参阅 9.2.1 节。在这个表述中，平衡在变形构型中得到满足，并考虑了应力刚化（或应力软化）的影响。求解线性问题是解决非线性问题的必要第一步。

1. 线性模型的解

我们计算施加在弹簧上的任意固定位移 Δ 的应变能 $U(\Delta)$，并使用 $U = k\Delta^2/2$ 来确定弹簧刚度 k。使用自动生成的 9691 个四面体等参（10 节点）单元网格，并令多项式次数 p 从 2~5 变化（同时保持映射函数不变），我们得到了如表 5-11 所示的结果，其中 p 是多项式次数，N 是自由度的数量，百分误差通过使用 1.5.3 节描述的方法进行外推估计。

使用 U 的外推值，可得到 $k = 2U/\Delta^2 = 20.83\,\text{N/mm}$。

k 的估计相对误差小于 0.05%。注意，这个误差并没有考虑到曲面被分段二次多项式近似的情况。但是，考虑到 10 节点四面体（见图 5.14）的数量较多，曲面表示中的近似误差可以忽略不计。

表 5-11 线性模型，应变能的计算值（$\Delta = -25\,\text{mm}$）

p	N	U /Nmm	误差（%）
2	58,67	6558.910	0.78
3	173,989	6515.587	0.12

（续）

p	N	U/Nmm	误差（%）
4	385,200	6512.737	0.07
5	721,473	6511.252	0.05
估计极限值		6507.872	—

更一般地，弹簧刚度可以通过能量方法来计算。这些方法是超收敛的。假设在 $z=5d$ 处施加在边界上的位移可以表示为 z 方向的位移（Δ）和绕 x 轴和 y 轴旋转的线性组合（分别用 θ_x 和 θ_y 表示）。相应的应力合力是轴向力 F_z 和力矩 M_x、M_y。由能量方法确定它们的关系，为：

$$\begin{Bmatrix} F_z \\ M_x \\ M_y \end{Bmatrix} = \begin{bmatrix} 20.83 & 0.00 & 69.40 \\ 0.00 & 58073 & 0.00 \\ 69.40 & 0.00 & 58928 \end{bmatrix} \begin{Bmatrix} \Delta_z \\ \theta_x \\ \theta_y \end{Bmatrix}$$

式中，数值数据的单位为 N/mm、N 或 Nmm，以确保量纲一致性。可以看出，对于载荷情况 $\Delta=-25$mm、$\theta_x=\theta_y=0$，我们有 $F_z=-520.8$N、$M_x=0$ 和 $M_y=-1735$Nmm。由于端部条件，轴向力的作用线与 z 轴不重合，而是通过点 (x_0,y_0)，其中 $x_0=-69.40/20.83=-3.3$mm，$y_0=0$。

另一种估算弹簧刚度的方法是对平面上 $z=0$ 或 $z=5d$ 处的法向应力进行积分来计算 F_z 并将 F_z 除以 Δ。然而，这种方法收敛得非常慢，因为在平面的边缘处，应力场受到奇点的扰动。更好的方法是用垂直于其中心线的平面在任意 θ 值处将弹簧"截断"，并通过数值积分计算作用在该平面上的应力分量的合力。

例如，在弹簧的中点（$\theta=5\pi$）处切割，我们定义一个局部坐标轴，使 x'、y' 和 z' 轴分别与中心线的切线、法线和副法线对齐，如图 5.14 所示。该切口（以及任何远离端部的切口）处的解具有足够的平滑性，可以通过数值积分准确确定应力合力。

多项式次数从 2~5 的应力合力的计算值如表 5-12 所示。结果表明，主要的应力合力是剪力 $F_{z'}$ 和扭力矩 $M_{x'}$。

估计极限值（对应于 $p\to\infty$）是通过超收敛提取程序计算的应力合力。估计极限值和数值计算值之间的微小差异表明，$p=5$ 时的数值计算值足够准确，并且近似误差远低于指定的 3% 公差。接下来将讨论解释非线性问题结果所需的此类证据的发展。对于非线性问题，结果必须通过积分计算。

将表 5-12 中的力矢量转换为全局坐标系后，我们得到 $F_x=F_y=0$，$F_z=-520.7$N，其中 $k\approx 20.83$ N/mm。两种不同方法计算出的感兴趣量具有相同的四位有效数字。

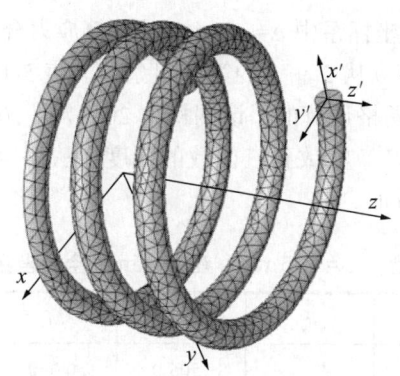

图 5.14　$0<\theta<5\pi$ 区间内的解域和有限元网格

表 5-12　线性模型，计算局部坐标系下 $\theta=5\pi$ 的应力合力

p	N	$F_{x'}$	$F_{y'}$	$F_{z'}$	$M_{x'}$	$M_{y'}$	$M_{z'}$
2	58,785	53.1	34.9	−510.7	−24002.0	253.0	1847.6
3	174,046	−43.5	1.0	−521.7	−24220.8	18.8	1919.7
4	385,332	−40.3	1.7	−519.64	−24217.8	10.9	1923.3
5	721,728	−41.9	0.8	−520.0	−24221.2	11.7	1928.7
估计极限值		−41.3	0	−519.1	−24228.4	0	1928.0

2. 非线性模型的解

在线性模型中，平衡方程指的是未变形的结构。对于这种弹簧，变形后的结构可能与原始结构不同，以至于两种结构之间的差异无法忽略。

由于一开始不知道变形结构，因此从线性模型开始。通过将线性位移矢量添加到对应于原始结构的位置矢量上来更新每个单元的映射，并考虑应变张量的非线性部分。重复这些步骤，直到满足停止准则。停止准则基于表观势能 Π_i 值的变化，Π_i 定义为：

$$\Pi_i = \frac{1}{2} \boldsymbol{x}_i^\mathrm{T} [\boldsymbol{K}_i] \boldsymbol{x}_i - \boldsymbol{x}_i^\mathrm{T} \boldsymbol{r}_i$$

式中，索引 i 指的是第 i 次迭代，$\boldsymbol{x}_i$ 是解向量，$[\boldsymbol{K}_i]$ 是刚度矩阵，$\boldsymbol{r}_i$ 是载荷矢量。Π_i 的归一化变化用 τ 表示，并定义为：

$$\tau = \sqrt{|\Pi_i - \Pi_{i-1}|/|\Pi_i|} \tag{5.28}$$

式（5.28）小于指定值 τ_{stop} 时，迭代停止。在此例中，$\tau_{\mathrm{stop}} = 0.005$。

表 5-13 列出了全局坐标系中 Δ=−25mm 的计算应力合力。使用与线性解相同的 9695 个单元网格计算 p 从 2～5 的第一组条目。表 5-13 中的最后一项以斜体显示，是使用更精细的网格计算的，该网格由 20907 个 10 节点四面体单元组成。可以看出，感兴趣量（F_z）收敛到三位数的精度，从而得出弹簧刚度的估计值：$k = 20.8$，当 Δ = −25mm 时。

表 5-13 非线性模型，Δ = −25mm，在 θ = 5π 的全局坐标系中计算应力合力

p	N	F_x	F_y	F_z	M_x	M_y	M_z
2	58,785	33.4	−91.5	−505.0	5070.0	502.0	4488.0
3	174,046	1.1	2.0	−521.5	178.9	−1719.1	−108.0
4	385,332	1.7	−1.0	−519.3	325.7	−1578.8	48.3
5	721,728	0.8	0.5	−519.8	253.6	−1646.0	−21.3
5	*1,521,598*	*0.1*	*−0.1*	*−520.4*	*276.0*	*−1674.4*	*4.1*

由于我们只考虑了几何非线性，因此有必要确定材料在 −25 < Δ < 0 范围内保持弹性。在计算最大冯·米塞斯应力时，其估计值为 278.8MPa，低于拐点 285MPa。

在估计最大冯·米塞斯应力时，排除了 $z = 0$ 和 $z = 5d$ 处的边界。这是因为理想化的边界条件会在弯曲的边缘引起奇点。在物理实验中，位移必须通过机械接触施加，因此边界上的位移不会完全恒定。这些奇点是建模假设的产物。解决接触问题会引入其他类型的局部扰动。

3. 讨论

施加恒定法向位移是位移边界条件的许多可能理想化之一。这种边界条件称为"硬"边界条件。"软"位移边界条件是将法向位移的积分设置为固定值：

$$\int_{\partial\Omega^+} u_z \mathrm{d}x\mathrm{d}y = \Delta, \quad \int_{\partial\Omega^-} u_z \mathrm{d}x\mathrm{d}y = 0$$

以及将绕 x 和 y 轴的旋转积分设置为零：

$$\int_{\partial\Omega^+} x u_z \mathrm{d}x\mathrm{d}y = \int_{\partial\Omega^-} x u_z \mathrm{d}x\mathrm{d}y = \int_{\partial\Omega^+} y u_z \mathrm{d}x\mathrm{d}y = \int_{\partial\Omega^-} y u_z \mathrm{d}x\mathrm{d}y = 0$$

式中，$\partial\Omega^+$ 和 $\partial\Omega^-$ 分别指 $z = 5d$ 和 $z = 0$ 处的平面。在硬边界条件和软边界条件之间是"半软"边界条件，对应于位移 $u_z (n = 2,3,\cdots)$ 的第 n 个力矩被设置为零。

边界条件的选择是一个建模决策。评估感兴趣量对边界条件选择的灵敏度是制定数学模型的任务之一。

5.2.10 示例：螺旋弹簧段

在本节中，我们分析 5.2.9 节中描述的一段螺旋弹簧，假设弹簧被沿 z 轴作用的两个大小相等但方向相反的力压缩。目标是估计弹簧刚度和冯·米塞斯应力的分布。

在图 K.4（附录 K）中显示了弹簧段 $0<\theta<\pi/3$ 与本例中使用的 18 单元网格。在 K.6 节中，对图 K.4 中所示局部坐标中在 A 和 B 部分上施加静态等效力和力矩进行了描述。与杆件技术式相对应的牵引力分布在 K.6 节和示例 K.4 中进行了描述。这些牵引力满足平衡方程，因此只需应用刚体约束。

1. 解

对应于轴向力 $F=1.0\,\mathrm{N}$ 的 60° 螺旋弹簧段上的冯·米塞斯应力（MPa）等值线如图 5.15 所示。正如图 K.4 中所显示的，通过技术式施加牵引力会导致解的局部扰动，这些扰动会根据圣维南原理衰减。如图 5.15 所示。

为了最小化由解的局部扰动引起的误差，我们根据图 5.15 中标记为 B 的 6 个单元的应变能来估计线圈的应变能，这些单元覆盖了 20° 的部分线圈。结果如表 5-14 所示。

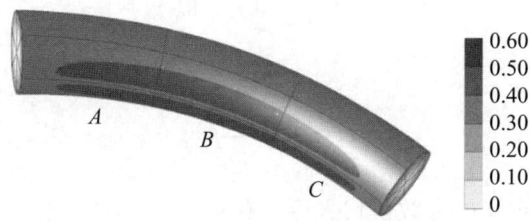

图 5.15 对应于轴向力 $F=1.0\,\mathrm{N}$ 的 60° 螺旋弹簧段上的冯·米塞斯应力（MPa）等值线

表 5-14 线圈段的线性模型，20° 的部分线圈应变能的计算值（$F=1.0\,\mathrm{N}$）

p	N	U/Nmm	% 误差
5	1152	2.945385E−4	0.00
6	1674	2.945397E−4	0.00
7	2340	2.945407E−4	0.00
8	3168	2.945410E−4	0.00
∞	∞	2.945412E−4	—

将 5.2.9 节中计算的弹簧刚度与当前模型预测的弹簧刚度进行比较。在这种

情况下，使用 $k = F^2/(2U)$，其中 $F = 1.0\,\text{N}$ 和 $U = 5 \times 18 \times 2.945412E - 4\,\text{Nmm}$，得到 $k = 18.86\,\text{N/mm}$。弹簧刚度的差异为 9.45%。由于在两种情况下计算的应变能中的数值误差都可以忽略不计，因此差异是由建模假设的差异引起的。

基于 Wahl[109] 的工作，该问题的经典解决方案可以在工程手册中找到，例如文献 [111]。使用 5.2.9 节中介绍的符号，具有 n 个有效匝数的螺旋弹簧的位移估计为：

$$\Delta_W = \frac{4Fr_c^3 n}{Gr_w^4}\left(1 - \frac{3}{16}\left(\frac{r_w}{r_c}\right)^2 + \frac{3+\nu}{2(1+\nu)}\left(\frac{d}{2\pi r_c}\right)^2\right) \quad (5.29)$$

式中，F 是轴向力，G 是刚性模量。将 5.2.9 节中定义的参数值代入后，可得估计的弹簧刚度为 $k_W = 19.33\,\text{N/mm}$。

经典式预测的弹簧刚度大于求解弹性三维问题所预测的弹簧刚度。这是意料之中的，因为经典式所依据的曲杆模型对变形模式施加了限制，即空间 $E(\Omega)$。因此，杆模型的势能最小值必须大于三维弹性模型的势能最小值。因此，杆模型低估了三维模型的应变能，从而高估了弹簧刚度，在本例中高估了 2.5%。

最大剪应力的估计值由下式[111]给出：

$$\tau_{\max} = \tau_{\text{nom}}\left(1 + \frac{5}{4}\frac{r_w}{r_c} + \frac{7}{8}\left(\frac{r_w}{r_c}\right)^2\right) \quad (5.30)$$

式中，

$$\tau_{\text{nom}} \equiv \frac{2Fr_c}{\pi r_w^3} \quad (5.31)$$

将 5.2.9 节中定义的参数值代入后，有 $\tau_{\max}/\tau_{\text{nom}} = 1.134$。三维有限元解收敛为 $\tau_{\max}/\tau_{\text{nom}} = 1.164$，相差 2.6%。可知经典式对弹簧刚度和最大剪应力给出了非常合理的估计。

2. 讨论

本节描述的公式具有将其转化成"智能应用"的优势。智能应用也称为智能应用程序，是专家设计的、用户友好的软件产品，允许用户在参数空间内探索设计选项，而无须是经过培训的分析师。本节中描述的公式将允许用户在给定弹簧参数和材料弹性特性的情况下估算弹簧常数，而无须考虑施加在弹簧末端的约束效应。

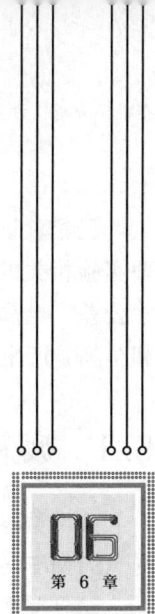

第 6 章

校准、验证和排序

本章重点阐述机械工程中经典问题的数学模型的制定、校准、验证和排序，即预测在高循环疲劳（$>10^4$ 次循环）下承受交变载荷的金属机械部件和结构元件的疲劳失效。这里考虑的数学模型包括三个子模型：线性弹性问题、弹性应力场上定义的疲劳失效预测器和统计模型。

在对试样（可以是无缺口的或有缺口的）进行的疲劳试验中，会对材料施加特殊的应力场。旋转圆棒的轴向拉伸或拉伸压缩试验或弯曲试验是最常见的疲劳试验类型。将这些特殊应力场推广到任意应力场有多种方法。疲劳寿命的预测是为此目的而制定的。预测因素的制定是基于直觉和经验的。并且已经提出了各种预测因素。本章讨论了如何以及为什么从众多竞争预测器中选择某一预测器的问题。

以下讨论的重点是预测器的校准和验证。这涉及数据分析程序的使用。对于不熟悉这些程序的读者，附录 I 中提供了简要概述。附录 I 中还提供了本章中使用的实验数据的描述以及从无缺口试样疲劳试验中收集的数据的统计特征。

已经验证了所有数值计算的感兴趣量（QoI），以确保 QoI 中的数值误差与物理实验相关的不确定性（例如负载条件中的不确定性）相比是可忽略的。例如尺寸公差、金属成形操作（如轧制、拉拔和锻造）和机械加工操作（如铣削、镗孔和车削）产生的残余应力。

6.1 疲劳数据

疲劳数据是从光滑试样和缺口试样在力或位移控制试验中收集的。疲劳试验受 ASTM E466 和 ASTM E606[7-8] 等标准的约束。

试样受到一个应力场的作用，其振幅是一个周期函数。应力分量的比率是固定的。设 σ_{max}（或 σ_{min}）是最大（或最小）主应力。比率 $R = \sigma_{min}/\sigma_{max}$ 称为循环比。应力振幅表示为 σ_a。根据定义：

$$\sigma_a = \frac{\sigma_{max} - \sigma_{min}}{2} \equiv \sigma_{max}\frac{1-R}{2} \tag{6.1}$$

平均应力表示为 σ_m。根据定义：

$$\sigma_m = \frac{\sigma_{max} + \sigma_{min}}{2} \equiv \sigma_{max}\frac{1+R}{2} \tag{6.2}$$

在正弦加载下，试样中的应力场为

$$\sigma_{ij}(\boldsymbol{x},t) = \sigma_{max}(\boldsymbol{x}_0)\left(\frac{1+R}{2} + \frac{1-R}{2}\sin(2\pi ft)\right)\Sigma_{ij}(\boldsymbol{x}) \tag{6.3}$$

式中，$\boldsymbol{x}$ 是位置矢量，$\sigma_{max}(\boldsymbol{x}_0)$ 是点 $\boldsymbol{x}_0$ 中参考应力的最大值，t 是时间（s），f 是频率（Hz），$\Sigma_{ij}(\boldsymbol{x})$ 是一个无量纲对称矩阵，其元素是应力分量与 $\sigma_{max}(\boldsymbol{x}_0)$ 的比率。例如，在应力为单轴且在试验段内基本恒定的试样中，$\Sigma_{ij}(\boldsymbol{x})$ 的元素为零，$\Sigma_{11}(\boldsymbol{x}) = 1$ 除外。此类试样如图 6.1 所示。在文献 [40] 中报告的实验中使用了这种类型的样本。

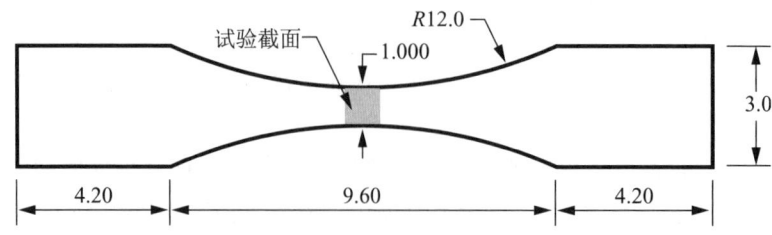

图 6.1 无缺口试样（试验截面与最小横截面的距离在 ±1/2 英寸以内），厚度：0.090 英寸（1 英寸 =0.0254 米）

在受到纯剪切 $\tau(t)$ 的试样中，我们有 $\sigma_{max}=\tau_{max}$，$\Sigma_{ij}(\boldsymbol{x})$ 的元素为零，除了 $\Sigma_{12}(\boldsymbol{x}) = \Sigma_{21}(\boldsymbol{x}) = 1$。

试验记录包含试样标签、试样几何形状、试验段中的最大试验应力 S_{max}、循环比 R、试验结束时的循环次数 n 和表示故障发生在试验段外还是在故障（未失效）之前停止试验的符号。典型的疲劳试验数据如图 I.2 所示。

注释 6.1 可以同时施加多种载荷，如剪切、弯曲和轴向载荷。循环载荷可以是同相或异相的。

6.1.1 等效应力

在许多重要的应用中，一个应力分量占主导地位，因此相比之下，所有其他应力分量都可以忽略不计。预测家族因子为：

$$\sigma_{eq} = \sigma_{max}^{1-c} \sigma_a^c, \quad 0 < c < 1 \tag{6.4}$$

式中，σ_{eq} 被称为等效应力，在工程实践中被广泛用于单轴应力的特殊情况。代入式（6.1），可得到：

$$\sigma_{eq} = \sigma_{max} \left(\frac{1-R}{2} \right)^c \tag{6.5}$$

$c = 1/2$ 的预测器是文献 [88] 中提出的预测器之一。我们还将在下面使用 $c = 1/2$。疲劳试验中 σ_{eq} 是固定的，并且记录发生故障的循环次数（n）。数据集 $(n_i, \sigma_{eq}^{(i)})$，$i = 1, 2, \cdots$ 在疲劳试验中记录，其中试验段中的第一主应力是恒定的或以小梯度变化，称为 S-N 数据。例如，S-N 数据可以从旋转的圆棒中收集，圆棒的测试部分由恒定的弯矩加载。在这种情况下，主应力在最大值和最小值之间线性变化，并且试样受到全应力反转（$R = -1$），$\sigma_{eq} = \sigma_{max}$。

注释 6.2 等效应力的定义并非唯一的。例如，考虑以下等效应力的定义：

$$\sigma_{eq}^{(\alpha)} = (\alpha \sigma_{max} + (1-\alpha) \bar{\sigma}_{max}) \left(\frac{1-R}{2} \right)^c, \quad 0 \leq \alpha \leq 1 \tag{6.6}$$

式中，$\bar{\sigma}_{max}$ 是最大冯·米塞斯应力。如果应力是单轴的，则式（6.5）和式（6.6）给出的定义对于任何 α 都是相同的。但是，对于任何其他应力条件，这两个定义都不同。

6.1.2 统计模型

将无缺口应力试样在循环载荷作用下发生疲劳失效时的等效应力 σ_{eq} 值与 $\log_{10} n$ 绘制成图，得到一组可以用曲线很好地近似的点簇，称为 S-N 曲线，参见附录 I 中的图 I.2。

S-N 曲线将被理解为给定 σ_{eq} 时 $\log_{10}n$ 统计分布的中位数,并用 $\mu(\sigma_{eq})$ 表示。可以制定许多合理的统计模型来表示 S-N 数据所假设的样本总体。为此,我们将使用一个统计模型。该模型属于随机疲劳极限模型家族[73],并基于以下假设:

- $\log_{10}n$ 的统计分布呈正态分布,均值为 $\mu(\sigma_{eq})$ 且标准差为 s。
- 均值的函数形式为:

$$\mu(\sigma_{eq}) = A_1 - A_2 \log_{10}(\sigma_{eq} - A_3), \quad \sigma_{eq} - A_3 > 0 \tag{6.7}$$

式中,参数 A_3 称为疲劳极限或耐久极限。

- 疲劳极限为随机变量,$\log_{10}A_3$ 具有均值 μ_f 和标准差 s_f 的正态分布。

统计模型的不同之处在于给定 σ_{eq} 时 $\log_{10}n$ 的概率密度函数的假设、函数形式 $\mu(\sigma_{eq})$ 的选择、σ_{eq} 的定义、标准差的函数形式,以及当 A_3 被视为随机变量时,表示 A_3 离散的概率密度函数的函数形式等。

统计模型的参数通过最大似然法估计,该方法在附录 I(I.3 节)中针对 $\mu(\sigma_{eq})$ 的两种函数形式进行描述和说明。统计模型的参数估计,其中 c 是模型参数之一,$\log_{10}A_3$ 具有正态或最小极值(sev)分布,在文献 [17] 中描述。

由于可以制定无数合理的统计模型,因此有必要制定一种程序,通过该程序可以根据现有数据评估这些模型的相对优点。文献 [17] 通过示例描述和说明了几种这样的方法。我们将使用附录 I 中定义的贝叶斯因子来实现这一目的。

与上面定义的随机疲劳极限模型对应的五个参数显示在附表 I-5 中。这些参数使得图 I.2 中所示的 S-N 数据的似然函数最大化。

注释 6.3 假设裂纹萌生过程实质上消耗了试样的所有疲劳寿命,一旦形成小裂纹,它就会迅速蔓延,因此失效的循环次数与萌生过程结束时的循环次数基本相同。通过假设萌芽过程形成 0.05 英寸(约 1.3mm)裂纹的 2024-T3 铝板裂纹扩展率的调查结果(此处未详细说明)证明了其合理性。

6.1.3 缺口的影响

在计算机用于解决应力集中问题之前,缺口、圆角、键槽、油孔和其他应力集中源对机械部件疲劳寿命的影响已经得到了广泛的研究。在这方面,我们只提及 Neuber[65] 和 Peterson[74] 的开创性工作,并注意到关于这一重要主题的技术文献非常丰富。对于综述,参考文献 [80]。

机械零件设计者依靠手册和设计指南查找与各种应力提升器相关的应力集中因子。根据定义,应力集中因子是最大应力 σ_{max} 与参考应力 σ_{ref} 的比值:

$$K_t = \sigma_{max}/\sigma_{ref} \tag{6.8}$$

知道 σ_{max} 和 R，可以根据式（6.5）计算等效应力，并使用 σ_{eq}，可以根据恒定循环载荷下的 S-N 曲线估计疲劳寿命的期望值。

研究发现，当应力梯度陡峭时，该方法会显著低估缺口试样的疲劳极限，例如在缺口根附近。图 6.2 显示了对九种缺口试样进行的疲劳试验结果。曲线 $\mu(\sigma_{eq})$ 是根据无缺口试样获得的 S-N 数据校准的随机疲劳极限模型的平均值。

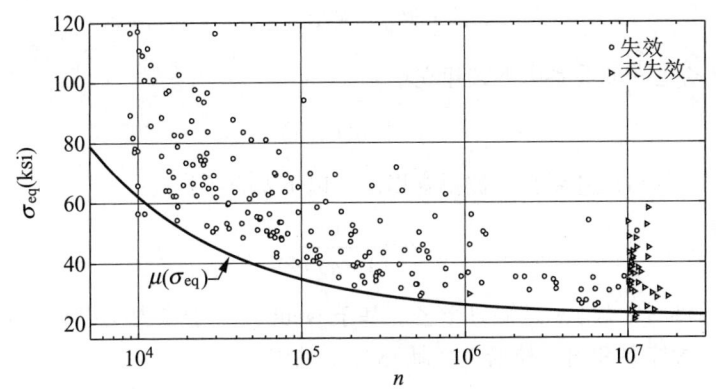

图 6.2 对九种缺口试样进行的疲劳试验结果（详见表 I-2）

6.1.4 疲劳寿命预测器的制定

由循环载荷引起的裂纹形成的物理过程在微观尺度上是高度复杂、不可逆的过程。这些过程违反了小应变连续介质力学的假设，其中包括一个物体可以细分为任意小体积的假设，其性质与块状材料的性质相同。然而，用于将裂纹形成与高周疲劳载荷循环次数相关联的预测器通常是根据线性弹性问题的解来确定的。

这种明显的矛盾可以通过以下假设来解决：
- 根据基于线性弹性理论的问题解计算的应力（或应变）是代表性体积单元（RVE）上的平均应力或应变，而不是逐点应力。
- 这些平均应力可通过适当选择的疲劳失效预测器与裂纹萌生事件相关联。
- 不排除发生少量塑性变形的可能性。但是假设任何塑性区域都被弹性材料包围，因此弹性应力场驱动导致疲劳失效的过程。塑料应变必然很小。

必须制定疲劳寿命的预测器和统计模型，以便将 S-N 数据推广到多轴应力和应力陡峭梯度的条件，例如在缺口附近。这些是必须针对每种材料进行校准的现象学模型。

6.2 Peterson 和 Neuber 预测器

引入疲劳应力集中因子 K_f 是为了校正基于最大等效应力的预测与缺口试样失效循环次数观测之间的差异。根据其原始定义，K_f 是无缺口试样的疲劳极限除以有缺口试样的疲劳极限。然而，将表明 K_f 也可用于预测在高循环疲劳范围内高于疲劳极限应力水平下的疲劳寿命：

$$\sigma'_{max} = K_f \sigma_{ref} \tag{6.9}$$

K_f 和 K_t 之间的关系由下式建立：

$$K_f = 1 + q(K_t - 1) \tag{6.10}$$

式中，q 称为缺口敏感系数。彼得森提出了以下 q 的经验式：

$$q = \frac{1}{1 + a/r} \tag{6.11}$$

式中，a 是材料常数，r 是缺口半径。基于 Neuber 关于应力集中研究成果的另一种经验式，被库恩和哈德拉斯在文献 [54] 中采用：

$$q_N = \frac{1}{1 + f(\omega)\sqrt{A/r}}, \quad f(\omega) = \frac{\pi}{\pi - \omega} \tag{6.12}$$

式中，ω 是缺口的侧面角；A 是材料参数。

式（6.9）是直观构造的周期载荷引起的疲劳失效预测器的示例。Neuber 和 Peterson 对 K_f 的定义不同。这就引出了一个问题：谁的定义更好？可以证明，对于足够小的缺口半径间隔，两者都工作得很好，但对于较大的间隔，两者都不好。这些预测器基于以下假设：

- 缺口敏感系数由单个几何参数（陷波半径）表征。此假设适用于机械部件中的缺口和圆角，但不适用于由磨损引起的腐蚀坑、划痕和其他表面缺陷，这些缺陷在做出基于状态的维护决策时必须考虑。
- 参数 a 和 A 是必须通过校准确定的材料参数。
- 参数 a 和 A 与材料的极限抗拉强度密切相关。

注释 6.4 使用式（6.10）～式（6.12）减少峰值应力与在与材料相关的距离 a 上平均法向应力密切相关。

例如，让我们考虑一个半径为 r_0 的圆形孔，在无限大平板中受到沿 x 轴正方向的恒定应力 σ_∞。设 (r,θ) 为极坐标，原点在圆心，θ 从正 x 轴开始测量。当 $\theta = \pm\pi/2$ 时：

$$\sigma_\theta = \sigma_x = \sigma_\infty \left(1 + \frac{1}{2}\frac{r_0^2}{r^2} + \frac{3}{2}\frac{r_0^4}{r^4} \right) \tag{6.13}$$

例如，参见文献 [105]。最大应力出现在 $r = r_0$ 处：$\sigma_{\max} = 3\sigma_\infty$，即 $K_t = 3$。因此，使用式（6.9）～式（6.11），可得到：

$$\sigma'_{\max} = K_f \sigma_\infty = \left(1 + \frac{K_t - 1}{1 + a/r_0}\right)\sigma_\infty = \left(1 + \frac{2}{1 + a/r_0}\right)\sigma_\infty \tag{6.14}$$

在端点 $(r_0, \pi/2)$ 和 $(r_0 + a, \pi/2)$ 定义的区间内的平均应力为：

$$\begin{aligned}
(\sigma_x)_{\text{ave}} &= \frac{1}{a}\int_{r_0}^{r_0+a} \sigma_x(r, \pi/2) \mathrm{d}r = \frac{\sigma_\infty}{a}\int_{r_0}^{r_0+a}\left(1 + \frac{1}{2}\frac{r_0^2}{r^2} + \frac{3}{2}\frac{r_0^4}{r^4}\right)\mathrm{d}r \\
&= \left(1 + \frac{1}{2}\frac{1}{1 + a/r_0} + \frac{3}{2}\frac{1 + a/r_0 + a^2/(3r_0^2)}{(1 + a/r_0)^3}\right)\sigma_\infty \\
&= \left(1 + \frac{2}{1 + a/r_0} - \frac{3}{2}\frac{a/r_0 + 2a^2/(3r_0^2)}{(1 + a/r_0)^3}\right)\sigma_\infty \\
&= \left(1 + \frac{2}{1 + a/r_0} - O(a/r_0)\right)\sigma_\infty
\end{aligned} \tag{6.15}$$

在比较式（6.14）和式（6.15）时，可以看到缺口敏感系数相差一个量级为 a/r_0 的项。当 a 远小于 r_0 时，可以忽略此项。

6.2.1 缺口的影响——校准

Peterson 缺口敏感系数的校准将通过附录表 I-2 中总结的疲劳试验数据进行证明。我们将使用六种缺口试样类型的测试记录来估计式（6.11）中的参数 a。这些测试记录对应于表 I-2 中的第 2～7 项，被称为校准集。剩余的测试记录被称为验证集，将用于演示验证过程。这将模拟随着时间的推移收集测试数据的过程，并随着新数据的可用而更新模型的校准和排名。例如，我们使用八年期间收集的报告（文献 [40]～文献 [44]）中的数据。假设我们在只有一半数据可用的情况下制定了一个预测器。我们必须根据新的信息更新并可能修改预测值。在工业和研究组织中，这类活动的管理属于模拟治理的范围。

并非表 I-2 中总结的所有测试记录都符合 Peterson 式基于的假设。例如，$r = 0.0313$ 英寸的边缘缺口试样的试验记录表明 $\sigma_{\max} = 247.8 \,\text{ksi}^\ominus$，$\sigma_{\min} = 102.1 \,\text{ksi}$，且故障发生在 4500 次循环时。这种材料的屈服强度约为 54ksi，因此塑性应变并不小（约为 5%）。这个测试显然超出了 Peterson 式的适用范围。

可用的 S-N 数据范围为 $8500 < n_f < 10^7$，其中 n_f 是故障时的循环次数。由于我们感兴趣的是将这些数据推广到缺口试样，因此我们将低于 8500 次循环就失效

⊖ ksi: kilo-pound per square inch，千磅每平方英寸，英制单位制中表示应力或压强的单位。1ksi=6.89476MPa。——译者注

的缺口试样记录排除在外。校准集中六种试样类型的可用记录总数如表6-1中标题 N 所示。保留的试验记录（称为合格试验记录）中的失效试样数量和未失效数量分别为 N_f 和 N_r。

表6-1 基于随机疲劳极限模型的 Peterson 材料参数 a 的校准

k	试样	r_k/in	K_t	N	N_f	N_r	x_k	q_k	a_k/in
2	开放孔	1.5000	2.11	39	25	5	0.7943	0.6091	0.9628
3	边缘缺口	0.3175	2.17	42	27	4	0.7601	0.5550	0.2546
4	圆角缺口	0.1736	2.19	32	23	5	0.7159	0.4772	0.1902
5	边缘缺口	0.0570	4.43	34	20	5	0.6664	0.5691	0.0431
6	圆角缺口	0.0195	4.83	36	23	5	0.5198	0.3945	0.0299
7	边缘缺口	0.0313	5.83	46	22	6	0.5490	0.4557	0.0374

对于每种试样类型，使用式 (6.8) ~式 (6.10)，有：

$$\frac{\sigma'_{\max}}{\sigma_{\max}} = \frac{\sigma'_{eq}}{\sigma_{eq}} = \frac{1 + q_k(K_t - 1)}{K_t}, \quad q_k = q(r_k) \quad (6.16)$$

式中，σ'_{eq} 的定义类似 σ_{eq}：

$$\sigma'_{eq} = \sigma'_{\max} \left(\frac{1-R}{2}\right)^{1/2} \quad (6.17)$$

我们使用 x_k 表示比率 σ'_{eq}/σ_{eq}，并观察到 x_k 仅取决于 K_t 和 q_k。因此，x_k 是由相同材料制成的第 k 个样本类型的特征参数。给定一组独立的测试记录 $(n_i, \sigma^{(i)}_{eq}), (i=1, 2, \cdots, m_k)$，我们寻找第 k 个缺口试样类型 x_k，使得数据集 $(n_i, x_k \sigma^{(i)}_{eq})$ 最大化附录 I.3 节定义的随机疲劳极限模型的对数似然函数：

$$LL_k(x_k | \hat{\theta}_3) = \sum_{i=1}^{m_k} \left[(1-\delta_i)\ln(\phi_M(w_i, x_k \sigma^{(i)}_{eq})) + \delta_i \ln(1 - \Phi_M(w_i, x_k \sigma^{(i)}_{eq}))\right] \quad (6.18)$$

式中，$\hat{\theta}_3$ 是表征随机疲劳极限模型的五个统计参数的向量（见表 I-5），且 $w_i = \log_{10} n_i$。函数 ϕ_M 和 Φ_M 分别由式 (I.18) 和式 (I.19) 定义，是边缘概率密度和边缘累积分布函数，$\delta_i = 0$ 表示测试结果为失效，$\delta_i = 1$ 表示未失效，即在测试记录的循环次数停止时，试样未发生破坏。

仅考虑合格的测试记录，确定 x_k 使得 $LL_k(x_k | \hat{\theta}_3)$ 最大。x_k 的值在表 6-1 中列出，同时还有计算得到的 q_k 和 a_k 的值。计算 q_k 和 a_k 的公式为

$$q_k = \frac{x_k K_t - 1}{K_t - 1} \text{ 和 } a_k = r\left(\frac{1}{q_k} - 1\right) \quad (6.19)$$

将 q_k 代入式 (6.10) 中的 q，我们发现对于第 k 种试样类型，$K_f = x_k K_t$。因

此，K_f 可以用于预测高循环疲劳范围内任何应力水平下的疲劳寿命，而不仅仅是疲劳极限。

Peterson 假设 a 是一个材料常数。然而，表 6-1 中显示的结果表明并非如此。实际上，a_k 的变异系数为 141%。因此，假设参数 a 是一个与缺口半径无关的材料常数，对于这种材料来说是不成立的。因此，基于表 6-1 中的证据，必须拒绝这一假设以及 Peterson 的公式。同样的结论也适用于 Neuber 通过式（6.12）给出的缺口敏感系数的定义。

这应该被理解为 Peterson 的预测器不适用于校准的缺口半径区间 $0.0195 \leq r_k \leq 1.50$（英寸）（见表 6-1）。然而，它可能适用于机械设计中常用的较窄的缺口半径区间，例如 $0.2 \leq r_k \leq 0.4\text{in}$。不过，请注意，如果参数范围足够小，那么任何预测器都可以进行校准。经过校准的预测器在该校准范围内是一个经过验证的预测器。

$\log_{10} a$ 和 $\log_{10} r$ 之间的关系如图 6.3 所示，其中开平方表示表 6-1 中的数据。观察到，在此处考虑的缺口半径区间内，这种关系几乎是线性的。使用最小二乘法，我们发现：

$$\log_{10} a \approx -0.16641 + 0.83899 \log_{10} r, \quad R^2 = 0.979 \quad (6.20)$$

式中，R^2 是决定系数。

将式（6.20）代入式（6.11），我们得到了 Peterson 对 24S-T3 铝合金缺口敏感系数定义的修正式：

$$q_{\text{rev}} = \frac{1}{1 + 0.6817 r^{-0.1610}}, \quad 0.02 < r < 1.5 \quad (6.21)$$

式中，$0.02 < r < 1.5$ 是校准的范围。注意，Peterson 的缺口敏感系数有一个参数，但修正式有两个参数。

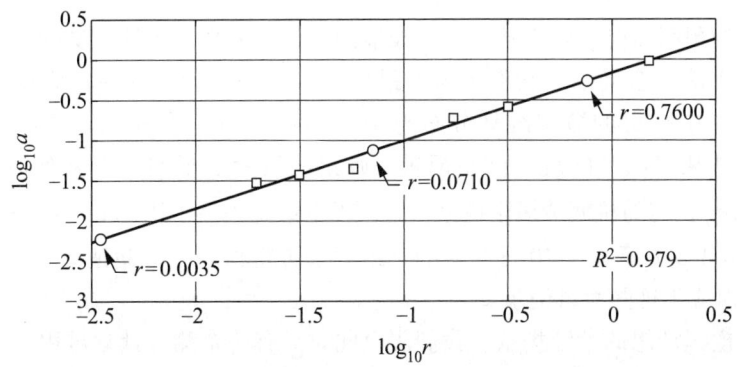

图 6.3 根据开平方表示的六个数据点校准的 24S-T3（7024-T3）铝合金参数 a 和 r 之间的经验关系

注释 6.5 x_k 的定义不限于比率 σ'_{eq}/σ_{eq}。它可以理解为所施加的载荷的比例因子，因此也是整个应力场的比例因子 $\sigma_{ij} = \sigma_{ij}(x)$。因此，它适用于任何具有性质 $\mathcal{P}(x_k\sigma_{ij}) = x_k\mathcal{P}(\sigma_{ij})$ 的预测器 $\mathcal{P} = \mathcal{P}(\sigma_{ij})$。另一个具有这种性质的预测器将在 6.3 节中进行讨论。

注释 6.6 通过最小二乘法拟合图 6.3 中的数据点，相当于假设 $\log_{10}a$ 的平均值是 $\log_{10}r$ 的函数，并且 $\log_{10}a$ 的概率密度是方差为 s^2 的正态分布。然后，我们可以通过最大化似然函数来找到未知系数。为了证明这一点，设 $x = \log_{10}r$ 和 $y = \log_{10}a$ 并写出：

$$y = c_1 + c_2 x + \epsilon, \quad \epsilon \sim \mathcal{N}(0, s^2)$$

根据假设，ϵ 的概率密度为：

$$f = \frac{1}{\sqrt{2\pi}s}\exp(-\epsilon^2/(2s^2))$$

令 $\epsilon_i = y_i - c_1 - c_2 x_i (i = 1, 2, \cdots, n)$。则似然函数为：

$$L = \prod_{i=1}^{n}\frac{1}{\sqrt{2\pi}s}\exp(-\epsilon_i^2/(2s^2))$$

对数似然函数为：

$$LL = \ln\left(\frac{1}{\sqrt{2\pi}s}\right)^n - \frac{1}{2s^2}\sum_{i=1}^{n}(y_i - c_1 - c_2 x_i)^2$$

为了找到 LL 的最大值，我们对其分别关于 c_1 和 c_2 求导，并令导数等于零。然后，我们得到与最小二乘法相同的 c_1、c_2 的线性方程组。

6.2.2 缺口的影响——验证

理想的预测器能够将无缺口试样校准的统计模型推广到缺口试样。然而，这一点永远无法完全确定。我们能做的最好的事情是检验这样一种假设，即从测试缺口试样中获得的数据统计分布与 S-N 数据统计分布相同。具体而言，我们假设是从缺口试样的疲劳试验记录中收集的疲劳数据的概率分布 $(n_i, \bar{x}_k\sigma_{eq}^{(i)})$，$k = 1, 2, \cdots, m_k$，与随机疲劳极限模型一致。以下讨论关注于用 Peterson 修正预测器对附录 I 表 I-2 中第 8～10 行对应的三组记录进行检验，即验证集。图 6.3 中的空心圆圈对应于这些测试记录。

为了模拟理想的验证场景，我们假设此时只有一个测试计划可用，并且该测试计划提供了有关待测试样本的类型和数量以及待应用的加载条件的详细信息。根据这些信息，可以计算出每个计划测试的最大等效应力 $(\sigma_{eq})_i$。对于验证集中的每种试样类型，我们计算 $\bar{x}_k$：

$$\bar{x}_k = \frac{\bar{q}_k(K_t - 1) + 1}{K_t}, \quad \text{其中 } \bar{q}_k = q_{\text{rev}}(r_k) \tag{6.22}$$

对于验证集中的每种试样类型，我们根据累积分布函数的倒数确定预测中位数。具体来说，我们发现 $\bar{w}_i \equiv \log_{10} \bar{n}_i$，使得：

$$\Phi_M(\bar{w}_i, \bar{x}_k \sigma_{\text{eq}}^{(i)}) - 0.5 = 0 \tag{6.23}$$

式中，Φ_M 是随机疲劳极限模型的边缘累积分布函数。预测中位数是 $\bar{n}_i = 10^{\bar{w}_i}$ 的累积分布函数。当没有发现实根或 $\bar{n}_i > 10^8$ 时，则预测为未失效。附录 I 中注释 I.3 提供了其他讨论。0.05 和 0.95 分位数以类似的方式计算。我们期望验证实验结果的累积分布函数基本位于这些分位数内。

一旦验证实验的结果可用，我们就绘制经验累积分布函数并将其与预测中位数进行比较。一个示例如图 6.4 所示。

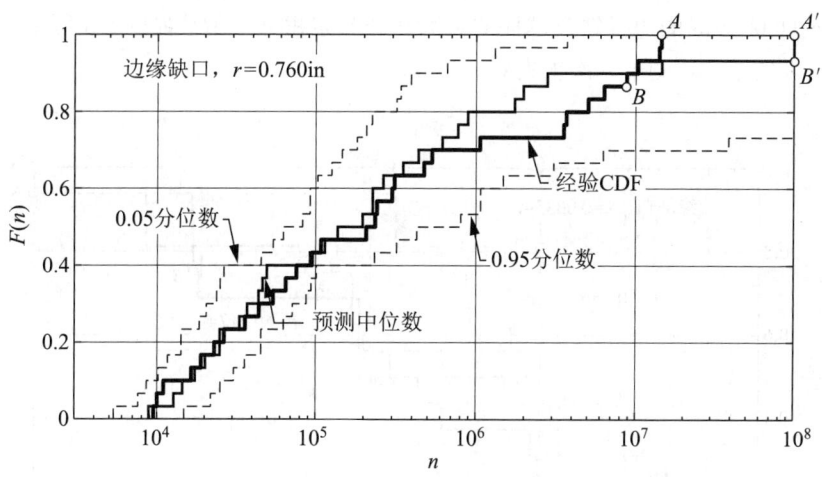

图 6.4　$r = 0.760$ in 的边缘缺口试样的预测和经验累积分布函数

在三组验证实验中，对应于 $k = 9$ 的边缘缺口试样是最重要的一组，因为缺口半径 $r = 0.0035$ in 远远超出了校准组中缺口半径的区间。该样本类型有 12 条合格的测试记录。预测了一次未失效，实际记录了四次未失效。

在校准过程中，假设统计模型和预测器的函数形式是正确的，并且确定参数使得预测结果和实验结果相同。换句话说，对预测器进行训练以匹配校准数据。因此，经过校准的预测器在某种意义上对校准域内的校准数据进行插值或近似。

校准域外新数据的价值在于，可以根据该数据测试模型的预测性能，并且可以扩大校准集的范围。校准域内新数据的价值在于，丰富了校准所依据的数据集。

边缘缺口试样（$r=0.760\text{in}$）

对于 $r=0.760\text{ in}$ 的边缘缺口试样，验证实验的结果以经验累积分布函数的形式呈现，如图6.4所示。图6.4还显示了预测的中位数以及0.05和0.95分位数。标记为 $A'-B'$ 的段表示预测的未失效，而标记为 $A-B$ 的段表示记录的未失效。记录了四次未失效，预测了两次未失效。经验CDF位于根据随机疲劳极限模型预测的0.05和0.95分位数内，该模型根据无缺口试样的S–N数据进行校准，如附录I所述。

注释6.7 无法可靠地预测径流的数量。当试验因任何原因在故障发生前停止时，将记录未失效。当式（6.23）没有实根或给定 σ' 当量的估计周期数超过1亿时，预测未失效。关于其他讨论，见附录I.3。

边缘缺口试样（$r=0.0035\text{in}$）

$r=0.0035\text{ in}$ 的边缘缺口试样的预测和经验累积分布函数如图6.5所示。记录了四次未失效，预测了一次未失效。

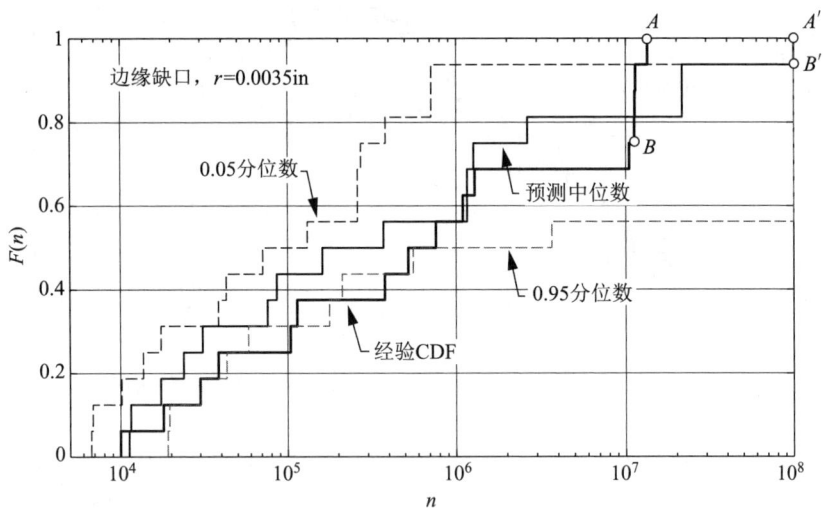

图6.5　$r=0.0035\text{ in}$ 的边缘缺口试样的预测和经验累积分布函数

结论

所实现的累积分布函数和缺口疲劳数据与S–N数据相同总体的假设并不矛盾。因此，我们没有理由拒绝Peterson修正预测器。

6.2.3 更新校准

完成验证实验后,将验证集与校准集合并,并重复校准过程。这是为了考虑有关该材料缺口疲劳性能的所有可用信息。

用表 6-2 中的校准数据对表 6-1 中的数据进行扩充,并使用完整的九个数据点,获得了参数 a 和 r 之间的新经验关系。这种关系是:

$$\log_{10}a = -0.16763 + 0.82291\log_{10}r, \quad R^2 = 0.979 \tag{6.24}$$

利用这个关系,Peterson 的修正式更新为

$$q_{upd} = \frac{1}{1 + 0.6798r^{-0.1791}}, \quad 0.003 < r < 1.5 \tag{6.25}$$

表 6-2 用于扩充表 6-1 的附加校准数据

k	试样	r_k/in	K_t	N	N_f	N_r	x_k	q_k	a_k/in
8	边缘缺口	0.7600	1.62	31	25	4	0.8164	0.5203	0.7007
9	边缘缺口	0.0035	4.48	17	12	4	0.4553	0.2987	0.0082
10	边缘缺口	0.0710	4.41	19	12	4	0.6560	0.5551	0.0569

将验证集与校准集合并会导致校准域大幅增加,见式(6.21)。使用式(6.16)中的 q_{upd},我们针对用于更新校准的九种缺口试样类型的合格测试记录,计算更新后的 $\bar{x}_k = q_{upd}(r_k)$。结果如图 6.6 所示,其中 $\sigma'_{eq} = \bar{x}_k \sigma_{eq}$。将图 6.6 与图 6.2 进行比较。根据随机疲劳极限模型计算中位数和分位数函数。通过比较这两个数字,很明显,σ'_{eq} 比 σ_{eq} 要好。

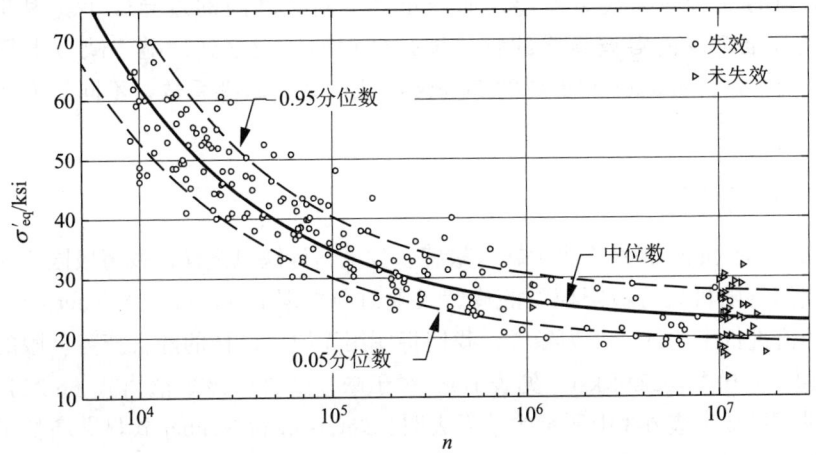

图 6.6 对九种缺口试样进行的疲劳实验结果(与图 6.2 进行比较)

注释 6.8 当将图 6.6 与图 6.2 进行比较时，很明显，σ'_{eq} 比 σ_{eq} 好。然而，如果我们问一个问题，基于 q_{upd} 的 σ'_{eq} 比基于 q_{upd} 的 σ_{eq} 好多少或差多少，简单地绘制这两种分布并不能提供答案，需要采取定量措施。

两个模型的相对性能通过似然比来评估，在这种情况下为 L_{upd}/L_{rev}，其中 L 是由式（I.20）定义随机疲劳极限模型的似然函数。参数 $\hat{\theta}_3$ 可在表 I-5 中找到。在计算式（6.18）定义的对数似然函数 LL 时，我们发现 $LL_{upd} = -2534.440$，$LL_{rev} = -2537.068$。因此 $L_{upd}/L_{rev} = \exp(LL_{upd} - LL_{rev}) = 13.8$。

这有力地表明，在给定九种缺口试样类型数据的情况下，更新后的模型优于修订后的模型。

文献[75]给出了 Peterson 式中使用的铝合金板材和棒材的参数 $a = 0.02$，见式（6.11）。根据表 6-1 中总结的校准结果，拒绝了 a 是材料常数的假设，我们已经观察到变异系数很高。我们现在可以根据 Peterson 对 q 的原始定义（用 q_{Pet} 和 q_{upd} 来获得预测器之间差异的定量测量。在计算对应 q_{Pet} 的对数似然函数时，我们发现 $LL_{Pet} = -3463.283$，因此 $L_{upd}/L_{Pet} = \exp(LL_{upd} - LL_{Pet})$ 是一个非常大的数字，表明拒绝该模型是完全合理的。

在文献[37]中，对铝合金的 Neuber 式中的参数 A 进行了估计，见式（6.12）。通过插值计算 24S-T3 铝合金的极限抗拉强度（73ksi）的参数，得到 $A = 0.018$ 英寸。在计算对应 Neuber 定义的 q 的对数似然函数时，用 q_{Neu} 表示，我们发现 $LL_{Neu} = -2971.704$。因此，似然比 L_{upd}/L_{Neu} 是一个非常大的数字，这表明 Neuber 的模型也应该被拒绝。

q 与 r 的曲线如图 6.7 所示。在将 Peterson 和 Neuber 式与修正和更新的 q 式进行比较时，显著差异，而修正和更新式之间的差异较小。因此，在指示的校准范围内对更新式的置信度是合理的。观察到，随着缺口半径的增加，Peterson、Neuber 和更新的 Peterson 式的缺口敏感系数以不同的方式接近于 1。

6.2.4 疲劳极限

Peterson 和 Neuber 提出了缺口敏感系数来估计缺口试样的疲劳极限，在下文中，我们将随机疲劳极限模型的疲劳极限值与根据 Peterson 和 Neuber 的原始式计算的值进行了比较。作为参考，我们将使用无缺口试样的随机疲劳极限的平均值，$10^{\mu_f} = 10^{1.344} = 22.08$ ksi，见表 I-5。对于缺口试样，该数值由式（6.22）定义的 $\bar{x}_k$ 进行缩放。表 6-3 中所示的结果表明，Peterson 和 Neuber 式显著高估了疲劳极限值。

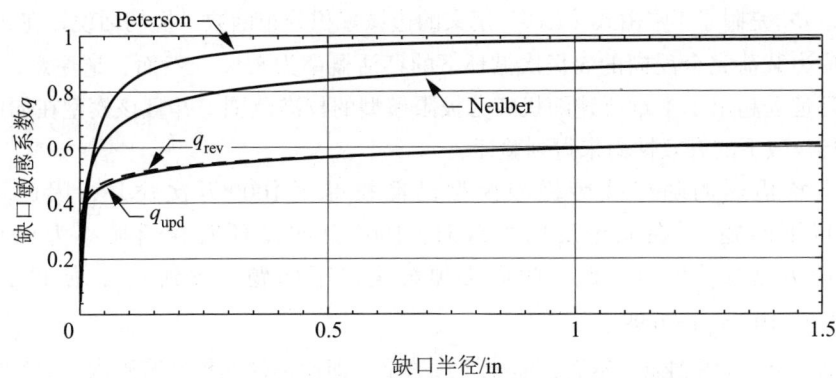

图 6.7 24S-T3 铝合金板的缺口半径与缺口敏感系数之间的关系

表 6-3 24S-T3 铝合金：随机疲劳极限（RFL）、Peterson 和 Neuber 模型预测的疲劳极限值

k	试样	r_k	K_t	$\bar{x}_k$	RFL	Peterson	Neuber
2	开放孔	1.5000	2.11	0.7962	17.58	21.93	20.93
3	边缘缺口	0.3175	2.17	0.7547	16.66	21.37	19.79
4	圆角缺口	0.1736	2.19	0.7381	16.30	20.84	19.16
5	边缘缺口	0.0570	4.43	0.5883	12.99	17.64	15.93
6	圆角缺口	0.0195	4.83	0.5408	11.94	13.21	13.50
7	边缘缺口	0.0313	5.83	0.5374	11.87	14.95	14.19
8	边缘缺口	0.7600	1.62	0.8406	18.56	21.86	20.95
9	边缘缺口	0.0035	4.48	0.4937	10.90	7.48	10.18
10	边缘缺口	0.0710	4.41	0.5964	13.17	18.33	16.36

随机疲劳极限模型估计在平均疲劳极限下的存活概率为50%，见附录A，而 Peterson 和 Neuber 式计算的疲劳极限值是确定性的数值，这通常可理解为在低于疲劳极限的应力水平下存活概率为100%。因此，这些数字应该更小，而不是更大。

示例 6.1 2024-T3 铝合金的疲劳强度由铝协会（AA）估计为20ksi（138MPa）。根据此定义，疲劳强度是材料在5亿次循环时预计能承受的最大完全反向法向应力。这一定义与将疲劳极限和疲劳强度视为随机变量的随机疲劳极限模型不一致。使用表 I-5 中参数表征的随机疲劳极限模型，疲劳失效发生在5亿次循环以下的估计概率为

$$\Pr(\text{失效} \mid n < 5.0 \times 10^8, \sigma_{eq} = 20) = \Phi_M(w, \sigma_{eq}) = 0.1697(17\%)$$

式中，Φ_M 是附录 I 中由式（I.19）定义的边缘累积分布函数。换句话说，在 20ksi 最大应力载荷完全反向的 5 亿次循环下的存活概率为 83%。然而，请注意，5 亿次循环远远超出了本章所述随机疲劳极限模型的校准范围，并且该模型在如此高的循环次数下的有效性尚未得到验证。

本章描述的随机疲劳极限模型已经校准至 1000 万次循环，因此可以回答以下问题："在完全反向加载时，1000 万次循环时存活概率为 99% 的最大应力是多少？"为此，我们必须解决以下问题：找到 σ_{eq}，使得 $1 - \text{Pr}$ (失效 $| n < 10^7, \sigma_{eq}) = 0.99$。

解为 $\sigma_{eq} = 18.2 \text{ksi}$。然而，需要注意的是，即使事件在校准范围内，对发生概率较低事件的预测也涉及外推。这是因为统计模型是根据发生概率很高的数据进行校准的。低概率值 $\Phi_M(w, \sigma_{eq})$ 对统计模型的选择很敏感，因此存在较大的模型形式的不确定性。因此，验证用于预测疲劳极限的统计模型是不可行的。

6.2.5 讨论

此时，读者完全有理由期待 Peterson 修正预测器是否通过验证测试的问题给出"是"或"否"的答案。虽然听起来可能令人失望，但无法以这种方式回答这个问题。要回答"是"或"否"的问题，有必要定义一个验证指标，并先验地说明预测结果和实现结果之间在所选验证指标方面可接受的分歧程度。我们没有设定这样的容忍度，因为任何数字都是任意的，很难证明其合理性。

验证的目的是评估数学模型的预测性能。验证实验的结果如下：预测与观测结果不一致，因此必须拒绝模型，或预测与观察结果一致，因此没有理由拒绝模型。模型仅在其校准范围内进行验证。在这里，我们可以高度自信地说，具有更新后的缺口敏感系数 q_{upd} 的 Peterson 预测器已经在式（6.25）所示的校准域中得到了验证。

这一说法并非基于某些任意选择的容差。相反，正是本着大卫·休谟（David Hume）的精神，他写道："智者将自己的信念与证据相匹配。"这里的证据一是经验累积分布函数基本位于 0.05 和 0.95 预测分位数之间，如图 6.4 所示；二是在引入新数据时，其中包括校准域之外的数据，基于公式的预测仅发生了少量变化，表明基于 q_{rev} 的预测与基于 q_{upd} 的预测基本相同。文献 [16] 中对此进行了更详细的讨论，其中与先验模型和后验模型相关的累积分布函数之间的距离被假设为后验模型和（未知）真实模型之间距离的可接受近似值。

验证的另一个重要目标是开发信息，为从竞争模型中选择最适合模型预期用途的模型提供合理的依据。在这里，我们使用似然比来表明，在现有数据的情况下，Peterson 的 q_{upd} 预测器优于 q_{rev} 预测器，并且两者都远优于使用原始 q 定义的

Peterson 或 Neuber 预测器。6.3.3 节讨论了 Peterson 修正预测器与另一种预测器的排名。

Peterson 和 Neuber 对缺口敏感系数的定义都是基于缺口敏感是由材料常数表征的假设。然而，文献 [94] 中报告的实验结果表明，至少对于 24S-T3 和 75S-T6 铝合金以及 SAE 4130 钢，这一假设是不成立的。因此，这一假设不可能适用于所有金属合金，也可能不适用于任何金属材料。

注释 6.9 Peterson 修正的缺口敏感公式仅针对一种非常特殊的应力条件进行了校准：由于缺口处的边界表面是无应力的，并且与第一主应力相比，横向的应力小得可以忽略不计，因此缺口处的最大应力基本上是单轴的。换句话说，校准的范围仅限于单轴应力。6.4 节将讨论双轴应力的一般化。

6.3 预测器 G_α

下文将讨论文献 [93] 中提出的疲劳失效预测器。该预测器基于这样的假设，即疲劳失效的开始可以与两个应力不变量的线性组合的平均体积积分相关联。其定义如下：

$$G_\alpha(\sigma_{ij}, R) = \frac{1}{V_c} \int_{\Omega_c} (\alpha I_1 + (1-\alpha)\bar{\sigma}) dV \left(\frac{1-R}{2} \right)^{1/2}, \quad 0 \le \alpha \le 1 \quad (6.26)$$

式中，σ_{ij} 是应力张量场，$I_1 = \sigma_{kk}$ 是第一应力不变量，$\bar{\sigma}$ 是冯·米塞斯应力，定义为

$$\bar{\sigma} = \sqrt{\frac{3}{2} \left(\sigma_{ij} - \frac{1}{3} \delta_{ij} \sigma_{kk} \right) \left(\sigma_{ij} - \frac{1}{3} \delta_{ij} \sigma_{kk} \right)} \quad (6.27)$$

V_c 是积分域的体积，由下式定义：

$$\Omega_c = \{ \mathbf{x} \mid \sigma_1 > \beta \sigma_{\max} > 0 \} \quad (6.28)$$

式中，σ_1 是第一主应力，$\sigma_{\max} > 0$ 为最大宏观应力。这可以理解为单轴应力到三轴应力的推广，G_α 定义为三轴应力，在特殊情况下，当单轴应力恒定为 σ_1 时，其值等于等效应力：

$$G_\alpha(\sigma_{ij}, R) = \sigma_1 \left(\frac{1-R}{2} \right)^{1/2} = \sigma_{eq} \quad (6.29)$$

因此，我们将通过在平均值定义中用 G_α 替换 σ_{eq} 来推广 1.3 节中定义的统计模型：

$$\mu(G_\alpha) = A_1 - A_2 \log_{10}(G_\alpha - A_3), \quad G_\alpha - A_3 > 0 \quad (6.30)$$

许多推广都是可能的。预测器是标量，必须独立于坐标系的选择。在给定一组实验数据的情况下，具有最大似然的预测器是首选的。我们将使用九种缺口试样类型的实验数据，比较 G_α 与 Peterson 修正预测器。

预测器 G_α 具有两个必须通过校准来确定的参数。参数 α 建立了第一应力不变量 I_1 和冯·米塞斯应力 $\bar{\sigma}$ 的凸组合。参数 β 定义了积分域，该积分域取决于材料的属性和应力集中区域附近的应力场，因此其作用类似 Peterson 的缺口敏感系数。

Peterson 的缺口敏感系数取决于缺口半径。还有其他类型的应力集中源，如划痕和腐蚀坑，它们不能用缺口半径来表征。因此，我们引入了高应力体积 V 来表征应力集中源。根据定义，

$$V = \int_{\Omega_\varrho} y(x) \mathrm{d}V \quad \text{其中} \quad y = \begin{cases} 1 & \text{当 } \sigma_1(x) > \gamma\sigma_{\max} \\ 0 & \text{其他} \end{cases} \quad (6.31)$$

积分域 Ω_ϱ 是应力集中源的邻域，表示位置应力集中源 σ_1 处的最大值为 x_0。$\Omega_\varrho = \{x \,\|\, x - x_0 \,|< \varrho\}$，其中 ϱ 足够大，以包括所有 $\sigma_1(x) > \gamma\sigma_{\max}$ 的点，同时足够小，以仅包括一个应力集中源或一组紧密排列的应力集中源。

参数 γ 与材料属性无关。其唯一目的是定义高应力体积 V，该体积取决于应力分布，因此与载荷类型有关，但与载荷大小无关。预测的疲劳循环次数对 γ 的选择不敏感。正如文献 [93] 中所述，我们将使用 $\gamma=0.85$。

6.3.1 $\beta(V,\alpha)$ 的校准

$\beta = \beta(V,\alpha)$ 的校准类似 6.2.1 节中讨论的 q 校准，其中 $x_k = \sigma'_{\max} / \sigma_{\max} = \sigma'_{\mathrm{eq}} / \sigma_{\mathrm{eq}}$ 是通过最大化校准集中每种试样类型的对数似然函数找到的。在这里，我们使用表 I-2 中第 2～10 行列出的九种试样类型进行校准，对于固定 α 和每种试样类型，我们通过迭代找到了 β_k，使得：

$$G_\alpha^{(k)} = x_k \sigma_{\max} \left(\frac{1-R}{2} \right)^{1/2}, \quad k = 2,3,\cdots,10 \quad (6.32)$$

式中，x_k 的值与 6.2.1 节和 6.2.3 节中的值相同。见注释 6.5。β_k 值使用假定的函数形式通过每个 α 的最小二乘法拟合：

$$\bar{\beta}_k = a_1 + a_2 \log_{10} A_k + \epsilon, \quad \epsilon \sim \mathcal{N}(0, \sigma_\epsilon^2) \quad (6.33)$$

式中，V 是高应力体积，ϵ 是一个随机变量，假设其具有零均值和标准差 σ_ϵ 的正态分布。例如，对于 $\alpha = 0$，我们得到 $a_1 = 0.9422$，$a_2 = 0.08184$。β 的校准曲线如图 6.8 所示。请注意，提供校准数据的高应力体积的间隔为 $(1.0 \times 10^{-8} < V < 1.0 \times 10^{-2})$ in³。

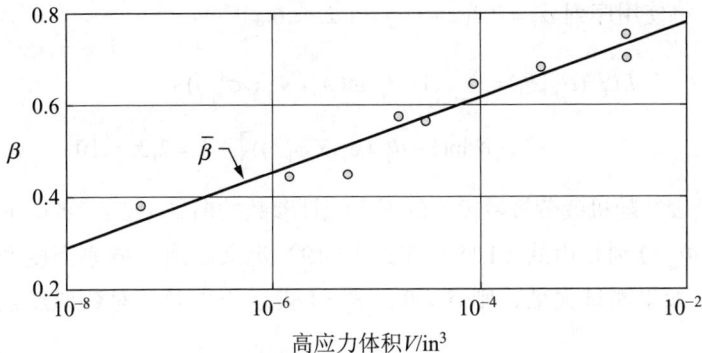

图 6.8 计算得到的 β_k 值和对应于 $\alpha=0$ 的 $\bar{\beta}$ 函数

使用 $\bar{\beta}_k$，我们在域 $\Omega_c = \{x \mid \sigma_1 > \bar{\beta}_k \sigma_{\max} > 0\}$ 上通过计算找到 $\bar{x}_k$：

$$\bar{x}_k = \frac{1}{\sigma_{\max} V_c} \int_{\Omega_c} (\alpha I_1 + (1-\alpha)\bar{\sigma}) dV \qquad (6.34)$$

$\alpha = 0$ 的数值结果如表 6-4 所示。

表 6-4　24S-T3 铝合金：计算得到的 V_k、β_k、$\bar{\beta}_k$ 和 $\bar{x}_k$ 值（$\alpha=0$）

k	试样	K_t	V_k/in³	x_k	β_k	$\bar{\beta}_k$	$\bar{x}_k$
2	开孔	2.11	2.898E-02	0.7943	0.7021	0.7329	0.8163
3	边缘缺口	2.17	4.325E-03	0.7601	0.6826	0.6652	0.7487
4	圆角缺口	2.19	9.561E-04	0.7159	0.6455	0.6116	0.6951
5	边缘缺口	4.43	1.827E-04	0.6664	0.5742	0.5528	0.6363
6	圆角缺口	4.83	1.618E-05	0.5198	0.4448	0.4666	0.5501
7	边缘缺口	5.83	5.888E-05	0.5490	0.4487	0.5125	0.5960
8	边缘缺口	1.62	2.875E-02	0.8164	0.7539	0.7326	0.8161
9	边缘缺口	4.48	5.908E-07	0.4553	0.3809	0.3490	0.4325
10	边缘缺口	4.41	3.324E-04	0.6560	0.5645	0.5740	0.6575

注释 6.10　x_k 的值，以及 β_k 的计算值，受载荷条件的不确定性、残余应力、表面光洁度的变化、试验物品尺寸公差以及数值误差的影响。虽然不能排除系统误差的存在，但实验数据的来源报告表明，研究人员在计划和执行实验时非常小心，以避免此类错误。经验证，所有数值计算数据的相对误差均小于 1%。

6.3.2　排序

使用 $\bar{x}_k$，我们评估所有样本类型模型形式参数序列的对数似然函数 $\alpha = \alpha_j$。

具体来说，将使用序列 $\alpha_j = 0.2(j-1), j = 1, 2, \cdots, 6$。

$$LL_k^{(j)}(\alpha_j \mid \hat{\theta}_3) = \sum_{i=1}^{m_k} \left[(1-\delta_i) \ln(\phi_M(w_i, \bar{x}_k \sigma_{\text{eq}}^{(i)})) + \delta_i \ln(1 - \Phi_M(w_i, \bar{x}_k \sigma_{\text{eq}}^{(i)})) \right], \quad k = 2, 3, \cdots, 10 \quad (6.35)$$

式中，$\hat{\theta}_3$ 是表征随机疲劳极限模型的五个统计参数的向量（见表 I-5），$w_i = \log_{10} n_i$。函数 ϕ_M 和 Φ_M 分别是由式（I.18）和式（I.19）定义的边缘概率密度和边缘累积分布函数。如果测试失效，则 $\delta_i = 0$，$\delta_i = 1$ 表示未失效。对数似然函数的计算值为：

$$LL^{(j)} = \sum_{k=2}^{10} LL_k^{(j)}(\alpha_j \mid \hat{\theta}_3), \quad j = 1, 2, \cdots, 6 \quad (6.36)$$

由表 6-5 可以看出，$LL^{(j)}$ 在 $\alpha = 0$ 时最大。因此，模型形式参数 α 应设置为零。在下文中，我们将仅关注此模型。

表 6-5 计算的对数似然值 $LL^{(j)}$

α=0	α=0.2	α=0.4	α=0.6	α=0.8	α=1.0
−2487.33	−2495.33	−2510.72	−2536.07	−2574.97	−2634.26

6.3.3 G_α 与 Peterson 修正预测器的比较

让我们比较 G_α 的预测性能与基于修正和更新后的缺口敏感系数的 Peterson 预测器的预测性能。比较的基础是对数似然函数的值，它是我们的验证指标。

Peterson 修正和更新后的预测器的最大对数似然值为 $LL_{\text{upd}} = -2534.440$，详见 6.2.3 节。该值大大低于当前模型的最大对数似然函数值（$\alpha = 0$），但略高于当前模型的值（$\alpha = 0.6$），见表 6-5。基于这些证据，我们得出结论，考虑到我们掌握的数据和我们对统计模型的选择，$G_\alpha(\alpha = 0)$ 比 Peterson 修正预测器表现更好。数学模型（以及预测器）根据对数似然函数（给定可用数据）进行排序。

G_α 的值与 n 的关系如图 6.9 所示，图中显示了所考虑的九种缺口试样以及 $\alpha = 0$ 时的 G_α 值。其中，中位数和分位数函数是随机疲劳极限模型中的函数（与图 6.6 比较）。将图 6.9 与图 6.6 相比较，很明显，G_α 比 Peterson 修正和更新后的预测器表现更好。

不可能声称 G_α 或将来可能提出的任何其他预测器是最佳预测器。在给定数据、统计模型和两个预测器的情况下，只能说哪一个更好。当新数据可用时，或者当提出新的预测器或统计模型时，就可以按照此处概述的程序，根据似然函数客观地评估它们的相对优劣。

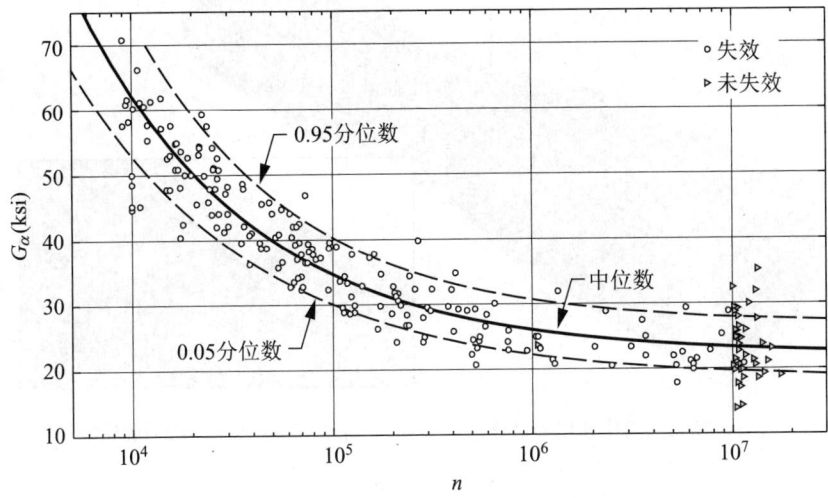

图 6.9　24S-T3 铝合金：九种缺口试样的综合合格测试记录（$\alpha=0$）

数学模型的形成是一个开放式问题。必须制定政策和程序，以便在提出新想法或获得新数据时系统地修订和更新模型。此类政策和流程的制定和管理属于模拟治理范畴。

6.4　双轴测试数据

到目前为止，所讨论的验证范围仅限于高循环疲劳下的近似单轴应力条件。在本节中，我们将研究在单轴载荷条件下校准的预测器 $G_\alpha\,(\alpha=0)$ 是否能够通过双轴载荷的验证测试。我们将使用文献 [38] 中的 2024-T3 铝合金试样在中高循环疲劳下的单轴和双轴疲劳试验的结果。本节的分析是基于文献 [95] 进行的。

试样由拉制的管材制成，以符合 ASTM E2207 标准。这些试样有一个长 30mm 的圆柱形截面，外径 29mm，内径 25.4mm，壁厚 1.8mm。通过钻孔和扩孔，在试验段上开了一个直径 3.2mm 的圆柱形孔。孔的轴线垂直于测试部分。图 6.10a 中显示了一个试样，试样的表面被抛光以去除加工痕迹。测试是在同相位、完全反向（$R=-1$）的轴向、扭转和组合载荷条件下进行的，载荷控制在 0.2～7.0Hz 的频率范围内。

裂纹的产生和生长是用一台 200 万像素的数码显微相机观察的，它能够进行 10～230 倍的光学变焦。疲劳裂纹发生事件被定义为首次出现 0.2mm 的表面裂纹[38]。

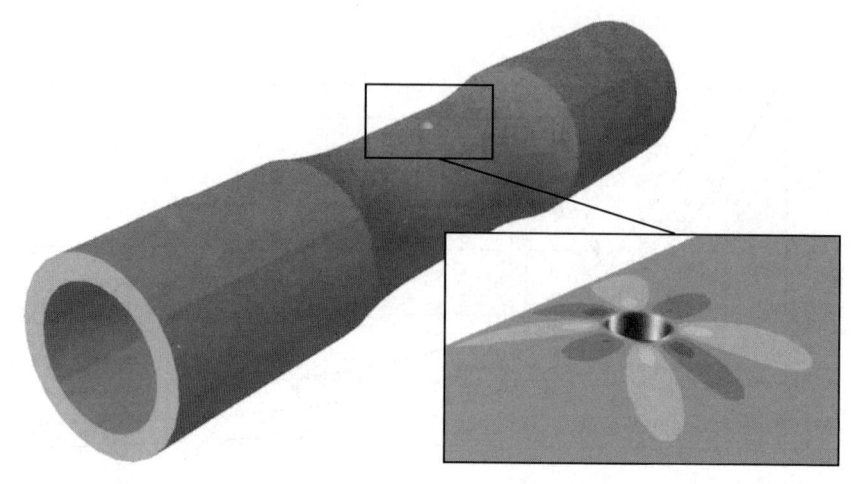

a）验证实验中使用的试样　　b）扭转中的冯·米塞斯应力的轮廓线

图　6.10

6.4.1　轴向、扭转和组合同相载荷

测试结果如图 6.11 所示，其中 N 是失效时的循环次数，$G_\alpha(\alpha=0)$ 是由式（6.26）定义的预测器。实线代表随机疲劳极限模型的中位数，该模型由表 I-5 中的五个参数表征。

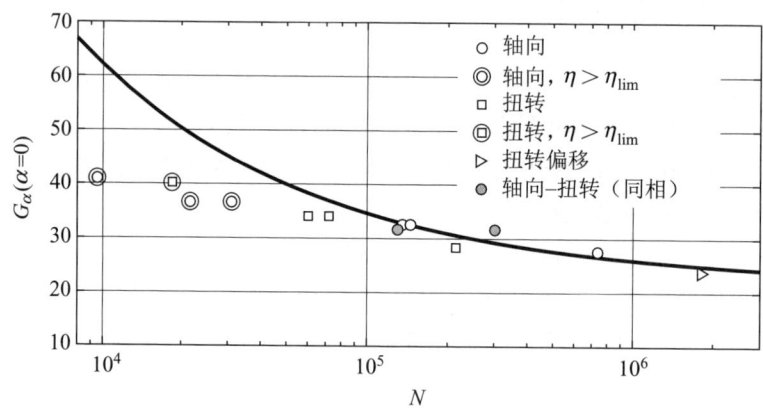

图 6.11　在有缺口的 2024-T3 铝材试样上进行的轴向、扭转和同相组合疲劳实验结果[38]

如前所述，验证实验的目的是测试一个数学模型的预测性能。在这种情况下，给定前面描述的缺口试样和文献 [38] 中描述的实验程序，被测试的预测制定如下：

"发生故障的周期数（N_f）位于 $N_1 \leq N_f \leq N_2$ 区间内的概率为 $x\%$（例如 90%）"。N_1 和 N_2 的极限值是由生存函数 $S(N)$ 决定的，给定 G_α，其定义为：

$$S(N) = 1 - \Phi_M(N | G_\alpha) \tag{6.37}$$

式中，Φ_M 是由式（I.19）定义的边缘累积分布函数（CDF）。

示例 6.2 让我们考虑在文献 [38] 中报告的两次双轴疲劳试验，在这两次试验中，都有 81MPa 的名义轴向应力和 50MPa 的名义剪切应力同相作用。经过计算与验证，得到预测器 $G_\alpha(\alpha = 0)$ 的相应值为 $G_\alpha = 31.6\,\text{ksi}$（218MPa）。存活函数如图 6.12 所示。

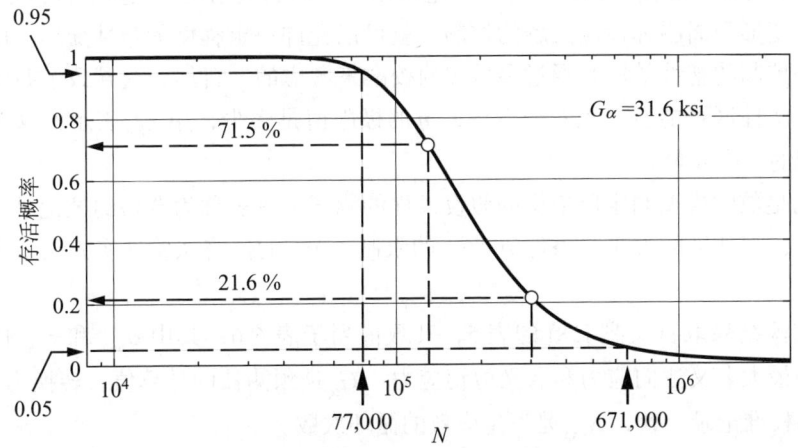

图 6.12 对应于 $G_\alpha = 31.6\,\text{ksi}$ 的存活函数（在有缺口的 2024-T3 铝材试样上进行的同相组合轴向-扭转疲劳实验结果）

我们根据条件 $S(N_1) = 0.05$ 和 $S(N_2) = 0.95$ 确定 N_1 和 N_2，得到 $N_1 = 671,000$，$N_2 = 77,000$。因此，我们的模型预测，在 77,000 ~ 671,000 次循环区间内发生故障的概率是 90%。图 6.12 所示的报告实验值（N_{exp}）分别是 302,000 和 130,000 次循环。因此，实验结果在预测区间内。

另一种报告验证实验结果的方式，是通过将报告的失效周期数 N_{exp} 代入式（6.37）计算存活概率，分别为 21.6% 和 71.5%。由于这些概率位于 5% ~ 95% 的区间内，我们认为预测器 $G_\alpha(\alpha = 0)$ 已经通过了这个验证测试。

6.4.2 校准域

数学模型是在特定于模型的可接受参数集上定义的。模型是在定义校准域的可接受参数的子集上进行校准的。校准域是数学模型的一个基本属性。

预测器 G_α 的制定是为了将 $S-N$ 数据推广到高循环疲劳下的缺口试样。高循环疲劳的下限通常被任意地设定为1万次循环。在文献 [94] 中，对于少于 8500 次循环（可获得 $S-N$ 数据的周期数的下限）失效的缺口试样的疲劳测试记录并未包含在校准集中。

我们引入了一个基于塑性区大小相对于积分体积 V_c 的限制。我们将 V_{yld} 定义为冯·米塞斯应力 $\bar{\sigma}$（由线性解决方案确定）大于屈服应力 σ_{yld} 的体积。

$$\eta \stackrel{\text{def}}{=} V_{yld}/V_c \qquad (6.38)$$

将预测器限制在纯粹的弹性应力场是不符合实际的，因为在缺口根部的弹性应力峰值可能非常高。因此，这将严重限制预测器的适用性。只要塑性区足够小，使塑性变形受周围弹性应力场的控制，就可以允许一定程度的塑性变形。由弹性应力场控制的塑性效应是通过参数 β 的校准来考虑的。自然，这导致了新问题的产生：塑性区可能有多大？或者说，η 的极限值是多少，用 η_{lim} 表示？这个值是校准域的一个界限。

满足数学模型制定所依据的假设条件的测试记录被称为合格测试记录。在本案例中，塑性区的大小受条件 $\eta < \eta_{lim}$ 的限制。η_{lim} 的值将从验证实验结果中推断得出。

实验结果取自文献 [38] 的表 5，其数值列于表 6-6，其中 σ_{nom} 和 τ_{nom} 代表测试段的最大名义法向应力和名义剪切应力，G_α 是预测器的计算值，转换为 ksi 单位以与校准记录一致，N_{exp} 是发生失效的循环次数。

表 6-6 在有缺口的 2024-T3 铝材试样上进行的验证实验结果
（实验数据的来源为文献 [38] 的表 5）

负载	σ_{nom}/MPa	τ_{nom}/MPa	G_α/ksi	N_{exp}/次	概率（%）	结果	η（%）	注
轴向	145	0	41.0	9,500	100.0	Fail	17.1	$\eta>10\%$
轴向	130	0	36.7	21,670	99.2	Fail	8.0	
轴向	130	0	36.7	31,000	92.1	Pass	8.0	
轴向	115	0	32.5	135,450	26.5	Pass	1.6	
轴向	115	0	32.5	145,600	22.4	Pass	1.6	
轴向	98	0	27.7	735,000	13.5	Pass	0.0	
扭转	0	108	40.3	18,500	97.4	Fail	34.4	$\eta>10\%$
扭转	0	91	34.0	71,890	61.0	Pass	6.9	
扭转	0	91	34.0	60,140	75.6	Pass	6.0	
扭转	0	76	28.4	215,000	57.6	Pass	0.0	

(续)

负载	σ_{nom}/MPa	τ_{nom}/MPa	G_a/ksi	N_{exp}/次	概率(%)	结果	η(%)	注
扭转	0	64	23.9	1,800,000	43.8	Pass	0.0	失效
组合	81	50	31.6	302,000	21.6	Pass	0.7	同相
组合	81	50	31.6	130,000	71.5	Pass	0.7	同相

根据式（6.37）得出的失效时循环次数的存活概率估计值列在"概率"列中。

表 6-6 中的结果显示，如果我们将预测器的域限制在 N_{exp} >8500 范围内，那么 13 个结果中有 4 个没有通过验证实验，即预测的存活概率落在5%～95%的区间之外。然而，经过仔细研究，我们发现这些标本的可塑性比其他标本大。例如，如果我们设定 η_{lim} =0.15，那么有两条记录因塑性变形过大而被取消资格，合格的记录数量为 11 条，其中 10 条通过了测试。这与预测是一致的。如果我们设定 η_{lim} <0.08，那么有 4 条记录被取消资格，剩下的 7 条试样通过验证测试。在这两种情况下，都没有理由拒绝该模型。

由于我们只能获得有限的高循环疲劳的双轴疲劳测试记录，我们无法提出 η 阈值的明确定义。不过将 10% 作为它的暂定值似乎是合理的，并且与现有数据一致。

在 6.2.5 节中，根据校准和验证过程中形成的证据，Peterson 修正预测器在缺口半径为 $0.003<r<1.5\,in$（1in=0.0254m）的范围内得到了声称。在此我们声称，另一个基于积分平均数的预测器也得到了验证，而且，在对表 I-2 中总结的实验数据进行测试时，它比 Peterson 修正预测器表现更好。这一结论基于这样的观察：与 6.3 节中定义的预测器相对应的对数似然函数，对整个合格的测试记录进行了评估，其值比 Peterson 修正预测器相对应的函数要大，并且具有更大的校准域，因为它是参照高应力体积进行校准的，因此应力集中源不需要用缺口半径来表征。

这些验证和排名的说法是基于现有的实验数据的。当然，对于不同的数据集，排名有可能发生变化。也有可能会制定、校准和测试其他类型的预测器，其性能优于这里考虑的预测器。

6.4.3　超出相位的双轴载荷

表 6-7 总结了高循环疲劳范围内轴向和扭转异相组合的测试条件和验证数据，其中 σ_{nom} 和 τ_{nom} 是与所施加载荷的轴向和扭转分量相对应的名义法向应力和名义剪切应力，N_{exp} 是失效时的完全反向循环次数[38]。

图 6.13 显示了轴向、扭转和组合载荷的名义第一主应力，其中我们假设：

$$(\sigma_1)_{\text{axl}} = \sigma_{\text{nom}}\sin(2\pi ft) \tag{6.39}$$

$$(\sigma_1)_{\text{tor}} = \tau_{\text{nom}}\sin(2\pi ft + \phi) \tag{6.40}$$

式中，f 是频率（Hz），ϕ 是相位角，在本例中，$\phi = \pi/2$。因此，用 $(\sigma_1)_{\text{com}}$ 表示的综合值是：

$$(\sigma_1)_{\text{com}} \stackrel{\text{def}}{=} \frac{(\sigma_1)_{\text{axl}}}{2} + \left(\left(\frac{(\sigma_1)_{\text{axl}}}{2}\right)^2 + (\sigma_1)_{\text{tor}}^2\right)^{1/2} \tag{6.41}$$

考虑异相载荷的影响，需要在文献 [95] 中描述的模拟同相载荷的基础上增加一个建模假设，这个建模假设用于说明异相载荷对缺口的影响存在各种可能性。唯一的要求是，当相位角为零时，预测器必须与同相载荷定义的预测器一致。接下来将讨论两种扩展方法。

表 6-7　90° 异相全反轴向和扭转载荷的实验结果

实验	σ_{nom}/MPa	τ_{nom}/MPa	N_{exp}/次
1	115	71	42,760
2	115	71	78,100
3	100	58	96,800

注：数据来源：文献 [38] 的表 5。

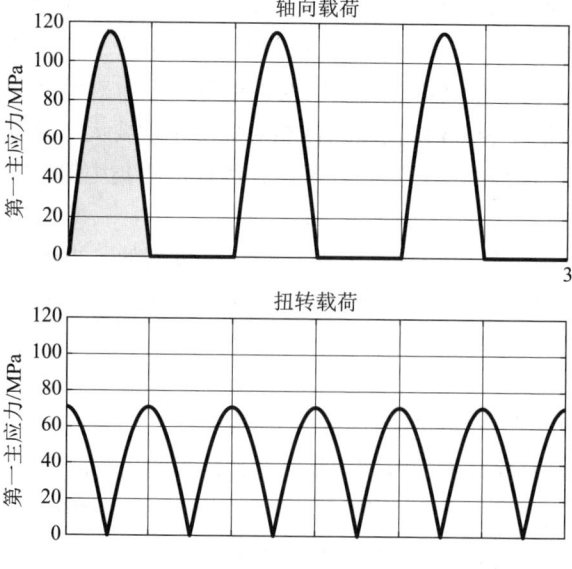

图 6.13　实验 1 和 2 的名义应力

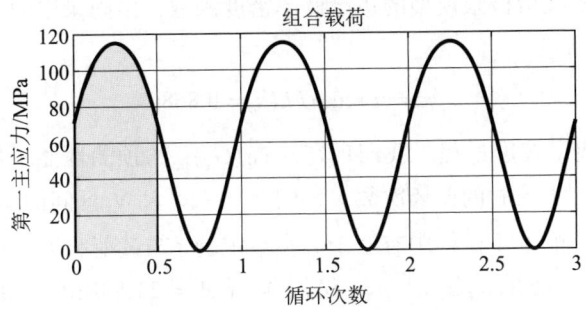

图 6.13 实验 1 和 2 的名义应力（续）

拓展 A

从图 6.13 可以看出，轴向载荷和组合载荷的最大值是相同的。然而，在组合载荷下，材料在更大循环周期内承受较高的名义应力。我们假设异相载荷的放大效应与图 6.13 中阴影区域的比例成正比。具体来说，我们定义：

$$A_1 \stackrel{\text{def}}{=} \int_0^{1/2} (\sigma_1)_{\text{axl}} \, dt \tag{6.42}$$

$$A_2 \stackrel{\text{def}}{=} \int_0^{1/2} (\sigma_1)_{\text{com}} \, dt \tag{6.43}$$

和

$$(G_\alpha)_{\text{eff}} \stackrel{\text{def}}{=} \kappa (G_\alpha)_{\text{axl}} \frac{A_2}{A_1} \tag{6.44}$$

式中，κ 是一个参数，与 A_1 和 A_2 无关，通过校准决定。

我们将使用表 6-7 中前两行的数据进行校准，并使用第三行的数据进行验证。在表 6-8 中，我们可以看到 $(G_\alpha)_{\text{axl}}$、$(G_\alpha)_{\text{tor}}$、A_1 和 A_2 的计算值。将 A_1、A_2 和 $(G_\alpha)_{\text{axl}}$ 代入式（6.44），得到 $(G_\alpha)_{\text{eff}} = 44.8\kappa\text{ksi}$。

表 6-8 用于校准模型 B 的测试记录

#	$(G_\alpha)_{\text{axl}}$/ksi	$(G_\alpha)_{\text{tor}}$/ksi	N_{exp}/次	A_1/MPa	A_2/MPa
1	32.5	26.5	42.7E3	36.61	50.52
2			78.1E3		

校准的目的是确定 κ，使校准集中的数据最大限度地对应统计模型的对数似然函数。具体来说，令 $w_1 = \log_{10} 42.7\text{E}3$ 和 $w_2 = \log_{10} 78.1\text{E}3$，我们将得到：

$$LL(x) = \log(\phi_M(w_1, 44.8x)) + \log(\phi_M(w_2, 44.8x)) \tag{6.45}$$

式中，ϕ_M 是随机疲劳极限模型的边缘概率密度函数，由附录中的式（I.18）给出。由此我们发现：

$$\kappa = \arg\max LL(x) = 0.8680 \tag{6.46}$$

这样就完成了校准过程。我们现在检查 $(G_\alpha)_{\text{eff}}$ 的预测性能。具体来说，我们测试以下预测："失效时的循环次数 N_f 位于 $N_1 < N_f < N_2$ 区间的概率为90%"。另一种说法是，预测10个试样中有9个会在给定的（与载荷有关的）区间内失效。对于用于验证的测试记录，我们发现 $A_1 = 31.83\text{MPa}$，$A_2 = 42.95\text{MPa}$，因此：

$$(G_\alpha)_{\text{eff}} = \kappa (G_\alpha)_{\text{axl}} \frac{A_2}{A_1} = 33.2\text{ksi}$$

给出 $(G_\alpha)_{\text{eff}}$，计算 N_1、N_2 和存活到 N_{exp} 次循环的概率。结果如表6-9所示，在"概率"列下显示了存活到实验观察到的循环次数的概率。基于这些结果，我们得出结论，该模型通过了验证测试。

表 6-9 90°异相轴向载荷和扭转载荷的验证实验结果 1

#	$(G_\alpha)_{\text{axl}}$/ksi	$(G_\alpha)_{\text{tor}}$/ksi	$(G_\alpha)_{\text{eff}}$/ksi	N_1/次	N_2/次	N_{exp}/次	概率（%）	结果
3	28.3	21.7	33.2	60.4E3	395.3E3	96.8E3	72.6	通过

最后，我们更新校准记录并重新计算 κ：用于校准的两条记录通过用于验证的记录进行扩充，式（6.45）变为：

$$LL_1(x) = \log(\phi_M(w_1, 44.8x)) + \log(\phi_M(w_2, 44.8x)) + \log(\phi_M(w_3, 38.2x)) \tag{6.47}$$

式中，$w_3 = \log_{10} 96.8\text{E3}$，并找到 κ 的更新值，用 κ_{upd} 表示。

$$\kappa_{\text{upd}} = \arg\max LL_1(x) = 0.8840 \tag{6.48}$$

拓展 B

我们接下来考虑同相多轴载荷的扩展。

$$(G_{\alpha,p})_{\text{eff}} \stackrel{\text{def}}{=} ((G_\alpha)_{\text{axl}}^p + (G_\alpha)_{\text{tor}}^p)^{1/p}, \quad p \geq 1 \tag{6.49}$$

式中，$(G_\alpha)_{\text{axl}}$ 和 $(G_\alpha)_{\text{tor}}$ 分别是对应轴向载荷和扭转载荷的预测器 G_α 的值。有可能以这样的方式选择 p，即对于可用的异相双轴测试记录，似然函数达到最大值。这将校准 $(G_{\alpha,p})_{\text{eff}}$。由于我们掌握的测试记录很少，而且我们主要对验证和排名过程感兴趣，所以我们跳过这个过程，取 $p = 2$，并定义 $(G_\alpha)_{\text{eff}} \equiv (G_{\alpha,2})_{\text{eff}}$。

N_1 和 N_2 的极限值由式（6.37）的统计模型存活函数确定。表6-10列出了

$(G_\alpha)_{\text{eff}}$ 的计算值以及预测区间的极限值 N_1 和 N_2，分别对应 5% 和 95% 的存活概率。"N_{exp}" 列显示了从式（6.37）中计算出的已实现循环次数的存活概率。请注意，所有的失效都发生在预测区间内，换句话说，在三次试验中，有三次预测成功。

注释 6.11　比如，我们可以将存活概率设定为 98% 的范围。然而，存活函数的尾段对统计模型的选择非常敏感，在验证实验中不应该依赖它们。一般来说，验证处理的是高概率事件。

练习　验证表 6-10 中的 $((G_\alpha)_{\text{eff}}, N_{\text{exp}})$ 项的存活概率。

表 6-10　90° 异相轴向载荷和扭转载荷的验证实验结果 2

#	$(G_\alpha)_{\text{axl}}$/ksi	$(G_\alpha)_{\text{tor}}$/ksi	$(G_\alpha)_{\text{eff}}$/ksi	N_1/次	N_2/次	N_{exp}/次	概率（%）	结果
1	32.5	26.5	42.0	22.4E3	80.5E3	42.7E3	45.3	通过
2	32.5	26.5	42.0	22.4E3	80.5E3	78.1E3	5.7	通过
3	28.3	21.7	35.6	43.9E3	219.8E3	96.8E3	42.7	通过

排序

为同相加载验证的预测器制定了两个可能的扩展。两个预测器都通过了验证测试。我们现在问：哪一个更好？我们是否应该选择一个而不是另一个？诸如此类的问题必须在数值模拟中加以解决，其中直观的制定过程必须由客观的排序方法加以调节。为此，我们参照验证实验的结果来评估每个预测器的对数似然（LL）函数。考虑到现有的数据，具有较大 LL 值的预测器是对异相双轴载荷下带缺口试样的 S-N 数据的更好泛化。更新的预测器和相应的对数似然函数值列于表 6-11 中。

表 6-11　预测器 A 和预测器 B 的对数似然函数值（LL）计算结果

预测器	$(G_\alpha)_{\text{eff}}$/ksi			N_{exp}/次			LL
	1	2	3	1	2	3	
A	39.6	39.6	33.8	42,700	78,100	96,800	−34.33
B	42.0	42.0	35.6				−34.95

基于似然比，可以证明结果更倾向于预测器 A 而不是预测器 B。

$$L_A / L_B = \exp(LL_A - LL_B) = 1.86 \qquad (6.50)$$

式中，L_A 和 L_B 分别是对应预测器 A 和预测器 B 的似然值。如果这个比率在区间 (1/3,3) 内，正如本例所示，那么这个差异几乎不值一提。换句话说，两个预测器不相上下。

预测性能

在给定测试条件下,我们通过计算每个试样的5%(或95%)存活概率所对应的循环次数 N_1(或 N_2)来测试数学模型的预测性能。因此,如果该模型是正确的,那么10个试样中有9个会在预测区间内失败。我们用 θ 表示落在预测区间内的结果数量与测试数量的比值。现在的问题是,在给定实验数据以及有关 θ 的概率密度函数的先验信息的条件下,找到 θ 的最可能值 θ_0,以及相关的置信区间。贝叶斯定理指出:

$$Pr(\theta|D) = \frac{Pr(D|\theta)Pr(\theta)}{Pr(D)} \tag{6.51}$$

式中,$Pr(\theta|D)$ 是后验概率密度函数,$D=(m,n)$ 代表可用的实验数据,即实验次数 m 和成功结果次数 n。$Pr(\theta|D)$ 是指在给定 θ 的情况下,获得观察数据的概率。m 次试验中取得 n 次成功的概率由二项分布给出。

$$Pr(D|\theta) = \frac{m!}{n!(m-n)!}\theta^n(1-\theta)^{m-n} \tag{6.52}$$

$Pr(\theta)$ 是关于 θ 的概率密度函数的先验信息,我们将使用 β 分布来估计它。

$$Pr(\theta) = \frac{\Gamma(\alpha+\beta)}{\Gamma(\alpha)\Gamma(\beta)}\theta^{\alpha-1}(1-\theta)^{\beta-1} \tag{6.53}$$

式中,$\Gamma(\cdot)$ 是伽马函数,$\alpha>0$ 和 $\beta>0$ 是形状参数。形状参数定义了先验概率分布。将式(6.52)和式(6.53)代入式(6.51),可得到:

$$Pr(\theta|D) = C\theta^{n+\alpha-1}(1-\theta)^{m-n+\beta-1} \tag{6.54}$$

式中,$C=1/Pr(D)$ 是一个归一化常数,选择它使得:

$$C\int_0^1 \theta^{n+\alpha-1}(1-\theta)^{m-n+\beta-1}d\theta = 1 \tag{6.55}$$

注意到 C 是 β 分布的归一化常数,有:

$$C = \frac{\Gamma(m+\alpha+\beta)}{\Gamma(n+\alpha)\Gamma(m-n+\beta)} \tag{6.56}$$

当后验概率密度函数与先验分布的函数形式相同时,就像现在的情况一样,那么先验分布被称为与后验概率密度函数共轭。使用共轭先验的好处是更新后验概率密度函数比较简单。

先验概率密度函数的选择

在贝叶斯数据分析中,先验概率密度函数的选择受多种因素影响,这些因素可归纳为以下几大类。

（1）非信息性先验，也称为客观先验，表达了对数据预期概率分布的未知。例如，在我们的案例中，如果我们认为一个实验结果的成功概率和不成功概率相同，那么根据无偏原则，我们假设 θ 服从均匀分布，即 $Pr(\theta) \sim U(0,1)$。无偏原则指出，如果我们可以列举一组基本的、互斥的事件，并且其中一个事件比另一个事件更可能为真，那么我们应该给所有事件分配相同的概率。非信息性先验可以表达客观信息。例如，在这种情况下，我们知道 θ 必须位于区间 $(0,1)$ 内。

（2）信息性先验表达了关于一个变量的具体、明确的信息。例如，如果我们能够获得在新测试记录之前就存在的实验测试记录，那么我们就会有一个信息性先验。这些现有的测试记录将提供与 θ 的概率分布有关的具体信息。

（3）弱信息性先验表达了关于一个变量的部分信息。

虽然前面详细介绍了关于 θ 的概率密度函数的具体、明确的先验信息，其中考虑了在同相（IP）双轴加载条件下 G_α 的验证，但基于以下考虑，我们选择了非信息性先验。我们的目标是测试 G_α 定义的两个扩展，以说明反相（OP）双轴加载条件。先验信息只适用于同相加载。使用非信息性先验以外的任何信息都会倾向掩盖实验数据的相关内容。

注释 6.12 假设我们先制定并测试 G_α 的反相条件，然后在同相条件下进行测试，那么使用从 OP 数据中开发的后验概率密度函数是合适的，因为 IP 条件是 OP 条件的一个特例。

对于这两个预测器，我们在 $m=3$ 次实验中有 $n=3$ 次成功结果。均匀分布相当于 β 分布，形状参数设置为 $\alpha = \beta = 1$。在这种情况下，$C=4$，后验概率密度函数为：

$$Pr(\theta|D) = 4\theta^3 \qquad (6.57)$$

最佳估计值由后验概率密度函数的最大值给出。在本例中，用 θ_0 表示 θ 的最佳估计值，为 $\theta_0 = 1$。通常提供最小的 95% 置信区间，也称为可信区间。

$$Pr(\theta_1 < \theta_0 < \theta_2 | D) = 4\int_{\theta_1}^{\theta_2} \theta^3 d\theta \approx 0.95 \qquad (6.58)$$

这意味着我们必须找到 θ_1 和 θ_2，使其满足 $\theta_2 - \theta_1$ 最小。在本例中，我们得到 $\theta_1 = 0.473$，$\theta_2 = 1$。图 6.14 中的阴影部分表示 θ 位于区间 (θ_1, θ_2) 内的可信度。

数据告诉我们，下一个实验的最可能结果是"通过"。换句话说，考虑到现有数据，我们有理由相信验证实验下一次会通过的概率非常接近 1。当新数据可用时，这种相信程度（也称为可信度）会通过条件化过程进行修改。条件化将在示例 6.3 中进行说明。

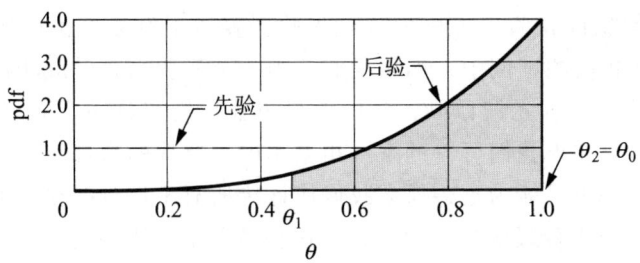

图 6.14 与三次试验中三次成功相对应的后验概率密度函数

注释 6.13 在这个例子中，概率密度函数是高度不对称的。虽然 θ_0 是 θ 的最可能值，但用 θ_M 表示的期望值可能更具代表性，因为它考虑到了分布的偏斜度。它的值是：$\theta_M = 0.80$。请注意，θ 的预测值刚好位于区间 (θ_M, θ_0) 的中间。

验证

验证标准通常是用某种度量或类似的指标来表示，如 Kullback-Leibler 散度，这些指标量化了预测概率密度函数和实际概率密度函数之间的差异，并设定一个可接受的容差。问题是，设置任何特定的容差似乎都是主观的，而且难以合理化。在验证过构中，我们提出的问题是"是否有理由拒绝该模型？"在本案例中，所有三次实验都通过了验证测试。显然，我们没有理由拒绝这个模型。如果 θ_0 在 95% 的置信区间之外，我们就不能信任基于该模型的预测，因此我们必须考虑拒绝它。在这种明显的情况下，答案是明确的。然而，在大多数情况下，问题会是这样的：我们做了 m 次实验，预测了 n 次成功，但实际观察到 n_obs 次成功，且 $n \neq n_\text{obs}$。

一般来说，一个数学模型不会被拒绝，除非找到一个更好的模型，在这种情况下，拒绝的理由是基于竞争模型的相对优势，通过后验比衡量。当后验比恰好接近 1 时，如本例所示，竞争模型仍需保留，直到有新的数据出现支持一种或另一种决定。

考虑到我们使用了非信息性先验，而且只有三个数据点，置信区间相当大也就不足为奇了。为了减小置信区间，必须进行额外的实验。置信区间的长度大致与实验次数的平方根成正比。

示例 6.3 假设为了说明问题，有了额外的数据，表明在 $m = 9$ 次实验中，有 $n = 8$ 次成功的结果。让我们利用之前得到的后验概率密度函数作为先验，来找到 θ 的最佳估计值和置信区间。

$$Pr(\theta) \propto \theta^{\alpha-1}(1-\theta)^{\beta-1}$$

式中，$\alpha = 4$，$\beta = 1$。因此，从式（6.56）中得出的 C 的新值为：

$$C = \frac{\Gamma(14)}{\Gamma(11)\Gamma(3)} = 156$$

后验概率密度函数为：

$$Pr(\theta|D) = 156 \times \theta^{11}(1-\theta) \tag{6.59}$$

根据后验概率密度函数的最大值，θ_0 的最佳估计值为 $\theta_0 = 0.917$，最小的 95% 置信区间的边界点分别为 $\theta_1 = 0.681$ 和 $\theta_2 = 0.995$，如图 6.15 所示。鉴于上述结果，我们有理由相信，95% 的极限值 θ_0 位于这个区间内。

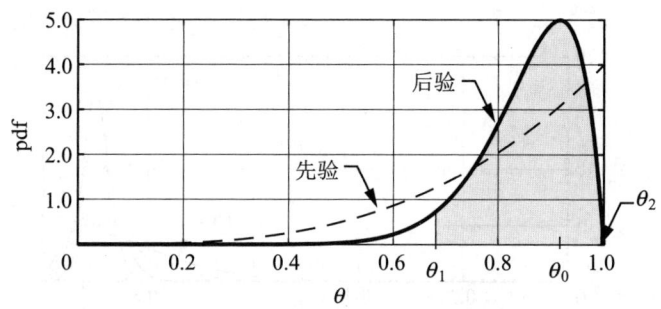

图 6.15 示例 2：先验和后验概率密度函数

注释 6.14 我们在示例 6.3 中使用了式（6.57）给出的后验概率密度函数作为先验。如果我们使用均匀分布作为先验，并利用所有可用的记录（$m = 12$ 次试验中 $n = 11$ 次成功），结果也会是一样的。换句话说，结果与输出的排序无关。

校准域的更新

数学模型在其校准域内是一个经过验证的模型。在足够小的校准域中，几乎任何模型都可以通过验证。校准域内的新测试对于更新参数是有用的，但不能被认为是正确的验证实验。为了使验证实验正确，至少有一个可接受的参数必须在校准域之外，或者实验条件（如加载条件）必须比校准实验中采用的条件更具普遍性。在完成一组验证实验后，参数被更新，校准域被修改。

G_α 在双轴同相载荷中的扩展仅通过一种试样类型进行了验证。高应力体积的值在校准范围内。例如，对于轴向载荷：$V = 7.28E - 6\text{in}^3$，对于扭转载荷：$V = 4.29E - 6\text{in}^3$。而 $G_\alpha(\beta)$ 的校准仅在单轴载荷下进行，但验证实验包括了扭转载荷以及扭转和轴向组合载荷条件。

实验次数

为了说明问题，我们假设有理想的数据，使得 $n = m\theta_0$，其中 $\theta_0 = 0.9$ 是预测成功次数与实验次数的比值。图 6.16 说明了 $m = 10$、20、40、80、160 的理想后验概率密度函数，以及置信区间的收敛速度非常缓慢。表 6-12 中列出了最小 95% 置信区间，其中 θ_1 和 θ_2 分别是置信区间（CI）的下限和上限。经验关系为：

$$CI \approx 1.123 m^{-0.4907} \tag{6.60}$$

这与置信区间大致与 $1/\sqrt{m}$ 成正比的估计是一致的，例如，见文献 [87]。结果表明，为了将最小的 95% 置信区间的大小减少到 0.1，需要进行 100 多次实验，这比实践中通常使用的实验次数要多得多。

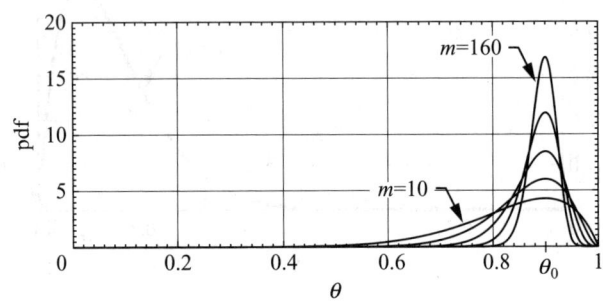

图 6.16　对应于 $m=10$、20、40、80、160 个理想数据点的后验概率密度函数，$\theta_0 = 0.9$

表 6-12　理想数据（$\theta_0 = 0.9$）下最小的 95% 置信区间（CI）

m	10	20	40	80	160
θ_1	0.048	0.044	0.040	0.036	0.033
θ_2	0.998	0.994	0.990	0.986	0.983
CI	0.361	0.259	0.184	0.131	0.093

6.5　模型开发的管理

虽然本章所介绍的程序是针对将无缺口和有缺口试样在恒定循环单轴载荷条件下进行的疲劳试验结果推广到可变循环三轴条件下的目标而言的，但这些程序符合所有模型开发项目中常见的通用任务，即拟订方案、校准、预测、验证和处理，如图 6.17 所示。

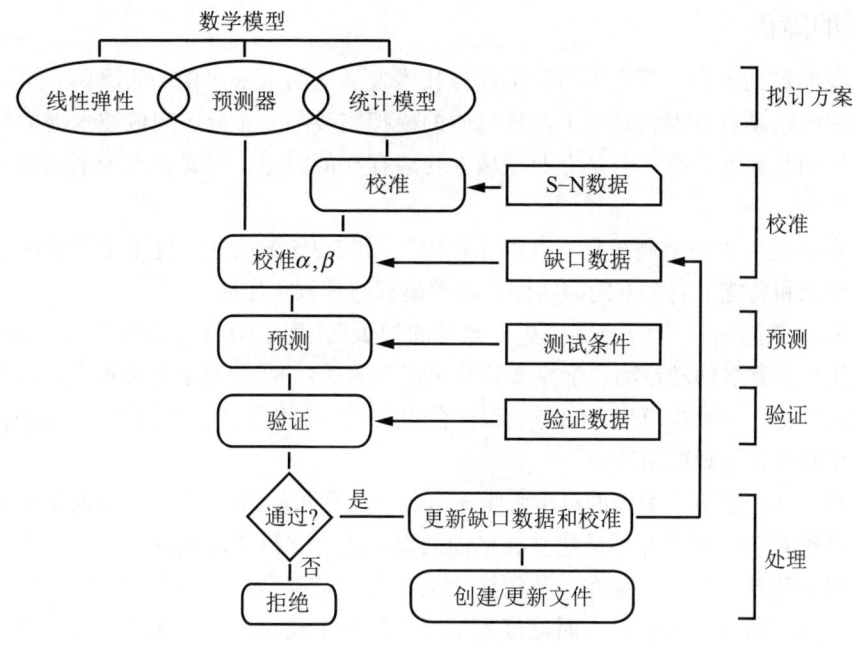

图 6.17 验证过程的示意图

这个过程是开放式的。数学模型的制定涉及基于直觉、洞察力和个人偏好的假设。这是一个创造性的过程，除了要求逻辑上的一致性和需要认识到每一个假设都会对模型造成一些限制外，无法设定其他界限。校准域是模型的一个基本属性。校准域内的新数据为更新模型参数提供了机会，而校准域外的新数据则为修改候选模型排名以及更新校准域和模型参数提供了机会。

数学模型的开发通常涉及多个学科，并跨越工业和研究机构的传统部门界限。这些组织有必要进行模拟治理，即创造条件促进模拟实践的逐步改进（见 5.2.4 节）。

与数值模拟资源管理相关的经济利益可能是非常可观的。如果管理得当，数值模拟可以成为企业的战略性资产；如果管理不善，则可能成为重大负债。许多有据可查的案例表明，由于数值模拟项目的管理不善，造成了大量的经济损失。

采用一个特定的数学模型的理由是基于否定的，例如"我们没有发现拒绝这个模型的理由"或"没有人提出一个更好的模型"。从概念上讲，人们可以根据一些特定的标准来拒绝一个模型。然而，在现实中，要证明一个特定的拒绝标准是非常困难的。除非找到更好的模型，否则一个数学模型不会被拒绝。比如，与 Peterson 修正预测器相比，更倾向于预测器 G_α 的原因是，G_α 已经被证明在许多校准域中产生了更好的预测结果。

发展的障碍

我们提到了在工程中阻碍数值模拟技术发展的两个密切相关的障碍。第一个是管理层还没有意识到目前工业环境中的模拟实践距离充分实现该技术潜力所需的条件相差甚远。第二个是专业领域中普遍存在的困惑，主要表现为术语混淆和概念空洞。

术语混淆的一个例子是"有限元建模"。如 5.2.5 节所述，这个术语混淆了两个在概念和功能上完全不同的实体：数学模型与其数字处理。

概念空洞的一个例子是"基于物理的模型"。为了解释它为什么是空洞的，先引用一位著名的理论物理学家斯蒂芬·霍金的话："我持实证主义观点，认为物理理论只是一个数学模型，问它是否符合现实是没有意义的。人们唯一能问的是，它的预测是否与观察相符。"

再引用一位有影响力的科学哲学家卡尔·波普尔的话："客观科学的实证基础并不是绝对的。科学并不是建立在坚固的磐石之上。科学理论这一常常令人惊叹和大胆的建筑，实则建立在一片沼泽之上。它的基础是从上到下的支柱，并不是任何自然"给定"的地面，而是打入足以支撑整个建筑所需的深度。我们停止将柱子打入更深处的原因并不是因为我们已经到达了坚固的磐石。我们的决定是基于希望这些柱子能够支撑整个建筑。"

这些哲学家告诉我们，物理现实是未知的。现实中的一些现象学方面可以用数学方法进行模拟，具有惊人的精度和成功性。然而，在基础科学和应用科学中使用的数学模型总是存在局限性。因此，"基于物理的模型"这一概念是空洞的。数学模型只是对现实某些方面的想法的精确陈述，仅此而已。正确术语的重要性早已得到广泛认可："名不正则言不顺，言不顺则事不成。"（孔子，《论语》第 13 章）。

进步可以通过演变实现。管理层能做的最好的事情就是为演变过程创造一个友好的环境，使其不受阻碍地进行。在这一领域仍有许多改进的空间和机会。

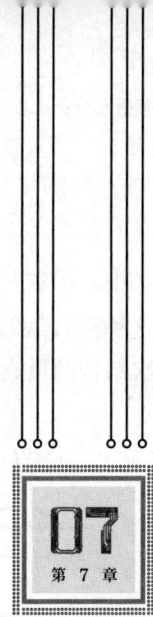

梁、板和壳

第 2 章中,我们讨论了与平面和轴对称模型相关的降维问题。本章将讨论另一类非常重要的降维模型。我们的出发点是线性弹性问题的广义式。

7.1 梁

为了在简单的设置中呈现要点,梁的数学模型是从二维弹性问题的广义式中推导出的。三维梁模型的表述是类似的,但当然更复杂。参考图 7.1,做了以下假设:

(1) xy 平面是主平面,即施加在 xy 平面上的载荷不会在 z 轴方向上引起位移。

(2) x 轴穿过横截面的质心。截面的域用 ω 表示。

(3) 材料具有弹性和各向同性。

位移矢量分量表示如下:

$$u_x = u_{x|0}(x) + u_{x|1}(x)y + u_{x|2}(x)y^2 + \cdots + u_{x|m}(x)y^m \tag{7.1}$$

$$u_y = u_{y|0}(x) + u_{y|1}(x)y + u_{y|2}(x)y^2 + \cdots + u_{y|n}(x)y^n \tag{7.2}$$

式中，函数 $u_{x|k}(x)$、$u_{y|k}(x)$ 称为场函数。它们的乘数（y 的幂）称为导向函数。以这种形式编写位移分量可以让我们考虑以 (m,n) 为特征的梁模型的层次家族。层次结构的最高成员是基于二维弹性的对应于 m，$n \to \infty$ 的数学模型。

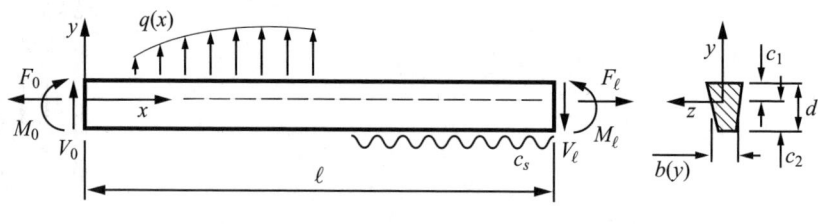

图 7.1　图示

在接下来的内容中，我们将用 $\boldsymbol{u}_{EX}^{(m,n)}$ 表示以 m 和 n 特征化的层次梁模型的精确解，用 $\boldsymbol{u}_{EX}^{(2D)}$ 表示基于二维弹性的数学模型的精确解。

可以指定与二维弹性相关的任何边界条件。但是，我们将只关注梁分析中通常使用的载荷和约束。具体来说，将考虑以下类型的载荷。

（1）作用在表面 $y = c_1$ 上的牵引分量 $T_n = T_y$（见图 7.1）：

$$T_n = \frac{q(x)}{b(c_1)} \tag{7.3}$$

式中，q_y 是分布载荷（以 N/m 为单位）。

（2）作用在横截面上的法向牵引力，用轴向力 F 和弯矩 M 表示。符号约定如图 7.1 所示。

$$T_n = \frac{F}{A} - \frac{My}{I} \tag{7.4}$$

式中，A 是横截面的面积，I 是 ω 相对于 z 轴的惯性矩：

$$A = \int_\omega \mathrm{d}y\mathrm{d}z, \quad I = \int_\omega y^2 \mathrm{d}y\mathrm{d}z \tag{7.5}$$

（3）作用在横截面上的剪切应力 $T_t(y,z)$，可以是常数，也可以由函数定义，使得 $T_t(c_1,z) = T_t(-c_2,z) = 0$，合力是剪切力 V：

$$T_t = -\frac{V}{A} \quad 或 \quad T_t = -\frac{VQ(y)}{Ib(y)} \tag{7.6}$$

式中，$Q(y)$ 是从 y 到 c_1 的横截面部分关于 z 轴的静态力矩：

$$Q(y) = \int_y^{c_1} sb(s)\mathrm{d}s \tag{7.7}$$

梁可以由弹性地基支撑，地基模量为 $c_s(x) \geq 0$（以 N/m^2 为单位），并且可以规定运动学边界条件。我们假设弹性地基仅在 y 方向产生反应，即地基产生分布横向载荷 $q_s(x) = -c_s(x)u_y(x,-c_2)$（以 N/m 为单位）。

我们将通过最小势能原理的应用编写梁模型的广义式。应变能为：

$$U = \frac{1}{2}\int_\Omega (\sigma_x \epsilon_x + \sigma_y \epsilon_y + \tau_{xy}\gamma_{xy})\mathrm{d}V + \frac{1}{2}\int_0^\ell c_s u_y^2(x,-c_2)\mathrm{d}x \tag{7.8}$$

外力的势能为：

$$P = \int_0^\ell q u_y(x,c_1)\mathrm{d}x + \sum_{i=1}^2 \int_{\omega_i}(T_x u_x + T_y u_y)\mathrm{d}S \tag{7.9}$$

式中，$\omega_i(i=1,2)$ 分别是 $x=0$ 和 $x=\ell$ 时的横截面。能量空间以通常的方式定义。特定模型的精确解是使势能在可接受函数空间上最小化的函数：

$$\Pi(\boldsymbol{u}_{EX}^{(m,n)}) = \min_{\boldsymbol{u}^{(m,n)} \in \tilde{E}(\Omega)} \Pi(\boldsymbol{u}^{(m,n)})$$

式中，$\Pi(\boldsymbol{u}) = U(\boldsymbol{u}) - P(\boldsymbol{u})$ 和 $\tilde{E}(\Omega)$ 是可接受函数的空间。

注释 7.1 梁模型的正确选择取决于具体问题，特征由指标 (m,n) 表示。当场函数平滑且厚度较小时，m 和 n 可以是较小的数字。纳入常用梁模型中的假设意味着场函数不会在与厚度相当的距离内发生显著变化。

注释 7.2 数学模型的概念与其离散化之间的区别因术语惯例而变得模糊：习惯上将各种梁、板和壳的公式化称为理论或模型。这些模型是全三维模型的半离散化。因此，可归因于指标选择的误差，例如式（7.1）和式（7.2）中的指标 (m,n)，以及为板和壳模型定义的类似指标，该指标既标识了全三维模型的特定半离散化，也标识了梁、板或壳模型的定义。

7.1.1 铁木辛柯梁

让我们考虑最简单的模型，对应于指标 $m=1$，$n=0$ 的模型。引入以下等式：

$$u_{x|0}(x) = u(x),\ \ u_{x|1}(x) = -\beta(x),\ \ u_{y|0}(x) = w(x)$$

式中，β 函数表示正（即逆时针）旋转角度（相对于 z 轴）。由于正旋转角乘以正的 y 会导致 x 方向上的负位移，因此 $u_{x|1} = -\beta$。应变分量如下：

$$\epsilon_x = \frac{\partial u_x}{\partial x} = u' - \beta'y,\ \ \epsilon_y = \frac{\partial u_y}{\partial y} = 0,\ \ \gamma_{xy} = \frac{\partial u_x}{\partial y} + \frac{\partial u_y}{\partial x} = -\beta + w' \tag{7.10}$$

式中，撇号表示对 x 求导。假设法向应力 σ_y 和 σ_z 与 σ_x 相比可以忽略不计，则应力分量为：

$$\sigma_x = E\epsilon_x = E(u' - \beta'y), \quad \sigma_y = 0, \quad \tau_{xy} = G\gamma_{xy} = G(-\beta + w')$$

因此，应变能为：

$$U = \frac{1}{2}\int_0^\ell \left(\int_\omega [E(u' - \beta'y)^2 + G(-\beta + w')^2]\mathrm{d}y\mathrm{d}z\right)\mathrm{d}x + \frac{1}{2}\int_0^\ell c_s w^2 \mathrm{d}x$$

式中，体积积分被分解为横截面上的面积积分和梁长度上的线积分。使用式（7.5）中引入的符号，并注意由于 y 轴和 z 轴是质心轴，因此有：

$$\int_\omega y \mathrm{d}y\mathrm{d}z = 0$$

应变能可以写成：

$$U = \frac{1}{2}\int_0^\ell [EA(u')^2 + EI(\beta')^2 + GA(-\beta + w')^2]\mathrm{d}x + \frac{1}{2}\int_0^\ell c_s w^2 \mathrm{d}x \tag{7.11}$$

出于下一节会讨论的原因，应变能表达式通常通过乘以一个剪切校正因子（用 κ 表示）来修正。应变能的修正表达式为：

$$U_\kappa = \frac{1}{2}\int_0^\ell [EA(u')^2 + EI(\beta')^2 + \kappa GA(-\beta + w')^2]\mathrm{d}x + \frac{1}{2}\int_0^\ell c_s w^2 \mathrm{d}x \tag{7.12}$$

外力的势能为：

$$P = \int_0^\ell qw\mathrm{d}x + F_\ell u(\ell) + M_\ell \beta(\ell) - V_\ell w(\ell) - F_0 u(0) - M_0 \beta(0) + V_0 w(0) \tag{7.13}$$

式中，F、M、V 分别是轴向力、弯矩和剪切力，统称为应力合力，定义如下：

$$F = \int_\omega \sigma_x \mathrm{d}y\mathrm{d}z, \quad M = -\int_\omega \sigma_x y \mathrm{d}y\mathrm{d}z, \quad V = -\int_\omega \tau_{xy} \mathrm{d}y\mathrm{d}z \tag{7.14}$$

式中，下标 0 和 ℓ 分别表示位置 $x = 0$ 和 $x = \ell$。

势能由下式定义：

$$\Pi_\kappa = U_\kappa - P \tag{7.15}$$

该式称为铁木辛柯梁模型。最小势能原理的特定应用取决于指定的载荷和边界条件。

1. 剪切校正

在该式中，剪切应变在任何横截面上都是恒定的 [见式（7.10）]。这与在梁的顶部和底部表面（即 $y = c_1$ 和 $y = -c_2$ 处）没有施加剪切应力的假设不一致，见图 7.1。从平衡考虑可知，剪切应力分布可以通过技术式合理地近似表示为：

$$\tau_{xy} = -\frac{VQ}{Ib}$$

式中，V 是剪切力，$Q = Q(y)$ 是由式（7.7）定义的函数，I 是围绕 z 轴的惯性矩，

$b = b(y)$ 是横截面的宽度，如图 7.1 所示。该式的推导可以在材料力学的教材中找到。

接下来，我们将考虑深度为 d 和宽度为 b 的矩形横截面。在这种情况下，剪切应力分布为：

$$\tau_{xy} = \frac{3}{2}\frac{V}{db}\left(1 - 4\frac{y^2}{d^2}\right)$$

在长度为 Δx 的梁中，对应于该剪切应力的应变能为：

$$\Delta U_\tau = \frac{1}{2}\frac{b\Delta x}{G}\int_{-d/2}^{+d/2}\tau_{xy}^2 \mathrm{d}y = \frac{1}{2}\frac{\Delta x}{G}\frac{V^2}{db}\frac{6}{5}$$

我们将调整 (1,0) 梁模型中的剪切模量 G，使应变能保持一致：

$$\Delta U_\tau^{(1,0)} = \frac{1}{2}\frac{b\Delta x}{\kappa G}\int_{-d/2}^{+d/2}\tau_{xy}^2 \mathrm{d}y = \frac{1}{2}\frac{b\Delta x}{\kappa G}\int_{-d/2}^{+d/2}\left(\frac{V}{db}\right)^2 \mathrm{d}y = \frac{1}{2}\frac{\Delta x}{\kappa G}\frac{V^2}{db}$$

式中，κ 是剪切校正因子。设 $\Delta U_\tau = \Delta U_\tau^{(1,0)}$，我们发现 $\kappa = 5/6$。因此，式（7.11）给出的应变能表达式被式（7.12）取代。最常用的是 $\kappa = 5/6$，与截面无关，尽管从前面的讨论中可以清楚地看出 κ 取决于横截面。

在细长梁的静态分析中，应变能通常由弯曲项主导，因此解受 κ 的影响不大。随着梁长度与深度比值的减小，κ 的影响逐渐增加。在振动梁中，κ 的影响会随着固有频率的增加而增加。

练习 7.1 根据 1.7 节中概述的公式，写出铁木辛柯梁的无阻尼弹性振动问题的广义式。假设 $u_{x|0} = 0$，你认为铁木辛柯梁模型计算的固有频率会比梁模型计算的相应固有频率 (2,3) 更高还是更低？为什么？

2. 数值解

通过有限元法对这一问题进行数值求解的过程与 1.3 节中描述的一维模型求解过程非常相似。主要区别在于，这里有三个场函数 $u(x)$、$\beta(x)$ 和 $w(x)$，它们由有限元方法近似。让我们写出：

$$u = \sum_{i=1}^{M_u} a_i \Phi_i(x), \quad \beta = \sum_{i=1}^{M_\beta} b_i \Phi_i(x), \quad w = \sum_{i=1}^{M_w} c_i \Phi_i(x)$$

并记为：

$$\boldsymbol{a} = [a_1, a_2, \cdots, a_{M_u}]^\mathrm{T}, \quad \boldsymbol{b} = [b_1, b_2, \cdots, b_{M_\beta}]^\mathrm{T}, \quad \boldsymbol{c} = [c_1, c_2, \cdots, c_{M_w}]^\mathrm{T}$$

如果我们以以下形式编写应变能，刚度矩阵的结构将变得清晰：

$$U_\kappa = \frac{1}{2}[\boldsymbol{a}^\mathrm{T}\boldsymbol{b}^\mathrm{T}\boldsymbol{c}^\mathrm{T}]\begin{bmatrix} \boldsymbol{K}_u & 0 & 0 \\ 0 & \boldsymbol{K}_\beta & \boldsymbol{K}_{\beta w} \\ 0 & \boldsymbol{K}_{\beta w}^\mathrm{T} & \boldsymbol{K}_w \end{bmatrix}\begin{Bmatrix} \boldsymbol{a} \\ \boldsymbol{b} \\ \boldsymbol{c} \end{Bmatrix}$$

假设梁顶部和底部表面的剪切牵引力为零，x 轴与质心轴重合（见图 7.1），表示轴向变形的函数 u 不与转角 β 和横向位移 w 耦合，因此可以独立于 β 和 w 求解。

在单元级别，假设截面和材料性质恒定，$\boldsymbol{K}_\beta$ 可以直接根据式（1.66）和式（1.70）给出的矩阵构建，$\boldsymbol{K}_w$ 可以根据式（1.66）构建。

例如，对于 $p_k = 2$，矩阵 $[\boldsymbol{K}_\beta^{(k)}]$ 为：

$$[\boldsymbol{K}_\beta^{(k)}] = \begin{bmatrix} \dfrac{EI}{\ell_k}+\dfrac{\kappa GA\ell_k}{3} & -\dfrac{EI}{\ell_k}+\dfrac{\kappa GA\ell_k}{6} & -\dfrac{\kappa GA\ell_k}{2\sqrt{6}} \\ & \dfrac{EI}{\ell_k}+\dfrac{\kappa GA\ell_k}{3} & -\dfrac{\kappa GA\ell_k}{2\sqrt{6}} \\ (\text{sym}) & & \dfrac{2EI}{\ell_k}+\dfrac{\kappa GA\ell_k}{5} \end{bmatrix} \quad (7.16)$$

耦合矩阵 $\boldsymbol{K}_{\beta w}^{(k)}$ 的各项为：

$$k_{ij}^{(\beta w)} = GA\int_{-1}^{+1} N_i \frac{\mathrm{d}N_j}{\mathrm{d}\xi}\mathrm{d}\xi$$

注释 7.3 每个单元的场函数可被赋予不同的多项式次数。在后面，我们将假设所有场函数在一个单元上具有相同的多项式次数 p_k，但 p_k 可能因单元而异。

练习 7.2 写出 $p_k = 2$ 时单元级矩阵 $\boldsymbol{K}_w$ 和 $\boldsymbol{K}_{\beta w}^{(k)}$ 的项。

示例 7.1 考虑一个具有恒定横截面的梁，在 $x = 0$ 处具有内置（固定）支座（即 $u_x = u_y = 0$），在 $x = \ell$ 处具有简单支座（$u_y = 0$）。在 $x = \ell/2$ 处有一个中间支座（$u_y = 0$），如图 7.2a 所示。梁由恒定分布载荷 $q = -q_0$ 均匀加载。目标是确定最大弯矩的位置和大小。在这种情况下，轴向位移 u 为零，势能定义如下：

$$\Pi = \frac{1}{2}\int_0^\ell [EI(\beta')^2 + \kappa GA(-\beta + w')^2]\mathrm{d}x + \int_0^\ell q_0 w \mathrm{d}x \quad (7.17)$$

允许函数的空间定义如下：

$$\tilde{E}_\beta \stackrel{\text{def}}{=} \left\{\beta \mid \int_0^\ell [(\beta')^2 + \beta^2]\mathrm{d}x \le C < \infty, \beta(0) = 0\right\}$$

$$\tilde{E}_w \stackrel{\text{def}}{=} \left\{w \mid \int_0^\ell (w')^2 \mathrm{d}x \le C < \infty, w(0) = 0, w(\ell/2) = 0, w(\ell) = 0\right\}$$

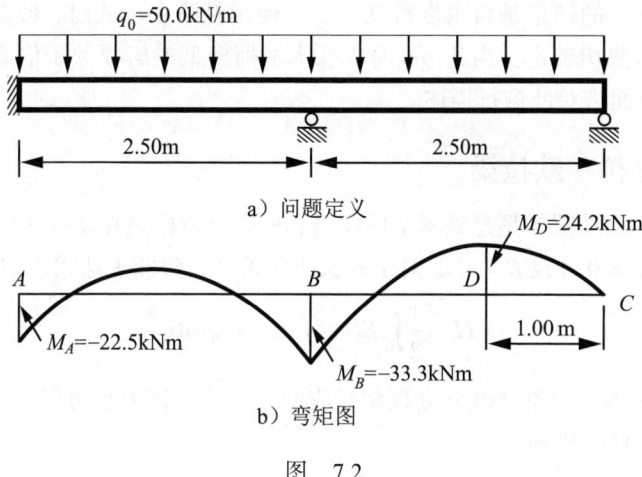

图 7.2

问题是通过最小化势能来找到 β_{EX} 和 w_{EX}：

$$\Pi(\beta_{EX}, w_{EX}) = \min_{\substack{\beta \in \tilde{E}_\beta \\ w \in \tilde{E}_w}} \Pi(\beta, w)$$

假设梁是一根 S200×27 的美国标准钢梁。截面特征为：$A=3490\text{mm}$，$I = 24.0 \times 10^6 \text{mm}^4$。设 $\ell = 5.00\text{m}$，$E = 200\text{GPa}$，$\nu = 0.3$ 和 $q_0 = 50.0\text{kN/m}$。梁的重量（$27 \times 9.81 \times 10^{-3} = 0.265\text{kN/m}$）相对于施加的载荷可以忽略不计。

使用两个有限元来求解，其中剪切校正因子 $\kappa = 5/6$。在 $p \geq 4$ 处获得精确的解（舍入误差）。结果如图 7.2b 所示。

3. 铁木辛柯梁的剪切锁定

让我们考虑一根矩形横截面为 $b \times d$ 的梁，受到分布载荷 $q = d^3 f(x)$ 的作用，并假设轴向力为零。在这种情况下，势能为：

$$\Pi = \frac{1}{2}\int_0^\ell \left[\frac{Ebd^3}{12}(\beta')^2 + \kappa Gbd(-\beta + w')^2\right]dx - d^3\int_0^\ell f(x)w\,dx \tag{7.18}$$

提取 d^3，有：

$$\Pi = \frac{d^3}{2}\int_0^\ell \left[\frac{Eb}{12}(\beta')^2 + \frac{\kappa Gb}{d^2}(-\beta + w')^2\right]dx - d^3\int_0^\ell f(x)w\,dx \tag{7.19}$$

对于足够小的 d 值，$\kappa Gb/d^2$ 远大于 $Eb/12$。由于寻求 Π 的最小值，这使得当 $d \to 0$ 时 $\beta \to w'$：

$$\lim_{d \to 0}\int_0^\ell (-\beta + w')^2 dx = 0 \tag{7.20}$$

约束 $\beta = w'$ 的结果是自由度数减少。当使用低阶多项式时，收敛速度可能非常慢。这称为剪切锁定。当 $d \to 0$ 时，铁木辛柯模型的解收敛于伯努利 - 欧拉梁模型的解，下面将对此进行描述。

7.1.2 伯努利 - 欧拉梁

伯努利 - 欧拉梁模型是铁木辛柯模型和所有高阶模型在 $d \to 0$ 时的极限情况。假设 $u = 0$ 且 $c_s = 0$ 并设 $\beta = w'$，对于齐次边界条件，势能表达式（7.15）变为：

$$\Pi = \frac{1}{2}\int_0^\ell EI(w'')^2 \mathrm{d}x - \int_0^\ell qw\mathrm{d}x \tag{7.21}$$

这是与熟悉的四阶常微分方程相对应的广义式，该方程可以在每本关于材料力学的入门教材中找到。

$$(EIw'')'' = q(x) \tag{7.22}$$

这是伯努利 - 欧拉梁模型。为了证明这一点，设 $w \in \tilde{E}(I)$ 是 Π 的最小值，设 $v \in E^0(I)$ 是 w 的任意扰动。为了简化，假设给定的位移、转角、力矩和剪切力为零。那么：

$$\Pi(w + \varepsilon v) = \frac{1}{2}\int_0^\ell EI(w'' + \varepsilon v'')^2 \mathrm{d}x - \int_0^\ell q(w + \varepsilon v)\mathrm{d}x$$

在 $\varepsilon = 0$ 时有最小值：

$$\left(\frac{\partial \Pi}{\partial \varepsilon}\right)_{\varepsilon=0} = 0$$

因此

$$\int_0^\ell EIw''v''\mathrm{d}x - \int_0^\ell qv\mathrm{d}x = 0$$

通过两次分部积分，我们得到：

$$\underbrace{(EIw''\,v')_0^\ell}_{M} - \underbrace{((EIw'')'\,v)_0^\ell}_{V} + \int_0^\ell [(EIw'')'' - q]v\mathrm{d}x = 0$$

这对于任何不干扰规定的基本边界条件的 v 选择都成立。由于 $M = EIw''$ 和 $V = (EIw'')'$，边界项消失，我们得到了式（7.22）给出的伯努利 - 欧拉梁模型的强形式。

练习 7.3 证明式（7.22）可以在不假设边界上的弯矩或剪切力为零的情况下获得。有关弯矩和剪切力的定义，请参阅式（7.14）。提示：如果在边界上规定了非零弯矩或剪切力，则必须修改式（7.21）给出的势能表达式以解释该项。

练习 7.4 推导 $c_s \neq 0$ 情况的伯努利－欧拉梁模型的强形式。

练习 7.5 假设 $u = 0$ 且 $c_s = 0$。证明铁木辛柯模型的强形式是：

$$(EI\beta')' + \kappa GA(-\beta + w') = 0 \tag{7.23}$$

$$[\kappa GA(-\beta + w')]' = -q \tag{7.24}$$

因此表明，在示例 7.1 中，当 $p \geq 4$ 时得到精确解。提示：该过程类似 7.1.2 节中描述的过程。

数值解

对于伯努利－欧拉梁模型，能量空间为：

$$E(I) \stackrel{\text{def}}{=} \left\{ w \mid \int_0^\ell (w'')^2 \mathrm{d}x \leq C < \infty \right\}, \quad I = \{x \mid 0 < x < \ell\} \tag{7.25}$$

这意味着 $w \in E(I)$ 是连续的，它的一阶导数也是连续的。在 $C^n(\Omega)$ 空间中，函数及其到 n 阶的导数都是连续的，参见 A.2.1 节。到目前为止，我们只考虑了 $C^0(\Omega)$ 中的函数。由式（7.25）定义的 $E(I)$ 中的函数也必须位于 $C^1(I)$ 中。

在标准梁单元 $(-1 < \xi < +1)$ 上定义的前四个形函数如图 7.3 所示。请注意，N_2 和 N_4 按因子 $\ell_k/2$ 缩放。这是因为 $\theta = \dfrac{\mathrm{d}w}{\mathrm{d}x} = \dfrac{2}{\ell_k}\dfrac{\mathrm{d}w}{\mathrm{d}\xi}$。

要定义 $N_i(\xi)$，$i \geq 5$，引入函数 $\psi_j(\xi)$ 是方便的，它类似式（3.24）给出的 $\phi_j(\xi)$：

$$\psi_j(\xi) = \sqrt{\frac{2j-3}{2}} \int_{-1}^{\xi} \int_{-1}^{s} P_{j-2}(t) \mathrm{d}t \mathrm{d}s, \quad j = 4, 5, \cdots \tag{7.26}$$

式中，$P_{j-2}(t)$ 是 $j-2$ 次勒让德多项式。例如

$$\psi_4(\xi) = \frac{1}{8}\sqrt{\frac{5}{2}}(\xi^2 - 1)^2$$

然后，对于 $i \geq 5$，有 $N_i(\xi) = \psi_{i-1}(\xi)$。

长度为 ℓ_k、EI 恒定且 $p = 5$ 的伯努利－欧拉梁单元的刚度矩阵为：

$$[K] = \frac{EI}{\ell_k^3} \begin{bmatrix} 12 & 6\ell_k & -12 & 6\ell_k & 0 & 0 \\ & 4\ell_k^2 & -6\ell_k & 2\ell_k^2 & 0 & 0 \\ & & 12 & -6\ell_k & 0 & 0 \\ & (\text{对称}) & & 4\ell_k^2 & 0 & 0 \\ & & & & 8 & 0 \\ & & & & & 8 \end{bmatrix} \tag{7.27}$$

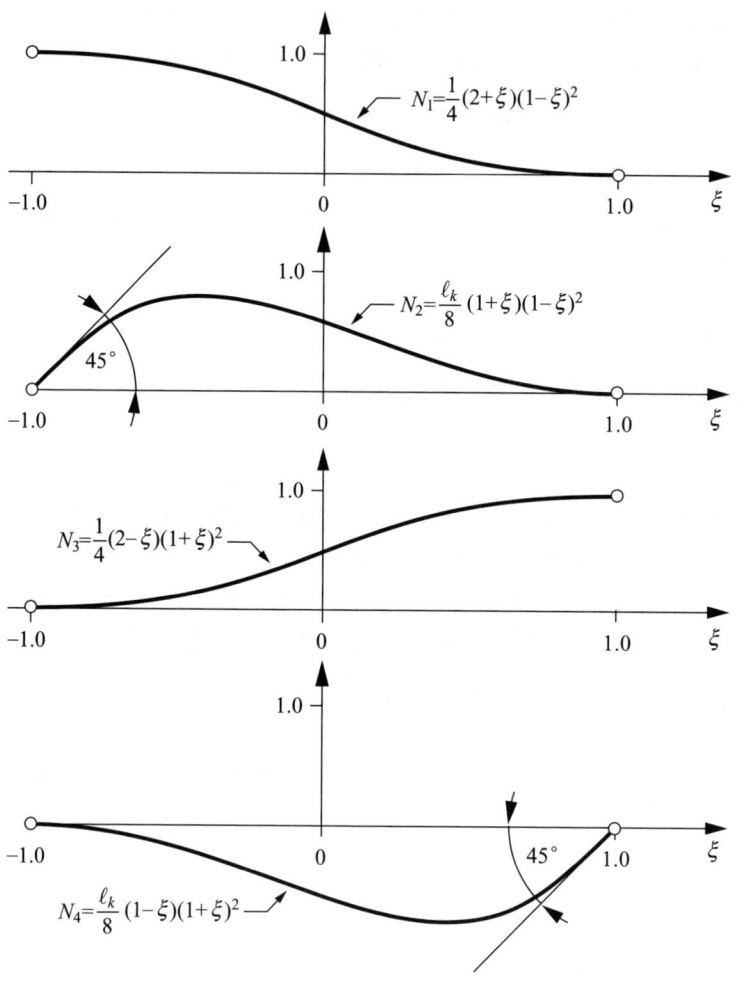

图 7.3　一维中的前四个 C^1 形函数

注释 7.4　式（7.22）给出的简单模型在过去近 200 年来一直成功地用于解决实际问题。当解在尺寸为 d 的距离内没有实质性变化时，它在计算挠度、旋转、力矩和剪切力方面非常准确。然而，对于振动梁，当模态形状的波长接近 d 时，情况并非如此。

铁木辛柯提出了高频振动的模型。当然，铁木辛柯模型也有局限性。此外，除非能够证明感兴趣的数据基本上独立于指标 (m,n)、边界条件和其他建模决策特征化的模型，否则无法确定特定模型的准确性。基于这些原因，需要一个模型层次结构。

注释 7.5　伯努利－欧拉梁模型和铁木辛柯梁模型用于确定反作用力图、剪切力图和弯矩图。确定弯矩 M 后，根据下式计算法向应力：

$$\sigma = -\frac{My}{I} \tag{7.28}$$

式中，y 是质心轴，见图 7.1。对于伯努利-欧拉梁模型，此式推导自：

$$\sigma \equiv \sigma_x = -Ew''y \text{ 和 } M = -\int_A \sigma_x y \mathrm{d}A = Ew'' \int_A y^2 \mathrm{d}A = EIw''$$

对于铁木辛柯模型，推导是类似的。以这种方式计算的应力在远离施加集中力的支座和点时可能非常准确，但在模型中假设不成立的那些点附近可能非常不准确。然而，工程设计是基于式（7.28）计算的最大应力，要求 $\|\sigma\|_{\max}$ 必须小于允许值，该值约为屈服应力的三分之二。只有当我们理解实际目标是设计梁，使 $\|M\|_{\max}$ 比导致大面积塑性变形的力矩小得多。

练习 7.6 确定 $\psi_5(\xi)$ 并在式（7.27）中验证 k_{66}。

练习 7.7 验证式（7.27）中 k_{34} 的值。

练习 7.8 图 7.4 所示的梁在左边为简支，在右边为固定。在简支端施加正旋转角 θ_A。

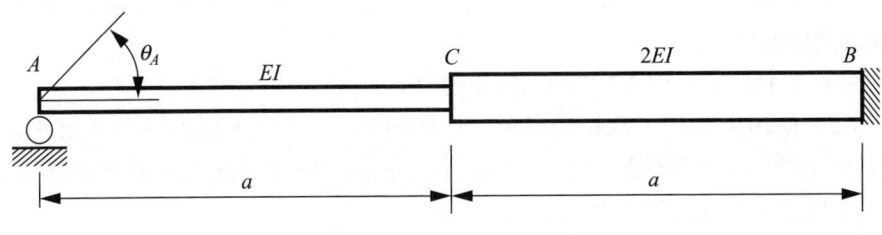

图 7.4　练习 7.8 的问题定义

（1）使用伯努利-欧拉梁模型，根据 θ_A 和 a 确定 C 点处质心轴的位移和旋转角。

（2）给定应变能的确切值为：

$$U_{EX} = \frac{12}{11} \frac{EI}{a} \theta_A^2$$

那么，必须施加的弯矩 M_A 是多少才能引起质心轴的 θ_A 旋转角？弯矩是正值还是负值？（提示：弯矩所做的功等于应变能。）

（3）如果使用铁木辛柯梁模型，M_A 的确切值是更大还是更小，并解释。

（4）如果通过均匀网格细化增加自由度数，应变能是增加、减少还是保持不变，并解释。

练习 7.9 图 7.5 所示的多跨梁固定在两端，并简单地支撑在三个点上。弯曲

刚度 EI 是恒定的。

（1）利用对称性，陈述最小势能原理，并指定伯努利-欧拉梁模型的可接受函数空间。

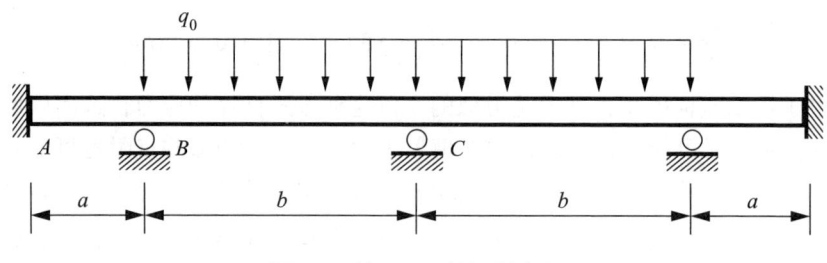

图 7.5　练习 7.9 的问题定义

（2）根据伯努利-欧拉梁模型的参数 q_0、EI、a 和 b，找到支撑 B 处旋转角的表达式。

（3）是否可以为单元分配多项式阶数，使有限元解是精确解（舍入误差），并解释。

练习 7.10　根据 1.7 节中概述的公式，写出伯努利-欧拉梁模型的无阻尼弹性振动问题的广义式。

练习 7.11　将示例 3.3 中的问题建模为梁。

（a）使用伯努利-欧拉梁模型，在区间 $0 < x < \ell/2$ 上使用一个单元，根据 δ/ℓ 求出在 $x = \ell/2$ 处的旋转角。提示：记下 $p = 3$ 时的约束刚度矩阵和载荷矢量。在 $x = \ell/2$ 处施加反对称条件。

（b）使用（a）中获得的结果，通过提取计算作用在 $x = 0$ 边界上的弯矩 M_0。提示：选择 $v = -N_2(\xi)$ 作为提取函数。关于 $N_2(\xi)$ 的定义，见图 7.3。

7.2　板

板模型的制定类似梁模型的制定。假定板的中间表面位于 xy 平面上。中间表面占据的二维域用 Ω 表示，Ω 的边界用 Γ 表示。板的厚度用 d 表示，板的侧面用 S 表示，即 $S = \Gamma \times (-d/2, d/2)$。位移矢量分量按以下形式编写：

$$\begin{aligned}
u_x &= u_{x|0}(x,y) + u_{x|1}(x,y)z + \cdots + u_{x|m_x}(x,y)z^{m_x} \\
u_y &= u_{y|0}(x,y) + u_{y|1}(x,y)z + \cdots + u_{y|m_y}(x,y)z^{m_y} \\
u_z &= u_{z|0}(x,y) + u_{z|1}(x,y)z + \cdots + u_{z|n}(x,y)z^n
\end{aligned} \qquad (7.29)$$

式中，$u_{x|0}$、$u_{x|1}$、$u_{y|0}$ 等是独立的场函数。在后面部分，我们将通过 (m_x, m_y, n) 来

指代特定的板模型，并用 $u_{EX}^{(m_x,m_y,n)}$ 表示相应的精确解。对应三维弹性问题的精确解用 $u_{EX}^{(3D)}$ 表示。

在板的分析中，关注的是应力合力而不是应力。应力合力包括膜力 F_x、横向剪切力 Q_x，以及弯矩 M_x、M_y 和扭转矩 M_{xy}。它们分别为：

$$F_x = \int_{-d/2}^{+d/2} \sigma_x dz \quad F_y = \int_{-d/2}^{+d/2} \sigma_y dz \quad F_{xy} = F_{yx} = \int_{-d/2}^{+d/2} \tau_{xy} dz \quad (7.30)$$

$$Q_x = -\int_{-d/2}^{+d/2} \tau_{xz} dz \quad Q_y = -\int_{-d/2}^{+d/2} \tau_{yz} dz \quad (7.31)$$

$$M_x = -\int_{-d/2}^{+d/2} \sigma_x z dz \quad M_y = -\int_{-d/2}^{+d/2} \sigma_y z dz \quad (7.32)$$

$$M_{xy} = -M_{yx} = -\int_{-d/2}^{+d/2} \tau_{xy} z dz \quad (7.33)$$

剪切力和弯矩分量表达式中的负号是图 7.6 所示应力合力所采用的约定和拉伸应力为正的约定所必要的。由于 $\tau_{xy} = \tau_{yx}$，扭转矩采用的约定结果为 $M_{yx} = -M_{xy}$。

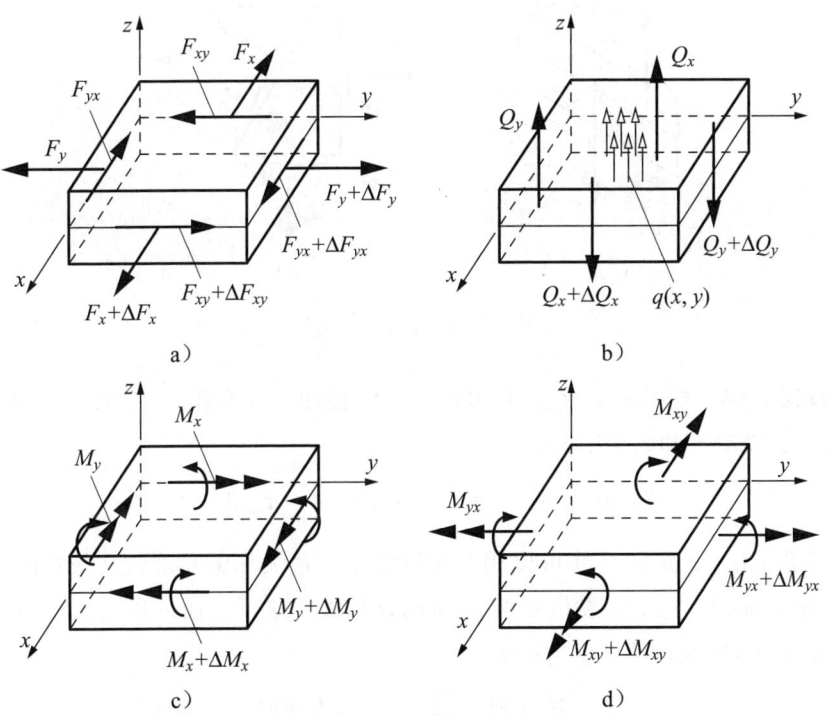

图 7.6 应力合力的符号约定

制定板模型的起点是虚功原理，或者等价地，最小势能原理是由在 z 方向上进行积分的场函数表示的。我们将考虑三维弹性问题的受限形式，使用通常用于板分析的约束和载荷。

边界条件通常以法线-切线 (n,t) 系统给出。在下面的练习中，留给读者推导出从 (x,y) 到 (n,t) 系统的转换。

练习 7.12　参考图 7.7a，证明

$$Q_n = -\int_{-d/2}^{+d/2} \tau_{nz} \mathrm{d}z = Q_x \cos\alpha + Q_y \sin\alpha \tag{7.34}$$

练习 7.13　对于图 7.7b 所示的无穷小板单元，仅受弯曲和扭转矩作用，证明

$$M_n = M_x \cos^2\alpha + M_y \sin^2\alpha + 2M_{xy}\sin\alpha\cos\alpha \tag{7.35}$$

$$M_{nt} = -(M_x - M_y)\sin\alpha\cos\alpha + M_{xy}(\cos^2\alpha - \sin^2\alpha) \tag{7.36}$$

提示：利用 $M_{yx} = -M_{xy}$。

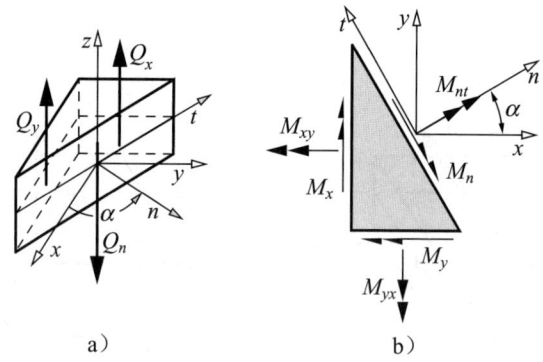

图 7.7　应力合力的变换

练习 7.14　根据定义 M_n，利用式（K.9）给出的变换和式（7.32）、式（7.33）推导出式（7.35）和式（7.36）。

$$M_n = -\int_{-d/2}^{+d/2}\sigma_n z\mathrm{d}z \quad M_{nt} = -\int_{-d/2}^{+d/2}\tau_{nt} z\mathrm{d}z$$

注释 7.6　力矩的变换可以用莫尔圆表示。最大和最小弯矩（分别由 M_1 和 M_2 表示）称为主弯矩，发生在 $M_{xy}=0$ 的 α 值处。这可以通过将 M_n 关于 α 的一阶导数设置为零来证明。主力矩为：

$$M_1 = \frac{M_x + M_y}{2} + R, \quad M_2 = \frac{M_x + M_y}{2} - R \tag{7.37}$$

式中，R 是莫尔圆的半径：

$$R = \sqrt{\left(\frac{M_x - M_y}{2}\right)^2 + M_{xy}^2}$$

7.2.1 赖斯纳-明德林板

板模型 (1,1,0) 也称为赖斯纳-明德林（Reissner-Mindlin）板模型，广泛用于有限元分析。它的表述类似铁木辛柯梁。与铁木辛柯梁模型一样，平面内位移与弯曲和剪切变形是解耦的。为简单起见，我们将只关注弯曲和剪切变形，即使 $u_{x|0} = u_{y|0} = 0$，并使用如下符号：

$$u_{x|1} = -\beta_x(x,y), \quad u_{y|1} = -\beta_y(x,y), \quad u_{z|0} = w(x,y)$$

因此，位移矢量分量的形式为：

$$u_x = -\beta_x(x,y)z, \quad u_y = -\beta_y(x,y)z, \quad u_z = w(x,y) \tag{7.38}$$

应变项为：

$$\epsilon_x = -\frac{\partial \beta_x}{\partial x}z, \quad \epsilon_y = -\frac{\partial \beta_y}{\partial y}z, \quad \epsilon_z = \frac{\partial w}{\partial z} = 0$$

$$\gamma_{xy} = -\left(\frac{\partial \beta_x}{\partial y} + \frac{\partial \beta_y}{\partial x}\right)z, \quad \gamma_{yz} = -\beta_y + \frac{\partial w}{\partial y}, \quad \gamma_{zx} = -\beta_x + \frac{\partial w}{\partial x}$$

对于应力-应变定律，在 xy 平面上使用平面应力关系式（2.69）。在 yz 和 zx 平面中，剪切模量由剪切校正因子 κ 修改：

$$\sigma_x = \frac{E}{1-\nu^2}(\epsilon_x + \nu\epsilon_y) \quad \sigma_y = \frac{E}{1-\nu^2}(\nu\epsilon_x + \epsilon_y) \quad \sigma_z = 0$$

$$\tau_{xy} = G\gamma_{xy} \quad \tau_{yz} = \kappa G\gamma_{yz} \quad \tau_{zx} = \kappa G\gamma_{zx}$$

由于应变分量 ϵ_z 和应力分量 σ_z 均为零，因此应力-应变定律的选择可能看起来是矛盾的。其合理性在于，使用此材料刚度矩阵时，当厚度接近零时，赖斯纳-明德林板模型的精确解将接近全三维模型的精确解：

$$\lim_{d \to 0} \frac{\left\|\vec{u}_{EX}^{(3D)} - \vec{u}_{EX}^{(110)}\right\|_E}{\left\|\vec{u}_{EX}^{(3D)}\right\|_E} = 0 \tag{7.39}$$

如果使用三维弹性的应力-应变定律，赖斯纳-明德林板模型将不具有这种称为渐近一致性的性质。应变能为：

$$U_\kappa = \frac{1}{2}\int_V (\sigma_x\epsilon_x + \sigma_y\epsilon_y + \tau_{xy}\gamma_{xy} + \tau_{yz}\gamma_{yz} + \tau_{zx}\gamma_{zx})\mathrm{d}x\mathrm{d}y\mathrm{d}z + \frac{1}{2}\int_\Omega c_s w \mathrm{d}x\mathrm{d}y$$

式中，$c_s(x,y) \geq 0$ 是弹簧系数（以 $\mathrm{N/m^3}$ 为单位）。代入应力和应变的表达式并对

z 进行积分，有：

$$U_\kappa = \frac{1}{2}\int_\Omega D\left[\left(\frac{\partial \beta_x}{\partial x}\right)^2 + 2\nu\frac{\partial \beta_x}{\partial x}\frac{\partial \beta_y}{\partial y} + \left(\frac{\partial \beta_y}{\partial y}\right)^2 + \frac{1-\nu}{2}\left(\frac{\partial \beta_x}{\partial y} + \frac{\partial \beta_y}{\partial x}\right)^2 + \right.$$
$$\left.\frac{6\kappa(1-\nu)}{d^2}(-\beta_y + \frac{\partial w}{\partial y})^2 + \frac{6\kappa(1-\nu)}{d^2}(-\beta_x + \frac{\partial w}{\partial x})^2\right]\mathrm{d}x\mathrm{d}y + \frac{1}{2}\int_\Omega c_s w \mathrm{d}x\mathrm{d}y$$

(7.40)

式中，D 是弯曲刚度。厚度用 t_z 表示，弯曲刚度为：

$$D \stackrel{\text{def}}{=} \frac{Et_z^3}{12(1-\nu^2)} \tag{7.41}$$

外力的势能是：

$$P = \int_\Omega qw\mathrm{d}x\mathrm{d}y - \oint_\Gamma Q_n w \mathrm{d}s + \oint_\Gamma M_n \beta_n \mathrm{d}s + \oint_\Gamma M_{nt}\beta_t \mathrm{d}s \tag{7.42}$$

式中，使用了图 7.7a 中所示的 ntz 坐标系。注意到（根据定义）$u_n = -\beta_n z$，$u_t = -\beta_t z$，并应用向量变换规则，有：

$$\beta_n = \beta_x \cos\alpha + \beta_y \sin\alpha \tag{7.43}$$

$$\beta_t = -\beta_x \sin\alpha + \beta_y \cos\alpha \tag{7.44}$$

最小势能原理的具体应用取决于边界条件。常用的边界条件有：
（a）固定：$\beta_n = \beta_t = w = 0$
（b）自由：$M_n = M_{nt} = Q_n = 0$
（c）对于赖斯纳-明德林板模型，可以用两种不同的方式定义简支：
    （i）软简支：$w = 0, M_n = M_{nt} = 0$
    （ii）硬简支：$w = 0, \beta_t = 0, M_n = 0$
（d）对称性：$\beta_n = 0$，$M_{nt} = 0$，$Q_n = 0$
（e）反对称：同硬简支。

板模型的剪切校正

对于 Reissner–Mindlin 板模型，通过选择剪切校正因子，可以针对全三维模型优化能量或平均中表面挠度。

$$\kappa = \begin{cases} \dfrac{5}{6(1-\nu)}, & \text{对于最优能量} \\[2mm] \dfrac{20}{3(8-3\nu)}, & \text{对于最优位移} \end{cases} \tag{7.45}$$

对于板模型 (1,1,1)，有一个剪切校正因子：

$$\kappa = \begin{cases} \dfrac{5}{6}, & \nu = 0 \\ \dfrac{12-2\nu}{\nu^2}\left(-1 + \sqrt{1 + \dfrac{20\nu^2}{(12-2\nu)^2}}\right), & \nu \neq 0 \end{cases} \quad (7.46)$$

对于其他板模型 (m_x, m_y, n)，其中 $m_x, m_y \geq 1$，$n \geq 2$，剪切校正因子是 1。

示例 7.2 考虑图 7.8a 所示的板域。厚度为 2.5mm。材料为铝合金，其弹性属性为：$E = 71.3\text{GPa}$ 和 $\nu = 0.33$。对于剪切校正因子，使用能量最优值，参见式（7.45）。

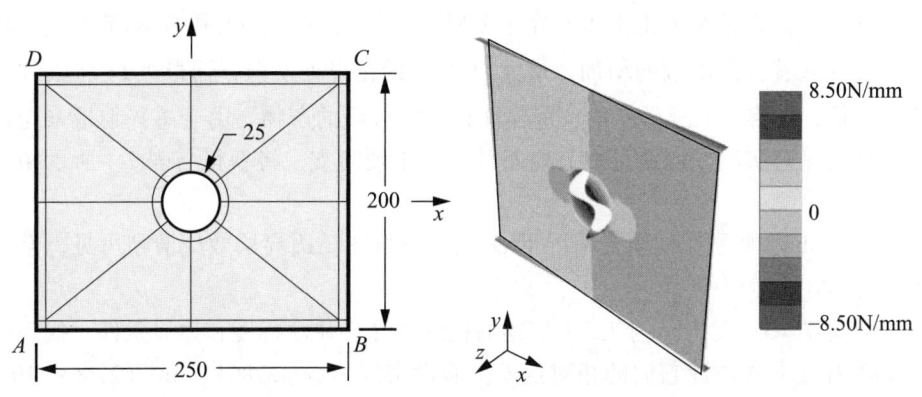

a) 板域的定义和28个单元网格　　b) 硬简支下的 Q_x 的等值线图（$p=8$，乘积空间）

图 7.8

该板在边界段 BC 和 DA 上为简支，在段 AB 和段 CD 以及圆形边界上为自由。它由均匀分布的载荷 $q = -2.0\text{kPa}$ 加载。

目标是使用具有软简支和硬简支的 Reissner–Mindlin 板模型计算应力合力 Q_x 和 Q_y 的最大值和最小值。主要感兴趣的区域是孔的邻域。

此例重点介绍了使用降维模型时出现的一些重要问题。在本例中，问题包括软简支或硬简支的选择如何影响感兴趣的量，选择哪个剪切校正因子，以及如何设计有限元网格来捕获边界层效应。除了知道边界层效应可能很大外，这些问题无法先验地回答。必须根据从有限元解决方案中收集的反馈信息来回答这些问题。

图 7.8a 所示的有限元网格是基于预期边界层效应可能很大设计的。边界处单元层的宽度由一个参数控制，该参数被选择以最小化最高多项式次数 $p = 8$ 处的势

能。该宽度选为8.5mm。

在覆盖主要感兴趣区域的单元上找到感兴趣的量，即排除了与外部边界相邻的单元。为了在感兴趣量中实现强收敛，将图7.8a中所示的28个单元中的每一个细分为四个单元，以获得由112个单元组成的网格，并使用乘积空间执行p扩展。计算结果见表7-1。最小值和最大值出现在孔的周边。

表7-1 示例7.2中的 Q_x 和 Q_y （N/mm）的估计范围（网格：112个单元）

边界条件	Q_x	Q_y
硬简支	±8.717	±8.458
软简支	±8.723	±8.465

如果我们在整个域上而不是在主要感兴趣的域上寻求 Q_x 和 Q_y 的最大值，我们会发现随着自由度数的增加，最大 Q_x 在板的角点处发散，而最大 Q_y 将收敛到相同的值，如表7-1所示。角点奇异性是建模假设的产物。由于感兴趣量未受到奇异性的显著影响，因此可以忽略不计。对于硬简支，将获得与表7-1所示相同的结果。

图7.8b绘制了在硬简支情况下 Q_x 的等值线图。边界层效应清晰可见，但最大值并不在边界层中。

练习7.15 使用示例7.2中描述的板的尺寸、弹性特性和边界条件，找到前三个固有频率并估计它们的相对误差。假设密度为 $\rho = 2780 \text{kg/m}^3$（$2.78 \times 10^{-9}$ Ns^2/mm^4）。对于剪切校正因子，使用能量最优值。

练习7.16 根据式（2.97）推导式（7.42），假设在板的侧表面 $S = \Gamma \times (-d/2, d/2)$ 上仅施加牵引力。提示：首先证明

$$\int_{\partial \Omega_T} T_i u_i \mathrm{d}S = \int_S (T_n u_n + T_t u_t + T_z u_z) \mathrm{d}S$$

练习7.17 板的中表面是等边平行四边形（菱形），其尺寸为 ℓ 和角度为 β，如图7.9a所示。板的厚度均匀为 d。弹性特性为：$E = 2.0 \times 10^5$ MPa，$v = 0.3$。板受到均匀载荷作用，即 $q = q_0$（常数），并为所有侧面施加了简支条件。利用两条对称线，将解域定义为三角形 ABE。设 $\beta = \pi/6$ 且 $\ell/d = 100$。

这是用于说明各种板模型和离散化方案性能的基准问题之一。该问题的挑战在于，在所有边界上施加简支条件时，钝角 B 和 D 处存在强奇异性。

使用Reissner-Mindlin板模型，假设a）中所有边施加硬简支条件，b）中所有边施加软简支条件，估计 E 点的位移 w 和主弯矩 M_1 和 M_2。以无量纲形式报告位移和弯矩：$wD/(q_0 \ell^4)$ 和 $M_i/(q_0 \ell^2)$，$i = 1, 2$。使用剪切校正因子以获得最优能量。

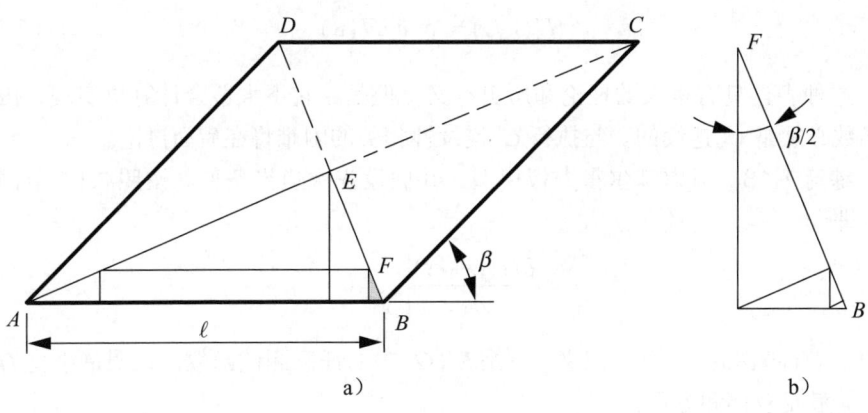

图 7.9 菱形板问题

7.2.2 基尔霍夫板

基尔霍夫板模型类似伯努利－欧拉梁模型，是通过令式（7.40）中 $\beta_x = \dfrac{\partial w}{\partial x}$、$\beta_y = \dfrac{\partial w}{\partial y}$ 得到的。因此，基尔霍夫板模型的应变能为：

$$U_K = \frac{1}{2}\int_\Omega D\left[\left(\frac{\partial^2 w}{\partial x^2}\right)^2 + 2\nu \frac{\partial^2 w}{\partial x^2}\frac{\partial^2 w}{\partial y^2} + \left(\frac{\partial^2 w}{\partial y^2}\right)^2 + 2(1-\nu)\left(\frac{\partial^2 w}{\partial x \partial y}\right)^2\right]\mathrm{d}x\mathrm{d}y + \frac{1}{2}\int_\Omega c_s w \mathrm{d}x\mathrm{d}y \tag{7.47}$$

外力势能由式（7.42）获得，并进行以下修改：

$$\oint_\Gamma M_{nt}\beta_t \mathrm{d}s \to \oint_\Gamma M_{nt}\frac{\partial w}{\partial s}\mathrm{d}s = -\oint_\Gamma \frac{\partial M_{nt}}{\partial s}w\mathrm{d}s + \underbrace{\oint_\Gamma \frac{\partial (M_{nt}w)}{\partial s}\mathrm{d}s}_{0}$$

我们使用了 $\mathrm{d}t \equiv \mathrm{d}s$，并假设乘积 $M_{nt}w$ 是连续且可微的。因此，我们有：

$$P_K = \int_\Omega qw\mathrm{d}x\mathrm{d}y + \oint_\Gamma M_n \frac{\partial w}{\partial n}\mathrm{d}s - \oint_\Gamma \left(Q_n - \frac{\partial M_{nt}}{\partial s}\right)w\mathrm{d}s \tag{7.48}$$

在基尔霍夫板模型中，简支只有一种解释，即硬简支。根据定义：

$$\Pi(w) = U_K(w) - P_K(w) \tag{7.49}$$

以及

$$E(\Omega) = \{w \mid U_K(w) \leqslant C < \infty\}$$

将 $\tilde{E}(\Omega) \subset E(\Omega)$ 定义为满足规定运动学边界条件的函数空间。问题是要找到：

$$\Pi(w_{EX}) = \min_{w \in \tilde{E}(\Omega)} \Pi(w) \tag{7.50}$$

这种表述具有重大的理论和历史意义。但是，它不太适合计算机实现，因为基函数必须是 C^1 连续的。与执行 C^1 连续性相关的困难将在后面讨论。

练习 7.18 考虑基尔霍夫板模型，并假设齐次边界条件。按照 7.1.2 节的程序，即令

$$\left.\frac{\partial \Pi(w+\epsilon v)}{\partial \epsilon}\right|_{\epsilon=0} = 0$$

式中，$\Pi(w)$ 由式（7.49）定义，v 是 $E^0(\Omega)$ 中的任意测试函数，证明最小化 Π 的函数 w 满足双调和方程：

$$\frac{\partial^4 w}{\partial x^4} + 2\frac{\partial^4 w}{\partial x^2 \partial y^2} + \frac{\partial^4 w}{\partial y^4} = \frac{q}{D} \tag{7.51}$$

练习 7.19 我们在练习 7.18 中看到，基尔霍夫板模型的强形式是双调和式（7.51）。假设图 7.10 所示的等边三角板和菱形板的所有边均为简支。仅考虑渐近展开的对称部分，描述基尔霍夫板模型在每个奇异点处齐次解的平滑度。对于菱形板，设 $\beta = \pi/6$。

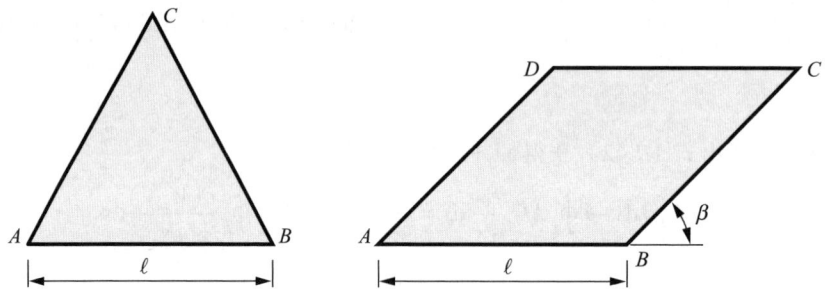

图 7.10 练习 7.19 中等边三角形和菱形板的表示

提示：
（a）极坐标中的齐次双调和方程由式（G.1）给出。
（b）设 $w = r^{\lambda+1} F(\theta)$，对称特征函数的形式为：

$$F_i(\theta) = a_i \cos(\lambda_i - 1)\theta + b_i \cos(\lambda_i + 1)\theta$$

见式（G.13）。

（c）简支边上的零弯矩条件 ($M_n = 0$) 等价于

$$\left(\frac{1}{r^2}\frac{\partial^2 w}{\partial \theta^2}\right)_{\theta=\pm\alpha/2} = 0$$

式中，$\theta = 0$ 是顶点角 α 的内角平分线，如图 4.1 中定义。

练习 7.20 基尔霍夫板模型对简支和均匀加载的等边三角板的精确解是 5 次多项式（参见文献 [104]）。在板的中心，位移 w 和弯矩的精确值为：

$$\frac{wD}{q_0\ell^4} = \frac{1}{1728}, \quad \frac{M_x}{q_0\ell^2} = \frac{1+\nu}{72}, \quad M_y = M_x, \quad M_{xy} = 0$$

式中，D 是板常数，q_0 是恒定分布载荷值，ℓ 是练习 7.19 中的尺寸。将这些结果与使用 Reissner-Mindlin 板模型得出的（a）$\ell/d = 100$，$\nu = 0.3$ 和（b）$\ell/d = 10$，$\nu = 0.3$ 的硬简支和软简支的对应结果进行比较。研究剪力修正因子对最优能量和最优位移的影响。参见 7.2.1 节。

练习 7.21 考虑一个正方形板，均匀载荷，一侧固定，另一侧简支，另外两侧自由。陈述基尔霍夫和 Reissner-Mindlin 模型的最小势能原理。

练习 7.22 请参阅练习 7.21。注意到 Reissner-Mindlin 模型允许区分硬简支和软简支，而基尔霍夫模型则不允许，通过数值实验估计基尔霍夫模型相对于 Reissner-Mindlin 模型的理想化误差。固定板的尺寸并改变厚度。比较软简支和硬简支的应变能的估计极限值。

C^1 连续性的实施

在二维空间中实施 C^1 连续性需要特别考虑。这是因为不可能在多项式基函数上强制执行 C^1 连续性，且仅限于 C^1 连续性。在沿边和顶点处，一阶导数和更高阶导数的连续性需强制执行，同时法向导数也必须是连续的。这意味着四个不同方向的一阶导数必须都是连续的。除非二阶导数在顶点上也是连续的，否则这是不可能的。然而，这在二阶导数不连续的奇异点处会引起问题。为了克服这一困难，已经开发了复合单元和具有合理基函数的单元。

最好通过使用仅需要强制实施 C^0 连续性的板和壳模型来避免此问题。

7.2.3 位移的横向变化

在板和壳模型的公式中，位移分量的横向变化用多项式表示。在本节中将表明，对于厚度较小的均匀板，位移的横向变化最好用多项式表示，而层压板则用分段多项式表示。

考虑图 7.11 所示的单位宽度的无限条带。假设载荷函数 $q = q(x)$ 的周期为 L，关于平面 $y = 0$ 反对称，并且满足平衡方程：

$$\int_{-\infty}^{\infty} q\,\mathrm{d}x = \int_{-\infty}^{\infty} xq\,\mathrm{d}x = 0 \tag{7.52}$$

请注意，周期载荷可以使用傅里叶积分法推广到非周期载荷。我们将关注极

限过程 $d/L \to 0$。

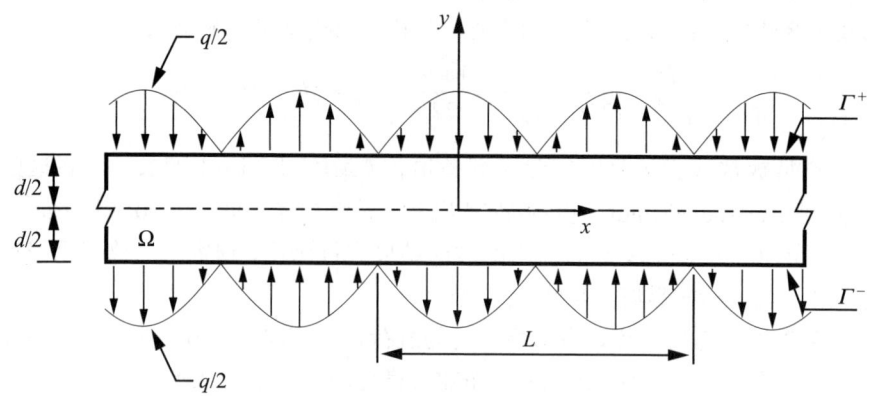

图 7.11　无限条带示意图

在板模型中，横向载荷 q 是指中表面。我们将 q 理解为作用在曲面 Γ^+ 和 Γ^- 上的反对称分布载荷。设 $\beta = 2\pi/L$，并假设解的形式为：

$$u_x = \phi(\beta,y)\sin\beta x \tag{7.53}$$

$$u_y = \psi(\beta,y)\cos\beta x \tag{7.54}$$

式中，$\phi(\beta,y)$ 是反对称的，$\psi(\beta,y)$ 关于条带的中表面（x 轴）对称。应变分量为：

$$\epsilon_x = \frac{\partial u_x}{\partial x} = \beta\phi\cos\beta x \tag{7.55}$$

$$\epsilon_y = \frac{\partial u_y}{\partial y} = \psi'\cos\beta x \tag{7.56}$$

$$\gamma_{xy} = \frac{\partial u_x}{\partial y} + \frac{\partial u_y}{\partial x} = (\phi' - \beta\psi)\sin\beta x \tag{7.57}$$

式中，撇号表示对 y 的导数。我们假设材料是正交各向异性的，材料轴与 x、y 和 z 方向对齐。因此，二维应力 - 应变关系可以写成：

$$\begin{Bmatrix}\sigma_x\\ \sigma_y\\ \tau_{xy}\end{Bmatrix} = \begin{bmatrix}E_1 & E_2 & 0\\ E_2 & E_3 & 0\\ 0 & 0 & E_6\end{bmatrix}\begin{Bmatrix}\epsilon_x\\ \epsilon_y\\ \gamma_{xy}\end{Bmatrix} \tag{7.58}$$

式中，E_1、E_2、E_3 和 E_6 可以是 y 的函数。因此，应力分量为：

$$\sigma_x = (E_1\beta\phi + E_2\psi')\cos\beta x \tag{7.59}$$

$$\sigma_y = (E_2\beta\phi + E_3\psi')\cos\beta x \tag{7.60}$$

$$\tau_{xy} = E_6(\phi' - \beta\psi)\sin\beta x \tag{7.61}$$

零体力的平衡方程为:

$$\frac{\partial \sigma_x}{\partial x} + \frac{\partial \tau_{xy}}{\partial y} = 0 \tag{7.62}$$

$$\frac{\partial \tau_{xy}}{\partial x} + \frac{\partial \sigma_y}{\partial y} = 0 \tag{7.63}$$

将式 (7.59)～式 (7.61) 代入平衡方程，我们得到：

$$-E_1\beta^2\phi - E_2\beta\psi' + (E_6\phi')' - (E_6\beta\psi)' = 0 \tag{7.64}$$

$$E_6\beta\phi' - E_6\beta^2\psi + (E_2\beta\phi)' + (E_3\psi')' = 0 \tag{7.65}$$

将 $\phi(\beta, y)$ 和 $\psi(\beta, y)$ 展开为关于 β 的幂级数：

$$\phi(\beta, y) = \phi_0(y) + \beta\phi_1(y) + \beta^2\phi_2(y) + \cdots \tag{7.66}$$

$$\psi(\beta, y) = \psi_0(y) + \beta\psi_1(y) + \beta^2\psi_2(y) + \cdots \tag{7.67}$$

将式 (7.66) 和式 (7.67) 代入式 (7.64) 和式 (7.65)，我们得到：

$$\begin{aligned}&-E_1(\beta^2\phi_0 + \beta^3\phi_1 + \beta^4\phi_2 + \cdots) - E_2(\beta\psi'_0 + \beta^2\psi'_1 + \beta^3\psi'_2 + \cdots) + \\ &[E_6(\phi'_0 + \beta\phi'_1 + \beta^2\phi'_2 + \cdots)]' - [E_6(\beta\psi_0 + \beta^2\psi_1 + \beta^3\psi_2 + \cdots)]' = 0\end{aligned} \tag{7.68}$$

$$\begin{aligned}&E_6(\beta\phi'_0 + \beta^2\phi'_1 + \beta^3\phi'_2 + \cdots) - E_6(\beta^2\psi_0 + \beta^3\psi_1 + \beta^4\psi_2 + \cdots) + \\ &[E_2(\beta\phi_0 + \beta^2\phi_1 + \beta^3\phi_2 + \cdots)]' + [E_3(\psi'_0 + \beta\psi'_1 + \beta^2\psi'_2 + \cdots)]' = 0\end{aligned} \tag{7.69}$$

请注意，这些方程适用于任何 β。

1. 材料属性与 y 无关

设 $\beta = 0$ 并假设材料属性与 y 无关，根据式 (7.68)、式 (7.69)，我们有：

$$\phi''_0 = 0, \quad \psi''_0 = 0 \tag{7.70}$$

因此：

$$\phi_0(y) = a_1 y + a_2, \quad \psi_0(y) = b_1 y + b_0 \tag{7.71}$$

由于假设 $\phi_0(y)$ 是反对称的，$\psi_0(y)$ 是对称的：

$$\phi_0(y) = a_1 y, \quad \psi_0(y) = b_0 \tag{7.72}$$

对式 (7.68) 关于 β 求导，设置 $\beta = 0$，并使用式 (7.72) 得到以下方程：

$$\phi''_1 = 0, \quad \psi''_1 = -\frac{E_2 + E_6}{E_1} a_1 \tag{7.73}$$

求解 $\phi_1(y)$ 并去掉对称项，求解 $\psi_1(y)$ 并去掉反对称项，我们有：

$$\phi_1 = c_1 y, \quad \psi_1(y) = -\frac{E_2 + E_6}{2E_1} a_1 y^2 + d_0 \tag{7.74}$$

式（7.72）表明解的形式应为：

$$u_x(x, y) = u_{x|1}(x) y \tag{7.75}$$

$$u_y(x, y) = u_{y|0}(x) + u_{y|2}(x) y^2 \tag{7.76}$$

这是式（7.1）和式（7.2）中假定的函数形式，由 $u_x(x, y)$ 是反对称的，$u_y(x, y)$ 是对称的，并且将表达式截断到二次项。这种变形模式的选择满足了平衡式（7.68）和式（7.69），最高可达 β 的一次幂。通过继续这个过程，平衡方程可以满足任意的 β 次幂。

2. 材料属性是 y 的对称函数

如果材料属性与 y 有关，则在式（7.68）和式（7.69）中设置 $\beta = 0$，我们得到：

$$(E_6 \phi_0')' = 0, \quad (E_1 \psi_0')' = 0 \tag{7.77}$$

在许多实际问题中，材料属性是 y 的对称函数。例如，条带可能由相对于 xz 平面对称排列的层板组成，那么，已知 $\phi_0(y)$ 是反对称的，$\psi_0(y)$ 是对称的，我们有：

$$\phi_0(y) = a_1 F_0(y), \quad \psi_0 = b_0 \tag{7.78}$$

式中：

$$F_0(y) \stackrel{\text{def}}{=} \int_0^y \frac{1}{E_6(t)} dt \tag{7.79}$$

将式（7.68）和式（7.69）关于 β 求导，并设 $\beta = 0$，将得到以下方程：

$$-E_2 \psi_0' + (E_6 \phi_1')' - (E_6 \psi_0)' = 0 \tag{7.80}$$

$$E_6 \phi_0' + (E_2 \phi_0)' + (E_1 \psi_1')' = 0 \tag{7.81}$$

利用式（7.78），从式（7.80）可以得到：

$$[E_6(\phi_1' - \psi_0)]' = 0 \tag{7.82}$$

求解 $\phi_1(y)$，并使用 $\phi_1(y)$ 是反对称的事实：

$$\phi_1(y) = c_1 \int_0^y \frac{1}{E_6(t)} dt + b_0 y \tag{7.83}$$

根据式（7.77）中，我们有 $E_6 \phi_0' = a_1$（常数），因此式（7.81）可写为

$$a_1 + (E_2\phi_0)' + (E_1\psi_1')' = 0 \tag{7.84}$$

求解 ψ_1：

$$\psi_1(y) = -a_1\int_0^y \frac{t}{E_1(t)}\mathrm{d}t + d_1\int_0^y \frac{t}{E_1(t)}\mathrm{d}t - a_1\int_0^y \frac{E_2(t)}{E_1(t)}F_0(t)\mathrm{d}t + d_0 \tag{7.85}$$

由于第二项是反对称的，因此 $d_1 = 0$。定义：

$$F_1(y) = \int_0^y \frac{t}{E_1(t)}\mathrm{d}t + \int_0^y \frac{E_2(t)}{E_1(t)}F_0(t)\mathrm{d}t \tag{7.86}$$

我们有：

$$\psi_1(y) = -a_1 F_1(y) + d_0 \tag{7.87}$$

解的形式如下：

$$u_x(x, y) = u_{x|1}(x)y + u_{x|2}(x)F_0(y) \tag{7.88}$$

$$u_y(x, y) = u_{y|0}(x) + u_{y|2}(x)F_1(y) \tag{7.89}$$

有关更多详细信息和示例，请参阅文献 [23]。

注释 7.7 层压板及壳层的定义、基本性质及层次模型的表述首先在文献 [1]、文献 [23]、文献 [91] 中提出。如果计算的目标是估计层压结构件的强度，那么有必要确定宏观力学模型中的关键区域，并估计在纤维基体水平上失效预测值。失效预测值是通过解释物理实验结果与失效事件相关的函数。由于问题的复杂性、大纵横比、强边界层效应和后验误差估计的要求，高阶方法加上适当的网格设计有望在该领域发挥越来越重要的作用。

练习 7.23 假设材料属于是 y 的对称函数，构造 u_x 和 u_y 以满足平衡式（7.68）和式（7.69），直至 β^2。

7.3 壳

结构壳数学模型的制定是一个非常庞大且相当复杂的主题。下面仅简要概述一些关键要点。

结构壳中表面为 x_i，厚度为 d。两者均通过两个参数 α_1、α_2 定义：

$$x_i = x_i(\alpha_1, \alpha_2), \quad d = d(\alpha_1, \alpha_2)$$

请注意，参数 α_i 的下标取值 $i = 1, 2$，而空间坐标 x_i 的下标范围为 $1 \sim 3$。与中表面的每个点相关联的是三个基向量。其中两个基向量位于点 (α_1, α_2) 的切平面上：

$$\boldsymbol{b}_i^{(1)} = \frac{\partial x_i}{\partial \alpha_1}, \quad \boldsymbol{b}_i^{(2)} = \frac{\partial x_i}{\partial \alpha_2}$$

请注意，$\boldsymbol{b}_i^{(1)}$ 和 $\boldsymbol{b}_i^{(2)}$ 不一定是正交的。然而，在经典壳的理论中，通常选择参数 α_1、α_2，以使基向量正交。第三个基向量 $\boldsymbol{b}_i^{(3)}$ 是 $\boldsymbol{b}_i^{(1)}$ 和 $\boldsymbol{b}_i^{(2)}$ 的叉积，因此它与切平面垂直。这些称为曲线基向量。归一化曲线基向量用 $\boldsymbol{e}_\alpha, \boldsymbol{e}_\beta, \boldsymbol{e}_n$ 表示。笛卡儿单位基向量用 $\boldsymbol{e}_x, \boldsymbol{e}_y, \boldsymbol{e}_z$ 表示。以曲线基向量表示的向量 $\boldsymbol{u}$ 用 $\boldsymbol{u}_{(\alpha)}$ 表示，在笛卡儿坐标中用 $\boldsymbol{u}_{(x)}$ 表示。

$$\boldsymbol{u}_{(x)} = [\boldsymbol{R}]\boldsymbol{u}_{(\alpha)} \tag{7.90}$$

式中，变换矩阵 $[\boldsymbol{R}]$ 的列是单位向量 $\boldsymbol{e}_\alpha, \boldsymbol{e}_\beta, \boldsymbol{e}_n$。

壳模型的经典发展受到求解偏微分方程方法局限性的影响。曲线坐标的使用充许通过经典方法处理具有简单几何描述的壳，例如圆柱形、球形和圆锥形壳，前提是壳的厚度相对于其他尺寸较小。这些限制如今已不复存在。

壳体应被视为完全三维的实体，可以先验地限制某些区域（通常不是主要感兴趣的区域）位移的横向变化。在几乎所有实际应用中，都存在一些区域，其中壳模型的假设并不成立。例如，喷嘴附近、支撑连接处、加强件、切口和曲率突然变化的接头附近区域。从强度分析的角度来看，这些是通常的主要兴趣区域。具有工程意义的壳体厚度很少会相对于其他尺寸较小。

分层壳模型是式（7.29）表示的分层板模型的推广。位移矢量分量由以下形式给出：

$$\begin{aligned}
u_\alpha &= \sum_{i=0}^{m_\alpha} u_{\alpha|i}(\alpha,\beta)\phi_i(v) \\
u_\beta &= \sum_{i=0}^{m_\beta} u_{\beta|i}(\alpha,\beta)\phi_i(v) \\
u_n &= \sum_{i=0}^{m_n} u_{n|i}(\alpha,\beta)\phi_i(v)
\end{aligned} \tag{7.91}$$

式中，$\phi_i(v)$ 称为控制器函数。当材料是各向同性时，$\phi_i(v)$ 是多项式；当壳为层压结构时，$\phi_i(v)$ 是分段多项式（参见文献 [1]）。式（7.91）表示完全三维弹性问题的半离散化，因为 $\phi_i(v)$ 是固定的，因此问题从三维问题简化为二维问题。特定的壳模型由一组数字 (m_α, m_β, m_n) 表征。

在经典壳理论中，曲线基向量在整个分析过程中保持不变。而在有限元方法中，通常使用广义式，最常见的是虚拟功原理。如果参考曲线基向量给出的位移分量通过式（7.90）转换到（全局）笛卡儿参考系，则算法结构将变得更简单。

内部应力虚功的通用形式由下式给出：

$$B(\boldsymbol{u}_{(\alpha)}, \boldsymbol{v}_{(\alpha)}) = \int_\omega \int_{-d/2}^{+d/2} ([\tilde{\boldsymbol{D}}][\boldsymbol{R}]\boldsymbol{v}_{(\alpha)})^{\mathrm{T}} [\boldsymbol{E}][\tilde{\boldsymbol{D}}][\boldsymbol{R}]\boldsymbol{u}_{(\alpha)} \mathrm{d}\nu\mathrm{d}\omega \quad (7.92)$$

式中，$[\tilde{\boldsymbol{D}}]$ 是微分算子，它将根据曲线坐标 (α,β,ν) 表示的位移矢量分量转换为笛卡儿应变张量分量：$\{\epsilon\} = [\tilde{\boldsymbol{D}}]\boldsymbol{u}_{(\alpha)}$。假设材料是各向同性的。如果材料不是各向同性的，并且其参考系与全局笛卡儿坐标系不同，则必须将 $[\boldsymbol{E}]$ 转换到全局笛卡儿坐标系。

外部力虚拟功的通用形式是：

$$\begin{aligned} F(\boldsymbol{v}_{(\alpha)}) = & \int_\omega \int_{-d/2}^{+d/2} ([\boldsymbol{R}]\boldsymbol{F}_{(\alpha)})^{\mathrm{T}} [\boldsymbol{R}]\boldsymbol{v}_{(\alpha)} \mathrm{d}\nu\mathrm{d}\omega + \\ & \int_{\partial\omega} \int_{-d/2}^{+d/2} ([\boldsymbol{R}]\boldsymbol{T}_{(\alpha)})^{\mathrm{T}} [\boldsymbol{R}]\boldsymbol{v}_{(\alpha)} \mathrm{d}\nu\mathrm{d}s + \\ & \int_\omega \int_{-d/2}^{+d/2} ([\tilde{\boldsymbol{D}}][\boldsymbol{R}]\boldsymbol{v}_{(\alpha)})^{\mathrm{T}} [\boldsymbol{E}]\{c\}\mathcal{T}_\Delta \mathrm{d}\nu\mathrm{d}\omega \end{aligned} \quad (7.93)$$

式中，$\boldsymbol{F}_{(\alpha)}$（或 $\boldsymbol{T}_{(\alpha)}$）是用曲线基表示的体积力（或表面牵引矢量），$\{c\}$ 是热膨胀系数的矢量，$\mathcal{T}_\Delta$ 是温度变化。

1. Naghdi 壳模型

Naghdi 壳模型类似 Reissner-Mindlin 板模型：假设变形前中表面的法线仍然是直线，但变形后不一定是直线的。换句话说，运动学假设解释了一些横向剪切变形。具体来说，运动学假设与分层壳模型 (1,1,0) 的运动学假设相同：

$$\begin{aligned} u_\alpha &= u_{\alpha|0}(\alpha,\beta) + u_{\alpha|1}(\alpha,\beta)\nu \\ u_\beta &= u_{\beta|0}(\alpha,\beta) + u_{\beta|1}(\alpha,\beta)\nu \\ u_n &= u_{n|0}(\alpha,\beta) \end{aligned} \quad (7.94)$$

然而，材料刚度矩阵的定义与分层壳模型的定义不同：在式（7.92）中，$[E]$ 的定义是三维应力-应变关系的定义，而在 Naghdi 模型中，$[E]$ 被替换为包含存在平面应力条件假设的应力-应变关系。这对于渐近一致性是必要的。

2. Novozhilov-Koiter 壳模型

Novozhilov-Koiter 壳模型是欧拉-伯努利梁模型和基尔霍夫板模型对壳的扩展：假设变形前中表面的法线在变形后仍然是法线。该式涉及将式（7.94）中的场函数 u_α 和 u_β 替换为 u_n 的一阶导数的线性组合。因此，场函数的数量减少到三个，在式（7.92）中出现了二阶导数，这意味着可接受函数的空间必须具有 C^1 连续性。从计算机实现的角度来看，仅使用三个场函数的优点远远超过了 C^1 连续性要求和运动学边界条件限制的缺点。这个模型在今天主要具有理论和历史意义。

分层薄实体模型

分层半离散化的另一种方法是将位移矢量的笛卡儿分量写成：

$$u_x = \sum_{i=0}^{q} u_{x|i}(\alpha,\beta)\phi_i(v)$$

$$u_y = \sum_{i=0}^{q} u_{y|i}(\alpha,\beta)\phi_i(v) \qquad (7.95)$$

$$u_z = \sum_{i=0}^{q} u_{z|i}(\alpha,\beta)\phi_i(v)$$

式中，q 通常是一个小数字。内部应力虚功的通用形式由以下表达式给出：

$$B(\boldsymbol{u}_{(x)},\boldsymbol{v}_{(x)}) = \int_\omega \int_{-d/2}^{+d/2} ([\boldsymbol{D}]\boldsymbol{v}_{(x)})^{\mathrm{T}}[\boldsymbol{E}][\boldsymbol{D}]\boldsymbol{u}_{(x)} \mathrm{d}v\mathrm{d}\omega \qquad (7.96)$$

外部力虚拟功的通用形式是：

$$F(\boldsymbol{v}_{(\alpha)}) = \int_\omega \int_{-d/2}^{+d/2} \boldsymbol{F}_{(x)} \cdot \boldsymbol{v}_{(x)} \mathrm{d}v\mathrm{d}\omega + \int_{\partial\Omega} \boldsymbol{T}_{(x)} \cdot \boldsymbol{v}_{(\alpha)} \mathrm{d}S + \\ \int_\omega \int_{-d/2}^{+d/2} ([\boldsymbol{D}]\boldsymbol{v}_{(x)})^{\mathrm{T}}[\boldsymbol{E}]c\tau \mathrm{d}v\mathrm{d}\omega \qquad (7.97)$$

式中，$\boldsymbol{F}_{(x)}$（或 $\boldsymbol{T}_{(x)}$）是笛卡儿体积力矢量（或表面牵引矢量），以曲线坐标变量 (α,β,v) 表示，$c\tau$ 是热应变。此类模型称为"薄实体"模型。

在计算机应用中，使用各向异性主干或各向异性乘积空间。在标准六面体单元 $\Omega_{\mathrm{st}}^{(h)}$ 上定义的各向异性干空间为：

$$S_{\mathrm{tr}}^{ppq}(\Omega_{\mathrm{st}}^{(h)}) = \mathrm{span}(\xi^k\eta^\ell\zeta^m, \xi^p\eta\zeta^m, \xi\eta^p\zeta^m, (\xi,\eta,\zeta) \in \Omega_{\mathrm{st}}^{(h)}, \\ k,\ell=0,1,2,\cdots,k+\ell \leq p, m=0,1,2,\cdots,q), p>1 \qquad (7.98)$$

参数 q 固定，$p>q$ 不断增加，直至实现收敛。$\Omega_{\mathrm{st}}^{(h)}$ 上的各向异性乘积空间由下式定义：

$$S_{pr}^{ppq}(\Omega_{\mathrm{st}}^{(h)}) = \mathrm{span}(\xi^k\eta^\ell\zeta^m, (\xi,\eta,\zeta) \in \Omega_{\mathrm{st}}^{(h)}, \\ k,\ell=0,1,2,\cdots,p, m=0,1,2,\cdots,q) \qquad (7.99)$$

在标准五面体单元上各向异性空间的定义是类似的。$q=1$ 的各向异性空间与 Reissner–Mindlin 板模型或 Naghdi 壳模型相似但不等价。差异在于场函数的数量和本构定律，这些本构定律已针对 Reissner–Mindlin 板模型和 Naghdi 壳模型进行了调整，以满足渐近一致性的要求。

注释 7.8　薄实体公式相较壳体公式的优点是较易实施，更容易与其他实体（如加强件）保持连续性。缺点是薄实体公式不能应用于层压壳体，除非每一层都进行显式建模，并且每个位移分量的场函数数量必须相同。

示例 7.3　在本例中，我们将示例 7.2 中描述的板问题的解与薄实体模型的解 $q=1$ 进行比较。我们感兴趣的量是圆孔附近板顶部的最大压应力（$z=1.25\,\text{mm}$）。我们将只考虑简单硬简支。我们将使用剪切校正因子，该因子对于 Reissner-Mindlin 板的能量是最优的，而对于薄实体模型，我们将使用统一的剪切校正因子。对于离散化，我们将使用图 7.8 中所示的 28 单元网格、采用 p 扩展和乘积空间。

回想一下，Reissner-Mindlin 模型满足渐近一致性的条件，但它不在薄实体板的分层序列中，而 $q=1$ 的薄实体板在分层序列中但不满足渐近一致性的条件。

第三主应力（MPa）的等值线如图 7.12 所示。经验证，计算出的应力值的相对误差远低于 1%。因此，结果的差异是由模型的差异引起的。就最大压应力而言，该差异为 3%。对于 Reissner-Mindlin 模型（或薄实体模型的顶部，即 $z=1.25\,\text{mm}$），第三主应力的范围为 $-26.61<\sigma_3<0$（或 $-27.40<\sigma_3<4.14$）。对于以 $q=3$ 为特征的薄实体模型，该范围与 Reissner-Mindlin 板模型相同。

研究发现，薄实体模型的解对沿边界的单元宽度不敏感。

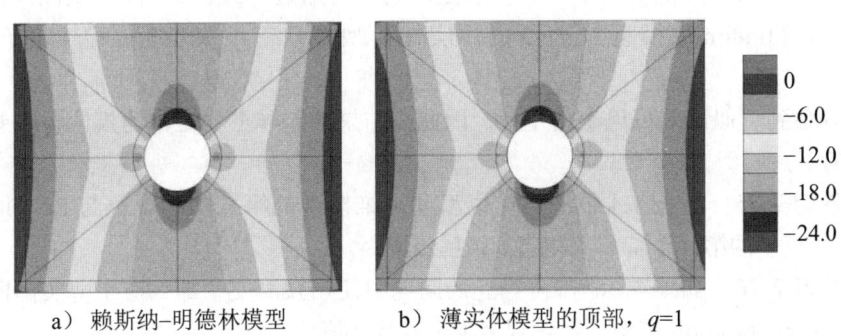

a）赖斯纳-明德林模型　　　　　b）薄实体模型的顶部，$q=1$

图 7.12　示例 7.3 的第三主应力（MPa）的等值线，$p=8$ 乘积空间

练习 7.24　根据 $(\sigma_3)_{\min}=-27.40\,\text{MPa}$ 的信息，估计板中的最大弯矩，建模为薄实体。假设膜力为零。

示例 7.4　使用示例 7.2 中描述的板的尺寸、弹性特性和边界条件，找到由 $q=1$ 和 $q=3$ 表征的薄实体模型预测的第一固有频率（Hz），并将结果与使用全三维模型和 Reissner-Mindlin 板模型计算的结果进行比较。我们假设密度与练习 7.15 中的密度相同：$\rho=2780\,\text{kg/m}^3$（$2.78\times10^{-9}\,\text{Ns}^2/\text{mm}^4$），并使用图 7.8 所示的 28 个单元网格和乘积空间。

表 7-2 列出了 $p=5\sim8$ 时的计算结果。最后一行显示的是通过 1.5.3 节所述算

法外推至 $p=\infty$ 得到的估计极限值。在前三列的每一行中，计算的固有频率单调递减。这是因为以 $q=1$ 为特征的各向异性空间是以 $q=3$ 为特征的各向异性空间的子空间，它是各向同性有限元空间的子空间。

表 7-2　示例 7.4。对应于 $q=1$ 和 $q=3$ 的薄实体模型、全三维模型（3D）和 Reissner-Mindlin（R-M）板模型的第一个非零固有频率（Hz），乘积空间

p	$q=1$	$q=3$	3D	R-M
5	97.39	90.46	90.46	90.95
6	97.34	90.41	90.41	90.94
7	97.30	90.37	90.37	90.94
8	97.26	90.34	90.33	90.94
∞	97.12	90.13	90.07	90.94

Reissner-Mindlin（R-M）模型不属于薄实体模型的分层序列，因为其应力-应变关系与其他模型不一致。但是，它具有渐近一致性的特性。结果表明，Reissner-Mindlin 板模型和 $q=3$ 的薄实体模型是全三维模型解的非常好的近似值。

观察到近似误差可以忽略不计。因此，结果的差异主要是由建模假设的差异引起的。

练习 7.25　示例 7.4 中薄实体模型和三维模型的第二个特征值与 Reissner-Mindlin 模型的第一个特征值相当。请解释原因。

练习 7.26　如果在示例 7.4 描述的问题中使用软简支，那么对于薄实体模型和 Reissner-Mindlin 模型，会找到多少个零特征值？

示例 7.5　此示例取自 ADINA 技术简报，其中列出了圆柱壳体的各种厚度与半径比的固有频率和模态形状。壳的半径为 0.1m，长度为 0.4m，末端固定。材料属性为 $E=2.0\times 10^{11}$Pa，$v=0.3$，$\rho=7800$ kg/m^3。T.Yamada 等人在 2012 年的美国机械工程师学会（ASME）验证和确认研讨会上讨论了同样的问题，并介绍了用 MITC4 壳单元在粗网格（40×20）、中等网格（80×40）和细网格（240×120）上获得的解。

使用各向异性乘积空间 $S_{pr}^{pp3}(\Omega_{st}^{(h)})$ 和 128 个单元计算的第 20 阶模态的固有频率如表 7-3 所示。单元通过平均最优集 T_2^5（6×6 个搭配点）进行映射，详见附录 F 中的表 F-1。$t=0.01$ 和 $t=0.00001$ 时的模态形状如图 7.13 所示。等值线与法向位移成正比。

表 7-3 示例 7.5。使用各向异性乘积空间 $S_{pr}^{pp3}(\Omega_{st}^{(h)})$ 和 128 个单元计算第 20 阶模态的固有频率

p	N	t=0.01	t=0.001	t=0.0001	t=0.00001
3	13,248	5019.0	1590.7	955.39	942.69
4	23,808	5002.5	1452.3	431.13	198.92
5	37,440	5002.1	1452.1	391.61	133.92
6	54,144	5002.0	1452.0	391.56	110.91
7	73,920	5002.0	1452.0	391.53	103.60
8	96,768	5002.0	1451.9	391.51	101.63
∞	∞	5002.0	1451.9	391.42	100.58

请注意，固有频率的收敛速率随着厚度的减小而降低。这与模态形状的正则性降低有关，如图 7.13 所示。

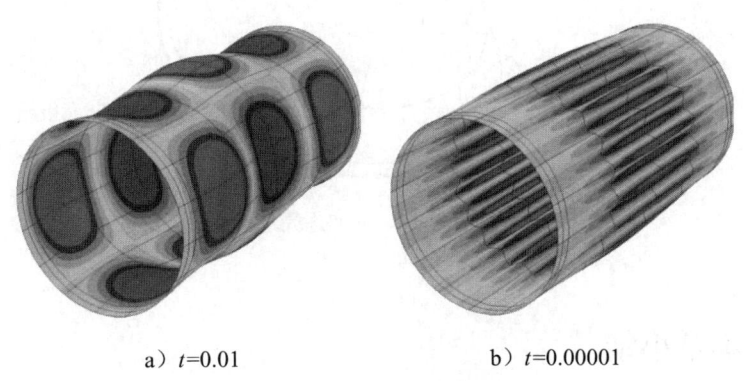

a) $t=0.01$ b) $t=0.00001$

图 7.13 示例 7.5。第 20 阶模态形状

练习 7.27 双曲面壳的中表面由下式给出：

$$\frac{x^2}{R_t^2} + \frac{y^2}{R_t^2} - \frac{z^2}{(\alpha L)^2} = 1, \quad -L \leqslant z \leqslant L, \quad \alpha^2 = \frac{R_t^2}{R_c^2 - R_t^2}$$

式中，R_t 是喉部半径，R_c 是顶部半径。设 $R_t=1.0$ m，$L=1.0$ m 和 $\alpha=1$。用 d 表示壳的厚度。假设材料具有弹性，$E=2.0\times 10^5$ MPa，$\nu=0.3$。假设法向压力 $p=p_0\cos 2\theta$ 作用在壳的内表面，其中 θ 为从正 x 轴方向测量的角度，如图 7.14 所示。设 $p_0=20.0$ kPa。$z=-L$ 处的边是固定的，即所有位移分量均为零，$z=L$ 处

的边是自由的。

（1）构造一个以 d 为参数的壳实体模型，并构建类似图 7.14 所示的网格。

（2）使用各向异性积空间 $S_{pr}^{ppq}(\Omega_{st}^{(h)})$ 和各向异性主干空间 $S_{tr}^{ppq}(\Omega_{st}^{(h)})$，研究在 $d=0.01\,\mathrm{m}$ 和 $d=0.001\,\mathrm{m}$ 时，$q=1,2,3$ 的能量范数收敛率。

本练习展示了锁定现象的影响：$d=0.001\,\mathrm{m}$ 的相对误差比 $d=0.01\,\mathrm{m}$ 的相对误差大得多；然而，估计的渐近收敛率接近 1.0。当绘制变形形状时，固定边缘处的强边界层将清晰可见。

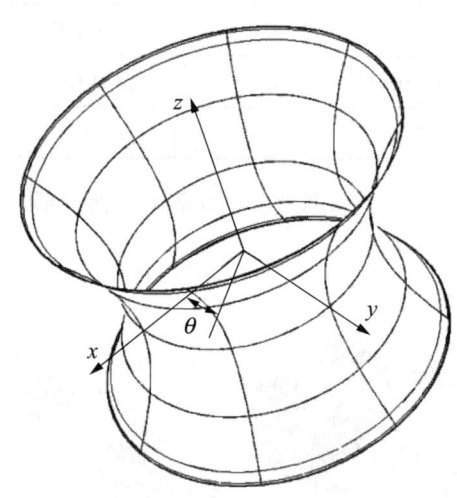

图 7.14　双曲面壳

7.4　本章小结

在许多情况下，使用降维模型比使用全三维模型更有优势。在特定情况下是否使用降维模型取决于计算目标和所需精度。一般来说，当计算目标是确定结构刚度、位移和变形时，降维模型非常适合结构分析。但当主要关注区域为支撑连接处、加强件和外部边界附近，且目标是估算与强度相关的兴趣量时，则降维模型不太适合强度分析。

相关数据的精度不仅取决于所使用的离散化方法，还取决于降维模型的精确解与相应的全三维模型精确解的近似程度。根据降维模型的精确解确定的相关数据与相应的全三维模型对应数据之间的差异就是模型形式误差。模型的层次结构为估计和控制模型形式误差提供了一个概念框架。

随着厚度的减小，分层梁、板和壳模型的精确解分别收敛于伯努利－欧拉梁模型、基尔霍夫板模型和 Novozhilov–Koiter 壳模型的精确解。这些模型与分层模型不同，要求位移函数及其一阶导数都是连续的。因此，分层模型族中位于 $C^0(\Omega)$ 的精确解会收敛到位于 $C^1(\Omega)$ 的解。除非多项式的次数足够高，能够近似实现 $C^1(\Omega)$ 的连续性，否则 h 收敛将非常缓慢，或可能出现剪切锁定现象。此外，p 收敛也会发生，但是进入渐近范围的条件是 $p \geq 4$。

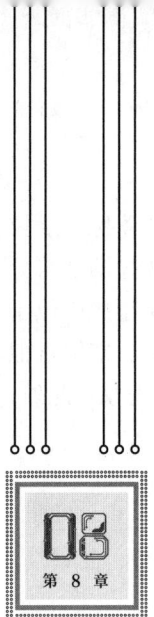

第 8 章

多尺度模型

本章关注从构成要素的力学特性中确定单向纤维基体薄片的宏观力学特性。我们考虑理想的单向薄片,假设纤维排列呈完美的六边形或者四边形。

8.1 单向纤维加固薄片

代表性体积单元(RVE)是指具有非匀质材料的平均物理特性的非匀质材料样本。我们希望确定呈六边形和四边形排列的单向薄片的宏观力学材料刚度矩阵 $[E]$ 的构成要素,两种排列方式的单向薄片的代表性体积单元如图 8.1a 和图 8.1b 所示。

根据定义,$\{\sigma\}=[E]\{\epsilon\}$,其中 $[E]$ 属于 6×6 对称正定矩阵,并且

$$\{\sigma\} = \{\sigma_x \sigma_y \sigma_z \tau_{xy} \tau_{yz} \tau_{zx}\}^T \tag{8.1}$$

$$\{\epsilon\} = \{\epsilon_x \epsilon_y \epsilon_z \gamma_{xy} \gamma_{yz} \gamma_{zx}\}^T \tag{8.2}$$

式(8.1)和式(8.2)分别是指应力矢量和应变矢量。在线性弹性中,$[E]$ 的

构成要素属于常数，与 $\{\epsilon\}$ 无关。

我们将关注应力 $\{\bar{\sigma}\}$ 的平均积分和应变 $\{\bar{\epsilon}\}$ 的平均积分之间的关系，其中平均值来自代表性体积单元（RVE）。我们使用符号

$$\{\bar{\sigma}\} = [E_{\text{RVE}}]\{\bar{\epsilon}\} \tag{8.3}$$

并且确定宏观材料刚度矩阵 $[E_{\text{RVE}}]$，其中非匀质 RVE 的应变能等于匀质化 RVE 的应变能：

$$U = \frac{1}{2}\int_V \{\epsilon\}^{\text{T}}[E]\{\epsilon\}\text{d}V = \frac{1}{2}\{\bar{\epsilon}\}^{\text{T}}[E_{\text{RVE}}]\{\bar{\epsilon}\}V \tag{8.4}$$

式中，V 是指 RVE 的体积。$[E_{\text{RVE}}]$ 的构成要素必须基本上与 RVE 的数量无关。

我们采用有限元方法提出了一个计算 $[E_{\text{RVE}}]$ 构成要素的算法。这个算法需要确定应变能以及在 RVE 边界处的平均位移，两者收敛的速度大于解的能量范数，也就是说实现了超收敛。

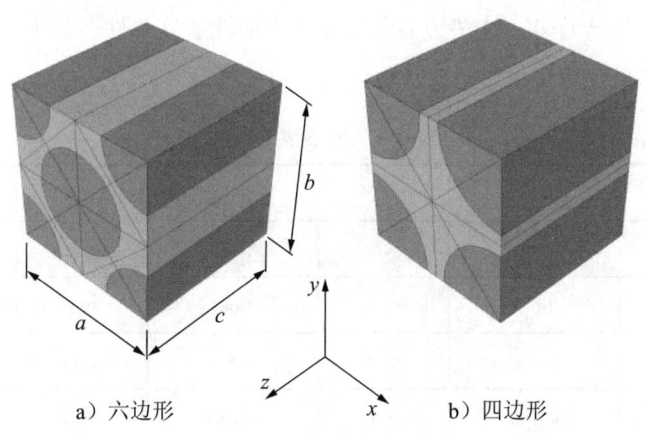

a）六边形　　　　　　b）四边形

图 8.1　单向薄片的代表性体积单元（RVE）

图 8.1 中 RVE 的对称布局具有五个平面，而宏观材料刚度矩阵仅有六个常数，如式（8.5）所示。

$$[E_{\text{RVE}}] = \begin{bmatrix} A & e & f & 0 & 0 & 0 \\ e & A & f & 0 & 0 & 0 \\ f & f & B & 0 & 0 & 0 \\ 0 & 0 & 0 & C & 0 & 0 \\ 0 & 0 & 0 & 0 & D & 0 \\ 0 & 0 & 0 & 0 & 0 & D \end{bmatrix} \tag{8.5}$$

因此，RVE 的应变能可以写为：

$$U = \frac{1}{2}\int_V (A(\overline{\epsilon}_x^2 + \overline{\epsilon}_y^2) + B\overline{\epsilon}_z^2 + 2e\overline{\epsilon}_x\overline{\epsilon}_y + 2f(\overline{\epsilon}_x\overline{\epsilon}_z + \overline{\epsilon}_y\overline{\epsilon}_z))\mathrm{d}V + \\ \frac{1}{2}\int_V (C\overline{\gamma}_{xy}^2 + D(\overline{\gamma}_{yz}^2 + \overline{\gamma}_{zx}^2))\mathrm{d}V \quad (8.6)$$

式中，上划线是指 RVE 的体积平均积分。

我们通过求解六个问题来表征 $[E_{\mathrm{RVE}}]$ 的六个常数，其中应变的平均积分可以通过施加的位移边界条件得到加强，或者采用有限元法计算。

具体而言，我们将代表性体积单元（RVE）与 x 轴、y 轴和 z 轴垂直的表面分别标记为 X^+、Y^+ 和 Z^+。同样，将与 x 轴、y 轴和 z 轴负方向垂直的表面分别标记为 X^-、Y^- 和 Z^-。六个问题的位移边界条件参见表 8-1，其中"sym"是指对称，也就是说正常位移等于零，"float"是指浮动对称。浮动对称条件与对称条件的区别在于，浮动对称的正常位移是个常数，同时正常应力的面积积分等于零。没有在表 8-1 中明确显示的边界条件属于均匀边界条件：例如，在 $k=1$ 情况下，在 X^+ 上有 $\tau_{xy} = \tau_{xz} = 0$。这些边界条件属于周期性边界条件，对于每种变形模式，约束因素的数量都应尽量少。

表 8-1 位移边界条件

k	X^-	X^+	Y^-	Y^+	Z^-	Z^+
1	sym	$u_x = a$	sym	float	sym	float
2	sym	float	sym	float	sym	$u_z = c$
3	sym	$u_x = a$	sym	$u_y = b$	sym	float
4	sym	$u_x = a$	sym	float	sym	$u_z = c$
5	$u_y = 0$	$u_y = a/2$	$u_x = 0$	$u_x = b/2$	sym	float
6	sym	float	$u_z = 0$	$u_z = b/2$	$u_y = 0$	$u_y = c/2$

常数 A、B、c 和 f 从以下式中计算出来：

$$(\overline{\epsilon}_x^2 + \overline{\epsilon}_y^2)_k A + (\overline{\epsilon}_z^2)_k B + 2(\overline{\epsilon}_x\overline{\epsilon}_y)_k c + 2(\overline{\epsilon}_y\overline{\epsilon}_z + \overline{\epsilon}_z\overline{\epsilon}_x)_k f = 2U_k/V \quad (8.7)$$

式中，$k = 1,2,3,4$ 代表对应表 8-1 所示的边界条件的解，U_k 代表计算出来的应变能，V 代表代表性体积单元的体积。

常数 C 和 D 从以下式中计算出来：

$$C = 2U_5/(\overline{\gamma}_{xy}^2 V), \quad D = 2U_6/(\overline{\gamma}_{yz}^2 V) \quad (8.8)$$

8.1.1 材料常数的确定

在没有热载荷的情况下,应变的平均积分与应力的平均积分可以相互转换 $\{\bar{\epsilon}\}=[C_{\text{RVE}}]\{\bar{\sigma}\}$。矩阵 $[C_{\text{RVE}}]$ 是指宏观材料柔度矩阵。显然,$[C_{\text{RVE}}]=[E_{\text{RVE}}]^{-1}$。

柔度矩阵 $[C_{\text{RVE}}]$ 的结构与式(8.5)所示的 $[E_{\text{RVE}}]$ 结构相同。一般使用纵向(L)和横向(T)两个方向表示材料常数:

$$[C_{\text{RVE}}] = \begin{bmatrix} \dfrac{1}{E_T} & -\dfrac{\nu_T}{E_T} & -\dfrac{\nu_{LT}}{E_L} & 0 & 0 & 0 \\ -\dfrac{\nu_T}{E_T} & \dfrac{1}{E_T} & -\dfrac{\nu_{LT}}{E_L} & 0 & 0 & 0 \\ -\dfrac{\nu_{TL}}{E_T} & -\dfrac{\nu_{TL}}{E_T} & \dfrac{1}{E_L} & 0 & 0 & 0 \\ 0 & 0 & 0 & \dfrac{1}{G_T} & 0 & 0 \\ 0 & 0 & 0 & 0 & \dfrac{1}{G_{LT}} & 0 \\ 0 & 0 & 0 & 0 & 0 & \dfrac{1}{G_{LT}} \end{bmatrix} \tag{8.9}$$

式中,E_L、E_T 表示弹性模量,ν_T、ν_{LT}、ν_{TL} 表示泊松比,G_T、G_{LT} 表示剪切模量。泊松比 ν_{TL} 和 ν_{LT} 不具有独立性,必须满足以下条件,以确保 $[C_{\text{RVE}}]$ 的对称布局。

$$\frac{\nu_{TL}}{E_T} = \frac{\nu_{LT}}{E_L} \tag{8.10}$$

材料常数可以直接由式(8.9)计算。

如果 $[C_{\text{RVE}}]$ 的构成元素可以从五个材料常数中计算出来,那么材料具有横向同性。具体而言,对于横向同性材料,我们有:

$$G_T = \frac{E_T}{2(1+\nu_T)} \tag{8.11}$$

尽管一般假设 $[C_{\text{RVE}}]$ 具有横向同性,但这个假设仅仅对于正六边形排列而言是正确的。

8.1.2 热膨胀系数

为了计算热膨胀系数,我们对代表性体积单元(RVE)施加如表 8-2 所示的位移边界条件,并应用任意恒温变化 $\mathcal{T}$。然后,我们计算在 X^+、Y^+ 和 Z^+ 上的平均位移,分别标记为 $\bar{u}_x^+$、$\bar{u}_y^+$ 和 $\bar{u}_z^+$,在纵向和横向两个方向上的热膨胀系数可以通过以下公式计算。

$$\alpha_X = \bar{u}_x^+(a\mathcal{T}), \quad \alpha_Y = \bar{u}_y^+(b\mathcal{T}), \quad \alpha_Z \equiv \alpha_L = \bar{u}_z^+/(c\mathcal{T}) \tag{8.12}$$

表 8-2 确定热膨胀系数的位移边界条件

k	X^-	X^+	Y^-	Y^+	Z^-	Z^+
7	对称	浮动	对称	浮动	对称	浮动

8.1.3 示例

在以下示例中，我们考虑直径为 7μm（0.007mm）的单向纤维。纤维的体积分数 V_f 为 60%。纤维是横向同性的，具有以下材料特性：$E_L = 2.52 \times 10^5$ MPa、$E_T = 1.65 \times 10^4$ MPa、$\nu_{LT} = 0.3$、$\nu_T = 0.2$ 和 $G_{LT} = 4.14 \times 10^4$ MPa，其中下标 L 和 T 分别是指纵向和横向两个方向。热膨胀系数为 $\alpha_L = -1.08 \times 10^{-6}/℃$，$\alpha_T = 7.2 \times 10^{-6}/℃$。基体是各向同性的，弹性模量为 3.79×10^3 MPa，$\nu = 0.3$。热膨胀系数为 $\alpha = 5.4 \times 10^{-5}/℃$。

材料特性来自文献 [110]。这样可以与在相同文献中描述的其他方法获得的结果进行对比。将材料特性转换为国际单位制单位。

通过将构成单元的多项式次数从 5 提高到 8 并估计极限值，来验证计算出来的感兴趣量。

1. 六边形

使用图 8.1a 中尺寸的符号表示，可知 $a = b = c = 1.132615 \times 10^{-2}$ mm。

将确定宏观材料特性的算法应用于图 8.1a 所示的代表性体积单元（RVE），并且为了测试结果与尺寸的关系，将算法应用于图 8.2 所示的包括 27 个 RVE 的解域。

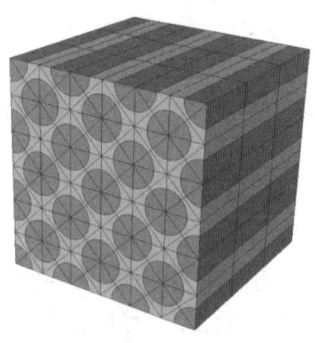

图 8.2 包括 27 个 RVE 的解域（864 个有限元）

计算结果见表 8-3。我们发现，表中显示的数字位数无法通过在问题定义中提供的数据进行解释。为了对比结果，我们仅使用四个小数位。可以看出结果基本与 RVE 的数量无关。

表 8-3 六边形排列的材料特性

特性	1 个 RVE	27 个 RVE	误差（%）
E_L	1.5272E+05	1.5272E+05	0.00
E_T	7.9143E+03	7.9143E+03	0.00
G_{LT}	5.3708E+03	5.4367E+03	1.23
G_T	3.5579E+03	3.5579E+03	0.00
ν_{LT}	0.300	0.300	0.00
ν_T	0.368	0.368	0.00
α_L	−5.3323E−07	−5.3323E−07	0.00
α_T	2.8941E−05	2.8941E−05	0.00

注释 8.1 六边形纤维排列通常视为是横向同性材料，参见文献 [47] 和文献 [110]。但是，仅仅在正六边形的情况下才会实现横向同性。参见图 8.1 中所示的符号，对于正六边形排列，$b/a = \sqrt{3}$。但是，在这个示例中，$b/a = 1$。

根据表 8-3 中 E_T 和 ν_T 值，通过式（8.11）计算 G_T，我们得出 $G_T = 2.8931 \times 10^3 \mathrm{MPa}$，这个数值与计算数值相差 −18.7%。因此，如果将材料视为是横向同性材料，将会低估横向剪切模量 18.7%。这是一个难以避免的系统性错误。

2. 四边形

使用图 8.1a 中尺寸的符号表示，可知 $a = b = c = 8.0088 \times 10^{-3} \mathrm{mm}$。将确定宏观材料特性的算法应用于图 8.1b 所示的代表性体积单元（RVE），并且为了测试结果与尺寸的关系，将算法应用于如图 8.3a 所示的包括 8 个 RVE 的解域。对应横向剪切解的周期性如图 8.3b 所示。

为了确定如果将材料视为横向同性材料将会产生的误差大小，我们再次使用表 8-4 中的 E_T 和 ν_T 值，通过式（8.11）计算 G_T。我们得出 $G_T = 3.5583 \times 10^3 \mathrm{MPa}$，这个数值与使用当前方法获得的计算数值相差 23%，但是与表 8-3 报告的数值非常相近。

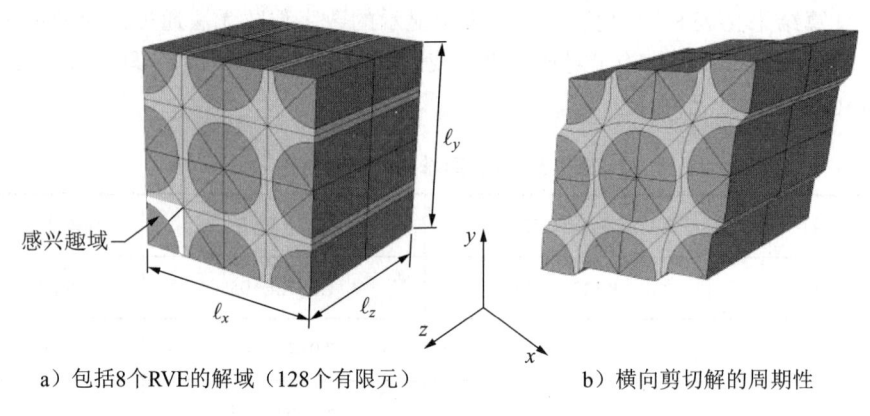

a）包括8个RVE的解域（128个有限元）   b）横向剪切解的周期性

图 8.3

表 8-4 四边形排列的材料特性

特性	1个RVE	8个RVE	误差（%）
E_L	1.5272E+05	1.5272E+05	0.00
E_T	9.0737E+03	9.0785E+03	0.05
G_{LT}	5.4639E+03	5.4698E+03	0.11
G_T	2.8932E+03	2.8932E+03	0.00
v_{LT}	0.300	0.300	0.00
v_T	2.7513E−01	2.7581E−01	0.24
α_L	−5.332E−07	−5.332E−07	0.00
α_T	2.8941E−05	2.8941E−05	0.00

3. 对比

表 8-5 展示了六边形和四边形排列的 1 个 RVE 的材料特性，以及使用在文献 [110] 中报告的混合规则（RM）和修订的混合规则（MRM）计算的材料特性。纤维的体积分数为 60%。为了便于直接进行对比，将数据转换为统一单位。可以看出 RM 和 MRM 均可提供材料特性的合理近似值。

表 8-5 材料特性对比

特性	六边形	四边形	RM	MRM
E_L	2.220E+07	2.2201E+07	2.216E+07	2.212E+07
E_T	1.151E+06	1.3191E+06	1.02E+06	1.30E+06

（续）

特性	六边形	四边形	RM	MRM
G_{LT}	7.808E+05	7.9433E+05	5.0E+05	7.5E+05
G_T	5.172E+05	4.2060E+05	4.0E+05	5.2E+05
v_{LT}	0.300	0.300	0.300	0.300
v_T	0.368	0.275	0.27	0.26
α_L	-2.96E-07	-2.96E-07	-2.9E-07	-2.9E-07
α_T	1.61E-05	1.61E-05	1.80E-05	1.80E-05

8.1.4 局部化

局部化涉及在代表性体积单元（RVE）尺度上解读宏观问题的解。主要思想就是通过宏观问题的解计算出来的应变在一个 RVE 或者一组 RVE 中基本保持不变，因此可以得出平均应变值的近似值。因此，可以使用平均应变值来表示位移分量（包括刚体位移）：

$$\begin{aligned} \bar{u}_x &= \bar{\epsilon}_x x + \bar{\gamma}_{xy} y/2 + \bar{\gamma}_{zx} z/2 \\ \bar{u}_y &= \bar{\gamma}_{xy} x/2 + \bar{\epsilon}_y y + \bar{\gamma}_{yz} z/2 \\ \bar{u}_z &= \bar{\gamma}_{zx} x/2 + \bar{\gamma}_{yz} y/2 + \bar{\epsilon}_z z \end{aligned} \tag{8.13}$$

假设坐标系位于一个 RVE 或者一组 RVE 的中心，同时 $-\ell_x/2 < x < \ell_x/2$，$-\ell_y/2 < y < \ell_y/2$，$-\ell_z/2 < z < \ell_z/2$，则对应式（8.13）的位移边界条件如表 8-6 所示。由于位移边界条件减少了自由度数，并在边界处引入了局部扰动，因此建议至少使用 8 个 RVE 来求解局部问题。

表 8-6 局部化问题的位移边界条件

	X^-	X^+	Y^-	Y^+	Z^-	Z^+
$\bar{u}_x$	$-\bar{\epsilon}_x \ell_x/2$	$\bar{\epsilon}_x \ell_x/2$	$-\bar{\gamma}_{xy}\ell_y/2$	$\bar{\gamma}_{xy}\ell_y/2$	$-\bar{\gamma}_{zx}\ell_z/2$	$\bar{\gamma}_{zx}\ell_z/2$
$\bar{u}_y$	$-\bar{\gamma}_{xy}\ell_x/2$	$\bar{\gamma}_{xy}\ell_x/2$	$-\bar{\epsilon}_y\ell_y/2$	$\bar{\epsilon}_y\ell_y/2$	$-\bar{\gamma}_{yz}\ell_z/2$	$\bar{\gamma}_{yz}\ell_z/2$
$\bar{u}_z$	$-\bar{\gamma}_{zx}\ell_x/2$	$\bar{\gamma}_{zx}\ell_x/2$	$-\bar{\gamma}_{yz}\ell_y/2$	$\bar{\gamma}_{yz}\ell_y/2$	$-\bar{\epsilon}_z\ell_z/2$	$\bar{\epsilon}_z\ell_z/2$

注释 8.2 对于宏观问题的解而言，如果应变张量的构成单元在一个或者多个点处无穷大，那么计算得出的应变的最大范数取决于离散度，并且由于计算得出的应变的最大范数有限，因此在最大范数处测量出的误差是无穷大的。因此，在这种情况下，计算目标不能是确定最大应变。

8.1.5 复合材料的失效预测

对于纤维增强复合材料而言，可检测失效事件出现在一个或者更多 RVE 的尺度上。尽管我们假设小应变连续介质力学不适用于失效事件，但在实际许多非常重要的情况下，可检测到的首次出现失效可以与小应变连续介质力学问题的解相关联。一个可能的方法就是在解依赖的域中定义平均积分。这类似 6.3 节中与金属疲劳失效相关的预测因子的定义。可以将类似方法应用于复合材料。这需要遵循验证、确认和不确定性量化（VVUQ）程序以及进行实验和分析研究。

示例

在这个示例中，我们说明弹性应变在纤维末端处消失，而在代表性体积单元（RVE）的基体相处平均应变是明确定义的并且强收敛。我们考虑如图 8.3 所示的四边形纤维排列的 8 个 RVE 的解域。尺寸为 $\ell_x = \ell_y = \ell_z = 1.6018 \times 10^{-2}$ mm。体积分数为 60%，纤维和基体的弹性特性与 8.1.3 节中的相同。感兴趣域为 RVE 中基体占据的部分，如图 8.3a 所示。

位移边界条件见表 8-7。对应平均应变值 $\bar{\epsilon}_x = 3.5 \times 10^{-3}$、$\bar{\epsilon}_y = -2.0 \times 10^{-3}$、$\bar{\gamma}_{xy} = 0$ 的位移出现在边界表面 X^+ 和 Y^+ 上。

使用图 8.3a 中所示的包括 128 个构成要素的有限元网格，我们得到了对应多项式次数 p 从 1～8 的一系列有限元解。对于基体而言，等效应变的定义如下：

$$\epsilon_{eq} = \sqrt{\frac{1}{2(1+\nu)^2}[(\epsilon_1-\epsilon_2)^2 + (\epsilon_2-\epsilon_3)^2 + (\epsilon_3-\epsilon_1)^2]} \qquad (8.14)$$

表 8-7 位移边界条件

X^-	X^+	Y^-	Y^+	Z^-	Z^+
对称	u_x	对称	u_y	浮动	自由

我们计算出了 1 个 RVE 基质相中 ϵ_{eq} 的最大值和平均值。这就是图 8.3a 所示的感兴趣域。计算结果如图 8.4 所示。

结果显示，最大 ϵ_{eq} 发散。如果 p 扩展停止在 $p=6$，就不会出现这种情况。但是，可以看出计算出来的数据点在 $p=6$ 之后仍不断增加。通过使用更精细的网格重复这个过程，最大 ϵ_{eq} 的发散得到确认。

在高 N 值和低 N 值两种情况下计算得出的数值之间存在明显区别，这在 h 扩展和 p 扩展中都很常见。在高 N 值情况下，数值序列在渐近范围内。在低 N 值情况下，数值序列在预渐近范围内。外推到 $N \to \infty$ 仅仅在高 N 值情况下是正确的。

这就引发了一个显而易见的问题：多少算是高，多少算是低？这个问题的答案取决于具体问题。

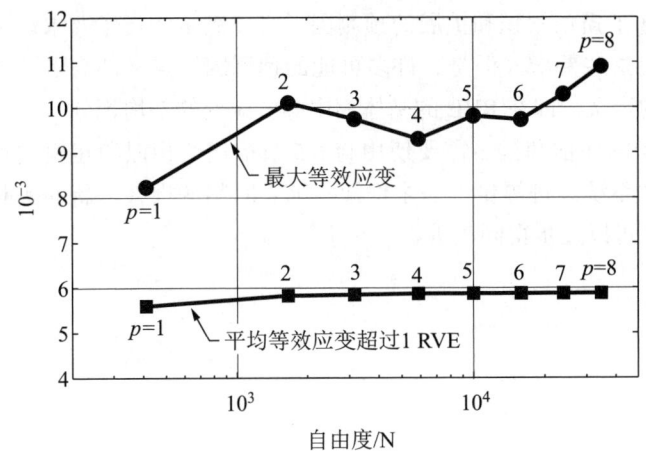

图 8.4　图 8.3a 所示的感兴趣域内计算的基体的等效应变

由于对应精确解的最大 ϵ_{eq} 不是一个有限数，所以并不适合作为失效的预测因子。此外，准确解的一阶导数是平方可积的，所以任何体积（在上述示例中，是指一个 RVE 的基体相）的 ϵ_{eq} 的平均积分都属于有限数。

平均积分也满足另外两个要求：D 的小幅度扰动不会导致平均积分值发生大幅变化，并且通过观察试样实验结果可以推断出平均积分的临界值。

8.1.6　不确定性

本章分析的规则纤维排列是对现实高度理想化的表示。正如在文献[11]中报告的那样，在严格控制的实验室条件下，制造的板材的体积分数在 9.5%～79.5% 的范围内。在进行数据平滑后，平均体积分数为 59.1%，体积分数在 43.8%～69.5% 的范围内。两层之间的体积分数最小。主要的不确定性在于纤维的体积分数差异和纵向起伏（波浪度）。经过适当校准的预测因子有望可以解释上述差异。

8.2　讨论

本章概述了一种在已知构成要素的材料特性和体积分数的情况下确定单向纤维基体复合薄片的宏观热力学特性的算法。根据对应施加位移的 RVE 的应变能数值计算感兴趣量。已经证明宏观材料特性基本与 RVE 的数量无关。

本章讨论了局部化的问题。宏观应变张量在一个点上提供了在微观尺度上求解所需的全部信息。

本章阐述了损伤累积和扩展的预测因子必须满足的技术要求。指出点应力和应变无法满足这些要求。但是，许多可能的预测因子定义却满足这些要求。讨论了一种可能的定义，即在 RVE 的基体相中等效应变的平均积分。

预测因子的评估和排名需要使用与 6.5 节描述的相似的建模过程。模拟治理为预测因子的系统改进提供了一个框架，随着时间的推移，新的实验信息不断涌现，预测因子可以逐步得到改进。

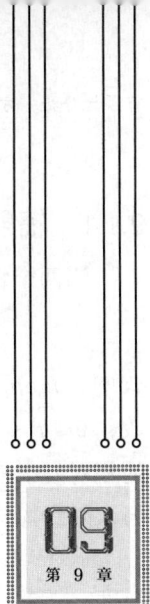

非线性模型

数学模型的建立总是会涉及一些限制性假设,例如忽略某些几何特征、理想化材料的物理特性、理想化边界条件、忽略残余应力的影响等。因此,任何数学模型都应被视为更全面模型的一个特例。这是数学模型的层次性观点。

为了检验某一限制性假设是否适用于特定应用,有必要估计该假设对感兴趣量的影响,并在必要时修正模型。探索建模假设对感兴趣量的影响被称为虚拟实验。用于支持数值模拟的计算工具必须能够支持虚拟实验,从而解决非线性问题。

非线性模型的构建是一个非常庞大且多样化的领域。本章仅进行简要介绍,重点放在算法和实例方面。有关其他讨论和细节,请参阅文献 [81] 和文献 [86]。

9.1 热传导

热传导的数学模型通常涉及辐射传热,热传导系数通常是温度的函数。下面将概述如何构建考虑这些现象的数学模型。

9.1.1 辐射

当两个物体通过辐射交换热量时,热通量与绝对温度的 4 次方之差成正比:

$$q_n = \kappa f_s f_\epsilon (u^4 - u_R^4) \tag{9.1}$$

式中,u、u_R 是辐射物体的绝对温度,$\kappa = 5.699 \times 10^{-8} \mathrm{W/(m^2 K^4)}$ 是玻耳兹曼常数,$0 \leqslant f_s \leqslant 1$ 是辐射形态因子,$0 < f_\epsilon \leqslant 1$ 是表面发射率,定义为物体与理想黑体的相对发射功率。表面发射率也等于吸收系数,吸收系数定义为物体吸收的热能与入射到物体上的热能比。通常,表面发射率是温度的函数。

式(9.1)可视为对流边界条件,式中对流传热系数取决于辐射体的绝对温度。

$$q_n = \kappa f_s f_\epsilon (u^4 - u_R^4) = \underbrace{\kappa f_s f_\epsilon (u^2 + u_R^2)(u + u_R)}_{h_r(u)} (u - u_R)$$

上式的形式类似式(2.27),h_c 被 $h_r(u)$ 代替。因此,辐射问题必须通过迭代来求解:首先求解线性问题,然后更新对流传热系数并重复求解。停止迭代的准则是温度变化的大小。通常只需要很少的迭代。

9.1.2 非线性材料属性

当热导率或其他材料系数是温度的函数时,必须通过迭代进行求解。双线性和线性形式分为线性(L)和非线性(NL)部分:

$$B_L(u, U) + B_{NL}(u, U) = F_L(U) + F_{NL}(u, U)$$

为了得到初始解 $u^{(1)}$,$B_{NL}(u, v)$ 和 $F_{NL}(u, v)$ 项被忽略。对于后续解,要求解下列问题:

$$B_L(u^{(k)}, U) = F_L(U) + F_{NL}(u^{(k-1)}, U) - B_{NL}(u^{(k-1)}, U), k = 2, 3, \cdots$$

当 $u^{(k)} - u^{(k-1)}$ 在合适的范数下足够小时,迭代过程终止。这一过程不能保证收敛。如果迭代不收敛,则应该以较小的增量应用强制函数。在大多数实际问题中,当增量足够小时,迭代会收敛。

9.2 固体力学

在许多实际问题中,以下假设并不成立:(a)应变很小;(b)物体的变形很小,以至于为变形构型建立的平衡方程与未变形构型建立的平衡方程之间没有明显不同;(c)应力-应变关系是线性的;(d)机械接触可以通过线性边界条件(如线性弹簧)来近似。本节将概述考虑这些现象的数学模型的建立。

9.2.1 大应变和旋转

变形可以通过应变 – 位移关系来描述。考虑图 9.1 中处于参考状态的弹性体 Ω。参考状态下的材料点由位置矢量 X_i 确定，称为拉格朗日坐标；而在变形状态下的材料点由位置矢量 x_i 确定，称为欧拉坐标。位移矢量可以写成 X_i 的函数，在这种情况下将使用大写字母 U_i 来表示。或者，位移矢量也可以写成 x_i 的函数，此时将使用小写字母 u_i 来表示。

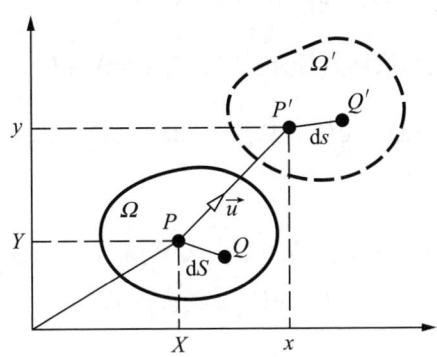

图 9.1 符号表示

无穷小"纤维"在未变形构型中的长度为 $\mathrm{d}S$，在变形构型中的长度为 $\mathrm{d}s$。首先假设位移是欧拉坐标 x_i 的函数。在这种情况下：

$$\mathrm{d}X_i = \mathrm{d}x_i - \mathrm{d}u_i = \mathrm{d}x_i - u_{i,j}\mathrm{d}x_j = (\delta_{ij} - u_{i,j})\mathrm{d}x_j$$

因此：

$$\mathrm{d}S^2 = \mathrm{d}X_k\mathrm{d}X_k = (\delta_{ki} - u_{k,i})\mathrm{d}x_i(\delta_{kj} - u_{k,j})\mathrm{d}x_j$$
$$= (\delta_{ij} - u_{j,i} - u_{i,j} + u_{k,i}u_{k,j})\mathrm{d}x_i\mathrm{d}x_j$$

$$\mathrm{d}s^2 - \mathrm{d}S^2 = \mathrm{d}x_k\mathrm{d}x_k - \mathrm{d}X_k\mathrm{d}X_k$$
$$= \delta_{ij}\mathrm{d}x_i\mathrm{d}x_j - (\delta_{ij} - u_{j,i} - u_{i,j} + u_{k,i}u_{k,j})\mathrm{d}x_i\mathrm{d}x_j$$
$$= (u_{i,j} + u_{j,i} - u_{k,i}u_{k,j})\mathrm{d}x_i\mathrm{d}x_j$$

Almansi 应变张量用 e_{ij} 表示，由以下关系定义：

$$\mathrm{d}s^2 - \mathrm{d}S^2 = 2e_{ij}\mathrm{d}x_i\mathrm{d}x_j$$

因此，Almansi 应变张量的定义为：

$$e_{ij} = \frac{1}{2}(u_{i,j} + u_{j,i} - u_{k,i}u_{k,j}) \tag{9.2}$$

在二维中，使用完整符号表示，可以写为

$$\begin{aligned}
e_{xx} &= \frac{\partial u_x}{\partial x} - \frac{1}{2}\left[\left(\frac{\partial u_x}{\partial x}\right)^2 + \left(\frac{\partial u_y}{\partial x}\right)^2\right] \\
e_{xy} &= \frac{1}{2}\left(\frac{\partial u_x}{\partial y} + \frac{\partial u_y}{\partial x}\right) - \frac{1}{2}\left[\frac{\partial u_x}{\partial x}\frac{\partial u_x}{\partial y} + \frac{\partial u_y}{\partial x}\frac{\partial u_y}{\partial y}\right] \\
e_{yy} &= \frac{\partial u_y}{\partial y} - \frac{1}{2}\left[\left(\frac{\partial u_x}{\partial y}\right)^2 + \left(\frac{\partial u_y}{\partial y}\right)^2\right]
\end{aligned} \tag{9.3}$$

用拉格朗日坐标表示位移矢量分量时，有 $x_i = X_i + U_i$，因此：

$$\mathrm{d}x_i = \mathrm{d}X_i + \mathrm{d}U_i = \mathrm{d}X_i + U_{i,j}\mathrm{d}X_j = (\delta_{ij} + U_{i,j})\mathrm{d}X_j$$

因此：

$$\begin{aligned}
\mathrm{d}s^2 &= \mathrm{d}x_k\mathrm{d}x_k = (\delta_{ki} + U_{k,i})\mathrm{d}X_i(\delta_{kj} + U_{k,j})\mathrm{d}X_j \\
&= (\delta_{ij} + U_{j,i} + U_{i,j} + U_{k,i}U_{k,j})\mathrm{d}X_i\mathrm{d}X_j
\end{aligned}$$

$$\begin{aligned}
\mathrm{d}s^2 - \mathrm{d}S^2 &= \mathrm{d}x_k\mathrm{d}x_k - \mathrm{d}X_k\mathrm{d}X_k \\
&= (\delta_{ij} + U_{j,i} + U_{i,j} + U_{k,i}U_{k,j})\mathrm{d}X_i\mathrm{d}X_j - \delta_{ij}\mathrm{d}X_i\mathrm{d}X_j \\
&= (U_{i,j} + U_{j,i} + U_{k,i}U_{k,j})\mathrm{d}X_i\mathrm{d}X_j
\end{aligned}$$

Green 应变张量 E_{ij} 由以下关系定义：

$$\mathrm{d}s^2 - \mathrm{d}S^2 = 2E_{ij}\mathrm{d}X_i\mathrm{d}X_j$$

因此，Green 应变张量的定义为：

$$E_{ij} = \frac{1}{2}(U_{i,j} + U_{j,i} + U_{k,i}U_{k,j}) \tag{9.4}$$

在二维中，使用完整符号表示，可以写为

$$\begin{aligned}
E_{XX} &= \frac{\partial U_X}{\partial X} + \frac{1}{2}\left[\left(\frac{\partial U_X}{\partial X}\right)^2 + \left(\frac{\partial U_Y}{\partial X}\right)^2\right] \\
E_{XY} &= \frac{1}{2}\left(\frac{\partial U_X}{\partial Y} + \frac{\partial U_Y}{\partial X}\right) + \frac{1}{2}\left[\frac{\partial U_X}{\partial X}\frac{\partial U_X}{\partial Y} + \frac{\partial U_Y}{\partial X}\frac{\partial U_Y}{\partial Y}\right] \\
E_{YY} &= \frac{\partial U_Y}{\partial Y} + \frac{1}{2}\left[\left(\frac{\partial U_X}{\partial Y}\right)^2 + \left(\frac{\partial U_Y}{\partial Y}\right)^2\right]
\end{aligned} \tag{9.5}$$

当一阶导数 $u_{i,j}$（或 $U_{i,j}$）远小于单位 1 时，乘积项 $u_{k,i}u_{k,j}$（或 $U_{k,i}U_{k,j}$）可以忽略不计，应变称为无穷小应变、小应变或线性应变。在这种情况下，Almansi

和 Green 应变张量都简化为无穷小应变的定义：

$$\epsilon_{ij} = \frac{1}{2}(u_{i,j} + u_{j,i}) \tag{9.6}$$

示例 9.1 下面的示例说明了小应变大位移问题的求解。一条长为 200mm（L）、厚为 1.0mm（t）、宽为 7mm（w）的弹性条带一端固定，另一端受到线性分布的法向牵引力加载，对应于弯矩 $M = EI/R$，其中 $R = L/(2\pi)$，$I = wt^3/12$，$E = 2.0 \times 10^5$ MPa 为弹性模量，泊松比为零。根据伯努利-欧拉梁模型，该弯矩将使条带弯曲成半径为 R 的圆柱体。

图 9.2 所示的解是通过使用薄实体模型、三个六面体单元和各向异性积空间 $S_{\text{st}}^{p,p,q}(\Omega^{(q)})$（其中 $p=8$，$q=1$）获得的。停止准则由式（5.28）给出。本例采用 $\tau_{\text{stop}} = 0.1$。

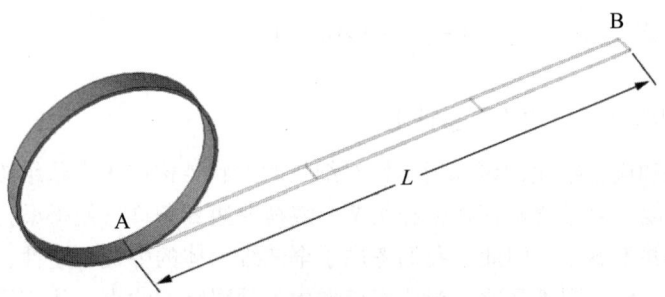

图 9.2 弹性条带弯曲成圆柱体

注释 9.1 示例 9.1 中的弹性条带只有在泊松比为零时才会变形为圆柱体。当泊松比不为零时，变形结构将呈反弹性曲率的双曲面。

练习 9.1 在二维空间中证明，在任意刚体旋转下，Almansi 应变张量的所有分量均为零。提示：设二维物体的参考构型为：

$$X = R\cos\theta, \quad Y = R\sin\theta$$

如果这个物体旋转了角度 α，新的位置为：

$$x = R\cos(\theta + \alpha) \quad y = R\sin(\theta + \alpha)$$

因此：

$$u_x = x - X = R\cos(\theta + \alpha) - R\cos\theta$$
$$u_y = y - Y = R\sin(\theta + \alpha) - R\sin\theta$$

使用链式法则：

$$\frac{\partial u_x}{\partial x} = \frac{\partial u_x}{\partial R}\frac{\partial R}{\partial x} + \frac{\partial u_x}{\partial \theta}\frac{\partial \theta}{\partial x}$$
$$= [\cos(\theta+\alpha) - \cos\theta]\cos(\theta+\alpha) + [\sin(\theta+\alpha) - \sin\theta]\sin(\theta+\alpha)$$
$$= 1 - \cos\alpha$$

完成练习。

练习 9.2 按照练习 9.1 中提示的过程，证明 Green 应变张量在刚体旋转下消失。

练习 9.3 按照练习 9.1 中提示的过程，计算由式（9.6）定义的线性应变张量。

练习 9.4 考虑沿 x 轴定向的长度为 ℓ 的细线。根据施加的位移 Δ 写出 Almansi 应变 e_x 和 Green 应变 E_x 的表达式。（a）证明 $e_x \to 1/2$，当 $\Delta \to \infty$ 时。（b）在 $-\ell < \Delta \leq 10\ell$ 范围内绘制 Almansi 应变和 Green 应变。

提示：设 $X = \frac{1+\xi}{2}\ell$，$x = \frac{1+\xi}{2}(\ell+\Delta)$，$-1 \leq \xi \leq +1$。

9.2.2 结构稳定性和应力刚化

对屈曲和应力刚化的研究通常针对细长的梁状结构或薄壳状结构。这类结构通常都有刚度，而且通常存在拓扑细节、载荷或边界条件，使得梁、板或壳理论的假设条件并不成立。因此，我们考虑了全三维物体的弹性稳定性，并构建了一个数学模型，该模型不受梁、板或壳模型中各种限制的约束。从该模型中可以推导出各种降维模型的特例。

假设三维弹性体受到初始应力场 σ_{ij}^0 的约束，该应力场满足线性弹性平衡方程：

$$\sigma_{ij,j}^0 + F_i^0 = 0 \tag{9.7}$$

式中，F_i^0 是体积力，同时满足牵引边界条件：

$$\sigma_{ij}^0 n_j = T_i^0 \text{ 在 } \partial\Omega_T \cup \partial\Omega_s \text{ 上} \tag{9.8}$$

式中，T_i^0 表示直接施加在 $\partial\Omega_T$ 上的牵引力或通过在 $\partial\Omega_s$ 上的分布弹性弹簧施加的位移 δ_j^0 产生的牵引力。

初始应力场可能是由体积力、表面牵引力或温度引起的，也可能是由制造或冷加工过程引起的残余应力。式（9.7）的广义形式是：对于所有的 $v_i \in E^0(\Omega)$，有

$$\frac{1}{2}\int_\Omega \sigma_{ij}^0(v_{i,j}+v_{j,i})\mathrm{d}V = \int_\Omega F_i^0 v_i \mathrm{d}V + \int_{\partial\Omega_T \cup \partial\Omega_s} T_i^0 v_i \mathrm{d}S \tag{9.9}$$

式中，$\mathrm{d}S$ 表示微分表面。

假设参考构型受到以下因素的微小扰动：体积力 ($\bar{F}_i$)、温度 ($\bar{\mathcal{T}}_\Delta$)、$\partial\Omega_T$ 上的表面牵引力 ($\bar{T}_i$)、在 $\partial\Omega_s$ 上的分布弹簧施加的位移 $\bar{\delta}_i$，或在边界段 $\partial\Omega_u$ 上施加的位移 ($\bar{u}_i^*$)。相应的运动学允许的位移场用 $\bar{u}_i$ 表示。假设由扰动引起的应力 $\bar{\sigma}_{ij}$ 相对于初始应力 σ_{ij}^0 可以忽略不计。

当参考构型不是无应力时，由于 Green 应变张量的乘积项 σ_{ij}^0 所做的功可能不可忽略。因此，应变能为：

$$U(\bar{u}_i) = \frac{1}{2}\int_\Omega C_{ijkl}\bar{\epsilon}_{ij}\bar{\epsilon}_{kl}\mathrm{d}V + \frac{1}{2}\int_{\partial\Omega_s} k_{ij}\bar{u}_i\bar{u}_j\mathrm{d}S + \\ \frac{1}{2}\int_\Omega \sigma_{ij}^0\bar{u}_{\alpha,i}\bar{u}_{\alpha,j}\mathrm{d}V \tag{9.10}$$

式（9.10）中的第三个积分表示 σ_{ij}^0 由于 Green 应变张量的乘积项所做的功。由于线性应变项 σ_{ij}^0，所做的功与式（9.9）中 F_i^0、T_i^0 和 δ_i^0 所做的功完全抵消。势能为：

$$\Pi(\bar{u}_i) = U(\bar{u}_i) - \int_\Omega \bar{F}_i\bar{u}_i\mathrm{d}V - \int_{\partial\Omega_T} \bar{T}_i\bar{u}_i\mathrm{d}S - \int_{\partial\Omega_s} k_{ij}\bar{\delta}_j\bar{u}_i\mathrm{d}S - \\ \int_\Omega \bar{\mathcal{T}}_\Delta C_{ijkl}\alpha_{kl}\bar{u}_{i,j}\mathrm{d}V \tag{9.11}$$

式中，k_{ij} 是正半定弹簧刚度矩阵，α_{kl} 表示热膨胀系数。对于各向同性材料，$\alpha_{kl} = \alpha\delta_{kl}$。

寻找 $\bar{u}_i \in \tilde{E}(\Omega)$，使得 $\Pi(\bar{u}_i)$ 为驻值，即，

$$\delta\Pi(\bar{u}_i) = \left(\frac{\partial\Pi(\bar{u}_i + \varepsilon v_i)}{\partial\varepsilon}\right)_{\varepsilon=0} = 0, \quad v_i \in E^0(\Omega) \tag{9.12}$$

由此可知，在初始应力场存在的情况下，虚功原理为：

寻找 $\bar{u}_i \in \tilde{E}(\Omega)$，使得：

$$\int_\Omega C_{ijkl}\bar{u}_{k,l}v_{i,j}\mathrm{d}V + \int_{\partial\Omega_s} k_{ij}\bar{u}_j v_i\mathrm{d}S + \int_\Omega \sigma_{ij}^0\bar{u}_{\alpha,j}v_{\alpha,i}\mathrm{d}V = \int_\Omega \bar{F}_i v_i\mathrm{d}V + \int_{\partial\Omega_T}\bar{T}_i v_i\mathrm{d}S + \\ \int_{\partial\Omega_s} k_{ij}\bar{\delta}_j v_i\mathrm{d}S + \int_\Omega \bar{\mathcal{T}}_\Delta C_{ijkl}\alpha_{kl}v_{i,j}\mathrm{d}V \tag{9.13}$$

对于所有 $v_i \in E^0(\Omega)$。

初始应力 σ_{ij}^0 的影响取决于其性质：一方面，如果 σ_{ij}^0 主要是正值（即拉伸应力），那么刚度就会增加，这称为应力刚化。另一方面，如果 σ_{ij}^0 主要是负值，则刚度会减小。具有重大实际意义的是刚度为零时的初始应力临界值。定义：

$$\sigma_{ij}^0 = \lambda\sigma_{ij}^\star \tag{9.14}$$

在稳定性问题中，$\sigma_{ij}^{\star}$ 是屈曲前的应力分布。在应力刚化问题中，$\sigma_{ij}^{\star}$ 是某个参考应力，而 λ 是某个固定值。

定义双线性形式 $B_\lambda(\bar{u}_i, v_i)$ 为：

$$B_\lambda(\bar{u}_i, v_i) = B(\bar{u}_i, v_i) - \lambda G(\bar{u}_i, v_i) \tag{9.15}$$

式中，

$$B(\bar{u}_i, v_i) = \int_\Omega C_{ijkl}\bar{u}_{i,j}v_{k,l}\mathrm{d}V + \int_{\partial\Omega_s} k_{ij}\bar{u}_j v_i \mathrm{d}S$$

$$G(\bar{u}_i, v_i) = -\int_\Omega \sigma_{ij}^{\star}\bar{u}_{\alpha,i}v_{\alpha,j}\mathrm{d}V$$

$$F(v_i) = \int_\Omega \bar{F}_i v_i \mathrm{d}V + \int_{\partial\Omega_T} \bar{T}_i v_i \mathrm{d}S + \int_{\partial\Omega_s} k_{ij}\bar{\delta}_j v_i \mathrm{d}S + \int_\Omega \bar{\mathcal{T}}_\Delta C_{ijkl}\alpha_{kl}v_{i,j}\mathrm{d}V$$

问题在于寻找 $\bar{u}_i \in \tilde{E}(\Omega)$，使得

$$B_\lambda(\bar{u}_i, v_i) = F(v_i) \text{ 对于所有 } v_i \in E^0(\Omega) \tag{9.16}$$

式（9.16）对所有 F 都有唯一解的 λ 的集合称为可解集。可解集的补集称为谱。除了由特征值 $\lambda_i (i = 1, 2, \cdots)$ 组成的点谱，点谱也可以包括连续谱中的值。幸运的是，在那些需要考虑弹性稳定性的工程问题中（薄壁结构的分析），最小值位于点谱中[33]。

应力刚化的影响可以通过考虑受初始应力的弹性结构的自由振动来说明。自由振动的数学模型为：寻找 ω 与 $\bar{u}_i \in E^0(\Omega)$，$\bar{u}_i \neq 0$，使得：

$$B_\lambda(\bar{u}_i, v_i) - \omega^2 \int_\Omega \rho \bar{u}_i v_i \mathrm{d}V = 0 \tag{9.17}$$

式中，ρ 是材料的比密度，ω 是固有频率。固有频率现在是 λ 的函数。如果 $\sigma_{ij}^{\star}$ 主要是压缩应力（负值），则结构刚度随着 $\lambda > 0$ 的增加而降低。如果 λ 在点谱中，则存在函数 $\bar{u}_i$，当 $\omega = 0$ 时，满足式（9.17）。也就是说，固有频率为零。如果 $\sigma_{ij}^{\star}$ 是拉伸应力（正值），则结构刚度随着 λ 的增加而增加。请参阅练习 9.8。

注释 9.2 使用变分法，可以推导出平衡方程的强形式为：

$$\bar{\sigma}_{ij,j} + \bar{F}_i + (\sigma_{kj}^0 \bar{u}_{i,k})_j = 0 \tag{9.18}$$

式中，$\bar{\sigma}_{ij} = C_{ijkl}(\bar{\epsilon}_{kl} - \bar{\mathcal{T}}_\Delta \alpha_{kl})$。相应的自然边界条件为：

$$(\bar{\sigma}_{ij} + \sigma_{kj}^0 \bar{u}_{i,k})n_j = \bar{T}_i \text{ 在 } \partial\Omega_T \text{ 上} \tag{9.19}$$

以及

$$(\bar{\sigma}_{ij} + \sigma_{kj}^0 \bar{u}_{i,k})n_j = k_{ij}(\bar{\delta}_j - \bar{u}_j) \text{ 在 } \partial\Omega_s \text{ 上} \tag{9.20}$$

示例 9.2 考虑一根横截面均匀、面积为 A、惯性矩为 I、长度为 ℓ 和弹性模量为 E 的弹性柱。柱的质心轴与 x_1 轴重合。施加压缩轴向力 P，因此 $\sigma_{11}^0 = -P/A$。

在弹性屈曲的经典式中，位移场假定为：

$$\bar{u}_1 = -\frac{dw}{dx_1}x_2, \quad \bar{u}_2 = w(x_1), \quad \bar{u}_3 = 0 \tag{9.21}$$

式中，w 是横向位移。参见文献 [103]。因此，唯一的非零应变分量是：

$$\epsilon_{11} = \frac{d^2w}{dx_1^2}x_2 \tag{9.22}$$

$\sigma_{ij}^0 \bar{u}_{\alpha,i} \bar{u}_{\alpha,j}$ 项可以写为：

$$\sigma_{ij}^0 \bar{u}_{\alpha,i} \bar{u}_{\alpha,j} = -\frac{P}{A}\left\{\left(\frac{d^2w}{dx_1^2}\right)^2 x_2^2 + \left(\frac{dw}{dx_1}\right)^2\right\} \tag{9.23}$$

在这种情况下，应变能可以写为下式：

$$U = \frac{1}{2}\int_0^\ell \left(E - \frac{P}{A}\right)I\left(\frac{d^2w}{dx_1^2}\right)^2 dx_1 - \frac{P}{2}\int_0^\ell \left(\frac{dw}{dx_1}\right)^2 dx_1 \tag{9.24}$$

式中，I 是截面的惯性矩：

$$I = \int_A x_2^2 \, dx_2 dx_3 \tag{9.25}$$

与式 (9.24) 中的弹性模量 E 相比，P/A 项可以忽略。本例说明了如何从三维模型推导出降维模型。

示例 9.3　以下示例说明了屈曲问题的求解。长度为 $L=200\,\text{mm}$，厚度为 $t=1.0\,\text{mm}$，宽度为 $w=7.5\,\text{mm}$ 的弹性条带一端固定，另一端受到恒定的法向牵引力 T_n（相当于 1.0N 的压缩力）的作用。剪切牵引力为零。弹性模量为 $E=2.0\times 10^5\,\text{MPa}$，泊松比为零。目标是估计屈曲载荷因子，即与第一屈曲模式相对应的单位作用力的倍数。

屈曲载荷 F_{cr} 的经典式为：

$$F_{cr} = \frac{\pi^2 EI}{4L^2} \tag{9.26}$$

式中，I 是惯性矩：$I = wt^3/12$。对于此例中的数值，$F_{cr} = 7.71\,\text{N}$。因此，屈曲载荷因子为 7.71。

使用薄实体模型、三个六面体单元（如示例 9.1）和各向异性积空间 $S^{p,p,q}(\Omega_{st}^{(q)})$ 获得数值解，p 范围为 3～8，$q=1$。屈曲载荷因子的计算值为 7.71 重复计算 $q=3$ 后，得到了相同的值。

示例 9.4　此示例说明了应力刚化对固有频率和模态形状的影响。一条长为 200mm、厚为 1.0mm、宽为 7.5mm 的弹性条带一端固定，另一端受到法向牵引

力 T_n 的作用，剪切牵引力为零。弹性模量为 $E = 2.0 \times 10^5 \mathrm{MPa}$，泊松比为 $\nu = 0.3$，质量密度为 $\rho = 7.86 \times 10^{-9} \mathrm{Ns}^2 / \mathrm{mm}^4 (7860 \mathrm{kg} / \mathrm{m}^3)$。

使用薄实体模型、四个六面体单元和各向异性乘积空间 $S_{\mathrm{st}}^{p,p,q}(\Omega^{(q)})$ 获得 $T_n = 0$ 和 $T_n = 150 \mathrm{MPa}$ 的解，其中 $p = 8$，$q = 3$。$T_n = 0$ 和 $T_n = 150 \mathrm{MPa}$ 的第 20 阶模态形状分别如图 9.3a 和图 9.3b 所示。$T_n = 0$ 的固有频率收敛到 7019Hz，$T_n = 150 \mathrm{MPa}$ 的固有频率收敛到 7294Hz。如图 9.3 所示，模态形状完全不同：一种是扭转模态，另一种是弯曲模态。

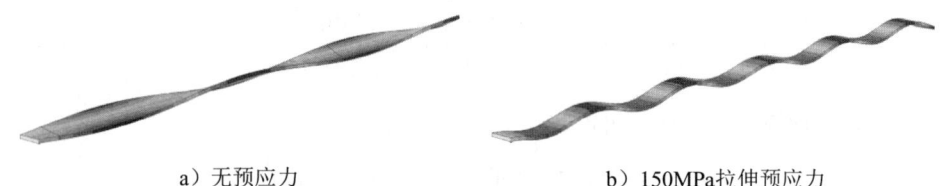

a）无预应力　　　　　　　　　　b）150MPa拉伸预应力

图 9.3　示例 9.4 中弹性条带的第 20 阶模态形状

示例 9.5　考虑半径为 0.10m，长度为 0.40m，壁厚为 0.001m 的圆柱壳。材料特性为：$E = 2.0 \times 10^{11} \mathrm{Pa}$，$\nu = 0.3$。外壳一端固定。在另一端：（a）径向位移和周向位移为零，并施加轴向（压缩）位移 Δ；（b）轴向位移为零，切向位移与围绕壳体轴线的旋转角 θ 一致。计算目标是确定 Δ 和 θ 的临界值、相应的压缩力 F_{crit} 和扭转力矩 M，并验证 Δ_{crit} 和 θ_{crit} 中的相对误差小于 1%。

计算中使用了 128 个四边形薄实体单元 $S_{\mathrm{st}}^{p,p,q}(\Omega^{(q)})$，$p$ 范围为 5 ~ 8（主干空间），q 固定为 3。结果如表 9-1 和图 9.4 所示。图 9.4a 所示的屈曲模态恰好是一个反对称函数。

表 9-1　示例 9.5 中轴向位移 Δ（mm）和旋转角 θ（rad）的临界值

p	N	Δ_{crit}	% 误差	θ_{crit}	% 误差
5	11,568	2.64	11.81	1.3249×10^{-2}	2.16
6	17,136	2.44	3.32	1.2983×10^{-2}	0.11
7	24,240	2.38	0.62	1.2970×10^{-2}	0.01
8	32,880	2.37	0.14	1.2969×10^{-2}	0.00
∞	∞	2.36	—	1.2969×10^{-2}	—

$\Delta = 0.001 \mathrm{m}$ 处线性解对应的应变能外推值为 $U_{\mathrm{lin}} = 157.65 \mathrm{Nm}$。应变能与 Δ^2 成正比。因此，临界值 Δ 处的应变能为：

$$U_{\mathrm{crit}} = U_{\mathrm{lin}} (\Delta_{\mathrm{crit}} / 0.001)^2 = 157.65 (2.36 / 1)^2 = 878 \mathrm{Nm}$$

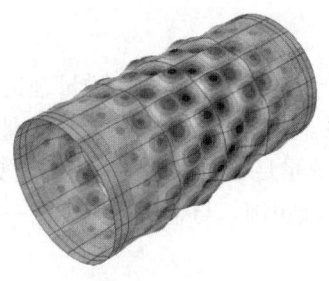 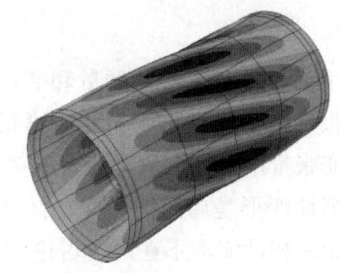

a）施加轴向位移，等高线与法向位移成正比　　b）施加轴向旋转，等高线与切向位移成正比

图 9.4　示例 9.5 中圆柱壳的第一屈曲模态

临界力的估计值为：

$$F_{\text{crit}} = (2U/\Delta) = 2\times 878/0.001 = 1756\,\text{kN}$$

扭矩 M 的计算方法类似，在图 9.4b 情况。$U_{\text{crit}} = 102.8\,\text{N}$，$M_{\text{crit}} = 15.84\,\text{kNm}$。

注释 9.3　预测屈曲载荷应理解为壳体承载能力的上限。由于存在缺陷和对边界条件的敏感性，实验中获得的屈曲载荷往往远低于模型（如示例 9.5 中的模型）预测的屈曲载荷。在工程实践中，这种不确定性往往需要使用 1/4～1/2 的折减系数[49]。

练习 9.5　考虑示例 9.5 中具有以下边界条件的问题：壳固定在一端。另一端，径向和圆周位移为零，并施加均匀分布的轴向（压缩）牵引力，其合力为 F。确定 F 的临界值。解释为什么它与示例 9.5 中的 F_{crit} 不同。

练习 9.6　忽略式（9.24）中的 P/A 项，确定两端弯曲的柱体屈曲时 P 的近似值。使用一个有限元和 $p=4$。报告相对误差。提示：参考式（7.27）和定义 $N_5(\xi) = \psi_4(\xi)$，其中 $\psi_j(\xi)(j=4,5,\cdots)$ 由式（7.26）给出。临界载荷的精确值为 $4\pi^2 EI/\ell^2$。

练习 9.7　证明由于线性应变项，σ_{ij}^0 所做的功与式（9.9）中 F_i^0、T_i^0 和 δ_i^0 所做的功完全抵消。

练习 9.8　考虑一个 50mm×50mm 的方形板，厚度为 1.0mm。材料性能参数为：$E = 6.96\times 10^4\,\text{MPa}$、$\nu = 0.365$、$\rho = 2.71\times 10^{-9}\,\text{Ns}^2/\text{mm}^4$。板的一边固定，对边受到法向牵引力 T_n 的作用，其他边为简支（软简支）。确定对应于 $T_n=-50\text{MPa}$、$T_n=0$ 和 $T_n=50\text{MPa}$ 的第一固有频率。（部分答案：对于 $T_n=-50\text{MPa}$，第一固有频率为 578.6Hz。）

练习 9.9　如果练习 7.9 中描述的多跨梁受到轴向的预应力，使得恒定的正初始应力 σ^0 作用在梁上，则支座 B 处的旋转角是大于还是小于未受预应力的梁？并解释原因。

9.2.3 塑性

下面讨论基于塑性增量和变形理论的塑性数学模型的建立。增量理论定义了应变张量增量与应力张量相应增量之间的关系。在变形理论中，应变张量（而不是应变张量增量）与应力张量有关。假设应变分量足够小，可以采用小应变表示，并且塑性变形是局部的，即塑性区域被弹性区域包围。与金属成型工艺一样，不受控制的塑性流动不在以下讨论的范围之内。

塑性变形的建立基于三个基本关系：（a）屈服准则，（b）流动法则和（c）硬化法则。我们将使用冯·米塞斯屈服准则和相关联的称为Prandtl-Reuss流动法则。有关此主题的更详细讨论，请参阅文献[86]。

1. 符号表示

应力偏差张量的定义如下：

$$\tilde{\sigma}_{ij} \overset{\text{def}}{=} \sigma_{ij} - \frac{1}{3}\sigma_{kk}\delta_{ij} \tag{9.27}$$

应力偏差张量的第二个不变量由 J_2 表示，定义为：

$$J_2 \overset{\text{def}}{=} \frac{1}{2}\tilde{\sigma}_{ij}\tilde{\sigma}_{ij}$$
$$= \frac{1}{3}[(\sigma_{11}-\sigma_{22})^2 + (\sigma_{22}-\sigma_{33})^2 + (\sigma_{33}-\sigma_{11})^2 + 6(\sigma_{12}+\sigma_{23}+\sigma_{31})]$$

在单轴试验中，σ_{11} 是唯一的非零应力分量。因此 $J_2 = 2\sigma_{11}^2/3$。等效应力，也称为冯·米塞斯应力，是 $\sqrt{J_2}$ 的缩放形式，使得在单轴应力的特殊情况下，它等于单轴应力：

$$\bar{\sigma} \overset{\text{def}}{=} \sqrt{\frac{1}{2}[(\sigma_{11}-\sigma_{22})^2 + (\sigma_{22}-\sigma_{33})^2 + (\sigma_{33}-\sigma_{11})^2 + 6(\sigma_{12}+\sigma_{23}+\sigma_{31})]} \tag{9.28}$$

我们将单轴应力-应变图解释为等效应力和等效应变之间的关系。弹性（或塑性）应变将由上标 e（或 p）表示。三种主要应变用 ϵ_1、ϵ_2、ϵ_3 表示。等效弹性应变由下式定义：

$$\bar{\epsilon}^e \overset{\text{def}}{=} \frac{\sqrt{2}}{2(1+\nu)}\sqrt{(\epsilon_1^e-\epsilon_2^e)^2 + (\epsilon_2^e-\epsilon_3^e)^2 + (\epsilon_3^e-\epsilon_1^e)^2} \tag{9.29}$$

式中，ν 是泊松比。设 $\nu = 1/2$，等效弹性应变的定义可直接从式（9.29）得出：

$$\bar{\epsilon}^p = \frac{\sqrt{2}}{3}\sqrt{(\epsilon_1^p-\epsilon_2^p)^2 + (\epsilon_2^p-\epsilon_3^p)^2 + (\epsilon_3^p-\epsilon_1^p)^2} \tag{9.30}$$

典型单轴应力-应变曲线如图9.5所示。

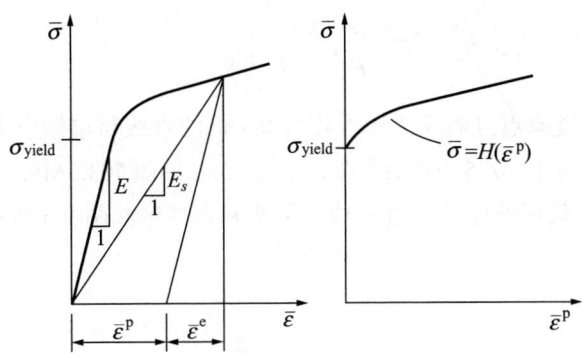

图 9.5 典型单轴应力-应变曲线

练习 9.10 证明 J_2 关于 σ_x、σ_y、σ_z 和 τ_{xy} 的一阶导数分别等于 $\tilde{\sigma}_x$、$\tilde{\sigma}_y$、$\tilde{\sigma}_z$ 和 $\tilde{\tau}_{xy}$。

2. 假设

塑性数学问题建立所依据的假设如下所述。

- **局部塑性变形**：应变分量在解域及其边界上远小于 1，并且变形很小，即为未变形构型编写的平衡方程与为变形配置编写的平衡方程基本相同。
- **应变分解**：假设温度保持不变，总应变的增量是弹性应变增量与塑性应变增量之和：

$$\mathrm{d}\epsilon_{ij} = \mathrm{d}\epsilon_{ij}^e + \mathrm{d}\epsilon_{ij}^p \tag{9.31}$$

- **屈服准则**：我们定义

$$F(\sigma_{ij}, \bar{\epsilon}^p) = \bar{\sigma} - H(\bar{\epsilon}^p) \tag{9.32}$$

当 $F < 0$ 时，材料是有弹性的。塑性变形仅在 $F = 0$ 时可能发生。任何 $F > 0$ 的应力状态是不可接受的。这称为一致性条件。因此在塑性变形中：

$$\mathrm{d}F = 0: \quad \frac{\partial F}{\partial \sigma_{ij}} \mathrm{d}\sigma_{ij} - H' \mathrm{d}\bar{\epsilon}^p = 0 \tag{9.33}$$

- **流动法则**：Prandtl–Reuss 流动法则指出

$$\mathrm{d}\epsilon_{ij}^p = \frac{\partial F}{\partial \sigma_{ij}} \mathrm{d}\bar{\epsilon}^p \tag{9.34}$$

示例 9.6 在本示例中，我们使用塑性变形理论估计示例 4.7 中描述的剪切配合的力-位移关系。材料为 7075-T6 铝合金。材料性能参数弹性模量为 $E=1.05E7\mathrm{psi}$（$7.24E4\mathrm{MPa}$），泊松比为 $\nu = 0.30$。等效应变 $\bar{\epsilon}$ 与等效应力 $\bar{\sigma}$ 之间的关系由 Ramberg–Osgood 方程给出：

$$\bar{\epsilon} = \frac{\bar{\sigma}}{E} + \frac{3}{7}\frac{S_{70E}}{E}\left(\frac{\bar{\sigma}}{S_{70E}}\right)^n \qquad (9.35)$$

式中，S_{70E} 是通过原点且斜率为弹性模量 0.7 倍的直线与单轴应力 – 应变曲线相交点处的应力。对于 7075-T6 铝合金，$S_{70E} = 58.5\text{ksi}$（403.3MPa），$n = 15.2$。

示例中两种载荷条件下的力 – 位移关系和塑性区如图 9.6 所示，其中塑性区域为浅灰色。

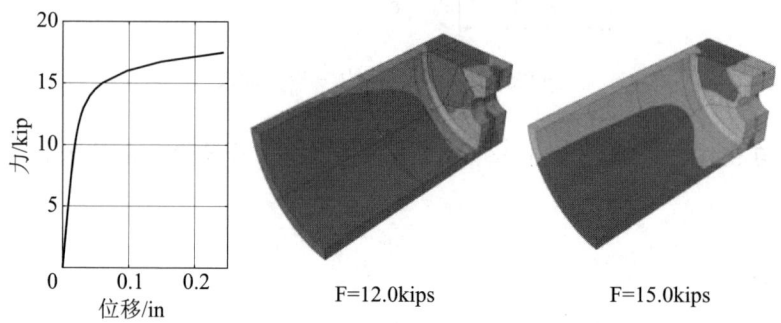

图 9.6　两种载荷条件下的力 – 位移关系和塑性区

3. 增量应力 – 应变关系

应力的增量与弹性应变成正比：

$$\mathrm{d}\sigma_{ij} = C_{ijkl}\mathrm{d}\epsilon_{kl}^e = C_{ijkl}(\mathrm{d}\epsilon_{kl} - \mathrm{d}\epsilon_{kl}^p)$$

替换式 (9.34)，我们有：

$$\mathrm{d}\sigma_{ij} = C_{ijkl}\mathrm{d}\epsilon_{kl} - C_{ijkl}\frac{\partial F}{\partial \sigma_{kl}}\mathrm{d}\bar{\epsilon}^p \qquad (9.36)$$

利用式 (9.33)，我们有：

$$H'\mathrm{d}\bar{\epsilon}^p = \frac{\partial F}{\partial \sigma_{ij}}\mathrm{d}\sigma_{ij} = \frac{\partial F}{\partial \sigma_{ij}}C_{ijkl}\mathrm{d}\epsilon_{kl} - \frac{\partial F}{\partial \sigma_{pq}}C_{pqrs}\frac{\partial F}{\partial \sigma_{rs}}\mathrm{d}\bar{\epsilon}^p \qquad (9.37)$$

其中，哑指标被适当重命名。从式 (9.37) 中可以得到 $\mathrm{d}\bar{\epsilon}^p$ 的表达式：

$$\mathrm{d}\bar{\epsilon}^p = \frac{\dfrac{\partial F}{\partial \sigma_{ij}}C_{ijkl}}{H' + \dfrac{\partial F}{\partial \sigma_{pq}}C_{pqrs}\dfrac{\partial F}{\partial \sigma_{rs}}}\mathrm{d}\epsilon_{kl}$$

将上述表达式代入式 (9.36)，我们得到增量弹塑性应力 – 应变关系：

$$d\sigma_{ij} = \left(C_{ijkl} - \frac{C_{ijmn}\dfrac{\partial F}{\partial \sigma_{mn}}\dfrac{\partial F}{\partial \sigma_{uv}}C_{uvkl}}{H' + C_{pqrs}\dfrac{\partial F}{\partial \sigma_{pq}}\dfrac{\partial F}{\partial \sigma_{rs}}} \right) d\epsilon_{kl} \tag{9.38}$$

式中，括号表达式对于弹性理想塑性材料（即材料 $H'=0$）是明确定义的。

计算过程如下：给定当前应力 σ_{ij}，计算 $d\sigma_{ij} = C_{ijkl}d\epsilon_{kl}$ 对应于所施加载荷的增量。在每个积分点中计算 $F(\sigma_{ij}+d\sigma_{ij})$。如果 $F(\sigma_{ij}+d\sigma_{ij}) \leq 0$，则无须进一步操作。如果 $F(\sigma_{ij}+d\sigma_{ij}) > 0$，则使用式（9.38）重新计算 $d\sigma_{ij}$。重复该过程，直到 $F(\sigma_{ij}+d\sigma_{ij}) \approx 0$。该过程从线性解开始。

4. 塑性变形理论

在塑性变形理论中，假设塑性应变张量与应力偏差张量成正比。参考图 9.5 有：

$$\bar{\epsilon}^e + \bar{\epsilon}^p = \frac{\bar{\sigma}}{E_s}$$

式中，E_s 为割线模量（$0 < E_s < E$）。由于应变的弹性部分与胡克定律的应力有关，

$$\bar{\epsilon}^e = \frac{\bar{\sigma}}{E}$$

我们有：

$$\bar{\epsilon}^p = \left(\frac{1}{E_s} - \frac{1}{E} \right)\bar{\sigma} \tag{9.39}$$

在单轴应力 $\tilde{\sigma} = 2\bar{\sigma}/3$ 的情况下，式（9.39）可以写为：

$$\bar{\epsilon}^p = \frac{3}{2}\left(\frac{1}{E_s} - \frac{1}{E} \right)\tilde{\sigma}$$

通过假设建模，这被推广为：

$$\epsilon_{ij}^p = \frac{3}{2}\left(\frac{1}{E_s} - \frac{1}{E} \right)\tilde{\sigma}_{ij} \tag{9.40}$$

例如，在平面问题中：

$$\begin{Bmatrix} \epsilon_x^p \\ \epsilon_y^p \\ \epsilon_z^p \\ \epsilon_{xy}^p \end{Bmatrix} = \frac{3}{2}\left(\frac{1}{E_s} - \frac{1}{E} \right)\begin{Bmatrix} \tilde{\sigma}_x \\ \tilde{\sigma}_y \\ \tilde{\sigma}_z \\ \tilde{\tau}_{xy} \end{Bmatrix} \tag{9.41}$$

在塑性变形理论中，弹塑性柔度矩阵是建立总应变和应力之间关系的矩阵 [C]：

$$\{\epsilon\} = [C]\{\sigma\} \tag{9.42}$$

弹塑性材料刚度矩阵 [E_{ep}] 是弹塑性柔度矩阵的逆矩阵。利用应力偏量的定义以及塑性应变和偏差应力之间的关系式（9.41），我们有：

$$\begin{Bmatrix} \epsilon_x^p \\ \epsilon_y^p \\ \gamma_{xy}^p \end{Bmatrix} = \frac{3}{2}\left(\frac{1}{E_s} - \frac{1}{E}\right)\begin{bmatrix} 2/3 & -1/3 & 0 \\ -1/3 & 2/3 & 0 \\ 0 & 0 & 2 \end{bmatrix}\begin{Bmatrix} \sigma_x \\ \sigma_y \\ \tau_{xy} \end{Bmatrix}$$

使用 $\{\epsilon\} = \{\epsilon^e\} + \{\epsilon^p\}$，可得总应变分量和应力张量之间的关系：

$$\begin{Bmatrix} \epsilon_x \\ \epsilon_y \\ \gamma_{xy} \end{Bmatrix} = \left(\frac{1}{E}\begin{bmatrix} 1 & -\nu & 0 \\ -\nu & 1 & 0 \\ 0 & 0 & 2(1+\nu) \end{bmatrix} + \frac{E-E_s}{E_s E}\begin{bmatrix} 1 & -1/2 & 0 \\ -1/2 & 1 & 0 \\ 0 & 0 & 3 \end{bmatrix}\right)\begin{Bmatrix} \sigma_x \\ \sigma_y \\ \tau_{xy} \end{Bmatrix}$$

式中，括号内的表达式是弹塑性材料柔度矩阵。由于 $E_s < E$，它是可逆的。

解是通过迭代获得的：对于每个积分点，计算等效应力和应变。根据应力-应变关系计算割线模量，并评估适当的材料刚度矩阵 [E_{ep}]，从而得到新的解。该过程持续进行直到给定等效应变的等效应力和单轴应力之间的最大差值小于预设公差（通常为 1% 或更小）。

示例 9.7 1994—1999 年期间，在德国研究基金会赞助的题为"应用力学中的自适应有限元方法"的研究项目下进行一项有趣的基准研究。9 个学术研究机构参与了该项目。重要的是，该项目促进了应用数学和工程研究界研究人员之间的合作。当时许多研究人员认为高阶单元不能用于解决材料非线性问题。该调查的结果有助于消除这些想法[82]。

因此，有人提出了以下挑战问题：在中心有孔的矩形域上求解平面应变问题，并报告确定的感兴趣量。域和初始有限元网格如图 9.7a 所示。边界段 AB 和 CD 是对称线。边界段 DE 受均匀法向牵引力 p_0 的作用，剪切牵引力为零。在边界段 BC 和 EA 上，法向牵引力和剪切牵引力均为零。研究中指定了 $p_0 = 300$ 和 $p_0 = 450$。研究人员被要求假设材料是各向同性和弹性理想塑性材料，屈服应力 $\sigma_{yield} = 450$，遵循塑性变形理论和冯·米塞斯屈服准则。给出了剪切模量 $G = 80193.8$ 和体积模量 $K = 164206.0$。

我们使用分配给所有单元的 $p = 8$（乘积空间）的准均匀网格序列来求解这个问题。该序列从图 9.7a 所示的六单元网格开始生成，方法是将标准四边形单元均匀划分为 n^2 个小正方形。$n = 3$ 时的网格和对应于 $p_0 = 450$ 的冯·米塞斯应力等值线如图 9.7b 所示。从线性解开始，在每个积分点迭代更新弹塑性材料刚度矩

阵 $[E_{ep}]$，直到在等效应变下，等效应力与单轴应力之差小于 0.5%。计算使用了 StressCheck 软件。

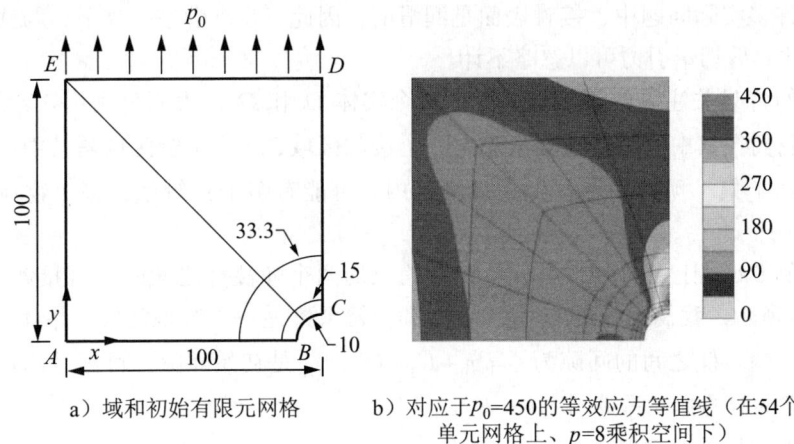

a) 域和初始有限元网格　　b) 对应于 $p_0=450$ 的等效应力等值线（在54个单元网格上、$p=8$ 乘积空间下）

图 9.7　示例 9.7

我们计算了文献 [36] 中表 1 中报告的以下感兴趣量：(a) 定义为 $W = \dfrac{p_0}{2} \int_{x=0}^{100} u_y(x,100)\mathrm{d}x$ 的积分 W；(b) B 点处的应力分量 σ_y，用 $\sigma_y^{(B)}$ 表示；(c) D 点和 E 点处的位移分量 u_y 和 u_x。计算结果如表 9-2 所示。可以看出，随着单元数（用 M 表示）的增加，计算数据几乎与自由度 N 无关。此外，表 9-2 中的数据与文献 [36] 中的表 1 报告的数据在四位有效数字上一致。

表 9-2　示例 9.7：$p_0 = 300$ 的计算结果

M	N	W	$\sigma_y^{(B)}$	$u_y^{(D)}$	$u_x^{(E)}$
6	800	2044.983	522.27	0.140327	0.050886
54	7008	2044.986	517.52	0.140327	0.050885
150	19360	2044.984	517.44	0.140327	0.050885

练习 9.11　证明在单轴拉伸或压缩中，$\bar{\epsilon}^e = \bar{\epsilon}_1^e$、$\bar{\epsilon}^p = \bar{\epsilon}_1^p$ 和 $\bar{\sigma} = \sigma_1$。

练习 9.12　通过将主应变差的均方根值专门化为一维情况来推导式 (9.29)，使得 $\bar{\epsilon}^e = \bar{\epsilon}_1^e$。

9.2.4　机械接触

固体之间接触的数学模型涉及非线性边界条件，以间隙函数 $g = g(s,t) \geq 0$

表示，其中 s 和 t 是其中一个接触面的参数：当 $g=0$ 时，相应点的法向牵引力和剪切牵引力必须具有相等的值和相反的方向。当 $g>0$ 时，牵引力为零。条件 $g<0$ 是不允许的。

在许多实际问题中，接触表面是润滑的，因此，在准静态条件下，与法向牵引力相比，剪切牵引力可以忽略不计。

我们将只关注无摩擦接触。考虑两个实体 Ω_1 和 Ω_2。表面分别用 $\partial\Omega_1$ 和 $\partial\Omega_2$ 表示。我们在其中一个接触面上确定一个接触区域 $\partial\Omega_c$。接触区域是其中一个接触面的凸子集。预计接触发生在接触区内。可能有多个接触区，多个物体可以接触。

示例 9.8　让我们考虑由分布弹簧约束的两个弹性杆之间的一维接触问题，如图 9.8 所示。我们假设轴向刚度 $(AE)_i$ 和弹簧系数 $c_i (i=1,2)$ 是常数，并且杆 2 固定在其右端。杆之间的间隙为 $g = g_0 - U_2 + U_3$，g_0 是初始间隙。目标是确定作为施加力 F 函数的弹性弹簧刚度 $k = F/U_1$。

弹性杆的微分方程为：

$$-(AE)_i u_i'' + c_i u_i = 0, \quad i=1,2 \tag{9.43}$$

式中，撇号表示关于 x 的微分，我们为每个杆关联一个局部坐标系，使得 $x=0$ 在左端。因此，$U_1 = u_1(0)$、$U_2 = u_1(\ell_1)$ 和 $U_3 = u_2(0)$。

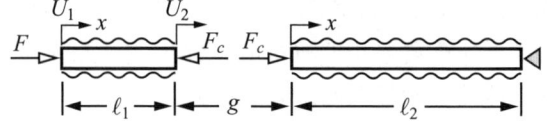

图 9.8　示例 9.8 中的一维接触问题

引入 $\xi = x/\ell_i$、$v_i = u_i/\ell_i$、$\lambda_i = \sqrt{c_i \ell_i / (AE)_i}$，则式（9.43）以无量纲形式表示为：

$$-\frac{d^2 v_i}{d\xi^2} + \lambda_i^2 v_i = 0, \quad 0 \leq \xi \leq 1, \quad i=1,2 \tag{9.44}$$

解为：

$$v_i(x) = a_i \cosh\lambda_i \xi + b_i \sinh\lambda_i \xi \tag{9.45}$$

对于图 9.8 中左边的杆，边界条件为：

$$(AE)_1 u_1'(0) = -F, \quad (AE)_1 u_1'(\ell_1) = -F_c$$

对应于：

$$\left(\frac{dv_1}{d\xi}\right)_{\xi=0} = -\frac{F}{(AE)_1}, \quad \left(\frac{dv_1}{d\xi}\right)_{\xi=1} = -\frac{F_c}{(AE)_1}$$

因此，解为：

$$v_1(\xi) = \frac{F}{(AE)_1 \lambda_1}\left(\frac{\cosh\lambda_1 - F_c/F}{\sinh\lambda_1}\cosh\lambda_1\xi - \sinh\lambda_1\xi\right) \quad (9.46)$$

给定初始间隙 $g_0 > 0$，可以计算闭合间隙所需的力（用 F_0 表示）。可以通过将 $v_1(1) = g_0/\ell_1$ 和 $F_c = 0$ 代入式（9.46）计算，得到：

$$F_0 = (AE)_1 \lambda_1 (g_0/\ell_1)\sinh\lambda_1 \quad (9.47)$$

式中，$\cosh^2\lambda_1 - \sinh^2\lambda_1 = 1$。

因此，当 $F \leq F_0$ 时，弹簧刚度为：

$$k = \frac{F}{U_1} = \frac{F}{\ell_1 v_1(0)} = \lambda_1 \frac{(AE)_1}{\ell_1} \frac{\sinh\lambda_1}{\cosh\lambda_1} \quad (9.48)$$

对于任何 $F > F_0$，将产生接触力 $F_c > 0$，并且必须满足接触条件 $g = 0$。对于图 9.8 中右边的杆，应用边界条件 $(AE)_2 u_2'(0) = -F_c$，$u_2(\ell_2) = 0$，有

$$\left(\frac{dv_2}{d\xi}\right)_{\xi=0} = -\frac{F_c}{(AE)_2}, \quad v_2(1) = 0$$

解为：

$$v_2(\xi) = \frac{F_c}{(AE)_2 \lambda_2}\left(\frac{\sinh\lambda_2}{\cosh\lambda_2}\cosh\lambda_2\xi - \sinh\lambda_2\xi\right) \quad (9.49)$$

从式（9.46），可得：

$$U_2 \equiv u_1(\ell_1) = \ell_1 v_1(1) = \frac{\ell_1(F - F_c\cosh\lambda_1)}{(AE)_1 \lambda_1 \sinh\lambda_1} \quad (9.50)$$

从式（9.49），可得

$$U_3 \equiv u_2(0) = \ell_2 v_2(0) = \frac{\ell_2 F_c \sinh\lambda_2}{(AE)_2 \lambda_2 \cosh\lambda_2} \quad (9.51)$$

当 $g = g_0 - U_2 + U_3 = 0$ 时，可得 $F_c = q(F - F_0)$，其中 q 是一个无量纲常数，它取决于表征问题的参数。

$$q = \left(\cosh\lambda_1 + \frac{\ell_2}{\ell_1}\frac{(AE)_1 \lambda_1 \sinh\lambda_1}{(AE)_2 \lambda_2 \cosh\lambda_2}\sinh\lambda_1\right)^{-1}$$

$$g = \frac{\ell_1 F_0}{(AE)_1 \lambda_1 \sinh\lambda_1} - \frac{\ell_1 F}{(AE)_1 \ell_1 \sinh\lambda_1} + \frac{\ell_1 F_c \cosh\lambda_1}{(AE)_1 \lambda_1 \sinh\lambda_1} + \frac{\ell_2 F_c \sinh\lambda_2}{(AE)_2 \lambda_2 \cosh\lambda_2} = 0 \quad (9.52)$$

在此示例中，可以通过两个步骤找到 F_c。第一步，用 F_0 表示闭合间隙需要的力。第二步，接触力 F_c 确定为 $F = \alpha F_0$，其中 $\alpha \geq 1$。在二维和三维中，问题要复杂得多，因为需要确定接触区，这取决于接触力、接触体的材料属性和几何特征。

1. 二维间隙单元

间隙单元用于间隙函数 g 的近似。间隙函数用于测量接触体中相应点之间的距离。条件 $g > 0$ 表示相应的点未接触，而 $g < 0$ 表示接触体相交。

我们将关注二维弹性体的无摩擦机械接触。目标是找到函数 T_n，使得

$$gT_n = 0, \quad g \geq 0, \quad T_n^{(A)} = -T_n, \quad T_n^{(B)} = -T_n \quad (9.53)$$

式中，$T_n^{(A)}$ 或 $T_n^{(B)}$ 表示作用在物体 A（或物体 B）上的法向牵引力。

间隙单元的映射类似四边形单元的映射。我们假设接触边对应于边 1 和边 3，相应的间隙单元的映射为：

$$x = \frac{1-\eta}{2} f_x^{(A)}(\xi) + \frac{1+\eta}{2} f_x^{(B)}(\xi) \quad (9.54)$$

$$y = \frac{1-\eta}{2} f_y^{(A)}(\xi) + \frac{1+\eta}{2} f_y^{(B)}(\xi) \quad (9.55)$$

式中，$[f_x^{(A)}(\xi), f_y^{(A)}(\xi)]$ 是物体 A 边界上的点，$[f_x^{(B)}(\xi), f_y^{(B)}(\xi)]$ 是物体 B 边界上的点。

我们使用拉格朗日多项式近似函数 f_x、f_y，这些多项式在最优配置点处有根，见附录 F。例如：

$$f_x^{(A)}(\xi) \approx \overline{f}_x^{(A)}(\xi) = \sum_{i=1}^{n} X_i^{(A)} L_i(\xi), \quad X_i^{(A)} = x(\xi_i, -1) \quad (9.56)$$

$$f_y^{(A)}(\xi) \approx \overline{f}_y^{(A)}(\xi) = \sum_{i=1}^{n} Y_i^{(A)} L_i(\xi), \quad Y_i^{(A)} = y(\xi_i, -1) \quad (9.57)$$

式中，ξ_i 是第 i 个最佳搭配点，$L_i(\xi)$ 是相应的拉格朗日插值多项式。

示例 9.9 考虑半径为 R 的圆形（平面）物体 B。中心坐标为 $x_0 = 0, y_0 = R$。假设物体 B 穿透了物体 A，其边界为线段 $y = y_0$，$0 \leq x \leq x_0$。图 9.9 所示的间隙单元由 $\eta = 1$ 处的圆形段和 $\eta = -1$ 的直线构成。用 α 表示圆弧从点 (x_0, y_0) 出发所经过的角度。那么有：

$$X_i^{(B)} = R\sin(\alpha(1+\xi_i)/2) \quad (9.58)$$

$$Y_i^{(B)} = R(1-\cos(\alpha(1+\xi_i)/2)) \tag{9.59}$$

如图 9.9 所示，间隙单元由数据 $R=5.0$、$\alpha = \pi/6$、$x_0 = 2.5$ 和 $y_0 = 0.1$ 表征。

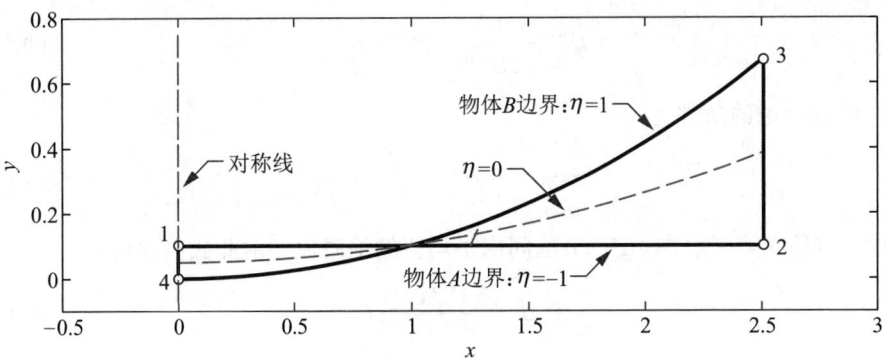

图 9.9　示例 9.9：具有部分穿透的间隙单元

2. 算法概述

用 $|J(\xi,\eta)|$ 表示雅可比行列式，对于第 i 个配置点 ($i=1,2,\cdots,n$)，计算

$$G_i = \text{sign}(|J(\xi_i,0)|)\sqrt{(X_i^{(A)}-X_i^{(B)})^2+(Y_i^{(A)}-Y_i^{(B)})^2} \tag{9.60}$$

间隙函数近似为：

$$g(\xi) = \sum_{i=1}^{n} G_i L_i(\xi), \quad -1 \leqslant \xi \leqslant 1 \tag{9.61}$$

说明：当发生局部穿透时，如图 9.9 所示，在间隙单元的一部分上 $|J(\xi,\eta)| < 0$。此外，曲线 $x=x(\xi,0), y=y(\xi,0)$ 会经过边 1 和边 3 相交的点，且 $|J(\xi,0)|=0$。请注意，$|J(\xi,0)|$ 在交点处符号会发生变化。为了证明这一点，我们写出 $\eta = 0$ 的雅可比行列式：

$$\begin{aligned}|J(\xi,0)| &= \frac{1}{4}\left(\frac{df_x^{(A)}}{d\xi}+\frac{df_x^{(B)}}{d\xi}\right)(-f_y^{(A)}+f_y^{(B)}) - \\ &\quad \frac{1}{4}\left(\frac{df_y^{(A)}}{d\xi}+\frac{df_y^{(B)}}{d\xi}\right)(-f_x^{(A)}+f_x^{(B)})\end{aligned} \tag{9.62}$$

观察到在交点处有 $f_x^{(A)} = f_x^{(B)}$ 和 $f_y^{(A)} = f_y^{(B)}$，因此 $|J(\xi,0)| = 0$。

假设接触体受到足够的约束以防止刚体位移。对边界段上的每个接触体施加压缩法向牵引力，其中 $g(\xi) < 0$。具体为：

$$T_n = -Cg(\xi), \quad T_n^{(A)} = -T_n, \quad T_n^{(B)} = -T_n, \quad \xi \in \{\xi | \ g(\xi) < 0\} \tag{9.63}$$

式中，C 是任意正数。我们计算牵引力合力的绝对值并用 F 表示。我们还计算应变能并用 $U^{(A)}$ 和 $U^{(B)}$ 表示。估计（平均）弹簧刚度 $k^{(A)}$ 和 $k^{(B)}$，由下式确定：

$$k^{(A)} = \frac{F^2}{2U^{(A)}}, \quad k^{(B)} = \frac{F^2}{2U^{(B)}} \tag{9.64}$$

闭合间隙的条件为：

$$\delta = \delta^{(A)} + \delta^{(B)} = \frac{\overline{F}}{k^{(A)}} + \frac{\overline{F}}{k^{(B)}} \tag{9.65}$$

式中，δ 是间隙函数在 $g(\xi) < 0$ 区间内平均值的绝对值。由此我们发现：

$$\overline{F} = \frac{k^{(A)} k^{(B)}}{k^{(A)} + k^{(B)}} \delta \tag{9.66}$$

我们定义比例因子 $s = \overline{F}/F$ 并缩放 T_n，使 $T_n \to sT_n$，并按比例位移分量更新接触区域中点的坐标。例如：

$$X_i^{(A)} \to X_i^{(A)} + s u_x^{(A)}(\xi_i, -1) \tag{9.67}$$

式（9.61）给出的间隙函数使用更新后的坐标重新计算，并重复该过程。在第二步和后续步骤中，将逐步更新前一步中施加的牵引力。该过程将持续直到满足停止准则。

该算法不要求接触区内的单元边缘符合，也不限制配置点的数量，只是配置点的数量应大于或等于单元映射中使用的配置点的数量。

示例 9.10 一个经典的接触问题，最早由 Hertz 解决，是两个弹性球体之间的无摩擦接触。最大接触压力 $p_{\max}$ 和接触区半径 r_c 的公式可以在参考文献中找到，如文献 [103]。具体来说，当两个球体具有相同的弹性特性且 $\nu = 0.3$ 时，最大压力为：

$$p_{\max} = 0.388 \left(PE^2 \frac{(r_1 + r_2)^2}{r_1^2 r_2^2} \right)^{1/3} \tag{9.68}$$

式中，P 是压缩力，E 是弹性模量，r_1 和 r_2 是接触球的半径。接触区的半径为

$$a_c = 1.109 \left(\frac{P r_1 r_2}{E(r_1 + r_2)} \right)^{1/3} \tag{9.69}$$

这些式子基于假设 $r_c \ll \min(r_1, r_2)$。

在本例中，使 $r_1 = 100\text{mm}$，$r_2 = 25\text{mm}$，$E = 7.17 \times 10^4 \text{MPa}$，$\nu = 0.3$，$P = 800\text{N}$，将它作为一个轴对称问题来求解。由于接触区是主要关注的区域，与球体的半径相比是非常少的，因此起始网格以几何级数向接触区进行划分，划分因子为 0.15。

然后通过均匀细分标准单元来逐步细化，以得到一系列准均匀网格。图 9.10a 所示为该序列中的一个网格，由 250 个四边形单元和 50 个三角形单元组成。该问题通过迭代求解，使用停止准则 $\left|p_{\max}^{(k)} - p_{\max}^{(k-1)}\right| \leq 0.01\left|p_{\max}^{(k)}\right|$，其中 $p_{\max}$ 是最大接触压力，k 是迭代计数器。

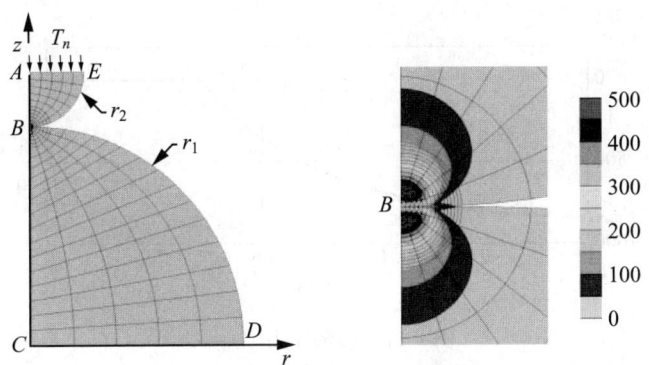

a) 符号表示和300网格单元　　b) 接触区域附近的冯·米塞斯应力等高线

图 9.10　两个弹性球体无摩擦接触的轴对称模型

参考图 9.10a，边界条件如下：在边界段 AB 和 BC 上，位移分量 $u_r = 0$，剪切牵引力为零。在 CD 段上，位移分量 $u_z = 0$。圆弧 DB 和 BE 是无牵引力的，段 EA 的法向牵引力为 $T_n = T_z = -P/(r_2^2\pi)$，剪切牵引力为零。

图 9.10b 显示了接触区附近的变形构型（按 1∶1 比例）和冯·米塞斯应力的等高线。最大值出现在 $r = 0$、$z = 99.68$mm 处。

表 9-3 列出了对于所有单元均分配 $p = 8$ 的准均匀网格序列计算得到的最大冯·米塞斯应力 $\bar{\sigma}_{\max}$（MPa）、其位置 z（mm）、最大接触压力 $p_{\max}$（MPa）和接触半径 r_c（mm）。可以看出，接触压力和最大冯·米塞斯应力在三位有效数字内与自由度数无关。接触区的半径只确定到两位有效数字。这是因为接触压力在接触区的边界处以较小的振幅振荡。

表 9-3　示例 9.10：在为所有单元分配 $p = 8$ 的情况下，计算感兴趣量的值

M	N	$\bar{\sigma}_{\max}$	Loc.z	$p_{\max}$	r_c
108	12985	518.79	99.683	841.9	0.717
300	35721	518.86	99.680	842.3	0.710
588	69721	519.00	99.679	842.2	0.714
经典解				843.7	0.673

图 9.11 显示了接触压力的情况。接触压力相对于 N 的变化是如此之小,以至于在该图中看不到差异。请注意在接触区边界处的小振荡。接触区半径（r_c）的计算值与根据式（9.69）给出的经典解决方案计算的半径（a_c）不同。其原因是在经典解中,接触球体是由旋转的抛物线近似的。在数值解中,没有必要进行这种近似。

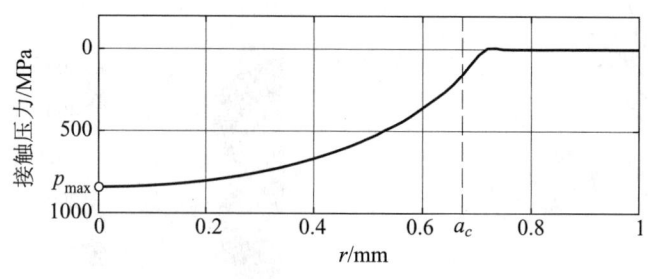

图 9.11 接触压力

注释 9.4 从强度计算的角度来看,接触问题中,工程上通常感兴趣量是最大剪应力（对于塑性材料）或最大拉应力（对于脆性材料）。如图 9.10b 所示,最大剪应力或最大冯·米塞斯应力出现在距离接触区很近的地方。最大拉应力出现在接触区外的球体边界上。

9.3 本章小结

对物理现实概念的表述始于简单的、通常是线性的、带有若干限制性假设的模型。必须估计这些假设对感兴趣量的影响程度,并在必要时对模型进行修改。任何模型都应视为一个更全面模型的特例。我们的目标是,在给定计算目标和相应的可接受误差容限时,确定最简单的模型。做到这一点的一个实际方法是消除限制并估计它们对感兴趣量的影响。只有当实施允许从线性模型无缝过渡到非线性模型以及从一个非线性模型过渡到另一个模型时,这在实践中才是可行的。

分析人员必须注意一个事实,即非线性模型比线性模型需要更多的材料属性和边界条件信息。这不仅增加了模型的复杂性,还增加了与额外信息相关的不确定性。

APPENDIX

附录 A　定义

定义 A.1　一个函数是解析函数，当且仅当它在任意点 $x_0 \in \bar{\Omega}$ 处的泰勒级数在某个邻域内收敛于该函数。

定义 A.2　n 维实坐标空间，记为 $\mathbb{R}^n$，是常见的一维、二维和三维欧几里得空间到 n 维的扩展。

定义 A.3　向量 $\boldsymbol{a} \in \mathbb{R}^n$ 的欧几里得范数用 $\|\boldsymbol{a}\|_2$ 表示，定义如下：

$$\|\boldsymbol{a}\|_2 \stackrel{\text{def}}{=} \left(\sum_{i=1}^{n} a_i^2\right)^{1/2} \tag{A.1}$$

定义 A.4　术语"上确界"和"下确界"分别是最大值和最小值的概括。它们用于描述没有最大值或最小值的集合。例如，负实数没有最大值。然而上确界的定义是唯一的：零。上确界也称为最小上界，下确界也称为最大下界。当排除测度为零的集合时，使用术语"本质上确界"和"本质下确界"。

定义 A.5　函数 $\delta(x)$，也称为狄拉克函数，存在多种解释。一种解释是它在任何地方都为零，除了在点 $x=0$ 处未被定义。然而，它的积分是单位阶跃函数。我们这样理解 $\delta(x)$ 的含义：

$$\int_{-\infty}^{\infty} \delta(x-a) f(x) \mathrm{d}x = \lim_{\epsilon \to 0} \int_{a-\epsilon}^{a+\epsilon} \delta(x-a) f(x) \mathrm{d}x = f(a) \tag{A.2}$$

式中，$\epsilon > 0$。

A.1 赋范线性空间、线性函数和双线性形式

下面列出了赋范线性空间、线性函数和双线性形式的确定性性质。α 和 β 表示实数。

A.1.1 赋范线性空间

赋范线性空间 X 是由元素 $u, v, \cdots$ 组成的集合，具有以下属性：

1) 如果 $u \in X$ 且 $v \in X$，那么 $(u+v) \in X$。
2) 如果 $u \in X$，那么 $\alpha u \in X$。
3) $u + v = v + u$。
4) $u + (v + w) = (u + v) + w$。
5) X 中存在一个唯一元素，用 0 表示，对于任何 $u \in X$，有 $u + 0 = u$。
6) 每个元素 $u \in X$ 存在相关联的唯一元素 $-u \in X$，使得 $u + (-u) = 0$。
7) $\alpha(u + v) = \alpha u + \alpha v$。
8) $(\alpha + \beta)u = \alpha u + \beta u$。
9) $\alpha(\beta u) = (\alpha \beta) u$。
10) $1 \cdot u = u$。
11) $0 \cdot u = 0$。
12) 对于每个 $u \in X$，我们关联一个实数 $\|u\|_X$，称为范数。范数具有以下属性：

   (a) $\|u + v\|_X \leq \|u\|_X + \|v\|_X$。称为三角不等式。
   (b) $\|\alpha u\|_X = |\alpha| \|u\|_X$。
   (c) $\|u\|_X \geq 0$。
   (d) $\|u\|_X \neq 0$，若 $u \neq 0$。

半范数具有范数（a）到（c）属性，但缺少（d）属性。例如式（A.9）。

A.1.2 线性函数

令 X 为赋范线性空间，$F(v)$ 是一个过程，将每个 $v \in X$ 关联到一个实数 $F(v)$。如果 $F(v)$ 具有以下性质，则称 $F(v)$ 为 X 上的线性形式或线性函数：

1) $F(v_1 + v_2) = F(v_1) + F(v_2)$。
2) $F(\alpha v) = \alpha F(v)$。
3) $|F(v)| \leq C \|v\|_X$，其中 C 独立于 v。C 的最小可能值被称为 F 的范数。

A.1.3 双线性形式

令 X 和 Y 是赋范线性空间，$B(u,v)$ 是一个过程，将每个 $u \in X$ 和 $v \in Y$ 关联到一个实数 $B(u,v)$。如果 $B(u,v)$ 具有以下性质，则称它为 $X \times Y$ 上的双线性形式：

1）$B(u_1 + u_2, v) = B(u_1, v) + B(u_2, v)$。
2）$B(u, v_1 + v_2) = B(u, v_1) + B(u, v_2)$。
3）$B(\alpha u, v) = \alpha B(u, v)$。
4）$B(u, \alpha v) = \alpha B(u, v)$。
5）$|B(u,v)| \leq C \|u\|_X \|v\|_Y$，其中 C 独立于 u 和 v。C 的最小可能值被称为 B 的范数。

空间 X 被称为试验空间，函数 $u \in X$ 被称为试验函数。空间 Y 被称为测试空间，函数 $v \in Y$ 被称为测试函数。$B(u,v)$ 不一定是对称的。

A.2 空间 X 中的收敛性

若对于每个 $\epsilon > 0$ 都存在一个数 n_ϵ，使得对于任意 $n > n_\epsilon$，下列关系均成立，则函数序列 $u_n \in X(n=1,2,\cdots)$ 在空间 X 中收敛到函数 $u \in X$。

$$\|u - u_n\|_X < \epsilon \tag{A.3}$$

A.2.1 连续函数空间

令 $\Omega \in \mathbb{R}^n$ 为开放有界域。在 Ω 上定义的连续函数空间用 $C^0(\Omega)$ 表示。与 C^0 相关的范数是：

$$\|f\|_{C^0(\Omega)} = \sup_{x \in \Omega} |f(x)| \tag{A.4}$$

空间 $C^k(\Omega)$ 是定义在 Ω 上的函数集，其性质是所有导数（包括第 k 个导数）都位于 $C^0(\Omega)$ 中。对于 $k > 0$，集合 $C^k(\Omega)$ 是 $C^{k-1}(\Omega)$ 的真子集。集合 $C^\infty(\Omega)$ 是解析函数的集合。

A.2.2 空间 $L^p(\Omega)$

空间 $L^p(\Omega)$ 定义为 Ω 中满足以下条件的函数集合：

$$\|f\|_{L^p(\Omega)} = \left(\int_\Omega |f|^p \mathrm{d}x \right)^{1/p} < \infty \tag{A.5}$$

式中，积分是勒贝格积分。空间 $L^2(\Omega)$ 是平方可积函数的集合。空间 $L^\infty(\Omega)$ 定义为：

$$\|f(x)\|_{L^{\infty}(\Omega)} = \operatorname*{ess\,sup}_{x \in \Omega} |f(x)| < \infty \qquad (\mathrm{A.6})$$

A.2.3 一阶索伯列夫空间

索伯列夫空间在有限元方法的数学分析中起着核心作用。对于索伯列夫空间的基本定义和性质，可参考文献 [55，59，84]。二维一阶索伯列夫空间定义为集合：

$$H^1(\Omega) \stackrel{\text{def}}{=} \left\{ u \,\Big|\, \|u\|_{L^2(\Omega)}^2 + \left\|\frac{\partial u}{\partial x}\right\|_{L^2(\Omega)}^2 + \left\|\frac{\partial u}{\partial y}\right\|_{L^2(\Omega)}^2 < \infty \right\} \qquad (\mathrm{A.7})$$

二维一阶索伯列夫范数定义为：

$$\|u\|_{H^1(\Omega)} \stackrel{\text{def}}{=} \left(\|u\|_{L^2(\Omega)}^2 + \left\|\frac{\partial u}{\partial x}\right\|_{L^2(\Omega)}^2 + \left\|\frac{\partial u}{\partial y}\right\|_{L^2(\Omega)}^2 \right)^{1/2} \qquad (\mathrm{A.8})$$

一阶半范数定义为：

$$|u|_{H^1(\Omega)} \stackrel{\text{def}}{=} \left(\left\|\frac{\partial u}{\partial x}\right\|_{L^2(\Omega)}^2 + \left\|\frac{\partial u}{\partial y}\right\|_{L^2(\Omega)}^2 \right)^{1/2} \qquad (\mathrm{A.9})$$

我们定义

$$H_0^1(\Omega) \stackrel{\text{def}}{=} \{ u \,|\, u \in H^1(\Omega), u = 0 \text{ 在 } \partial\Omega \text{ 上} \} \qquad (\mathrm{A.10})$$

索伯列夫范数和能量范数是等价的，即存在两个实数 $0 < C_1 \leq C_2$，它们与 u 无关，使得

$$C_1 \|u\|_{H^1(\Omega)} \leq \|u\|_{E(\Omega)} \leq C_2 \|u\|_{H^1(\Omega)} \qquad (\mathrm{A.11})$$

在数学文献中，收敛速度的事先估计是通过 H^1 范数来衡量误差的。这些估计在能量范数中同样有效。

索伯列夫空间的标准记法是 $W^{k,s}(\Omega)$，其中索引 k 表示导数的阶数，索引 s 用于标识相关的范数 $L^s(\Omega)$。当 $s=2$ 时，这是一个希尔伯特空间，记为 $H^k(\Omega)$。我们已经给出了索伯列夫空间 $W^{1,2}(\Omega) \equiv H^1(\Omega)$ 的定义。

A.2.4 分数阶索伯列夫空间

索伯列夫空间的定义被扩展到分数阶索引 $k = m + \mu$，其中 m 是整数，且 $0 < \mu < 1$。分数阶索伯列夫空间在有限元方法的理论中起着至关重要的作用。这些空间用于描述函数的光滑性。收敛速度（以能量范数衡量）的事先估计是通过这些空间的索引给出的。

对索伯列夫空间的详细讨论远远超出了本书的范围，然而，为了理解与有限元方法收敛性质相关的定理，有必要对一维和二维中的特殊情况进行介绍。关于索伯列夫空间的入门阅读，可以参考文献 [34, 59, 84]。

在一维情况下，函数

$$u = x^\lambda, \quad \lambda > 1/2, \quad x \in I$$

如果 $x^{\lambda-1-\mu}$ 在 I 上是平方可积的，那么它就属于 $H^{1+\mu}(I)$。对于 $I = (0,1)$，我们有

$$\int_0^1 x^{2\lambda-2-2\mu} dx < \infty$$

因此

$$\left[\frac{x^{2\lambda-1-2\mu}}{2\lambda-1-2\mu}\right]_0^1 < \infty$$

并且

$$2\lambda - 1 - 2\mu > 0$$

选择最大的 μ 值，使得 $u = x^\lambda$ 是平方可积的，我们得到

$$\mu = \lambda - 1/2 - \epsilon$$

式中，ϵ 是一个任意小的正数。例如，函数 $u = x^{2/3}$ 属于 $H^{7/6-\epsilon}(I)$，其中 $I = (0,1)$。

在二维情况下，设

$$u = r^\lambda \phi(\theta), \quad (r,\theta) \in \Omega = (0,1) \times (-\alpha/2, \alpha/2)$$

式中，$\phi(\theta)$ 是一个光滑函数，且 $0 < \alpha \leq \pi$。如果 $r^{\lambda-1-\mu}$ 在 Ω 上是平方可积的，那么函数 u 就属于 $H^{1+\mu}(\Omega)$，即

$$\int_{-\alpha/2}^{\alpha/2} \int_0^1 r^{2\lambda-2-2\mu} \phi^2(\theta) r dr d\theta = \int_{-\alpha/2}^{\alpha/2} \phi^2(\theta) d\theta \left[\frac{r^{2\lambda-2\mu}}{2\lambda-2\mu}\right]_0^1 < \infty$$

因此 $\lambda - \mu > 0$，并且满足这个条件的最大 μ 值是 $\mu = \lambda - \epsilon$，其中 ϵ 是一个任意小的正数。例如，函数 $u = r^{2/3}\cos(\theta)$ 属于 $H^{5/3-\epsilon}(\Omega)$。

A.3 积分的施瓦茨不等式

假设 $f(x) \in L^2(I)$ 和 $g(x) \in L^2(I)$，其中 $I = (a,b)$。那么：

$$\left|\int_a^b fg dx\right| \leq \left(\int_a^b f^2 dx\right)^{1/2} \left(\int_a^b g^2 dx\right)^{1/2} \tag{A.12}$$

这是积分形式的施瓦茨不等式。为了证明这一点，我们注意到：

$$\int_a^b (f+\lambda g)^2 \mathrm{d}x \geq 0, \text{对于任意} \lambda \quad (A.13)$$

因此：

$$\int_a^b f^2 \mathrm{d}x + 2\lambda \int_a^b fg\,\mathrm{d}x + \lambda^2 \int_a^b g^2 \mathrm{d}x \geq 0, \text{对于任意} \lambda \quad (A.14)$$

不等式的左边是一个关于 λ 的二次表达式。为了求出式（A.14）的根，我们只需计算：

$$\lambda = \frac{-\int_a^b fg\,\mathrm{d}x \pm \sqrt{\left(\int_a^b fg\,\mathrm{d}x\right)^2 - \int_a^b g^2 \mathrm{d}x \int_a^b f^2 \mathrm{d}x}}{\int_a^b g^2 \mathrm{d}x} \quad (A.15)$$

设根为 λ_1 和 λ_2，则式（A.14）可以写为：

$$(\lambda - \lambda_1)(\lambda - \lambda_2) \geq 0$$

我们注意到根不能是实数且互不相同，因为如果是这样，我们可以选择任意 λ 使得 $\lambda_1 < \lambda < \lambda_2$，那么就会有 $(\lambda - \lambda_1)(\lambda - \lambda_2) < 0$。因此，根号内的值必须小于或等于零。这就完成了证明。

附录 B h 收敛性的证明

在精确解的二阶导数有界的条件下,这里给出了一维情况下 $p=1$ 的收敛性证明,目的是以最简单的方式介绍先验误差估计的推导过程。

考虑以下问题:找到 $u_{EX} \in E^0(I)$,其中 $I=(0,\ell)$,使得:

$$\int_0^\ell (\kappa u'_{EX} v' + c u_{EX} v) \mathrm{d}x = \int_0^\ell fv\mathrm{d}x, \quad v \in E^0(I) \tag{B.1}$$

假设 κ、c 和 f 使得 u_{EX}、u'_{EX} 和 u''_{EX} 在区间 I 上是有界的连续函数,且 $|u''_{EX}| \leq C$,即 $u_{EX} \in C^2(I)$。

将区间 I 细分为 n 个长度相等的单元。每个单元的长度为:$h = \ell/n$。设 u_n 是 u_{EX} 的线性插值,即 u_n 是一个连续分段线性函数,满足:

$$u_n(jh) = u_{EX}(jh), \quad j = 0,1,\cdots,n \tag{B.2}$$

记 $I_k = ((k-1)h, kh)$,并定义 I_k 上的插值误差表示为 $\bar{e}_k$:

$$\bar{e}_k(x) \overset{\text{def}}{=} u_{EX}(x) - u_n(x), \quad x \in I_k, \quad k=1,2,\cdots,n \tag{B.3}$$

因为 $\bar{e}_k(x)$ 在单元的端点处为零,因此存在一个点 $\bar{x}_k$,使得 $|\bar{e}_k|$ 达到最大值。此时 $\bar{e}'_k = 0$,如图 B.1 所示。由于 u_n 在 I_k 上是线性的,因此 $u''_n = 0$,从而:

$$\bar{e}'_k(x) = \int_{\bar{x}_k}^x \bar{e}''_k(t)\mathrm{d}t = \int_{\bar{x}_k}^x u''_{EX}(t)\mathrm{d}t, \quad x \in I_k \tag{B.4}$$

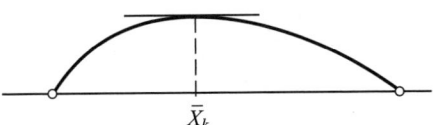

图 B.1 $\bar{e}_k = u_{EX} - u_{FE}$ 的误差

由 $|u''_{EX}| \leq C$ 可得:

$$|\bar{e}'_k(x)| \leq hC, \quad x \in I_k \tag{B.5}$$

我们将 $\bar{e}_k$ 在点 $\bar{x}_k$ 处展开为泰勒级数,假设 $\bar{x}_k$ 位于 $kh - \bar{x}_k \leq h/2$ 的位置,我们可以得到:

$$\bar{e}_k(kh) = 0 = \bar{e}_k(\bar{x}_k) + (kh - \bar{x}_k)\bar{e}'_k(\bar{x}_k) + \frac{1}{2}(kh - \bar{x}_k)^2 \bar{e}''_k(t) \tag{B.6}$$

式中，t 是 $\bar{x}_k$ 和 $x=kh$ 之间的一个点。由于 $\bar{e}'_k(\bar{x}_k)=0$，我们得到：

$$\max|e_k(\bar{x}_k)| = \frac{1}{2}|kh-\bar{x}_k|^2|\bar{e}''_k(t)| \leq \frac{h^2}{8}C \qquad (B.7)$$

如果 $\bar{x}_k$ 更接近 $(k-1)h$ 而不是 kh，那么我们写出 $\bar{e}_k((k-1)h)$ 的泰勒级数表达式，而不是 $\bar{e}_k(kh)$ 的，可以得到同样的结果。式（B.7）是插值理论的基本结果。根据式（B.4）和式（B.7），插值误差 e 的应变能为：

$$\begin{aligned}U(\bar{e}) &= \frac{1}{2}\int_0^\ell (\kappa(\bar{e}')^2 + c\bar{e}^2)\mathrm{d}x = \frac{1}{2}\sum_{k=1}^n \int_{(k-1)h}^{kh}(\kappa(\bar{e}'_k)^2 + c\bar{e}_k^2)\mathrm{d}x \\ &\leq \frac{1}{2}nh\left(K_1(Ch)^2 + K_2\left(\frac{h^2}{8}C\right)^2\right)\end{aligned} \qquad (B.8)$$

式中，K_1 和 K_2 是常数，使得在区间 I 上 $\kappa(x) \leq K_1$ 和 $c(x) \leq K_2$，注意 K_1 和 K_2 与 h 无关。由于 $nh=\ell$，存在常数 K 使得：

$$U(\bar{e}) \leq \frac{1}{2}K\ell C^2 h^2 \qquad (B.9)$$

最后，由于有限元解的误差能量范数 $e = u_{EX} - u_{FE}$ 小于或等于插值误差 $\bar{e}$ 的能量范数（见定理 1.4），可以得到：

$$\|e\|_{E(\Omega)} \stackrel{\text{def}}{=} \sqrt{U(e)} \leq kCh \qquad (B.10)$$

式中，k 取决于 κ、c 和 f，但与 h 无关，这是典型的先验估计的形式。先验估计表明，在给定精确解平滑度信息的情况下，随着离散化的变化，误差变化的速度有多快。例如，在前面的讨论中，精确解的平滑性由 $|u''_{EX}| \leq C$ 来描述。在一般情况下，C 不是先验的。

附录 C 三维收敛：实证结果

使用与文献 [3] 中相同的输入数据，在 Fichera 域上求解了弹性问题。目的是比较能量范数中 h 和 p 型相对于自由度数量的经验收敛率，并估计精确解的索伯列夫指数 k。计算是由瑞典航空研究所开发的有限元分析软件 STRIPE 完成的。

C.1 输入数据

定义域为：

$$\Omega \stackrel{\text{def}}{=} \{(X,Y,Z) \mid (X,Y,Z) \in (-50,50)^3 \setminus [0,50)^3\} \tag{C.1}$$

使用图 4.11 所示符号，在 $X=0$，$Y=0$，$Z=0$ 和 $Y=-50$，$Z=-50$ 平面内的边界表面上，牵引力为 0：$T_x=T_y=T_z=0$。在 $X=-50$ 平面的边界表面上，$T_x=T_y=T_z=0$。在 $X=50$、$Y=50$ 和 $Z=50$ 平面的边界表面上，规定了对称边界条件：法向位移和剪切力为 0。弹性模量为 $E=1.0E3$，泊松比为 0.3。

C.2 参考解

为了建立参考解，构建了一个几何网格。该网格的特征是由以下序列组成：

$$x_i = \begin{cases} 0 & i=1 \\ 50q^{m+1-i} & i=2,3,\cdots,m+1 \end{cases} \tag{C.2}$$

表示节点沿 x 轴的位置。以同样的方式，沿 y 轴和 z 轴定位节点。节点位于平面 $X=\pm x_i$、$Y=\pm y_j$、$Z=\pm z_k$，$(i,j,k=1,2,\cdots,m+1)$ 的交点处。网格中的单元数量为 $M(\Delta)=7m^3$。

$m=8$ 的结果如表 C-1 所示。可以看出，势能收敛到 8 位精度。π_p 的外推值用于计算 p 和 h 扩展的收敛率，分别由表 C-1 和表 C-2 中的 β_p 和 β_h 表示。由式（1.102）计算的 β 的估计值如图 C.1 所示。均匀网格被用于 p 和 h 扩展。

表 C-2 和图 C.1 显示了 h 扩展（$p=2$，主干空间）的结果。参数 m 代表沿正坐标轴的边数。因此 $h=50/m$，使用式（4.35）计算 k_h 的值。

表 C-1 Fichera 域（弹性势能参考值的估计）（p 收敛性，$M(\Delta)$ =3584（m=8），几何网格 q=1/7，主干空间）

p	N	π_p	β_p	e（%）
3	84,048	$-7.1017674042E+02$	—	1.9934
4	153,792	$-7.1037322898E+02$	0.9853	1.0992
5	257,520	$-7.1044463079E+02$	1.7293	0.4507
6	405,984	$-7.1045599535E+02$	1.7004	0.2079
7	609,936	$-7.1045850634E+02$	2.0931	0.0887
8	880,128	$-7.1045892986E+02$	1.9361	0.0436
9	1,227,312	$-7.1045902640E+02$	1.8878	0.0233
10	1,662,240	$-7.1045905243E+02$	1.8294	0.0134
11	2,195,664	$-7.1045906029E+02$	1.8294	0.0080
估计值		$-7.1045906487E+02$		

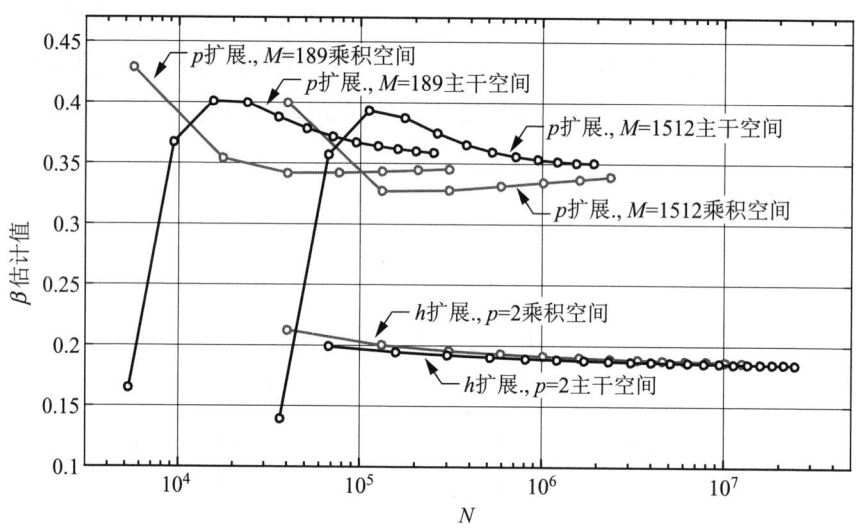

图 C.1 Fichera 域，弹性。均匀网格上的收敛路径

C.3 讨论

k_h 的估算是基于式（1.91），而 β_h 的估算是基于式（1.92）。这两种形式是相似的，由于在三维空间中 $N \propto h^{-3}$，我们期望 $\beta_h \approx \dfrac{k_h - 1}{3}$。

例如，在表 C-2 对应于 $m=66$ 的条目中，根据 k_h 估算的 β_h 是 0.1838，这接近于根据式（1.92）估算的 0.1847。

表 C-2　Fichera 域（h 收敛性，均匀网格，$p=2$，主干空间）

m	N	π_h	k_h	β_h	$(e_r)_E$（%）
6	21,132	$-7.08307829E+02$	—	—	5.5027
9	67,905	$-7.09107428E+02$	1.5731	0.1991	4.3617
12	156,960	$-7.09483558E+02$	1.5668	0.1946	3.7055
15	301,905	$-7.09700398E+02$	1.5633	0.1922	3.2678
18	516,348	$-7.09840746E+02$	1.5610	0.1906	2.9501
21	813,897	$-7.09938678E+02$	1.5593	0.1895	2.7064
24	1,208,160	$-7.10010726E+02$	1.5580	0.1886	2.5121
27	1,712,745	$-7.10065854E+02$	1.5570	0.1880	2.3526
30	2,341,260	$-7.10109336E+02$	1.5561	0.1874	2.2187
33	3,107,313	$-7.10144469E+02$	1.5554	0.1870	2.1043
36	4,024,512	$-7.10173423E+02$	1.5548	0.1866	2.0051
39	5,106,465	$-7.10197676E+02$	1.5543	0.1863	1.9181
42	6,366,780	$-7.10218275E+02$	1.5538	0.1861	1.8410
45	7,819,065	$-7.10235977E+02$	1.5534	0.1858	1.7720
48	9,476,928	$-7.10251347E+02$	1.5530	0.1856	1.7099
51	11,353,977	$-7.10264811E+02$	1.5527	0.1854	1.6535
54	13,463,820	$-7.10276699E+02$	1.5524	0.1853	1.6021
57	15,820,065	$-7.10287268E+02$	1.5521	0.1851	1.5550
60	18,436,320	$-7.10296725E+02$	1.5519	0.1850	1.5116
63	21,326,193	$-7.10305233E+02$	1.5517	0.1848	1.4715
66	24,503,292	$-7.10312926E+02$	1.5514	0.1847	1.4342
参考值		$-7.10459065E+02$			

众所周知，在二维空间中，在实践中通常满足的条件下，比率 β_p/β_h 的极限值是 2。对于三维空间，没有类似的定理。参照图 C.1 中通过 p 扩展和 h 扩展得到

的 β 表观极限值，我们预计，同样的情况也可以在三维中得到证明。

使用了一个直接求解器。经过验证，四舍五入的误差并不影响计算结果。由四舍五入引起的扰动对计算出的势能值的影响位数不小于第十二位。

此次研究中令人惊讶的是，进入渐近范围的 N 值非常高，如表 C-2 所示，在 $N = 2450$ 万时，k_h 和 β_h 仍单调递减。

附录 D 勒让德多项式

勒让德多项式 $P_n(\xi)$ 是勒让德微分方程的解,其中 $n=0,1,2,\cdots$:

$$(1-\xi^2)y'' - 2\xi y' + n(n+1)y = 0, \quad -1 \leqslant \xi \leqslant 1 \tag{D.1}$$

前 8 个勒让德多项式分别为:

$$P_0(\xi) = 1 \tag{D.2}$$

$$P_1(\xi) = \xi \tag{D.3}$$

$$P_2(\xi) = \frac{1}{2}(3\xi^2 - 1) \tag{D.4}$$

$$P_3(\xi) = \frac{1}{2}(5\xi^3 - 3\xi) \tag{D.5}$$

$$P_4(\xi) = \frac{1}{8}(35\xi^4 - 30\xi^2 + 3) \tag{D.6}$$

$$P_5(\xi) = \frac{1}{8}(63\xi^5 - 70\xi^3 + 15\xi) \tag{D.7}$$

$$P_6(\xi) = \frac{1}{16}(231\xi^6 - 315\xi^4 + 105\xi^2 - 5) \tag{D.8}$$

$$P_7(\xi) = \frac{1}{16}(429\xi^7 - 693\xi^5 + 315\xi^3 - 35\xi) \tag{D.9}$$

注意,偶数(奇数)次的勒让德多项式是对称(反对称)函数:

$$P_n(-\xi) = (-1)^n P_n(\xi) \tag{D.10}$$

且对所有的 n,都有 $P_n(1)=1$。

勒让德多项式可以由如下递归式生成:

$$(n+1)P_{n+1}(\xi) = (2n+1)\xi P_n(\xi) - nP_{n-1}(\xi), \quad n=1,2,\cdots \tag{D.11}$$

勒让德多项式满足以下关系:

$$(2n+1)P_n(\xi) = P'_{n+1}(\xi) - P'_{n-1}(\xi), \quad n=1,2,\cdots \tag{D.12}$$

式中,撇号表示对 ξ 的导数,勒让德多项式满足以下正交性:

$$\int_{-1}^{+1} P_i(\xi) P_j(\xi) d\xi = \begin{cases} \dfrac{2}{2i+1} & \text{对于 } i=j \\ 0 & \text{对于 } i \neq j \end{cases} \tag{D.13}$$

勒让德多项式所有的根都位于 $-1 < \xi < 1$ 的区间内。$P_n(\xi)$ 的 n 个根是 n 点高斯积分的横坐标 ξ_i：

$$\int_{-1}^{1} f(\xi) \mathrm{d}\xi \approx \sum_{i=1}^{n} w_i f(\xi_i) \tag{D.14}$$

勒让德多项式具有 $P_n(1) = 1, P_n(-1) = (-1)^n$ 的性质。

基于勒让德多项式的形函数

图 1.4 展示了前 5 个基于勒让德多项式的形函数，其他的形函数在下方列出。

$$N_6(\xi) = \frac{3}{8\sqrt{2}} \xi(\xi^2 - 1)(7\xi^2 - 3) \tag{D.15}$$

$$N_7(\xi) = \frac{1}{16} \sqrt{\frac{11}{2}} (\xi^2 - 1)(21\xi^4 - 14\xi^2 + 1) \tag{D.16}$$

$$N_8(\xi) = \frac{1}{16} \sqrt{\frac{13}{2}} \xi(\xi^2 - 1)(33\xi^4 - 30\xi^2 + 5) \tag{D.17}$$

$$N_9(\xi) = \frac{1}{128} \sqrt{\frac{15}{2}} (\xi^2 - 1)(429\xi^6 - 495\xi^4 + 135\xi^2 - 5) \tag{D.18}$$

$$\vdots$$

$$N_i(\xi) = \frac{1}{\sqrt{2(2i-3)}} (P_{i-1}(\xi) - P_{i-3}(\xi)) \tag{D.19}$$

图 D.1 展示了前 8 个形函数。

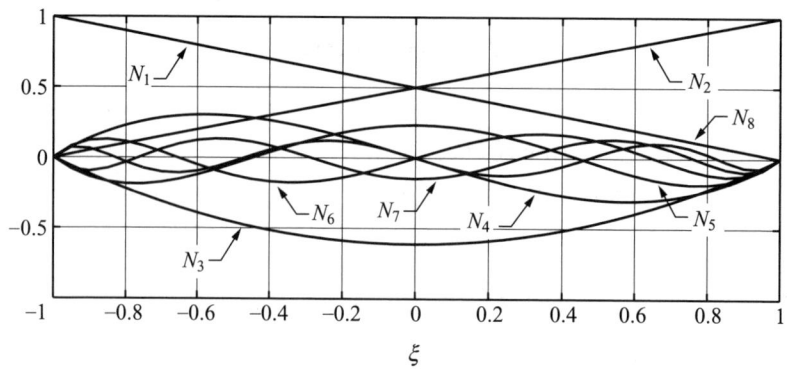

图 D.1　前 8 个基于勒让德多项式的形函数

附录 E 数值积分法

在有限元法中，系数矩阵和右边向量的项是用数值积分法计算的。最常见的是高斯积分法，在某些情况下使用高斯 – 洛巴特积分法。在一维中，积分的定义域是标准单元 I_{st}。标准单元的积分表达式可以通过求和估算：

$$\int_{-1}^{+1} f(\xi) \mathrm{d}\xi \approx \sum_{i=1}^{n} w_i f(\xi_i) + R_n \qquad (\text{E.1})$$

式中，w_i 是权重，ξ_i 是横坐标，R_n 是误差项。横坐标和权重关于点 $\xi = 0$ 对称。

为求非标准定义域上的积分，利用式（1.60）定义的映射函数将积分定义域转换为标准定义域，例如：

$$\int_{x_1}^{x_2} F(x) \mathrm{d}x = \int_{-1}^{+1} \underbrace{F(Q(\xi)) \frac{x_2 - x_1}{2}}_{f(\xi)} \mathrm{d}\xi, \quad \text{其中} Q(\xi) = \frac{1-\xi}{2} x_1 + \frac{1+\xi}{2} x_2$$

E.1 高斯积分法

在高斯积分法中，横坐标 x_i 是勒让德多项式 P_n 的第 i 个零。权重的计算方法如下：

$$w_i = \frac{2}{(1-x_i^2)[P_n'(x_i)]^2} \qquad (\text{E.2})$$

表 E-1 列出了高斯积分法中直到 $n = 8$ 的横坐标和权重。误差项的表达式为：

$$R_n = \frac{2^{2n+1}(n!)^4}{(2n+1)[(2n)!]^3} f^{(2n)}(\zeta), \quad \text{其中} -1 < \zeta < +1$$

式中，$f^{(2n)}$ 是 f 的第 $2n$ 阶导数。从误差项可以看出，如果 $f(\xi)$ 是 p 次多项式，并且使用高斯积分法，那么当 $n \geq (p+1)/2$ 时，积分将是精确的（除了舍入误差）。例如，求一个 5 次多项式的积分，$n = 3$ 已经足够了。对于非多项式函数，收敛速度取决于被积函数可以使用多项式近似的程度。可以证明，如果 $f(\xi)$ 在 I_{st} 上是连续函数，则式（E.1）中的求和将收敛到积分的真实值。

表 E-1　高斯积分法的横坐标和权重

n	$\pm\xi_i$	w_i
2	0.57735 02691 89626	1.00000 00000 00000
3	0.00000 00000 00000	0.88888 88888 88889
	0.77459 66692 41483	0.55555 55555 55556
4	0.33998 10435 84856	0.65214 51548 62546
	0.86113 63115 94053	0.34785 48451 37454
5	0.00000 00000 00000	0.56888 88888 88889
	0.53846 93101 05683	0.47862 86704 99366
	0.90617 98459 38664	0.23692 68850 56189
6	0.23861 91860 83197	0.46791 39345 72691
	0.66120 93864 66265	0.36076 15730 48139
	0.93246 95142 03152	0.17132 44923 79170
7	0.00000 00000 00000	0.41795 91836 73469
	0.40584 51513 77397	0.38183 00505 05119
	0.74153 11855 99394	0.27970 53914 89277
	0.94910 79123 42759	0.12948 49661 68870
8	0.18343 46424 95650	0.36268 37833 78362
	0.52553 24099 16329	0.31370 66458 77887
	0.79666 64774 13627	0.22238 10344 53374
	0.96028 98564 97536	0.10122 85362 90376

积分过程可以直接扩展到标准四边形单元和标准六面体单元。对于标准四边形单元：

$$\int_{-1}^{+1}\int_{-1}^{+1} f(\xi,\eta)\mathrm{d}\xi\mathrm{d}\eta = \sum_{i=1}^{n_\xi}\sum_{j=1}^{n_\eta} w_i w_j f(\xi_i,\eta_j) \qquad (\text{E.3})$$

式中，$n_\xi(n_\eta)$ 是沿 $\xi(\eta)$ 轴的正交点的数量。通常会使 $n_\xi = n_\eta$（非必要）。类似地，对于标准六面体单元：

$$\int_{-1}^{+1}\int_{-1}^{+1}\int_{-1}^{+1} f(\xi,\eta,\zeta)\mathrm{d}\xi\mathrm{d}\eta\mathrm{d}\zeta = \sum_{i=1}^{n_\xi}\sum_{j=1}^{n_\eta}\sum_{k=1}^{n_\zeta} w_i w_j w_k f(\xi_i,\eta_j,\zeta_k) \qquad (\text{E.4})$$

E.2 高斯 – 洛巴特积分法

在高斯 – 洛巴特积分法中，横坐标为 $x_1 = -1$，$x_n = 1$ 且对于 $i = 2,3,\cdots,n-1$，横坐标为 $P'_{n-1}(x)$ 的第 $(i-1)$ 个零点，其中 $P_{n-1}(x)$ 是第 $(n-1)$ 个勒让德多项式。权重为：

$$w_i = \begin{cases} \dfrac{2}{n(n-1)} & \text{对于} i = 1 \text{和} i = n \\ \dfrac{2}{n(n-1)[P_{n-1}(x_i)]^2} & \text{对于} i = 2,3,\cdots,(n-1) \end{cases} \quad (\text{E.5})$$

表 E-2 中列出了高斯 – 洛巴特积分法中直到 $n = 8$ 的横坐标和权重。误差项为：

$$R_n = \frac{-n(n-1)^3 2^{2n-1}[(n-2)!]^4}{(2n-1)[(2n-2)!]^3} f^{(2n-2)}(\zeta), \quad \text{其中} -1 < \zeta < +1$$

由此可以得出，如果 $f(\xi)$ 是一个 p 次多项式且使用了高斯 – 洛巴特积分法，那么当 $n \geqslant (p+3)/2$ 时，积分将是精确的（除了舍入误差）。

表 E-2 高斯 – 洛巴特积分法的横坐标和权重

n	$\pm\xi_i$	w_i
2	1.00000 00000 00000	1.00000 00000 00000
3	0.00000 00000 00000	1.33333 33333 33333
	1.00000 00000 00000	0.33333 33333 33333
4	0.44721 35954 99958	0.83333 33333 33333
	1.00000 00000 00000	0.16666 66666 66667
5	0.00000 00000 00000	0.71111 11111 11111
	0.65465 36707 07977	0.54444 44444 44444
	1.00000 00000 00000	0.10000 00000 00000
6	0.28523 15164 80645	0.55485 83770 35486
	0.76505 53239 29465	0.37847 49562 97847
	1.00000 00000 00000	0.06666 66666 66667
7	0.00000 00000 00000	0.48761 90476 19048
	0.46884 87934 70714	0.43174 53812 09863
	0.83022 38962 78567	0.27682 60473 61566

（续）

n	$\pm\xi_i$	w_i
7	1.00000 00000 00000	0.04761 90476 19048
8	0.20929 92179 02479	0.41245 87946 58704
	0.59170 01814 33142	0.34112 26924 83504
	0.87174 01485 09607	0.21070 42271 43506
	1.00000 00000 00000	0.03571 42857 14286

附录 F 多项式映射函数

20 世纪 60 年代引进了一维和二维多项式的等参数映射单元。在 3.4.1 节中概述了二维单元的算法。在本节中，我们将讨论将等参数映射的概念扩展到大于二维的多项式函数，并将其与混合函数方法结合起来。

具体来说，我们感兴趣的是在区间 $-1<\eta<1$ 上，用多项式插值函数来近似式（3.46）和式（3.47）中的任意连续函数，如 $x_2(\eta)$ 和 $y_2(\eta)$。

为了简化符号表示，我们将寻求一个 n 维多项式插值函数 $f(\xi)\in C^0(I_{\text{st}})$，使其在最大范数下接近最优。我们将 p 次多项式插值函数记为 $w_p(\xi)$，将插值点的集合称为节点集，表示为：

$$T = \{\xi_1 = -1, \xi_2, \xi_3, \cdots, \xi_p, \xi_{p+1} = 1\}$$

而插值多项式为：

$$w_p = \sum_{k=1}^{p+1} f(\xi_k) N_k(\xi) \equiv \mathcal{L}_T f$$

式中，$N_k(\xi)$ 是由式（1.50）定义的 p 次拉格朗日函数，$\mathcal{L}_T$ 是将定义在 I_{st} 上的连续函数映射到定义在 I_{st} 上的 p 次多项式的线性投影算子。我们定义勒贝格常数 $\lambda(T)$ 为：

$$\lambda(T) = \max_{\xi \in I_{\text{st}}} \sum_{i=1}^{p+1} |N_i(\xi)| \tag{F.1}$$

注意到 $|\mathcal{L}_T f| \leq \lambda(T) \|f\|_{\max}$。

设 $w_p^\star$ 为最大范数下的最优多项式近似，则有：

$$|f - \mathcal{L}_T f| = |f - w_p^\star + w_p^\star - \mathcal{L}_T f| \leq |f - w_p^\star| + |w_p^\star - \mathcal{L}_T f| \tag{F.2}$$

式中，我们使用了三角不等式。注意到 $w_p^\star$ 可以写为 $w_p^\star = \mathcal{L}_T w_p^\star$，因此有

$$w_p^\star - \mathcal{L}_T f = \mathcal{L}_T(w_p^\star - f)$$

式（F.2）可以写为：

$$\|f - \mathcal{L}_T f\|_{\max} \leq \|f - w_p^\star\|_{\max} + \|\mathcal{L}_T(f - w_p^\star)\|_{\max} \tag{F.3}$$

从中可以看出，勒贝格常数对插值误差有一定的限制：

$$\|f - \mathcal{L}_T f\|_{\max} \leq (1 + \lambda(T)) \|f - w_p^\star\|_{\max} \tag{F.4}$$

也就是说，插值多项式最多比 p 次最佳多项式近似值的误差差一个因子 $(1+\lambda(T))$。勒贝格常数最小化的 p 次插值点集合用 T_1^p 表示。这个集合也称为最优节点集或最优配置点集。

示例 F.1 $p=5$ 的最佳节点集是：

$$T_1^5 = \{-1 \ -0.734127 \ -0.268907 \ 0.268907 \ 0.734127 \ 1\} \tag{F.5}$$

对于最优节点集，函数 $y_p = \sum_{i=1}^{p+1}|N_i(\xi)|$ 如图 F.1 所示。y_p 的最大值为勒贝格常数：$(y_p)_{\max} = \lambda(T) = 1.6722$。

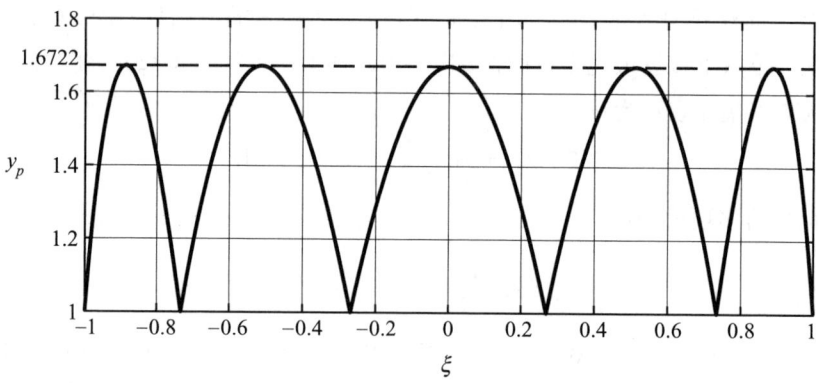

图 F.1 在 $p=5$ 的最优节点集上的函数 y_p

由于将最优插值集 T_1^p 扩展到二维在技术上较为困难。因此，我们使用了另一个最优集，即平均最优集。用 T_2^p 表示一维的平均最优集，使下式最小化。

$$\eta^2 = \int_{-1}^{1} \sum_{i=1}^{p+1} |N_i(\xi)|^2 d\xi \tag{F.6}$$

表 F-1 中列出了来自参考文献 [31] 的一维最优集 T_1^p 和 T_2^p 的坐标，只列出了正的内部坐标。

表 F-1 一维最优集 T_1^p 和 T_2^p 的坐标

p	T_1^p	T_2^p
3	0.4177913013559897	0.4306648
4	0.6209113046899123	0.6363260
5	0.2689070447719729	0.2765817
	0.7341266671891752	0.7485748

（续）

p	T_1^p	T_2^p
6	0.4461215299911067	0.4568660
	0.8034402382691066	0.8161267
7	0.1992877299056662	0.2040623
	0.5674306027472533	0.5790145
	0.8488719610366557	0.8598070
8	0.3477879716116667	0.3551496
	0.6535334790799030	0.6649023
	0.8802308527184540	0.8896327

F.1 曲面上的插值

在三维问题中，边界曲面由三角形或四边形覆盖，由标准四边形和三角形单元映射而成。在本节中，描述了标准四边形和三角形单元的最优插值点。

F.1.1 标准四边形单元上的插值

在标准四边形单元上，插值点的坐标是一维插值集 T_2^p 的张量积。

F.1.2 标准三角形单元上的插值

某些限制适用于标准三角形的最优集合的定义，这些限制是映射曲面保持连续性所必需的。因此，标准三角形单元边界的插值点必须与标准四边形单元的位置相同，在标准三角形单元的每条边界上，插值点与一维 T_2^p 插值集合相同。只有内部点是通过以下最小化函数来确定的。

$$\eta_\Delta^2 = \int_{\Omega_{\text{st}}^{(t)}} \sum_{i=1}^{n_p} |N_i(\xi,\eta)|^2 \mathrm{d}\xi \mathrm{d}\eta \qquad (\text{F.7})$$

式中，$n_p = (p+1)(p+2)/2$。此外，由于标准三角形单元具有三重对称性，因此插值点也具有三重对称性。表 F-2 列出了 $p=5$ 的最优节点集的六个内部插值点的三角坐标。注意，第二行和第三行的坐标是第一行坐标的偶数排列，表明了三重对称性。第四行至第六行也是三角坐标的偶数排列。图 F.2 为 $p=5$ 的标准三角形的最佳内插点。

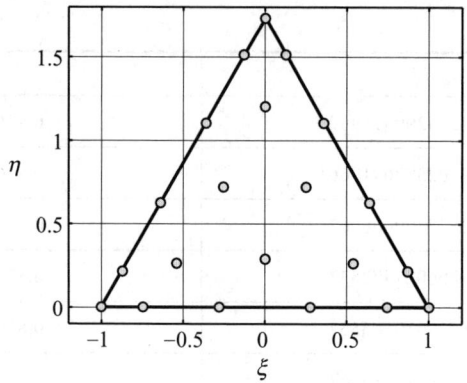

图 F.2　$p=5$ 的标准三角形的最佳内插点

表 F-2　$p=5$ 的内部插值点的三角坐标

L_1	L_2	L_3
0.152754	0.152754	0.694493
0.694493	0.152754	0.152754
0.152754	0.694493	0.152754
0.416888	0.416888	0.166225
0.166225	0.416888	0.416888
0.416888	0.166225	0.416888

附录 G 二维弹性中的角点奇异性

下面对二维弹性中的角点奇异性的讨论与 4.2.2 节中对角奇异性的讨论类似。二维弹性中的角点问题由于特征值可能是复数而变得复杂。

G.1 Airy 应力函数

下面假设材料是各向同性和弹性的，因此材料特性由两个材料常数 E 和 ν 来描述，且体积力为零。当相交的边界没有应力时，我们将考察角点附近的解。对其他情况的处理是类似的。

平面弹性中的应力场可以由 Airy 应力函数 $U(r,\theta)$ 推导出。Airy 应力函数满足双调和方程：

$$\left(\frac{\partial^2}{\partial r^2}+\frac{1}{r}\frac{\partial}{\partial r}+\frac{1}{r^2}\frac{\partial^2}{\partial \theta^2}\right)\left(\frac{\partial^2}{\partial r^2}+\frac{1}{r}\frac{\partial}{\partial r}+\frac{1}{r^2}\frac{\partial^2}{\partial \theta^2}\right)U=0 \tag{G.1}$$

应力张量在极坐标中的分量与 U 的关系如下式所示（见文献 [105]）：

$$\sigma_r=\frac{1}{r}\frac{\partial U}{\partial r}+\frac{1}{r^2}\frac{\partial^2 U}{\partial \theta^2},\quad \sigma_\theta=\frac{\partial^2 U}{\partial r^2},\quad \tau_{r\theta}=-\frac{\partial}{\partial r}\left(\frac{1}{r}\frac{\partial U}{\partial \theta}\right) \tag{G.2}$$

应力张量的笛卡儿分量为：

$$\sigma_x=\frac{\partial^2 U}{\partial y^2},\quad \sigma_y=\frac{\partial^2 U}{\partial x^2},\quad \tau_{xy}=-\frac{\partial^2 U}{\partial x\partial y} \tag{G.3}$$

应力函数可以写成复变形式：

$$U=\Re(\bar{z}\varphi(z)+\chi(z)) \tag{G.4}$$

式中，$\Re(\cdot)$ 表示括号内表达式的实部，$\varphi(z)$ 和 $\chi(z)$ 称为复势函数，是复变量 z 的解析函数。横线表示复数共轭。极坐标中的应力分量与 $\varphi(z)$ 和 $\chi(z)$ 的关系如下：

$$\sigma_r+\sigma_\theta=2(\varphi'(z)+\overline{\varphi'(z)})=4\Re(\varphi'(z)) \tag{G.5}$$

$$\sigma_\theta-\sigma_r+2\mathrm{i}\tau_{r\theta}=2z\bar{z}^{-1}(\bar{z}\varphi''(z)+\chi''(z)) \tag{G.6}$$

直角坐标中的应力分量与 $\varphi(z)$ 和 $\chi(z)$ 的关系如下。

$$\sigma_x+\sigma_y=2(\varphi'(z)+\overline{\varphi'(z)})=4\Re(\varphi'(z)) \tag{G.7}$$

$$\sigma_y-\sigma_x+2\mathrm{i}\tau_{xy}=2(\bar{z}\varphi''(z)+\chi''(z)) \tag{G.8}$$

极坐标和直角坐标中位移矢量的分量（不包括刚体位移和旋转）与 $\varphi(z)$ 和 $\chi(z)$ 的关系如下：

$$2G(u_r + iu_\theta) = z^{-1/2}\bar{z}^{1/2}(\kappa\varphi(z) - z\overline{\varphi'(z)} - \overline{\chi'(z)}) \quad (\text{G.9})$$

$$2G(u_x + iu_y) = \kappa\varphi(z) - z\overline{\varphi'(z)} - \overline{\chi'(z)} \quad (\text{G.10})$$

式中，κ 定义为：

$$\kappa \stackrel{\text{def}}{=} \begin{cases} \dfrac{3-\nu}{1+\nu} & \text{平面应力} \\ 3-4\nu & \text{平面应变} \end{cases} \quad (\text{G.11})$$

这称为 Kolosov-Muskhelishvili 方法，有关弹性力学的书籍中可以找到详细信息和推导，如文献 [60，105]。

我们将关注以下情况下的解：

$$\varphi(z) = (a_1 - ia_2)z^\lambda, \quad \chi(z) = (a_3 - ia_4)z^{\lambda+1}, \quad \lambda \geq 0, \lambda \neq 1 \quad (\text{G.12})$$

式中，$a_i(i=1,2,3,4)$ 和 λ 是实数。相应的应力函数为：

$$U = r^{\lambda+1}(a_1\cos(\lambda-1)\theta + a_2\sin(\lambda-1)\theta + a_3\cos(\lambda+1)\theta + a_4\sin(\lambda+1)\theta) \quad (\text{G.13})$$

在 $\lambda = 1$ 的情况下，

$$\varphi(z) = a_1 z - ia_2 z\log z, \quad \chi(z) = (a_3 - ia_4)z^2 \quad (\text{G.14})$$

相应的应力函数为：

$$U = r^2(a_1 + a_2\theta + a_3\cos 2\theta + a_4\sin 2\theta) \quad (\text{G.15})$$

G.2 无应力边界

参考图 4.1，假设边界段 Γ_{AB} 和 Γ_{BC} 是无应力的，即 $\sigma_\theta = \tau_{r\theta} = 0$ 在 $\theta = \pm\alpha/2$ 处。利用式（G.13）和式（G.2），我们发现：

$$\sigma_\theta = r^{\lambda-1}\lambda(\lambda+1)[a_1\cos(\lambda-1)\theta + a_2\sin(\lambda-1)\theta + a_3\cos(\lambda+1)\theta + a_4\sin(\lambda+1)\theta]$$

$$\tau_{r\theta} = r^{\lambda-1}\lambda(\lambda-1)[a_1\sin(\lambda-1)\theta - a_2\cos(\lambda-1)\theta)] + r^{\lambda-1}\lambda(\lambda+1)[a_3\sin(\lambda+1)\theta - a_4\cos(\lambda+1)\theta]$$

当 $\theta = \pm\alpha/2$ 时，$\sigma_\theta = \tau_{r\theta} = 0$，经过简单的代数运算，我们得到：

$$\begin{bmatrix} \cos(\lambda-1)\dfrac{\alpha}{2} & \cos(\lambda+1)\dfrac{\alpha}{2} \\ -\Lambda\sin(\lambda-1)\dfrac{\alpha}{2} & \sin(\lambda+1)\dfrac{\alpha}{2} \end{bmatrix} \begin{Bmatrix} a_1 \\ a_3 \end{Bmatrix} = 0 \quad (\text{G.16})$$

和

$$\begin{bmatrix} \sin(\lambda-1)\dfrac{\alpha}{2} & \sin(\lambda+1)\dfrac{\alpha}{2} \\ -\Lambda\cos(\lambda-1)\dfrac{\alpha}{2} & \cos(\lambda+1)\dfrac{\alpha}{2} \end{bmatrix} \begin{Bmatrix} a_2 \\ a_4 \end{Bmatrix} = 0 \qquad (\text{G.17})$$

式中，$\Lambda \stackrel{\text{def}}{=} \dfrac{1-\lambda}{1+\lambda}$。

注意，a_1 和 a_3（a_2 和 a_4）是式（G.13）中对称（非对称）函数的系数。因此，与式（4.7）类似，$U(r,\theta)$ 可以用对称函数和反对称函数之和表示。与式（G.16）的特征值相关的对称函数称为模式 I 特征函数，与式（G.17）的特征值相关的反对称函数称为模式 II 特征函数。

如果式（G.16）的行列式或式（G.17）的行列式中的任何一个为零，则存在非线性解。这将发生在以下情况：

$$\cos(\lambda-1)\dfrac{\alpha}{2}\sin(\lambda+1)\dfrac{\alpha}{2} + \Lambda\sin(\lambda-1)\dfrac{\alpha}{2}\cos(\lambda+1)\dfrac{\alpha}{2} = 0$$

可以简化为：

$$\sin\lambda\alpha + \lambda\sin\alpha = 0, \quad \lambda \neq 0, \pm 1 \qquad (\text{G.18})$$

或

$$\sin(\lambda-1)\dfrac{\alpha}{2}\cos(\lambda+1)\dfrac{\alpha}{2} + \Lambda\cos(\lambda-1)\dfrac{\alpha}{2}\sin(\lambda+1)\dfrac{\alpha}{2} = 0$$

可以简化为：

$$\sin\lambda\alpha - \lambda\sin\alpha = 0, \quad \lambda \neq 0, \pm 1 \qquad (\text{G.19})$$

我们定义：

$$Q(\lambda\alpha) \stackrel{\text{def}}{=} \dfrac{\sin\lambda\alpha}{\lambda\alpha} \text{ 和 } q(\alpha) \stackrel{\text{def}}{=} \dfrac{\sin\alpha}{\alpha} \qquad (\text{G.20})$$

接下来分别讨论对应对称和反对称特征函数的特征值。关于这个问题的详细讨论，可参考文献 [53]。

示例 G.1 让我们根据式（G.18）找出第一个特征值 $\alpha = 3\pi/2(270°)$。在这种情况下，我们需要找到 $t \stackrel{\text{def}}{=} \lambda\alpha$，以使：

$$f(t) \stackrel{\text{def}}{=} \dfrac{\sin t}{t} - \dfrac{2}{3\pi} = 0$$

使用求根式，可得到 $t = 2.56581916$ 和 $\lambda = 0.54448374$。

G.2.1 对称特征函数

式（G.18）可以写成

$$Q(\lambda\alpha) + q(\alpha) = 0 \tag{G.21}$$

在图 G.1 中，绘制在区间 $0 < \lambda\alpha < 4\pi$ 上的函数 $Q(\lambda\alpha)$。问题是给定 α，找到式（G.21）的根。

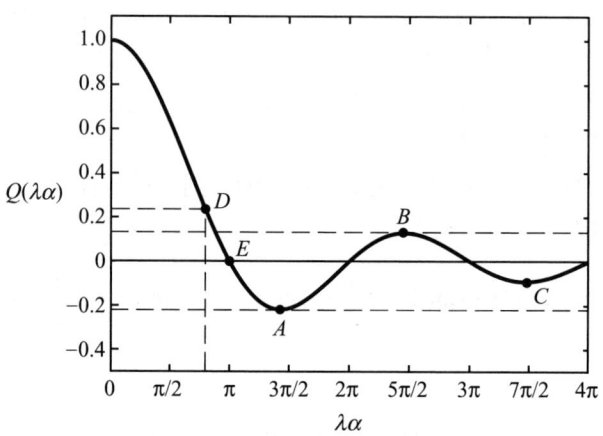

图 G.1 在区间 $0 < \lambda\alpha < 4\pi$ 上的函数 $Q(\lambda\alpha)$

观察以下情况：

- 在 $0 < \alpha < \alpha_A$ 区间，当 $\alpha_A = 2.553591(146.31°)$ 时，直线 $-q(\alpha)$ 没有与 $Q(\lambda\alpha)$ 相交的点，因此不存在实根。
- 当 $\alpha = \alpha_A$ 时，直线 $-q(\alpha_A)$ 与 $Q(\lambda\alpha)$ 在 A 点相切。因此，在这个角处存在一个二重根，在 $\alpha = \alpha_B^{(1)} = 3.625739(207.74°)$、$\alpha = \alpha_B^{(2)} = 5.499379(315.09°)$，以及 $\alpha = \alpha_C = 2.875839(164.77°)$ 处都存在二重根。
- 在区间 $\alpha_A < \alpha < \alpha_B$ 中，至少有两个实数和单根。
- 当 $\alpha = \pi$ 和 $\alpha = 2\pi$ 时，存在无数个实数根。此外，当 $\alpha = \pi$ 时，所有的根都是整数。
- D 点对应的是 $\alpha = 3\pi/2(270°)$，其中 $\lambda\alpha = 2.565819$，因此 $\lambda = 0.544484$。见示例 G.1，在这个角处没有其他对称实数根。
- E 点对应的是 $\alpha = 2\pi$，其中 $\lambda\alpha = \pi$，因此 $\lambda = 1/2$。E 点也对应于 $\alpha = \pi$，这是一个特殊情况，将在接下来讨论。

在式（G.21）中，我们不考虑 $\lambda = 1$ 的情况。当 $\lambda = 1$ 时，U 由式（G.15）给出。只考虑对称项并使用式（G.2），我们得到：

$$\sigma_\theta = 2(a_1 + a_3\cos2\theta), \quad \tau_{r\theta} = 2a_3\sin2\theta$$

令 $\sigma_\theta(\pm\alpha/2) = \tau_{r\theta}(\pm\alpha/2) = 0$，我们发现，只有在以下情况下才存在非线性解：

$$\det\begin{bmatrix} 1 & \cos\alpha \\ 0 & \sin\alpha \end{bmatrix} = 0$$

因此 $\alpha = n\pi, (n = 1, 2, \cdots)$。图 G.1 中的 E 点代表 $\alpha = \pi$。

注释 G.1 为了找到式（G.21）的复数根，我们设 $\lambda = \xi + i\eta$。因此，式（G.21）变成：

$$\frac{\sin(\xi\alpha + i\eta\alpha)}{\xi\alpha + i\eta\alpha} = q(\alpha) \tag{G.22}$$

相当于以下两个方程组：

$$\sin\xi\alpha\cosh\eta\alpha = \xi q(\alpha) \tag{G.23}$$

$$\cos\xi\alpha\sinh\eta\alpha = \eta q(\alpha) \tag{G.24}$$

详情请参考文献 [108]。

G.2.2 反对称特征函数

式（G.19）可以写成：

$$Q(\lambda\alpha) - q(\alpha) = 0 \tag{G.25}$$

注意，回顾在式（G.25）中已将 $\lambda = 1$ 排除在考虑之外，而此时 $\lambda = 1$ 对所有 α 都满足式（G.25）。在 $0 < \alpha < \alpha_B$ 的区间内没有实根，其中 $\alpha_B = 2.777068$（159.11°）。在区间 $\alpha_B < \alpha < \alpha_C$ 中至少有两个实根，其中 $\alpha_C^{(1)} = 3.463416$（198.42°），$\alpha_C^{(2)} = 5.732235$（328.43°）。与模式 I 的情况一样，在 $\alpha = \pi$ 和 $\alpha = 2\pi$ 处有无数个实数根，而在 $\alpha = \pi$ 处所有根都是整数。在 $\alpha_C < \alpha < \alpha_A$ 区间只有一个实数根，其中 $\alpha_A = 4.493409$（257.45°）。

α_A 是一个特殊的角度，它对应的是 $\lambda = 1$。为了证明这一点，我们考虑式（G.15）中的反对称项。使用式（G.2），我们得到：

$$\sigma_\theta = 2(a_2\theta + a_4\sin2\theta), \quad \tau_{r\theta} = -(a_2 + 2a_4\cos2\theta)$$

使 $\sigma_\theta(\pm\alpha/2) = \tau_{r\theta}(\pm\alpha/2) = 0$，我们发现，在以下情况下存在非线性解：

$$\det\begin{bmatrix} \alpha/2 & \sin\alpha \\ 1 & 2\cos\alpha \end{bmatrix} = 0$$

因此 $\alpha = \tan\alpha$。在 $0 < \alpha < 2\pi$ 区间，存在一个根 $\alpha = \alpha_A = 4.493409$（257.45°）。

这与图 G.1 中的 A 点相对应。

G.2.3 L 形域

这里描述的 L 形域问题 ($\alpha = 3\pi/2$) 是有限元分析中广泛使用的基准问题。它是有限元分析中经常出现的几何细节的代表，通常是因为为了方便省略圆角，由此产生的奇异性可能会影响感兴趣量的准确性。

假设相交于奇异点的边是无应力的。在示例 G.1 中，式（G.18）的最低正特征值是 $\lambda_1 = 0.544483737$。与 λ_1 相对应的 Airy 应力函数可以写成：

$$U = a_1 r^{\lambda_1+1}(\cos(\lambda_1-1)\theta + Q_1 \cos(\lambda_1+1)\theta) \tag{G.26}$$

式中，a_1 是一个任意的实数，$Q_1 = 0.543075579$。式（G.26）相当于：

$$U = a_1 \Re(\bar{z} z^{\lambda_1} + Q_1 z^{\lambda_1+1}) \tag{G.27}$$

使用式（G.27）和式（G.3）可以表明，对应于 λ_1 的应力分量是：

$$\begin{aligned}
\sigma_x &= a_1 \lambda_1 r^{\lambda_1-1}\left[(2-Q_1(\lambda_1+1))\cos(\lambda_1-1)\theta - (\lambda_1-1)\cos(\lambda_1-3)\theta\right] \\
\sigma_y &= a_1 \lambda_1 r^{\lambda_1-1}\left[(2+Q_1(\lambda_1+1))\cos(\lambda_1-1)\theta + (\lambda_1-1)\cos(\lambda_1-3)\theta\right] \\
\tau_{xy} &= a_1 \lambda_1 r^{\lambda_1-1}\left[(\lambda_1-1)\sin(\lambda_1-3)\theta + Q_1(\lambda_1+1)\sin(\lambda_1-1)\theta\right]
\end{aligned} \tag{G.28}$$

通过式（G.10）和式（G.27）可以表明，对应于 λ_1 的位移分量，相当于刚体位移和旋转量，为：

$$\begin{aligned}
u_x &= \frac{a_1}{2G} r^{\lambda_1}\left[(\kappa - Q_1(\lambda_1+1))\cos\lambda_1\theta - \lambda_1 \cos(\lambda_1-2)\theta\right] \\
u_y &= \frac{a_1}{2G} r^{\lambda_1}\left[(\kappa + Q_1(\lambda_1+1))\sin\lambda_1\theta + \lambda_1 \sin(\lambda_1-2)\theta\right]
\end{aligned} \tag{G.29}$$

式中，κ 由式（G.11）定义。

复数特征值

在平面弹性中，与拉普拉斯方程相反，λ 可以是复数，它可以是单根或重根。如果 λ 是复数，那么它的共轭也是一个根。在重根的情况下有必要进行特殊处理，这里不讨论，详情可以参考文献 [72]。

考虑 Airy 应力函数的形式：$U = r^{\lambda+1} F(\theta)$。如果 λ 是复数，我们写成 $\lambda = \xi + i\eta$，$F = f + ig$。因此：

$$U = r^{(\xi+1+i\eta)}(f + ig) = r^{(\xi+1)} e^{(\ln r^{i\eta})}(f + ig)$$

也可写为：

$$e^{(\ln r^{i\eta})} = e^{(i\eta \ln r)} = \cos(\eta \ln r) + i\sin(\eta \ln r)$$

我们得到：

$$U = r^{\xi+1}[(f\cos(\eta\ln r) - \eta\sin(\eta\ln r)) + i(f\sin(\eta\ln r) - \eta\cos(\eta\ln r))] \quad (G.30)$$

U 的实部和虚部都是双调和式（G.1）的解。由于 $r \to 0$ 时，$\ln r \to -\infty$，正弦项的波长接近零。

注释 G.2 注意，可平方积分的导数数量，以及收敛的速度，与虚部无关。

G.2.4 角落点

表 G-1 列出了在二维弹性中，在相交直线边界段上规定的三种类型齐次边界条件 $\Re(\lambda)$ 的最小正值。角度交点 α 的方向与图 4.1 中相同。

表 G-1 在相交的直线边界段上规定的三种类型齐次边界条件 $\Re(\lambda)$ 的最小正值

α	自由 – 自由		固定 – 自由	固定 – 固定	
	$\Re(\lambda_1^{(s)})$	$\Re(\lambda_1^{(a)})$	$\Re(\lambda_1)$	$\Re(\lambda_1^{(s)})$	$\Re(\lambda_1^{(a)})$
45°	5.39053	9.56271	1.30434	5.57328	2.60831
90°	2.73959	4.80825	0.75835	2.82579	1.49046
135°	1.88537	3.24281	0.69339	1.57323	1.16088
180°	1.00000	2.00000	0.50000	1.00000	1.00000
225°	0.67358	1.30209	0.40594	0.73554	0.87723
270°	0.54448	0.90853	0.34032	0.60404	0.74446
315°	0.50501	0.65970	0.28784	0.53793	0.60945
360°	0.50000	0.50000	0.25000	0.50000	0.50000

1）自由 – 自由条件：在两条边界上，$\sigma_\theta = \tau_{r\theta} = 0$。在这种情况下，特征值与泊松比 ν 无关。

2）固定 – 自由条件（平面应力，$\nu = 0.3$）：在一条边界上，$u_r = u_\theta = 0$，在另一条边界上，$\sigma_\theta = \tau_{r\theta} = 0$。

3）固定 – 固定条件（平面应力，$\nu = 0.3$）：在两条边界上，$u_r = u_\theta = 0$。

在自由 – 自由和固定 – 固定的情况下，特征函数是对称的或反对称的。这在表 G-1 中分别用上标 s 和 a 表示。在 $\alpha = 180°$ 时，特征值为整数。

附录 H 应力强度因子的计算

线性弹性断裂力学的计算目标是估计应力强度因子。下面概述的轮廓积分法和能量释放率法被广泛用于此目的。

H.1 裂纹尖端的奇异性

在裂纹尖端 $\alpha = 2\pi$，见式（G.16）和式（G.17）。渐近展开对称部分对应的 Airy 应力函数为：

$$U_s = \sum_{i=1}^{\infty} a_i \Re(\bar{z} z^{\lambda_i} + Q_i z^{\lambda_i+1}), \quad \lambda_i = i/2 \tag{H.1}$$

式中，当 i 是奇数时，$Q_i = (2-i)/(2+i)$，当 i 是偶数时，$Q_i = -1$。这个渐近展开的前两项在线性弹性断裂力学中起着核心作用。应力分量由式（G.3）得到。例如：

$$\begin{aligned}
\sigma_x &= \frac{\partial^2 U_s}{\partial y^2} = \frac{\partial}{\partial y}\left(\frac{\partial U_s}{\partial z}\frac{\partial z}{\partial y} + \frac{\partial U_s}{\partial \bar{z}}\frac{\partial \bar{z}}{\partial y}\right) = i\frac{\partial}{\partial y}\left(\frac{\partial U_s}{\partial z} - \frac{\partial U_s}{\partial \bar{z}}\right) \\
&= \frac{\partial}{\partial z}\left(-\frac{\partial U_s}{\partial z} + \frac{\partial U_s}{\partial \bar{z}}\right) + \frac{\partial}{\partial \bar{z}}\left(\frac{\partial U_s}{\partial z} - \frac{\partial U_s}{\partial \bar{z}}\right)
\end{aligned} \tag{H.2}$$

因此：

$$\begin{aligned}
\sigma_x &= a_1 \lambda_1 \Re(2z^{\lambda_1-1} - (\lambda_1-1)\bar{z}z^{\lambda_1-2} - Q_1(\lambda_1+1)z^{\lambda_1-1}) \\
&= a_1 \lambda_1 r^{\lambda_1-1}[(2-Q_1(\lambda_1+1))\cos(\lambda_1-1)\theta - (\lambda_1-1)\cos(\lambda_1-3)\theta] \\
&= \frac{a_1}{\sqrt{r}}\left(\frac{3}{4}\cos(\theta/2) + \frac{1}{4}\cos(5\theta/2)\right)
\end{aligned} \tag{H.3}$$

令 $a_1 = K_I/\sqrt{2\pi}$，利用三角恒等式，可得线性弹性断裂力学中使用的函数形式：

$$\sigma_x = \frac{K_I}{\sqrt{2\pi r}}\cos\frac{\theta}{2}\left(1 - \sin\frac{\theta}{2}\sin\frac{3\theta}{2}\right) \tag{H.4}$$

参考式（4.42）。留给读者证明式（H.3）和式（H.4）是等价的。

式（H.1）的第二项对应的应力分量为：$\sigma_x = 4a_2, \sigma_y = \tau_{xy} = 0$。常数应力 $\sigma_x = 4a_2$ 称为 T 应力，用 T 表示。这是式（4.42）的第二项。其他应力分量也可以用类似的方法得到。

渐近展开反对称部分对应的 Airy 应力函数为：

$$U_a = \sum_{i=1}^{\infty} b_i \Im(\bar{z}z^{\lambda_i} + Q_i z^{\lambda_i+1}), \quad \lambda_i = i/2 \quad (\text{H.5})$$

式中，$\Im(\cdot)$ 代表 $(\cdot)$ 的虚数部分，当 i 是奇数时，$Q_i = -1$；当 i 是偶数时，$Q_i = (2-i)/(2+i)$。这可以通过式（H.5）与式（G.13）中的反对称项进行比较来验证。式（H.5）的第二项对应的应力分量为 $\sigma_x = \sigma_y = \tau_{xy} = 0$。

利用式（H.1）、式（H.5）、式（G.2）和式（G.3），可以确定裂纹尖端附近的应力分布，直到系数 a_i、$b_i(i=1,2,\cdots,\infty)$。在 H.2 和 H.3 节中描述了从有限元解中计算这些系数的过程。

H.2 轮廓积分法

轮廓积分法在 4.2.4 节中与拉普拉斯方程有关的部分进行了描述。本节概述了计算平面弹性中 I 型应力强度因子的轮廓积分法。

渐近展开对称部分的 Airy 应力函数由式（H.1）给出。第一项系数的提取函数，用 w 表示，对应的第一个负特征值 $\lambda_1 = -1/2$。因此在式（G.4）中，$\varphi(z) = z^{-1/2}$ 和 $\chi(z) = 3z^{1/2}$ 且 Airy 应力函数为：

$$U = C\Re(\bar{z}z^{-1/2} + 3z^{1/2}) \quad (\text{H.6})$$

式中，C 是一个以 MPam$^{1/2}$ 为单位的任意实数。应力分量 $\sigma_x^{(w)}$、$\sigma_y^{(w)}$、$\tau_{xy}^{(w)}$ 可以根据式（G.7）和式（G.8）得出：

$$\sigma_x^{(w)} = -\frac{C}{4} r^{-3/2} (\cos(3\theta/2) + 3\cos(7\theta/2)) \quad (\text{H.7})$$

$$\sigma_y^{(w)} = -\frac{C}{4} r^{-3/2} (7\cos(3\theta/2) - 3\cos(7\theta/2)) \quad (\text{H.8})$$

$$\tau_{xy}^{(w)} = \frac{3C}{4} r^{-3/2} (\sin(3\theta/2) - \sin(7\theta/2)) \quad (\text{H.9})$$

且牵引矢量分量由此计算得出：

$$T_x^{(w)} = \sigma_x^{(w)} \cos\theta + \tau_{xy}^{(w)} \sin\theta \quad (\text{H.10})$$

$$T_y^{(w)} = \tau_{xy}^{(w)} \cos\theta + \sigma_y^{(w)} \sin\theta \quad (\text{H.11})$$

w 的分量由式（G.10）确定：

$$w_x = C\frac{r^{-1/2}}{2G}\left[\left(\kappa - \frac{3}{2}\right)\cos(\theta/2) + \frac{1}{2}\cos(5\theta/2)\right] \quad (\text{H.12})$$

$$w_y = -C\frac{r^{-1/2}}{2G}\left[\left(\kappa+\frac{3}{2}\right)\sin(\theta/2)-\frac{1}{2}\sin(5\theta/2)\right] \qquad (H.13)$$

式中，G 是剪切弹性模量。在半径为 r 的圆上得出的与路径无关的积分为：

$$I_\Gamma(u,w) \stackrel{\text{def}}{=} \int_{-\pi}^{\pi}(T_x^{(u)}w_x+T_y^{(u)}w_y)r\mathrm{d}\theta - \int_{-\pi}^{\pi}(T_x^{(w)}u_x+T_y^{(w)}u_y)r\mathrm{d}\theta \qquad (H.14)$$

此积分与式（4.19）类似。应力强度因子 K_I 按照定义为 $a_1\sqrt{2\pi}$，其中 a_1 是式（H.1）中第一项的系数。利用特征函数的正交性，我们得到：

$$I_\Gamma(u,w) = \frac{a_1 C}{G}F(\kappa) \qquad (H.15)$$

式中，$F(\kappa)$ 定义为：

$$F(\kappa) \stackrel{\text{def}}{=} GI_\Gamma(u_1/a_1, w/C) \qquad (H.16)$$

函数 u_1 是式（H.1）中第一项对应的位移场。由式（G.10）确定：

$$u_x^{(1)} = \frac{a_1 r^{1/2}}{2G}\left[\left(\kappa-\frac{1}{2}\right)\cos(\theta/2)-\frac{1}{2}\cos(3\theta/2)\right] \qquad (H.17)$$

$$u_y^{(1)} = \frac{a_1 r^{1/2}}{2G}\left[\left(\kappa+\frac{1}{2}\right)\sin(\theta/2)-\frac{1}{2}\sin(3\theta/2)\right] \qquad (H.18)$$

对应的应力场由式（4.42）～式（4.44）表示，其中 $K_I/\sqrt{2\pi}$ 替换了 a_1。注意 $F(\kappa)$ 是无量纲的且能够显式计算。$F(\kappa)$ 的取值如表 H-1 所示。

表 H-1 函数 $F(\kappa)$ 的取值

ν	平面应力	平面应变
0	-4π	-4π
0.1	−11.4240	−11.3097
0.2	−10.4720	−10.0531
0.3	−9.66644	−8.79646
0.4	−8.97598	−7.53982
0.5	−8.37758	−6.28319

利用 $K_I = a_1\sqrt{2\pi}$，由式（H.15）可得：

$$K_I = \frac{\sqrt{2\pi}G}{CF(\kappa)}I_\Gamma(u,w) = \frac{\sqrt{2\pi}G}{F(\kappa)}I_\Gamma(u,w/C) \qquad (H.19)$$

注意，$I_\Gamma(u,w/C)$ 的量纲为 $\mathrm{m}^{1/2}$，因此 K_I 的量纲为 $\mathrm{MPam}^{1/2}$。还需要注意，

由于 C 是任意的，因此（C 的值）可以选择为 $1\mathrm{MPam}^{3/2}$。为了得到 K_I 的近似值，我们将有限元解 u_{FE} 代入 u 中。K_{II} 的提取函数的求导类似。

H.3 能量释放率

下面推导厚度为 t_z 的平面弹性体的应力强度因子与能量释放率 $\mathcal{G}$ 之间的关系。我们假设物体的体力和热载荷为零。根据定义，

$$\mathcal{G} \stackrel{\text{def}}{=} -\frac{\partial \Pi}{\partial a} \tag{H.20}$$

式中，Π 是由式（2.102）定义的势能，a 是裂纹长度。

H.3.1 对称（模式 I）载荷

探讨裂纹尖端的应力状态。如图 H.1 所示，在以裂纹尖端为中心的坐标系中，忽略高阶项，

$$\sigma_y = \frac{K_I}{\sqrt{2\pi x}} \quad 0 < x \tag{H.21}$$

裂纹面的位移为：

$$u_y = \frac{(1+\nu)(\kappa+1)}{E} \frac{K_I}{\sqrt{2\pi}} \sqrt{-x} \quad x \leqslant 0 \tag{H.22}$$

式中，κ 由式（G.11）定义。

如图 H.1 所示，假设现在裂纹长度增加少量 Δa，在这种情况下，

$$u_y = \frac{(1+\nu)(\kappa+1)}{E} \frac{K_I}{\sqrt{2\pi}} \sqrt{\Delta a - x} \quad 0 \leqslant x \leqslant \Delta a \tag{H.23}$$

将裂纹恢复到原来的长度，即闭合长度增量 Δa 所需做的功为：

$$\Delta W = 2 \int_0^{\Delta a} \frac{1}{2} \sigma_y u_y t_z \mathrm{d}x = \frac{(1+\nu)(\kappa+1)}{E} \frac{K_I^2 t_z}{2\pi} \underbrace{\int_0^{\Delta a} \sqrt{\frac{\Delta a - x}{x}} \mathrm{d}x}_{\Delta a \pi / 2} \tag{H.24}$$

因此：

$$\Delta W = \frac{(1+\nu)(\kappa+1)}{4E} K_I^2 t_z \Delta a \tag{H.25}$$

为了使裂纹恢复到其初始长度，必须将等于 ΔW 的能量传递给弹性体。这是在裂纹扩展中消耗的能量，称为格里菲斯表面能。

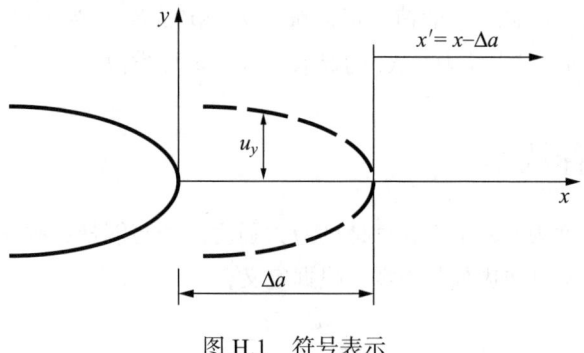

图 H.1 符号表示

当裂纹增量发生时，势能必须降低相同的量。因此：

$$\mathcal{G} = -\lim_{\Delta a \to 0} \frac{\Delta \Pi}{\Delta a} = -\frac{\partial \Pi}{\partial a} = \frac{(1+\nu)(\kappa+1)}{4E} K_I^2 t_z \quad (\text{H.26})$$

H.3.2 反对称（模式 II）载荷

当载荷为纯反对称时，能量释放率和应力强度因子之间的关系类似对称情况，我们用下式取代式（H.21）和式（H.22）：

$$\tau_{xy} = \frac{K_{II}}{\sqrt{2\pi x}} \quad 0 < x \quad (\text{H.27})$$

$$u_x = \frac{(1+\nu)(\kappa+1)}{E} \frac{K_{II} t_z}{\sqrt{2\pi}} \sqrt{-x} \quad x \leqslant 0 \quad (\text{H.28})$$

在完全反对称载荷的假设下，$\mathcal{G}$ 和 K_{II} 之间关系的推导留给读者。

H.3.3 组合（模式 I 与模式 II）载荷

鉴于 I 型载荷和 II 型载荷对应的解是能量正交的，我们得到：

$$\Pi(u_I + u_{II}) = \Pi(u_I) + \Pi(u_{II}) \quad (\text{H.29})$$

式中，u_I 和 u_{II} 分别是模式 I 和模式 II 的解。因此在组合载荷的情况下我们得到：

$$\mathcal{G} = \frac{(1+\nu)(\kappa+1)}{4E} (K_I^2 + K_{II}^2) t_z \quad (\text{H.30})$$

因此，应力强度因子与 $\mathcal{G}$ 的关系如下：

$$(K_I^2 + K_{II}^2) = \begin{cases} \dfrac{E\mathcal{G}}{t_z} & \text{平面应力} \\ \dfrac{E\mathcal{G}}{(1-\nu^2)t_z} & \text{平面应变} \end{cases} \quad (\text{H.31})$$

H.3.4 刚度导数法的计算

下面用有限元法计算的基函数的系数向量表示为 x，x 是裂纹长度 a 的函数。假设我们已经为一个线性弹性断裂力学问题计算出 $x = x(a)$。势能为：

$$\Pi(a) = \frac{1}{2} x^\mathrm{T} K x - x^\mathrm{T} r$$

式中，$K = K(a)$ 是刚度矩阵且 $r = r(a)$ 是载荷矢量。随着裂纹的扩张，势能为：

$$\Pi(a + \Delta a) = \frac{1}{2}(x^\mathrm{T} + \Delta x^\mathrm{T})(K + \Delta K)(x + \Delta x) - (x^\mathrm{T} + \Delta x^\mathrm{T})(r + \Delta r)$$

$$= \Pi(a) + \Delta x^\mathrm{T} \underbrace{(Kx - r)}_{0} + \frac{1}{2} \Delta x^\mathrm{T} K \Delta x + \frac{1}{2} x^\mathrm{T} \Delta K x + x^\mathrm{T} \Delta K \Delta x +$$

$$\frac{1}{2} \Delta x^\mathrm{T} \Delta K \Delta x - x^\mathrm{T} \Delta r - \Delta x^\mathrm{T} \Delta r$$

因此：

$$\mathcal{G} = -\lim_{\Delta a \to 0} \frac{\Pi(a + \Delta a) - \Pi(a)}{\Delta a} = -\frac{1}{2} x^\mathrm{T} \frac{\partial K}{\partial a} x + x^\mathrm{T} \frac{\partial r}{\partial a} \quad (\text{H.32})$$

在有限元计算中，$\dfrac{\partial K}{\partial a}$ 和 $\dfrac{\partial r}{\partial a}$ 通过有限差分估算为：

$$\frac{\partial K}{\partial a} \approx \frac{K(a + \Delta a) - K(a - \Delta a)}{2\Delta a}$$

$$\frac{\partial r}{\partial a} \approx \frac{r(a + \Delta a) - r(a - \Delta a)}{2\Delta a}$$

这涉及重新计算那些只有在裂纹尖端才有顶点单元的刚度矩阵。在大多数情况下，$\partial r / \partial a$ 不是零就是小得可以忽略不计。

附录 I 数据分析基础

参数化数据分析，也称为统计推断，是一种通过从大型总体中抽取的样本数据来估计该总体的统计属性的过程。

本书介绍了理解数学模型验证和排序所需的参数化数据分析的基本概念和算法程序。假设读者已经熟悉统计学的基本术语和概念，例如在入门书籍的前几章中可以找到的内容：随机变量、统计独立性、相关性、均值、方差、常用的概率密度函数和条件概率。

I.1 统计基础

频率论概率或频率论是对概率的一种解释：它将一个事件发生的概率定义为该事件在大量试验中相对频率的极限。这种解释支持实验科学家和民意调查者的统计需求：概率原则上可以通过可重复的客观过程找到，因此没有主观性。

贝叶斯概率是对概率的另一种解释：概率不是某些现象的频率或倾向，而是被解释为代表知识状态的合理预期，或个人信念的量化。数学模型的验证和排序涉及基于贝叶斯概率的论证。在下面的讨论中，概率应该从这个意义上来理解。

数据分析主要基于统计学的三个基本定理：乘法法则、贝叶斯定理和边缘化。这些定理在本节中陈述，它们在数据分析中的应用在 I.3 节中说明。对于数据分析的详细介绍，推荐参考文献 [87] 和文献 [52]。

1. 乘法法则

乘法法则指出，X 和 Y 都为真的概率等于给定 Y 时 X 为真的概率乘以 Y 为真的概率。

$$Pr(X,Y) = Pr(X|Y)Pr(Y) = Pr(Y|X)Pr(X) \tag{I.1}$$

第二个等式源于 X 和 Y 的顺序无关紧要这一事实。

2. 贝叶斯定理

贝叶斯定理直接来源于乘法法则：

$$Pr(X|Y) = \frac{Pr(Y|X)Pr(X)}{Pr(Y)} \tag{I.2}$$

如果我们用 M 代替 X，表示统计模型；用 D 代替 Y，表示可用数据，那么这个定理的重要性就显而易见了。

$$Pr(M|D) = \frac{Pr(D|M)Pr(M)}{Pr(D)} \qquad (\text{I}.3)$$

因此，贝叶斯定理将统计模型是抽样数据 D 的总体（未知）统计性质的真实表示的概率，与如果模型是真实的，我们将观测到数据 D 的概率联系起来。

术语 $Pr(M|D)$ 称为后验概率。代表了我们根据数据 D 对模型 M 有效性的信任程度。术语 $Pr(D|M)$ 是似然函数。术语 $Pr(M)$ 称为先验概率，表示在分析当前数据之前我们对模型 M 有效性的信任程度，术语 $Pr(D)$ 称为边缘似然或证据。它是一个比例因子，用来保证方程右侧在整个参数范围内的积分等于 1。

3. 边缘化

边缘化用于在数据分析中消除那些进入分析但并非主要感兴趣的参数。这些参数称为干扰参数。X 为真的概率等于 X 和 Y 同时为真的概率在整个可能 Y 值范围内的积分：

$$Pr(X) = \int_{-\infty}^{\infty} Pr(X,Y)\mathrm{d}Y \qquad (\text{I}.4)$$

在这种情况下，Y 是干扰参数。

I.2 测试数据

第 6 章中的示例基于从文献 [40-44] 中提取的 24S-T3 铝合金试样的疲劳试验记录。

众所周知，表面光洁度对于确定疲劳强度非常重要。为了避免引入划痕和残余应力，对试样表面进行电解抛光。

材料的平均静态性能在表 I-1 中列出。标题"颗粒（L）"或"交叉（T）"表示样本被切割，使其长尺寸方向与颗粒方向一致或垂直。

疲劳测试以每分钟 1100 次循环（18.3Hz）的频率进行。拉伸－拉伸测试的设定和维持载荷的估计精度约为 ±3%，拉伸－压缩测试约为 ±5%。

表 I-1　文献 [40] 中的 24S-T3（2024-T3）铝的平均静态性能

性能	颗粒（L）	交叉（T）
压缩弹性模量	10,650ksi	10,450ksi
以 2 英寸（1 英寸 =0.0254m）为单位的伸长率，百分比	18.2%	18.3%
屈服强度（0.2% 偏移量）	54.0ksi	50.0ksi
压缩屈服强度（0.2% 偏移量）	44.5ksi	50.5ksi
受拉极限强度	73.0ksi	71.0ksi

测试记录包含以下信息：（a）以立方英寸为单位的试样尺寸；（b）试样标签；（c）测试截面或缺口根部的最大应力 S_{max}，以 psi 为单位；（d）循环比 R；（e）测试结束时的循环次数 N；（f）与测试有关的显著观察结果的说明，例如故障是否发生在测试部分之外或测试在故障之前停止。其中两个带缺口的测试试样如图 I.1 所示。

测试数据汇总见表 I-2。无缺口试样的 σ_{max} 范围为 (24,58)ksi，σ_{min} 范围为 (−50,29)ksi。

在标号为 $(K_t)_{act}$ 的列中显示了实际应力集中因子，定义为测试截面中最大应力与平均应力的比值。在标记为 A 的列中，显示了高应力区域。该面积乘以厚度，在 $\gamma = 0.85$ 时，近似式（6.31）中定义的高应力体积。经验证，A 的计算值的误差不超过 1%。

在最后一列中列出了未失效和失效试样的计数。括号内为不包含失效试样的数量。该计数不包括在高于 58.0ksi 的应力水平下测试的试样，以及因缺陷、屈曲或握把失效而被研究者忽略的试样。

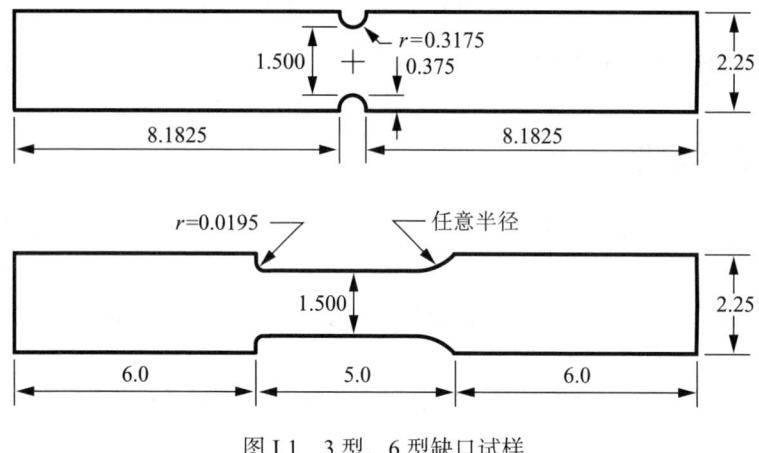

图 I.1　3 型、6 型缺口试样

表 I-2　从 NACA&NASA 技术报告中提取的 24S−T3（2024−T3）铝试样测试记录摘要

k	试样	参考文献	r_k/in	$(K_t)_{act}$	A/in²	计数
1	无缺口	[40]	12.0	1.00	test section	53（44）
2	开孔	[41]	1.5000	2.11	2.898 E−02	39（34）
3	边缘缺口	[41]	0.3175	2.17	4.325 E−03	42（38）
4	倒角	[41]	0.1736	2.19	9.561 E−04	32（27）

（续）

k	试样	参考文献	r_k/in	$(K_t)_{act}$	A/in²	计数
5	边缘缺口	[41]	0.0570	4.43	1.827 E−04	34（29）
6	倒角	[41]	0.0195	4.83	1.618 E−05	36（32）
7	边缘缺口	[42]	0.0313	5.83	5.888 E−05	46（40）
8	边缘缺口	[43]	0.7600	1.62	2.875 E−02	31（27）
9	边缘缺口	[44]	0.0035	4.48	5.908 E−07	17（13）
10	边缘缺口	[44]	0.0710	4.41	3.324 E−04	19（15）

I.3 统计模型

在本节中，我们构建了三个统计模型，这些模型可以合理地代表从金属样本的恒定循环疲劳实验中收集的数据所取样的总体，并估计它们的参数。这些模型的相对优点的评估在 I.4 节中讨论。

可用信息包括测试设备的详细说明、测试样件的几何形状和表面光洁度，以及一组记录，包括发生故障或测试停止时的循环次数、最大值和最小载荷值以及有关异常事件的说明，例如测试部分之外的故障、屈曲等。一组具有代表性的测试数据，称为 S-N 数据[40]，如图 I.2 所示。共有 53 个数据点，其中 9 个是未失效数据，即测试在故障发生前停止。未失效数据的统计术语是"右删失数据"。

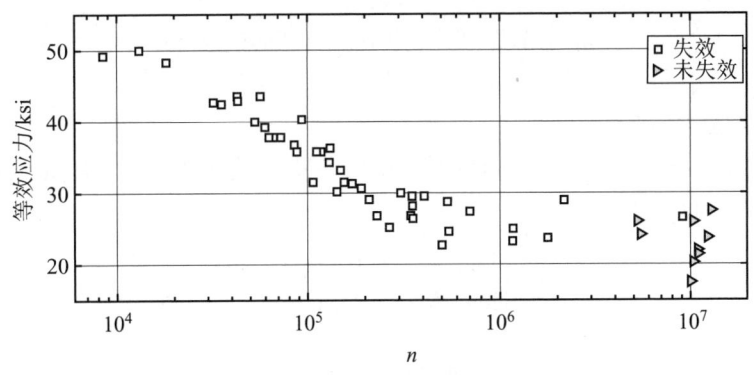

图 I.2 24S-T3（2024-T3）铝合金 S-N 数据

在这些测试中，等效应力 σ_{eq} 受到了控制。等效应力有多种定义方式，参见 6.1.1 和 6.3 节。假设失效循环次数 N 是一个独立且同分布的随机变量。在本书中，"独立"应理解为一种结果的发生不影响其他结果发生的概率。这个假设是合理的，因为每个结果都对应于不同的测试样本。术语"同分布"是指存在概率分布并且每个记录的循环数 n_i 是该概率分布的一个特定实现。在给定 σ_{eq} 的情况下，统计模型是对 N 的假定统计分布的精确表述。换句话说，统计模型是对预期发生情况的一种设想，而测试结果则告诉我们实际发生了什么。

例如，我们可以假设 $W = \log_{10} N$ 服从均值为 $\mu = \mu(\sigma_{eq})$ 和标准差为 $s = s(\sigma_{eq})$ 的正态分布。通常，大写字母表示随机变量，相应的小写字母表示它们的实现。因此 W 的概率密度函数可以写成：

$$Pr(w \mid \mu, s) = \frac{1}{\sqrt{2\pi}s} \exp\left(-\frac{(w-\mu)^2}{2s^2}\right) \tag{I.5}$$

并具有以下性质：

$$\frac{1}{\sqrt{2\pi}s} \int_{-\infty}^{\infty} \exp\left(-\frac{(w-\mu)^2}{2s^2}\right) dw = 1 \tag{I.6}$$

引入变量变换 $w = \log_{10} n = \ln n / \ln(10)$，则有 $dw = dn / (n \ln(10))$。因此有：

$$Pr(\log_{10} n \mid \mu, s) = \frac{1}{\sqrt{2\pi}s n \ln(10)} \exp\left(-\frac{(\log_{10} n - \mu)^2}{2s^2}\right) \tag{I.7}$$

该函数同样具有概率密度函数的基本属性，即在定义域上的积分等于 1：

$$\frac{1}{\sqrt{2\pi}s n \ln(10)} \int_0^{\infty} \exp\left(-\frac{(\log_{10} n - \mu)^2}{2s^2}\right) dn = 1$$

标准正态分布的累积分布函数为：

$$\Phi\left(\frac{\log_{10} n - \mu}{s}\right) = \frac{1}{2}\left(1 + \text{erf}\left(\frac{\log_{10} n - \mu}{s}\right)\right) \tag{I.8}$$

式中，erf 是误差函数。

可以对 $\mu(\sigma_{eq})$ 和 $s(\sigma_{eq})$ 的函数形式做出各种合理的假设。考虑 $\mu(\sigma_{eq})$ 的如下双线性形式和对数形式：

$$\mu_1(\sigma_{eq}) = \begin{cases} \log_{10} N_0 - m_1(\sigma_{eq} - S_0), & \sigma_{eq} \geq S_0 \\ \log_{10} N_0 + m_2(S_0 - \sigma_{eq}), & \sigma_{eq} < S_0 \end{cases} \tag{I.9}$$

$$\mu_2(\sigma_{eq}) = \begin{cases} A_1 - A_2 \log_{10}(\sigma_{eq} - A_3), & \sigma_{eq} - A_3 > 0 \\ \infty, & \sigma_{eq} - A_3 \leq 0 \end{cases} \tag{I.10}$$

式中，σ_{eq}、S_0 和 A_3 以 ksi 为单位。由于对数函数的参数必须是无量纲的，因此参数应该被理解为按 1ksi 缩放。当不会引起混淆时，μ 的下标将省略。

这种函数形式意味着存在一种材料特性，称为疲劳极限，在式（I.10）中用

A_3 表示。只有 $\sigma_{eq} > A_3$ 时才会发生疲劳失效。对于 $\sigma_{eq} \leq A_3$，疲劳寿命为无穷大。我们将其称为疲劳极限模型。在文献 [73] 中，建议将 A_3 视为一个随机变量。我们也会考虑这种可能性，并将该模型称为随机疲劳极限（RFL）模型。

为了简单起见，我们假设标准差 s 是常数。因此，双线性模型由五个参数 $\theta_1 = \{S_0 \quad N_0 \quad m_1 \quad m_2 \quad s\}^T$ 表征，并假设 $\log_{10} N$ 服从正态分布。

疲劳极限模型由四个参数 $\theta_2 = \{A_1 \quad A_2 \quad A_3 \quad s\}^T$ 表征，随机疲劳极限模型由五个参数 $\theta_3 = \{A_1 \quad A_2 \quad s \quad \mu_f \quad s_f\}^T$ 表征，其中 μ_f 和 s_f 分别是 $\log_{10} A_3$ 的均值和标准差。

统计模型通过最大化似然函数对可用数据进行校准。根据定义，似然函数是随机样本的联合概率密度。对于这里考虑的双线性和疲劳极限模型，似然函数为：

$$L = \prod_{i=1}^{n} \left(\frac{\exp(-(\log_{10} n_i - \mu(\sigma_{eq}^{(i)}))^2 / 2s^2)}{\sqrt{2\pi} s n_i \ln(10)} \right)^{1-\delta_i} \left(1 - \Phi\left(\frac{\log_{10} n_i - \mu(\sigma_{eq}^{(i)})}{s} \right) \right)^{\delta_i} \quad (\text{I}.11)$$

式中，若测试样件在第 n_i 次循环时失效，则 $\delta_i = 0$；若记录了未失效数据，则 $\delta_i = 1$，即第 n_i 次循环在失效前停止试验。未失效数据表明试样存活了 n_i 个周期。通过最大化统计模型参数 L 来确定模型的参数，从而得到使实际观测数据概率最大化的参数组合。换句话说，校准基于的想法是：假设统计模型的函数形式是正确的，那么以最大概率产生校准数据的模型参数集就是模型参数的最佳估计值。我们将用 $\hat{\theta}_k$ 表示使似然函数最大化的参数。

由于对数是单调递增函数，使 L 最大化的参数也会使 $LL \equiv \ln L$ 最大化。因此，在计算统计参数时，可以使用对数似然函数 LL 来代替似然函数。求解统计参数涉及求解多变量非线性问题，当被最大化的函数是对数似然函数而不是似然函数时，通常更容易求解。与式（I.11）对应的对数似然函数是：

$$\begin{aligned} LL = & -\sum_{i=1}^{n} (1-\delta_i) \left(\frac{(\log_{10} n_i - \mu(\sigma_{eq}^{(i)}))^2}{2s^2} + \ln(\sqrt{2\pi} s n_i \ln(10)) \right) + \\ & \sum_{i=1}^{n} \delta_i \ln\left(1 - \Phi\left(\frac{\log_{10} n_i - \mu(\sigma_{eq}^{(i)})}{s} \right) \right) \end{aligned} \quad (\text{I}.12)$$

I.3.1 双线性模型

双线性模型的估计参数和 LL 的最大值如表 I-3 所示。参数 S_0 的单位是 ksi，参数 m_1、m_2 的单位是 ksi^{-1}，标准差 s 是无量纲的。由表 I-3 中的参数表征的函数 $\mu(\sigma_{eq})$，称为 S-N 曲线，如图 I.3 所示。

表 I-3 双线性模型的估计参数 $\hat{\theta}_1$

模型	S_0	$\log_{10}N_0$	m_1	m_2	s	$LL(\hat{\theta}_1)$
双线性	31.305	5.26352	0.0596	0.1779	0.4583	−601.931

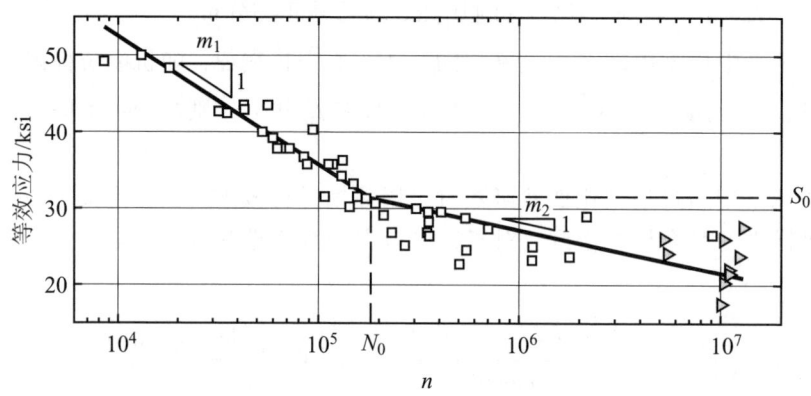

图 I.3　24S-T3 铝合金的双线性 S-N 曲线

注释 I.1　参数是通过 Matlab 函数 *mle*（最大似然估计）使用多个初始值计算的，以高置信度确定参数对应似然函数的全局最大值。

I.3.2　疲劳极限模型

疲劳极限模型的估计参数如表 I-4 所示。参数 A_3 以 ksi 为单位，其他参数无量纲。S-N 曲线如图 I.4 所示。

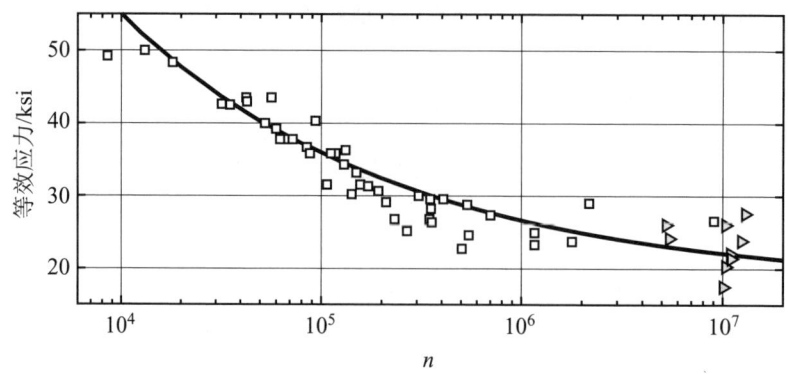

图 I.4　MMPDS 疲劳极限模型，24S-T3 铝合金的 S-N 曲线

表 I-4 疲劳极限模型的估计参数 $\hat{\theta}_2$

模型	A_1	A_2	A_3	s	$LL(\hat{\theta}_2)$
疲劳极限	9.019	3.198	17.856	0.4662	−602.112

注释 I.2 疲劳极限和耐久极限是用于描述材料特性的术语：是指在完全反向（$R=-1$）循环应力下，材料上能够在任何循环次数下都不会发生疲劳失效所承受的应力幅值。疲劳强度是从 S-N 曲线上读取的固定循环次数（通常为 $n=5\times10^8$ 次循环）下的 σ_{eq} 值：$\sigma_{eq} = \mu^{-1}(\log_{10}n)$。

铁合金和钛合金的疲劳极限似乎在兆次循环范围内。然而，如文献 [26] 中所述，对于某些低碳钢，10^6 次和 10^9 次循环时的疲劳强度差异小于 50MPa，而对于其他钢材，这种差异范围为 50~200MPa。铝和铜合金等有色金属没有疲劳极限。尽管如此，疲劳极限模型仍被用于有色金属，见 MMPDS 手册 [58]。

由于疲劳极限是一种材料特性，因此它是一个随机数，必须从统计模型中推断出来。疲劳极限或疲劳强度的估计平均值往往对统计模型的选择较为敏感。

I.3.3 随机疲劳极限模型

我们引入符号 $v = \log_{10}A_3$，并假设 v 服从均值为 μ_f 和标准差为 s_f 的正态分布。我们引用统计学中的两个基本定理：乘法法则和边缘化。乘法法则采用以下形式：

$$Pr(w,v|\sigma_{eq}) = Pr(w|\sigma_{eq},v)Pr(v|\sigma_{eq}) \tag{I.13}$$

式中，$w = \log_{10}n$ 如前所述。边缘化方程为：

$$Pr(w|\sigma_{eq}) = \int_{-\infty}^{\log_{10}\sigma_{eq}} Pr(w,v|\sigma_{eq})\mathrm{d}v \tag{I.14}$$

式中，积分的上限由 $\sigma_{eq} - A_3 > 0$ 的条件确定。因此：

$$Pr(w|\sigma_{eq}) = \int_{-\infty}^{\log_{10}\sigma_{eq}} Pr(w|\sigma_{eq},v)Pr(v|\sigma_{eq})\mathrm{d}v \tag{I.15}$$

由于假设 w 服从均值为 μ 和标准差为 s 的正态分布，因此式（I.15）中被积函数的第一项是概率密度函数：

$$Pr(w|\sigma_{eq},v) = \phi(w,\sigma_{eq},v) = \frac{\exp(-(w-\mu(\sigma_{eq},10^v))^2/(2s^2))}{s\sqrt{2\pi}} \tag{I.16}$$

被积函数的第二项基于 v 服从正态分布的假设。因此，v 的概率密度为：

$$Pr(v|\sigma_{eq}) = f(v) = \frac{\exp(-(v-\mu_f)^2/(2s_f^2))}{s_f\sqrt{2\pi}}, \quad v < \log_{10}(\sigma_{eq}) \tag{I.17}$$

在给定 σ_{eq} 的情况下，w 的边缘概率密度函数为：

$$Pr(w|\sigma_{eq}) = \phi_M(w, \sigma_{eq}) = \int_{-\infty}^{\log_{10}\sigma_{eq}} \phi(w, 10^v) f(v) dv \quad (\text{I}.18)$$

给定 σ_{eq} 时，w 的边缘累积分布函数（CDF）为：

$$\Phi_M(w, \sigma_{eq}) = \frac{1}{2} \int_{-\infty}^{\log_{10}\sigma_{eq}} \left(1 + \text{erf}\left(\frac{w - \mu(\sigma_{eq}, 10^v)}{s\sqrt{2}}\right)\right) f(v) dv \quad (\text{I}.19)$$

给定一组独立观测值 $(w_i, \sigma_{eq}^{(i)}), (i = 1, 2, \cdots, n)$，似然函数为：

$$L(\theta) = \prod_{i=1}^{n} [\phi_M(w_i, \sigma_{eq}^{(i)})]^{1-\delta_i} [1 - \Phi_M(w_i, \sigma_{eq}^{(i)})]^{\delta_i} \quad (\text{I}.20)$$

其中，若测试导致失效，则 $\delta_i = 0$；若测试在失效发生之前停止，则 $\delta_i = 1$。使 $L(\theta)$ 最大化的参数 θ 的最大似然估计值记为 $\hat{\theta}_3$，或等效地最大化相应的对数似然函数。随机疲劳极限模型的估计参数见表 I-5。S-N 曲线如图 I.5 所示。

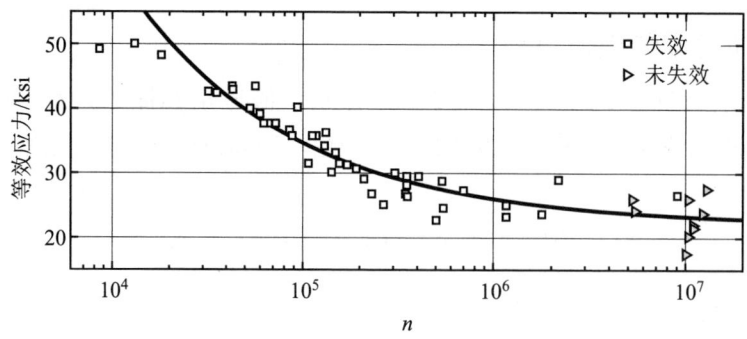

图 I.5　随机疲劳极限模型：24S-AT3 铝合金的 S-N 数据

表 I-5　随机疲劳极限模型的估计参数 $\hat{\theta}_3$

模型	A_1	A_2	s	μ_f	s_f	$LL(\hat{\theta}_3)$
RFL	7.191	1.991	0.1255	1.3438	0.0488	−576.734

可视化随机疲劳极限模型与 S-N 数据之间关系的另一种表示方法是展示 S-N 数据的经验累积分布函数，并将该分布与随机疲劳极限模型对应的中位数进行比较。

给定 σ_{eq}，可以通过累积分布函数的倒数计算对应于统计模型的 p 分位数。具体来说，我们发现 $w_i = \log_{10} n_i$，则有

$$Q(p) \equiv \Phi_M(w_i, \sigma_{eq}) - p = 0, \quad 0 < p < 1 \quad (\text{I}.21)$$

式中，Φ_M是由式（I.19）定义的边缘累积分布函数。令$p=0.5$，我们得到预测中位数。结果如图I.6所示。记录了9个未失效数据，用空心圆圈表示。

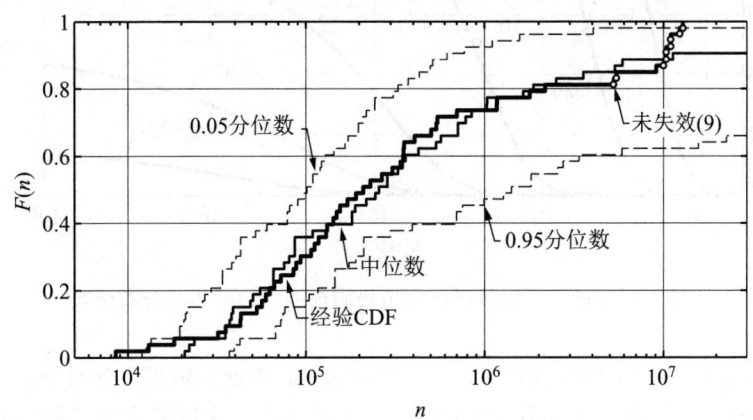

图I.6　S-N数据的经验CDF与随机疲劳极限模型预测的中位数对比

当函数$Q(p)=0$在$p=0.5$处没有实根或预测的循环数大于1亿时，将预测到一个未失效数据。见注释I.3。

记录的未失效数据表示测试停止且样本未失败的循环数。因此，预测的未失效数据不一定是记录的未失效数据的预测。S-N数据记录了9个未失效数据，随机疲劳极限模型预测了4个未失效数据。

注释I.3　在给定σ_{eq}的情况下，在$n<10^w$次循环时发生故障的概率是$\Phi_M(w,\sigma_{eq})$，见式（I.19）。$w\to\infty$时我们发现：

$$Pr(\text{失效}\,|\,n<\infty,\sigma_{eq}) = \int_{-\infty}^{\log_{10}\sigma_{eq}} f(v)\mathrm{d}v \qquad (\text{I.22})$$

因此：

$$Pr(\text{未失效}\,|\,n<\infty,\sigma_{eq}) = 1 - \int_{-\infty}^{\log_{10}\sigma_{eq}} f(v)\mathrm{d}v \qquad (\text{I.23})$$

随机疲劳极限模型的一个特征是，在任何应力水平下都不会发生失效的概率非零。在高应力水平下，这种可能性很小，可以忽略不计。当σ_{eq}等于平均疲劳极限时，该概率为50%。例如，24S-T3铝的随机疲劳极限的估计平均值为$10^{\mu_f}=22.07$ksi。图I.7显示了各种σ_{eq}值的边缘累积分布函数。

对于$\sigma_{eq}=2,522.0720$ksi，当$n\to\infty$时，极限值显示在右侧。可以看出，在$\sigma_{eq}=10^{\mu_f}$附近，σ_{eq}的微小变化会导致n的预测值发生较大变化。因此，当σ_{eq}接近10^{μ_f}时，随机疲劳极限模型并不是n的可靠预测指标。

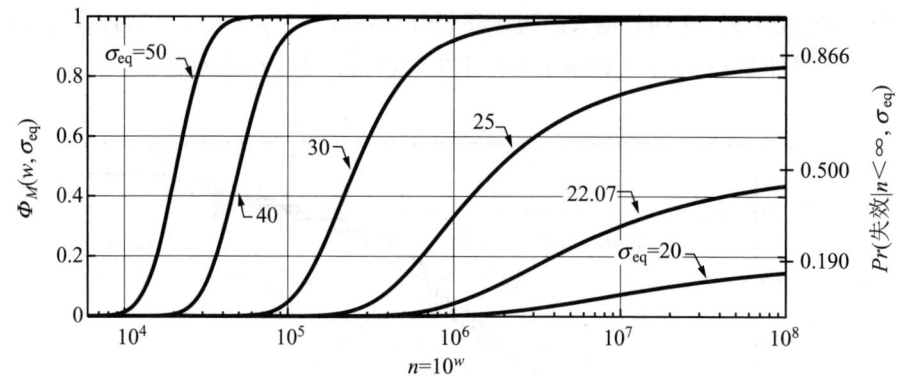

图 I.7　24S-T3 铝的随机疲劳极限模型的边缘累积分布函数

注释 I.4　式（I.18）和式（I.19）中的积分必须通过数值方法计算。

注释 I.5　假设 $f(v)$ 具有式（I.17）的函数形式，这只是许多可能的假设之一。在文献 [17] 中，假设 $f(v)$ 具有正态分布和最小极值分布。

I.4　排序

当然，在建立统计模型时必须做出一些假设。这些假设是基于先前的经验、洞察力和直觉。根据可获得的数据，通过似然函数来衡量模型的预测性能，以此客观地对模型进行排序。由于可用数据往往会随着时间的推移而增加，并且可能会提出新的统计模型，因此有必要建立一个随着时间的推移系统地修订和更新模型的流程。在工业和研究组织中，这属于模拟治理和管理的范围[92]。本节讨论基于贝叶斯定理的排序。

贝叶斯因子

可以基于模型 M_i 相对于模型 M_j 的优点的评估对统计模型进行排序，该模型由贝叶斯因子 BF_{ij} 量化，定义为：

$$BF_{ij} \stackrel{\text{def}}{=} \frac{Pr(D|M_i)}{Pr(D|M_j)} \quad （I.24）$$

式中，$Pr(D)$ 项抵消，除非我们有理由为先验概率比 $Pr(M_i)/Pr(M_j)$ 赋予一个非单位数，否则我们有：

$$\frac{Pr(M_i|D)}{Pr(M_j|D)} = \frac{Pr(D|M_i)}{Pr(D|M_j)} = \frac{L(D|\theta_i)}{L(D|\theta_j)} = \exp(LL(D|\theta_i) - LL(D|\theta_j)) \quad （I.25）$$

分别为双线性、疲劳极限和随机疲劳极限模型分配索引 1、2、3。根据表 I-3、表 I-4 和表 I-5 中的对数似然值我们发现：

$$BF_{31} \approx 8.8 \times 10^{10}, \quad BF_{32} \approx 1.1 \times 10^{11}$$

也就是说，随机疲劳极限模型比其他两个模型更受欢迎。

I.5 置信区间

置信区间可通过轮廓似然函数进行估计。设 θ_k 是我们感兴趣的参数，$\theta_{\overline{k}}$ 是与统计模型相关的其他参数的向量。换言之，$\theta_{\overline{k}}$ 包括除 θ_k 之外的统计模型的所有参数。θ_k 的轮廓似然函数定义为：

$$R(\theta_k) = \max_{\theta_{\overline{k}}} \frac{L(\theta_k, \theta_{\overline{k}})}{L(\hat{\theta})} \tag{I.26}$$

式中，$\hat{\theta}$ 是最大化似然函数的参数集。威尔克斯定理指出，随着样本量接近无穷大，统计量 $-2\ln R(\theta_k)$ 将接近具有一个自由度的卡方分布，前提是统计模型是正确的。因此置信区间可以从下式估计：

$$-2\ln(R(\theta_k)) \leq \chi^2_{1;1-\alpha} \tag{I.27}$$

式中，$\chi^2_{1;1-\alpha}$ 是具有一个自由度的卡方分布的 $100(1-\alpha)$ 分位数。例如，参照表 I-5 中随机疲劳极限模型的参数，μ_f 的估计 95% 置信区间为 (1.241,1.388)。图 I.8 显示了 μ_f 的轮廓似然值和估计置信区间。

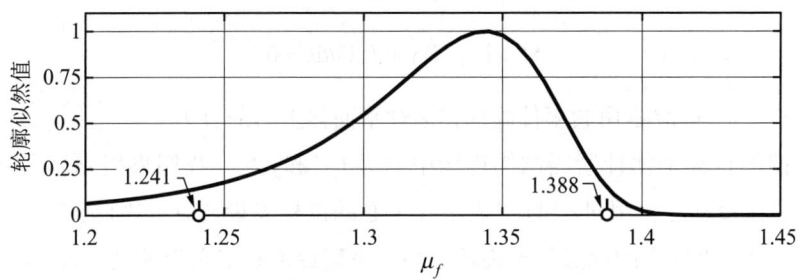

图 I.8　μ_f 的轮廓似然值和估计置信区间

附录 J 结构连接中紧固件力的估算

下面将介绍一种估算紧固件组中单个紧固件力的方法。在传统结构工程实践中使用这种方法的讨论可以在材料力学的教科书中找到，例如文献 [79]，这是一个高度简化的数学模型应用于一个相当复杂问题的例子。

该简化模型是基于这样的假设，即紧固的结构部件表现为完全刚性体。紧固件表现为线性弹性弹簧。因此，紧固部件的位移和旋转是由线性弹簧的位移决定的。

考虑一个恒定厚度 t 的刚性平面体的解域。求解域和符号如图 J.1 所示。该域 $\bar{\Omega}$ 被轮廓线 $\bar{\Gamma}$ 所限定。在 $\bar{\Gamma}$ 内有 n 个半径为 ϱ_k 的圆孔，用 $\Omega_\varrho^{(k)}$，$k=1,2,\cdots,n$ 表示：

$$\Omega \stackrel{\text{def}}{=} \bar{\Omega} - \Omega_\varrho^{(1)} \cup \Omega_\varrho^{(2)} \cup \cdots \cup \Omega_\varrho^{(n)}$$

$\Omega_\varrho^{(k)}$ 的边界用 $\Gamma_\varrho^{(k)}$ 表示。为了简单起见，我们在下文中将使用 $\varrho_k = \varrho$。T_x 和 T_y 是在 $\bar{\Gamma}$ 上规定的牵引力，力 F_x、F_y 和力矩 M 被定义为满足平衡方程：

$$F_x + \int_{\bar{\Gamma}} T_x t \mathrm{d}s = 0 \tag{J.1}$$

$$F_y + \int_{\bar{\Gamma}} T_y t \mathrm{d}s = 0 \tag{J.2}$$

$$M + \int_{\bar{\Gamma}} (-T_x y + T_y x) t \mathrm{d}s = 0 \tag{J.3}$$

式中，F_x、F_y 和 M 是由紧固件施加在刚性平面体上力的合力。

我们的目标是估计紧固结构连接中的力 $f_x^{(k)}$ 和 $f_y^{(k)}$。我们将用 κ_k 表示第 k 个紧固件的弹簧刚度，用 $u_x^{(k)}$ 和 $u_y^{(k)}$ 表示孔中心的位移矢量分量。因此 $f_x^{(k)} = \kappa_k u_x^{(k)}$ 和 $f_y^{(k)} = \kappa_k u_y^{(k)}$。坐标系的原点位于旋转中心，该旋转中心定义为满足下式：

$$\sum_{k=1}^{n} \kappa_k x_k = 0, \quad \sum_{k=1}^{n} \kappa_k y_k = 0 \tag{J.4}$$

用 $u_x^{(c)}$ 和 $u_y^{(c)}$ 表示旋转中心的位移矢量分量，用 $\theta^{(c)}$ 表示旋转，可得：

$$u_x^{(k)} = u_x^{(c)} - \theta^{(c)} r_k \sin \alpha_k = u_x^{(c)} - \theta^{(c)} y_k \tag{J.5}$$

$$u_y^{(k)} = u_y^{(c)} + \theta^{(c)} r_k \cos \alpha_k = u_y^{(c)} + \theta^{(c)} x_k \tag{J.6}$$

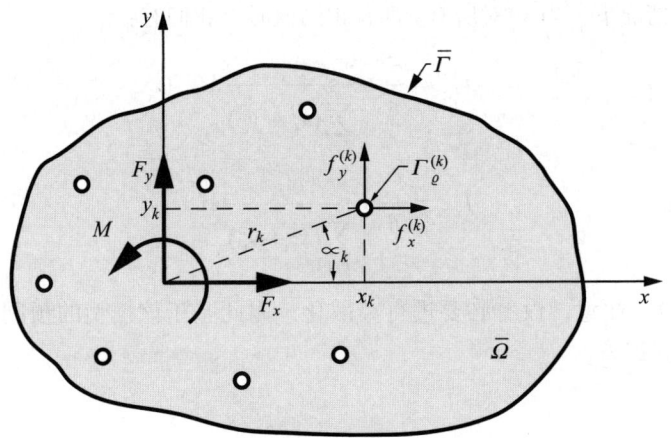

图 J.1　符号表示

因此：

$$f_x^{(k)} = \kappa_k(u_x^{(c)} - \theta^{(c)} y_k) \tag{J.7}$$

$$f_y^{(k)} = \kappa_k(u_y^{(c)} + \theta^{(c)} x_k) \tag{J.8}$$

合力可以用紧固件力和式（J.4）表示为：

$$F_x = \sum_{k=1}^{n} f_x^{(k)} = u_x^{(c)} \sum_{k=1}^{n} \kappa_k \tag{J.9}$$

$$F_y = \sum_{k=1}^{n} f_y^{(k)} = u_y^{(c)} \sum_{k=1}^{n} \kappa_k \tag{J.10}$$

$$M = \sum_{k=1}^{n} (f_y^{(k)} x_k - f_x^{(k)} y_k) = \theta^{(c)} \sum_{k=1}^{n} \kappa_k (x_k^2 + y_k^2) \tag{J.11}$$

旋转中心的位移用应力合力表示为：

$$u_x^{(c)} = \frac{F_x}{\sum_{k=1}^{n} \kappa_k}, \quad u_y^{(c)} = \frac{F_y}{\sum_{k=1}^{n} \kappa_k}, \quad \theta^{(c)} = \frac{M}{\sum_{k=1}^{n} \kappa_k (x_k^2 + y_k^2)}$$

对于第 j 个紧固件，式（J.7）和式（J.8）可以写成：

$$f_x^{(j)} = \frac{\kappa_j}{\sum_{k=1}^{n} \kappa_k} F_x - \frac{\kappa_j y_j}{\sum_{k=1}^{n} \kappa_k (x_k^2 + y_k^2)} M \tag{J.12}$$

$$f_y^{(j)} = \frac{\kappa_j}{\sum_{k=1}^{n} \kappa_k} F_y + \frac{\kappa_j x_j}{\sum_{k=1}^{n} \kappa_k (x_k^2 + y_k^2)} M \tag{J.13}$$

在特殊情况下，当 κ_j 对所有 j 都有相同值时，我们有：

$$f_x^{(j)} = \frac{F_x}{n} - \frac{y_j}{\sum_{k=1}^{n}(x_k^2 + y_k^2)} M \qquad (\text{J.14})$$

$$f_y^{(j)} = \frac{F_y}{n} + \frac{x_j}{\sum_{k=1}^{n}(x_k^2 + y_k^2)} M \qquad (\text{J.15})$$

注释 J.1　注意，没有必要进行离散化，因此基于该模型的预测误差完全归因于模型形式误差。

附录 K 固体力学中的有用算法

这里总结了一些应用于固体力学问题的有限元分析中经常使用的算法。回顾了应力张量和牵引矢量的基本属性及其转换。说明了力和力矩的静态平衡方程。

K.1 牵引矢量

假设某点的应力状态是已知的,并且确定作用在图 K.1 所示的无穷小四面体单元的倾斜面上的牵引矢量分量 T_x、T_y 和 T_z。根据定义,牵引矢量,也称为应力矢量,为:

$$T = \lim_{\Delta A \to 0} \frac{\Delta F}{\Delta A}$$

式中,ΔF 是微分力,作用在四面体的倾斜面上,其面积为 ΔA。此力与作用在四面体其他三个面上的合力处于平衡状态。

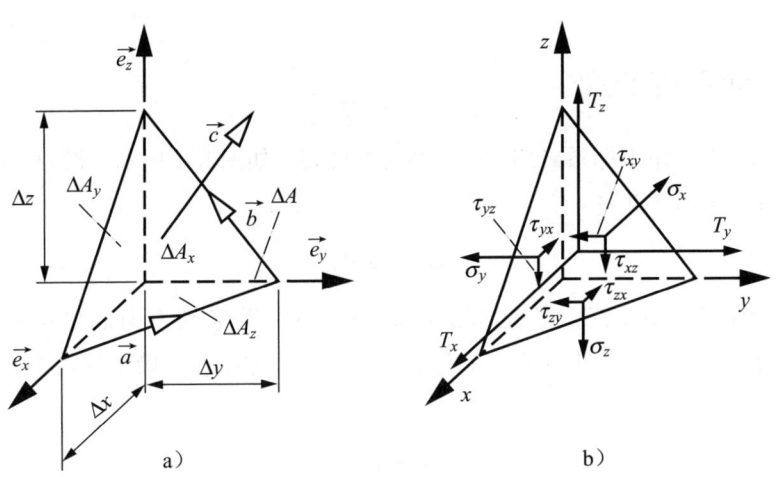

图 K.1 符号表示

首先,证明斜面的单位法向量 n 的分量为:

$$n_x = \frac{\Delta A_x}{\Delta A}, \quad n_y = \frac{\Delta A_y}{\Delta A}, \quad n_z = \frac{\Delta A_z}{\Delta A} \tag{K.1}$$

式中,ΔA_x(ΔA_y、ΔA_z)是四面体中 x 轴(y 轴、z 轴)为法向量面的面积,见

图 K.1a。考虑交叉乘积：

$$c = a \times b = (\Delta y e_y - \Delta x e_x) \times (\Delta z e_z - \Delta y e_y)$$
$$= \Delta y \Delta z e_x + \Delta x \Delta z e_y + \Delta x \Delta y e_z = 2\Delta A_x e_x + 2\Delta A_y e_y + 2\Delta A_z e_z$$

式中，e_x、e_y、e_z 是单位基向量。向量 c 是斜面的法向量，其绝对值为 $2\Delta A$。因此 $n = c/|c| = c/2\Delta A$，单位法向量的分量由式（K.1）给出。

平衡方程为：

$$\sum \Delta F_x = 0: \quad T_x \Delta A - \sigma_x \Delta A_x - \tau_{yx} \Delta A_y - \tau_{zx} \Delta A_z = 0$$
$$\sum \Delta F_y = 0: \quad T_y \Delta A - \tau_{xy} \Delta A_x - \sigma_y \Delta A_y - \tau_{zy} \Delta A_z = 0$$
$$\sum \Delta F_z = 0: \quad T_z \Delta A - \tau_{xz} \Delta A_x - \tau_{yz} \Delta A_y - \sigma_z \Delta A_z = 0$$

将方程两边同时除以 ΔA，并利用应力张量的对称性，可得出：

$$\begin{Bmatrix} T_x \\ T_y \\ T_z \end{Bmatrix} = \begin{bmatrix} \sigma_x & \tau_{xy} & \tau_{xz} \\ \tau_{yx} & \sigma_y & \tau_{yz} \\ \tau_{zx} & \tau_{zy} & \sigma_z \end{bmatrix} \begin{Bmatrix} n_x \\ n_y \\ n_z \end{Bmatrix} \quad (\text{K.2})$$

在索引符号中，式（K.2）可以写成：

$$T_i = \sigma_{ij} n_j \quad (\text{K.3})$$

K.2 向量的变换

考虑一个直角坐标系 x_i' 相对于 x_i 系统的旋转，如图 K.2 所示。设 α_{ij} 为轴 x_i' 和轴 x_j 之间的夹角，并设：

$$g_{ij} = \cos \alpha_{ij} \quad (\text{K.4})$$

换句话说，g_{ij} 的第 i 行是未加撇的坐标系中沿 x_i' 轴方向的单位向量。因此，如果 a_i 是未加撇的坐标系中的任意一个矢量，那么在加撇坐标系中相同的矢量为：

$$a_i' = g_{ij} a_j \quad (\text{K.5})$$

反过来说，g_{ij} 的第 j 列是底层系统中轴 x_j 方向的单位向量。所以如果 a_r' 是加撇坐标系中的任意一个矢量，那么在未加撇坐标系中相同的矢量为：

$$a_r = g_{kr} a_k' \quad (\text{K.6})$$

鉴于 g_{ij} 的定义和坐标系的正交性，g_{ij} 乘以其转置必定是单位矩阵：

$$g_{ri} g_{rj} = g_{is} g_{js} = \delta_{ij} \quad (\text{K.7})$$

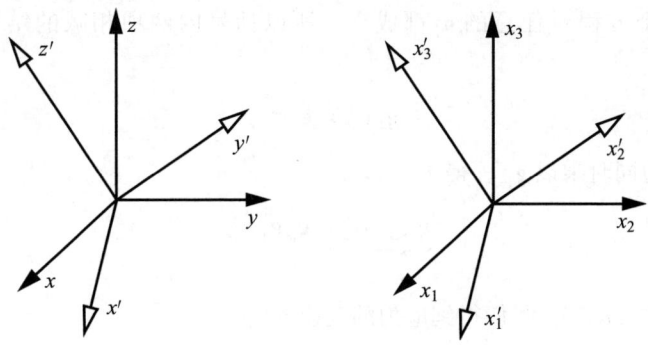

图 K.2 坐标变换

换句话说，g_{ij} 是一个正交矩阵。这一点可以通过以下方式证明：

$$a_i = g_{ri}a'_r$$

$$a'_s = g_{sj}a_j$$

并且：

$$a'_r = \delta_{rs}a'_s = \delta_{rs}g_{sj}a_j$$

因此：

$$a_i \equiv \delta_{ij}a_j = \underbrace{g_{ri}\delta_{rs}g_{sj}}_{g_{ri}g_{rj}}a_j$$

并且，对于任意一个矢量 a_j，有：

$$(\delta_{ij} - g_{ri}g_{rj})a_j = 0$$

因此，括号内的项必须为零。这就完成了证明。

K.3 应力的变换

参照 K.1 节中给出的牵引矢量的定义，我们有：

$$T'_i = \sigma'_{ik}n'_k = \sigma'_{ik}g_{ks}n_s$$

应用变换规则式（K.5）：

$$T'_i = g_{ir}T_r = g_{ir}\sigma_{rs}n_s$$

因此，我们可以得到：

$$(g_{ks}\sigma'_{ik} - g_{ir}\sigma_{rs})n_s = 0$$

由于这个方程对任意的 n_s 都成立，所以括号内两项相减的结果必须为 0。因此：

$$g_{ks}\sigma'_{ik} = g_{ir}\sigma_{rs}$$

方程两边同时乘以 g_{js}，得：

$$\underbrace{g_{js}g_{ks}}_{\delta_{jk}}\sigma'_{ik} = g_{ir}g_{js}\sigma_{rs}$$

并根据式（K.7），我们得到应力的变换规则：

$$\sigma'_{ij} = g_{ir}g_{js}\sigma_{rs} \tag{K.8}$$

注释 K.1 用 $[\sigma]$ 表示应力张量，用 $[g]$ 表示 g_{ij}，式（K.8）是对称矩阵的三重乘积：

$$[\sigma'] = [g][\sigma][g]^T \tag{K.9}$$

K.4 主应力

有一种可能性：找到一个平面，使作用于该平面的牵引矢量与该平面垂直（即剪切分量为零）：

$$\sigma_{ij}n_j = Tn_i \equiv T\delta_{ij}n_j$$

式中，T 是牵引力矢量的大小。因此：

$$(\sigma_{ij} - T\delta_{ij})n_j = 0 \tag{K.10}$$

这是一个特征值问题。由于 σ_{ij} 是对称的，所有特征值都是实数。特征值被称为主应力，特征向量定义了主应力的方向。由于特征向量是相互正交的，因此在每一个点上都有一个正交的坐标系，其中应力状态只由法向应力来描述。只有当所有的特征值都是简单值的时候，这个坐标系才是唯一定义的。

从式（K.10）可以看出，主应力是以下特征方程的根：

$$T^3 - I_1T^2 - I_2T - I_3 = 0 \tag{K.11}$$

式中，

$$I_1 = \sigma_{kk}, \quad I_2 = \frac{1}{2}(\sigma_{ij}\sigma_{ij} - \sigma_{ii}\sigma_{jj}), \quad I_3 = \det(\sigma_{ij}) \tag{K.12}$$

主应力用单个索引表示：σ_1、σ_2、σ_3，并且排序为：$\sigma_1 \geq \sigma_2 \geq \sigma_3$。主应力表征了一个点的应力状态。

主应力不取决于给出应力分量的坐标系。因此，系数 I_1、I_2 和 I_3 对于坐标系的旋转是不变的。这些系数分别称为第一、第二和第三应力不变量。

K.5 冯·米塞斯应力

应力偏差张量的定义为：

$$\hat{\sigma}_{ij} = \sigma_{ij} - \frac{1}{3}\delta_{ij}\sigma_{kk} \tag{K.13}$$

它的特性是它的第一个不变量为零。应力偏差张量的第二个不变量用 J_2 表示，在材料科学和工程中尤为重要。因为根据冯·米塞斯提出的广泛使用的现象学模型，当 J_2 达到一个临界值时，塑性材料开始屈服。这被称为冯·米塞斯屈服准则或最大形变能理论。由于 $\hat{\sigma}_{kk} = 0$，第二个不变量为：

$$J_2 = \frac{1}{2}\hat{\sigma}_{ij}\hat{\sigma}_{ij} \tag{K.14}$$

将 J_2 写成主应力的形式，我们就能得到：

$$\begin{aligned} J_2 &= \frac{1}{2}\left(\left(\sigma_1 - \frac{1}{3}\sigma_{kk}\right)^2 + \left(\sigma_2 - \frac{1}{3}\sigma_{kk}\right)^2 + \left(\sigma_3 - \frac{1}{3}\sigma_{kk}\right)^2\right) \\ &= \frac{1}{6}((\sigma_1 - \sigma_2)^2 + (\sigma_2 - \sigma_3)^2 + (\sigma_3 - \sigma_1)^2) \end{aligned} \tag{K.15}$$

根据冯·米塞斯屈服准则，在塑性材料开始屈服时，J_2 有一个临界值，这是通过试样的单轴拉伸试验得到的材料属性，如图 6.1 中的试样所示。在屈服开始时，$\sigma_{11} = \sigma_{yld}$，$\sigma_{22} = \sigma_{33} = 0$。因此，$J_2$ 的临界值为：

$$J_2^{crit} = \frac{1}{3}\sigma_{yld}^2$$

冯·米塞斯应力，用 $\bar{\sigma}$ 表示，定义为：

$$\bar{\sigma} = \sqrt{\frac{(\sigma_1 - \sigma_2)^2 + (\sigma_2 - \sigma_3)^2 + (\sigma_3 - \sigma_1)^2}{2}} \tag{K.16}$$

在屈服开始时，$\bar{\sigma} = \sigma_{yld}$。冯·米塞斯应力是单轴屈服应力向任意应力件的一种可能推广。

示例 K.1 让我们预测在纯剪切状态下开始的屈服，即 $\sigma_{12} = \sigma_{21} = \tau$，应力张量的所有其他分量为零。通过使用式（K.16）找到材料开始屈服的 τ 值。主应力是 $\sigma_1 = \tau, \sigma_2 = 0, \sigma_3 = -\tau$。因此：

$$\bar{\sigma} = \sqrt{3}\tau_{yld} = \sigma_{yld}$$

$$\tau_{\text{yld}} = \sigma_{\text{yld}} / \sqrt{3}$$

K.6 静态等效力和力矩

假设有一个力 F_i 和力矩 M_i 作用在一个刚体上。F_i 的作用线通过点 P。如果满足以下条件，则力 F_i 和力矩 M_i 与力 F'_i（其作用线通过点 P'）和力矩 M'_i 在静态上是等同的：

$$F'_i = F_i \tag{K.17}$$

$$M'_i = M_i - e_{ijk} r_j F_k \tag{K.18}$$

式中，r_j 是 P' 相对点 P 的位置矢量，如图 K.3 所示。力矩矢量分量用双箭头表示。

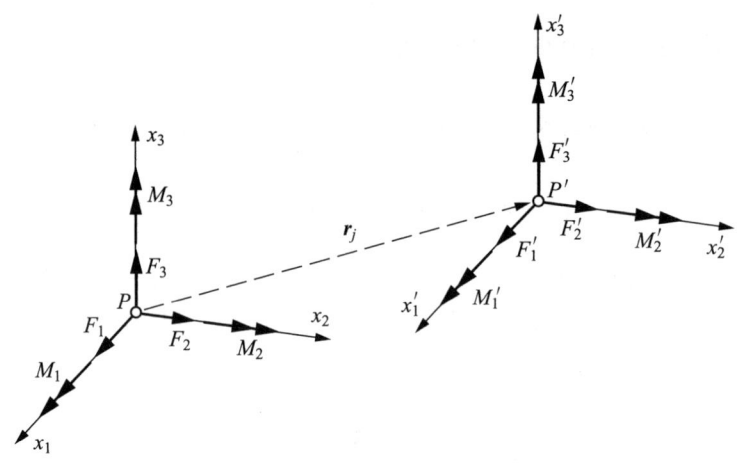

图 K.3　静态等效力和力矩

在分配牵引力边界条件时，使用静态等效的力－力矩对，以便满足平衡条件。

示例 K.2　考虑图 5.13 中所示的螺旋弹簧的一部分。中心线由下式给出：

$$x_1 = x = r_c \cos\theta, \quad x_2 = y = r_c \sin\theta, \quad x_3 = z = \frac{d}{2\pi}\theta, \quad 0 < \theta < \pi/3 \tag{K.19}$$

弹簧被两个沿 z 轴作用的大小相等且方向相反的力 F 所压缩。我们想知道的是在图 K.4 所示的局部坐标系中，截面 A 和 B 上静力等效力的分量，其中坐标轴 x^A、y^A、z^A 和 x^B、y^B、z^B 分别与截面 A 和 B 的中心线的切线、法线和双法线重合。

该解决方案包括两个步骤：首先，我们使用式（K.17）和式（K.18），在本地坐标系中确定作用在截面 A 和 B 上的静态等效力和力矩，这些坐标系的轴与 x、y、z 系统平行。然后，使用式（K.5）将力的分量转换到局部坐标系中。

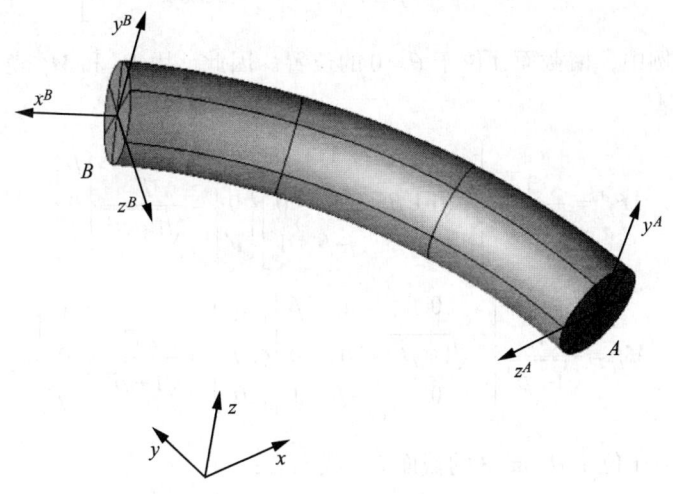

图 K.4　示例 K.2：螺旋弹簧的一部分

第 1 步：在坐标系中，作用在横截面 A 和 B 上的力和力矩，其原点在中心线与横截面的交点上，轴与全局坐标轴平行，用常规符号表示为：

$$F^A = F\{0\ 0\ 1\}^T$$
$$M^A = -\{r_c\ 0\ 0\}^T \times \{0\ 0\ F\}^T = r_c F\{0\ 1\ 0\}^T$$
$$F^B = F\{0\ 0\ -1\}^T$$
$$M^B = -\{r_c\cos(\pi/3)\ r_c\sin(\pi/3)\ d/6\}^T \times \{0\ 0\ -F\}^T$$
$$= r_c F\{\sin(\pi/3)\ -\cos(\pi/3)\ 0\}^T$$

第 2 步：为了将力和力矩转换到局部坐标系中，我们需要转换矩阵 g_{ij}^A 和 g_{ij}^B，由式（K.4）定义。我们分别用 t_i、n_i 和 b_i 来表示切线、法线和双法线单位向量。根据定义，b_i 是 t_i 和 n_i 的叉积，即：$b_i = e_{ijk} t_j n_k$。利用式（K.19）并定义 $\beta = d/(2\pi r_c)$，这些单位向量为：

$$t_i = \frac{1}{\sqrt{1+\beta^2}}\{-\sin\theta\ \cos\theta\ \beta\} \quad (\text{K.20})$$

$$n_i = \{-\cos\theta\ -\sin\theta\ 0\} \quad (\text{K.21})$$

$$b_i = \frac{1}{\sqrt{1+\beta^2}}\{\beta\sin\theta\ -\beta\cos\theta\ 1\} \quad (\text{K.22})$$

因此，变换矩阵 g_{ij} 为：

$$g_{ij} = \frac{1}{\sqrt{1+\beta^2}} \begin{bmatrix} -\sin\theta & \cos\theta & \beta \\ -\sqrt{1+\beta^2}\cos\theta & -\sqrt{1+\beta^2}\sin\theta & 0 \\ \beta\sin\theta & -\beta\cos\theta & 1 \end{bmatrix} \quad (\text{K.23})$$

在本示例中，横截面 A 位于 $\theta = 0$ 的位置。因此，用 $\boldsymbol{F}_L^A$ 和 $\boldsymbol{M}_L^A$ 表示的局部力和力矩矢量是：

$$\boldsymbol{F}_L^A = \frac{1}{\sqrt{1+\beta^2}} \begin{bmatrix} 0 & 1 & \beta \\ -\sqrt{1+\beta^2} & 0 & 0 \\ 0 & -\beta & 1 \end{bmatrix} \begin{Bmatrix} 0 \\ 0 \\ F \end{Bmatrix} = \frac{F}{\sqrt{1+\beta^2}} \begin{Bmatrix} \beta \\ 0 \\ 1 \end{Bmatrix}$$

$$\boldsymbol{M}_L^A = \frac{1}{\sqrt{1+\beta^2}} \begin{bmatrix} 0 & 1 & \beta \\ -\sqrt{1+\beta^2} & 0 & 0 \\ 0 & -\beta & 1 \end{bmatrix} \begin{Bmatrix} 0 \\ r_c F \\ 0 \end{Bmatrix} = \frac{r_c F}{\sqrt{1+\beta^2}} \begin{Bmatrix} 1 \\ 0 \\ -\beta \end{Bmatrix}$$

同样，对于位于 $\theta = \pi/3$ 的截面 B，我们有：

$$\boldsymbol{F}_L^B = \frac{1}{\sqrt{1+\beta^2}} \begin{bmatrix} -\sqrt{3}/2 & 1/2 & \beta \\ -\sqrt{1+\beta^2}/2 & -\sqrt{3(1+\beta^2)}/2 & 0 \\ \sqrt{3}\beta/2 & -\beta/2 & 1 \end{bmatrix} \begin{Bmatrix} 0 \\ 0 \\ -F \end{Bmatrix} = \frac{-F}{\sqrt{1+\beta^2}} \begin{Bmatrix} \beta \\ 0 \\ 1 \end{Bmatrix}$$

$$\boldsymbol{M}_L^B = \frac{1}{\sqrt{1+\beta^2}} \begin{bmatrix} -\sqrt{3}/2 & 1/2 & \beta \\ -\sqrt{1+\beta^2}/2 & -\sqrt{3(1+\beta^2)}/2 & 0 \\ \sqrt{3}\beta/2 & -\beta/2 & 1 \end{bmatrix} \begin{Bmatrix} r_c F\sqrt{3}/2 \\ -r_c F/2 \\ 0 \end{Bmatrix} = \frac{-r_c F}{\sqrt{1+\beta^2}} \begin{Bmatrix} 1 \\ 0 \\ -\beta \end{Bmatrix}$$

注释 K.2 请注意，在前述例子中，$\boldsymbol{F}_L^B = -\boldsymbol{F}_L^A$ 和 $\boldsymbol{M}_L^B = -\boldsymbol{M}_L^A$，这是因为在这种特殊情况下，力和力矩向量转换到局部坐标系与 θ 无关。

应力的技术公式

术语"杆件"将用于任何细长体的通用名称，如拱门、杆、梁、柱、弹簧和轴。在制定杆件的数学模型时，经常需要应用已知结果的牵引边界条件。问题是：给定应力合力，应该规定什么样的表面牵引力？这个问题的答案不是唯一的；然而，在杆件的技术理论中，在对应于作用在横截面上的力矩和力的应力分布之间存在一些常用的关系。这些关系是基于有关直杆变形模式的假设，并辅以平衡考虑。以下是一个简要总结。对于详细的讨论，可以参考关于材料强度的介绍性内容。

如图 K.5 所示，局部坐标系的原点在杆件横截面的质心处。质心的位置是杆件的轴线。在大多数实际问题中，杆件的轴线是一个连续且可微的函数。我们在以下内容中假设如此：对于弯曲的杆，与杆轴相关的切线、法线和双法线单位向量定义了局部坐标系。符号表示如图 K.5 所示。

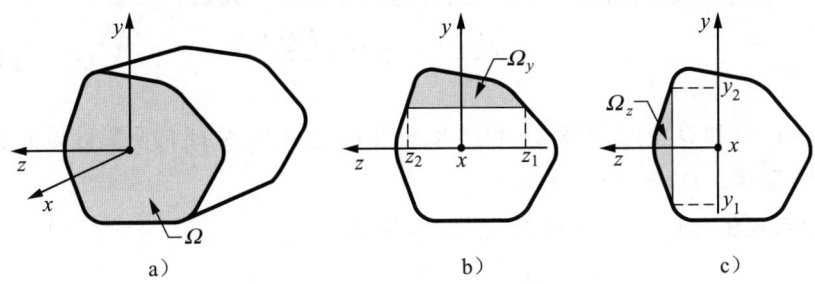

图 K.5 符号表示

正常牵引

应力 σ_x 被认为是横截面上的一个线性函数。因此，它可以写成：

$$\sigma_x = a_0 + a_1 y + a_2 z \tag{K.24}$$

根据定义，轴向力 F_x 和作用在 y 轴和 z 轴上的力矩（分别用 M_y 和 M_z 表示）是：

$$F_x = \int_\Omega \sigma_x \mathrm{d}y\mathrm{d}z, \quad M_y = \int_\Omega \sigma_x z \mathrm{d}y\mathrm{d}z, \quad M_z = -\int_\Omega \sigma_x y \mathrm{d}y\mathrm{d}z \tag{K.25}$$

将式（K.24）代入式（K.25），我们得到以下三个方程：

$$\begin{bmatrix} A & 0 & 0 \\ 0 & I_z & I_{yz} \\ 0 & I_{yz} & I_y \end{bmatrix} \begin{Bmatrix} a_0 \\ a_1 \\ a_2 \end{Bmatrix} = \begin{Bmatrix} F_x \\ -M_z \\ M_y \end{Bmatrix} \tag{K.26}$$

式中，A 是横截面的面积，而：

$$I_y = \int_\Omega z^2 \mathrm{d}y\mathrm{d}z, \quad I_z = \int_\Omega y^2 \mathrm{d}y\mathrm{d}z, \quad I_{yz} = \int_\Omega yz \mathrm{d}y\mathrm{d}z \tag{K.27}$$

是横截面的惯性矩。系数矩阵中的零项出现是因为 y 轴和 z 轴是质心轴，因此面积一阶矩为零。在求解式（K.26）时，我们得到法向牵引力，用 T_x 表示：

$$T_x = \frac{F_x}{A} - \frac{M_z I_y + I_{yz} M_y}{I_y I_z - I_{yz}^2} y + \frac{M_y I_z + I_{yz} M_z}{I_y I_z - I_{yz}^2} z \tag{K.28}$$

注释 K.3 对于杆件来说，y 轴和 z 轴通常被选择使得 $I_{yz} = 0$，当横截面有一个或多个对称轴时，$I_{yz}=0$。

剪切牵引

与剪切力 F_y 和 F_z 相对应的剪切力公式是从直杆平衡的考虑中得出的。该式的细节可以在任何关于材料强度的介绍性内容中找到。公式如下：

$$T_y^{(F)} = \frac{F_y Q_z(y)}{I_z t_z}, \quad T_z^{(F)} = \frac{F_z Q_y(z)}{I_y t_y} \qquad (\text{K.29})$$

式中，$Q_z(y)$ 和 $Q_y(z)$ 是图 K.5b 和图 K.5c 中确定为 Ω_y 和 Ω_z 的阴影区域关于 z 和 y 轴的一阶矩，$t_z = z_2 - z_1$，$t_y = y_2 - y_1$。

示例 K.3 对于一个半径为 r_w 的圆形截面：

$$Q_z = 2\int_y^{r_w} y\sqrt{r_w^2 - y^2}\,dy = \frac{2}{3}(r_w^2 - y^2)^{3/2}$$

且 $t_z = 2\sqrt{r_w^2 - y^2}$，$I_z = r_w^4/4$，因此：

$$T_y^{(F)} = F_y \frac{4}{3} \frac{r_w^2 - y^2}{r_w^4 \pi}, \quad \text{类似地} \; T_z^{(F)} = F_z \frac{4}{3} \frac{r_w^2 - z^2}{r_w^4 \pi} \qquad (\text{K.30})$$

寻找与一般截面的扭转力矩 M_x 相对应的剪切力涉及泊松方程的求解，通常采用数值方法。然而，在圆形截面的直杆这一重要特殊情况中，存在一个闭合形式的解，其表述也可在介绍性内容中找到。在极坐标 (r θ) 中，原点与圆形截面的中心重合，$\tau_r = 0$ 且

$$\tau_\theta = \frac{M_x r}{J} \qquad (\text{K.31})$$

式中，τ_θ 与半径垂直，$J = r_w^4 \pi/2$ 是惯性的极值，r_c 是圆形截面的半径。与 M_x 对应的剪切力为：

$$T_y^{(M)} = -\frac{2M_x z}{r_w^4 \pi}, \quad T_z^{(M)} = \frac{2M_x y}{r_w^4 \pi} \qquad (\text{K.32})$$

注释 K.4 式（K.28）、式（K.30）和式（K.32）是基于一些假设，仅在特殊载荷条件下对恒定截面的直杆完全满足。这些公式在一般情况下也是有用的，因为相应的牵引力与施加的力和力矩是平衡的，因此准确的牵引力和这些公式给出的牵引力之间的差值的合力是零。因此，施加的牵引力中的误差会导致解决方案中的局部扰动，这些扰动会根据圣维南原理逐渐衰减。

示例 K.4 对于示例 K.2 中描述的问题，在图 K.4 所示的局部坐标系中，作用在截面 A 上的牵引力是：

$$T_x^{(A)} = \frac{F_x^A}{A} - \frac{M_z^A y}{I} + \frac{M_y^A z}{I}$$

$$T_y^{(A)} = \frac{F_y^A Q_z}{I t_z} - \frac{M_x^A z}{J}$$

$$T_z^{(A)} = \frac{F_z^A Q_y}{I t_y} + \frac{M_x^A y}{J}$$

式中，

$$F_x^A = \frac{F\beta}{\sqrt{1+\beta^2}}, \quad F_y^A = 0, \quad F_z^A = \frac{F}{\sqrt{1+\beta^2}}$$

$$M_x^A = \frac{r_c F}{\sqrt{1+\beta^2}}, \quad M_y^A = 0, \quad M_z^A = -\frac{r_c F \beta}{\sqrt{1+\beta^2}}$$

$$A = r_w^2 \pi, \quad I = \frac{r_w^4 \pi}{4}, \quad J = \frac{r_w^4 \pi}{2}, \quad \frac{Q_z}{t_z} = \frac{r_w^2 - y^2}{3}, \quad \frac{Q_y}{t_y} = \frac{r_w^2 - z^2}{3}$$

鉴于注释 K.2，在局部坐标系中，作用在截面 B 上的牵引力为：

$$T_x^{(B)} = -T_x^{(A)}, \quad T_y^{(B)} = -T_y^{(A)}, \quad T_z^{(B)} = -T_z^{(A)}$$

参 考 文 献

1. Actis RL, Szabó BA and Schwab C. Hierarchic models for laminated plates and shells. *Comput. Methods Appl. Mech. Engng.* **172**(1), 79–107, 1999.
2. Ainsworth M. Discrete dispersion relation for hp-version finite element approximation at high wave number. *SIAM Journal on Numerical Analysis.* 42, 553–575, 2004.
3. Andersson B, Falk U and Jarlås R. Self-adaptive FE-analysis of solid structures, Part 1: Element formulation and a posteriori error estimation. The Aeronautical Research Institute of Sweden. FFA TN 1986-27. 1986.
4. Antman SS. The theory of rods. In: *Handbuch der Physik*, Volume 6/2, pp. 641–703, Springer, 1972. Reprinted in *Mechanics of Solids*, Vol. II, Springer-Verlag, 1984, pp. 641–703.
5. Arnold D. Stability, consistency, and convergence of numerical discretizations. In: Björn Engquist, editor, *Encyclopedia of Applied and Computational Mathematics.*, Springer, 2015, pp. 1358–1364.
6. Arnold DN, Babuška I and Osborn J. Finite element methods: Principles for their selection. *Comput. Methods Appl. Mech. Engng.* 45(1–3), 57–96, 1984.
7. ASTM Standard E466. Standard Practice for Conducting Force Controlled Constant Amplitude Axial Fatigue Tests of Metallic Materials. ASTM International, West Conshohocken, PA, 2015.
8. ASTM E606/E606M-12. Standard Test Method for Strain-Controlled Fatigue Testing. ASTM International, West Conshohocken, PA, 2012.
9. Babuška I. Error bounds for finite element method. *Numerische Mathematik.* 16(4), 322–333, 1971.
10. Babuška I, Andersson B, Guo B, Melenk JM and Oh HS. Finite element method for solving problems with singular solutions. *Journal of Computational and Applied Mathematics.* 74, 51–70, 1996.
11. Babuška I, Andersson B, Smith PJ and Levin K. Damage analysis of fiber composites Part I: Statistical analysis on fiber scale. *Comput. Methods Appl. Mech. Engng.* 172(1), 27–77, 1999.
12. Babuška I and Aziz AK. Lectures on mathematical foundations of the finite element method (No. ORO-3443-42; BN-748). Institute for Fluid Dynamics and Applied Mathematics, University of Maryland, College park, MD 1972.
13. Babuška I and Dorr MR. Error estimates for the combined h and p versions of the finite element method. *Numerische Mathematik.* 37(2), 257–277, 1981.
14. Babuška I and Gui W. The h, p and hp versions of the finite element method in 1 dimension. Part I. The error analysis of the p-version. *Numerische Mathematik.* 49, 577–612, 1986.
15. Babuška I, d'Harcourt JM and Schwab C. Optimal shear correction factors in hierarchical plate modelling. *Math. Modelling and Sci. Computing.* 1, 1–30, 1993.

16 Babuška I, Nobile F and Tempone R. A systematic approach to model validation based on Bayesian updates and prediction related rejection criteria. *Comput. Methods Appl. Mech. Engng.* 197, 2517–2539, 2008.

17 Babuška I, Sawlan Z, Scavino M, Szabó B and Tempone R. Bayesian inference and model comparison for metallic fatigue data. *Comput. Methods Appl. Mech. Engng.* 304, 171–196, 2016.

18 Babuška I and Silva RS. Numerical treatment of engineering problems with uncertainties. The fuzzy set approach and its application to the heat exchanger problem. *Int. J. Numer. Meth. Engng.* 87(1–5), 115–148, 2011.

19 Babuška I and Silva RS. Dealing with uncertainties in engineering problems using only available data. *Comput. Methods Appl. Mech. Engng.* 270, 57–75, 2014.

20 Babuška I, Soane AM and Suri M. The computational modeling of problems on domains with small holes. *Comput. Methods Appl. Mech. Engng.* 322, 563–589, 2017.

21 Babuška I and Strouboulis T. *The Finite Element Method and its Reliability*. Oxford University Press 2001.

22 Babuška I and Suri M. The *hp* version of the finite element method with quasiuniform meshes. *ESAIM: Mathematical Modelling and Numerical Analysis-Modélisation Mathématique et Analyse Numérique.* 21(2), 199–238, 1987.

23 Babuška I, Szabó B and Actis R. Hierarchic models for laminated composites. *International Journal for Numerical Methods in Engineering.* 33(3), 503–535, 1992.

24 Babuška I, Szabó B and Katz IN. The p-version of the finite element method. *SIAM Journal on Numerical Analysis.* 18(3), 515–545, 1981.

25 Babuška I and Szabó B. On the rates of convergence of the finite element method. *International Journal for Numerical Methods in Engineering.* 18(3), 323–341, 1982.

26 Bathias C and Paris PC. *Gigacycle Fatigue in Mechanical Practice.* Marcel Dekker, New York 2005.

27 Belytschko T and Tsay CS. A stabilization procedure for the quadrilateral plate element with one-point quadrature. *International Journal for Numerical Methods in Engineering.* 19(3), 405–419, 1983.

28 Brenner S and Scott R. *The mathematical theory of finite element methods.* Vol. 15, Springer Science & Business Media, 2007.

29 Brezzi F. On the existence, uniqueness and approximation of saddle-point problems arising from Lagrangian multipliers. *Publications mathématiques et informatique de Rennes*, S4, 1–26, 1974.

30 Chapelle D and Bathe KJ. *The Finite Element Analysis of Shells – Fundamentals*, Springer Science & Business Media, 2010.

31 Chen Q and Babuška I. Approximate optimal points for polynomial interpolation of a real function in an interval and in a triangle. *Comput. Methods Appl. Mech. Engng.* 128, 405–417, 1995.

32 Cottrell JA, Hughes TJR and Reali A. Studies of refinement and continuity in isogeometric structural analysis. *Comput. Methods Appl. Mech. Engng.* 196(41–44), 4160–4183, 2007.

33 Dauge M and Suri M. On the asymptotic behaviour of the discrete spectrum in buckling problems for thin plates. *Mathematical Methods in the Applied Sciences.* 29(7), 789–817, 2006.

34 Di Nezza E, Palatucci G and Valdinoci E. Hitchhiker's guide to the fractional Sobolev spaces. *Bulletin des Sciences Mathématiques.* 136(5), 527–573, 2012.

35 Düster A. *High order finite elements for three-dimensional thin-walled nonlinear continua.* Dissertation. Technische Universität München. Shaker Verlag, Aachen, 2002.

36 Düster A and Rank E. The p-version of the finite element method compared to an adaptive h-version for the deformation theory of plasticity. *Comput. Methods Appl. Mech. Engng.* 190, 1925–1935, 2001.

37 Fuchs HO and Stephens RI. *Metal Fatigue in Engineering.* John Wiley & Sons, New York, 1980.

38 Gates N and Fatemi A. Notch deformation and stress gradient effects in multiaxial fatigue. *Theoretical and Applied Fracture Mechanics.* 84, 3–25, 2016.

39 Girkmann K. *Flächentragwerke.* 4th edition. Springer Verlag, Wien, 1956.

40 Grover HJ, Bishop SM and Jackson LR. Fatigue Strengths of Aircraft Materials. Axial-Load Fatigue Tests on Unnotched Sheet Specimens of 24S-T3 and 75S-T6 Aluminum Alloys and of SAE 4130 Steel. NACA Technical Note 2324, March 1951.

41 Grover HJ, Bishop SM and Jackson LR. Fatigue Strengths of Aircraft Materials. Axial-Load Fatigue Tests on Notched Sheet Specimens of 24S-T3 and 75S-T6 Aluminum Alloys and of SAE 4130 Steel with Stress Concentrations Factors of 2.0 and 4.0. NACA Technical Note 2389, June 1951.

42 Grover HJ, Bishop SM and Jackson LR. Fatigue Strengths of Aircraft Materials. Axial-Load Fatigue Tests on Notched Sheet Specimens of 24S-T3 and 75S-T6 Aluminum Alloys and of SAE 4130 Steel with Stress Concentrations Factors of 5.0. NACA Technical Note 2390, June 1951.

43 Grover HJ, Hyler WS and Jackson LR. Fatigue Strengths of Aircraft Materials. Axial-Load Fatigue Tests on Notched Sheet Specimens of 24S-T3 and 75S-T6 Aluminum Alloys and of SAE 4130 Steel with Stress Concentrations Factor of 1.5. NACA Technical Note 2639, February 1952.

44 Grover HJ, Hyler WS and Jackson LR. Fatigue Strengths of Aircraft Materials. Axial-Load Fatigue Tests on Notched Sheet Specimens of 2024-T3 and 7075-T6 Aluminum Alloys and of SAE 4130 Steel with Notched Radii of 0.004 and 0.070 inch. NASA Technical Note D-111, September 1959.

45 Gui WZ and Babuška I. The h, p and $h - p$ versions of the finite element method in 1 dimension. Part II. *The error analysis of the h- and hp-versions.* Numerische Mathematik. 49(6), 613–657, 1986.

46 Guo B and Babuška I. Direct and inverse approximation theorems for the *p*-version of the finite element method in the framework of weighted Besov spaces. Part III: Inverse approximation theorems. *Journal of Approximation Theory.* 173, 122–157, 2013.

47 Hashin Z and Rosen BW. The elastic moduli of fiber reinforced materials. *Journal of Applied Mechanics.* 31(2), 223–232, 1964.

48 Hinton MJ, Kaddour AS and Soden PD. *Failure Criteria in Fibre Reinforced Polymer Composites: The World-Wide Failure Exercise (WWFE).* Elsevier, 2004. ISBN: 0-08-044475-X

49 Hoff NJ and Soong T-C. Buckling of circular cylindrical shells in axial compression. *Int. J. Mech. Sci.* 7, 289–520, 1965.

50 Jacobus K, DeVor RE and Kapoor S.G. Machining-induced residual stress: experimentation and modeling. *J. Manuf. Sci. Eng.* 122(1), 20–31, 2000.

51 Juntunen M and Stenberg R. Nitsche's method for general boundary conditions. *Mathematics of Computation.* 78(267), 1353–1374, 2009.

52 Konishi S and Kitagawa G. *Information Criteria and Statistical Modeling.* Springer Science & Business Media, 2008.

53 Kozlov VA, Mazia VG and Rossmann J. *Spectral Problems Associated with Corner Singularities of Solutions of Elliptic Equations.* American Mathematical Society, Providence 2000.

54 Kuhn P and Hardrath HF. An Engineering Method for Estimating Notch-Size Effect in Fatigues Tests on Steel. NACA Technical Note 2805, October 1952.
55 Leoni G. *A First Course in Sobolev Spaces*. American Mathematical Society, 2017.
56 MacNeal RH. *The MacNeal-Schwendler Corporation. The First Twenty Years*, 1988.
57 McCombs WF, McQueen JC and Perry JL. Analytical design methods for aircraft structural joints. Report AFFDL-TR-67-184, Air Force Flight Dynamics Laboratory, Wright-Patterson Air Force Base, January 1968.
58 Metallic Materials Properties Development and Standardization (MMPDS) Handbook, Battelle Memorial Institute, 2012.
59 Miller KS. Derivatives of Noninteger Order. *Mathematics Magazine*. 68(3), 183–192, 1995.
60 Muskhelishvili NI. *Some Basic Problems of the Mathematical Theory of Elasticity*. English translation of the 3rd edition. P. Noordhoff Ltd., Groningen, Holland, 1953.
61 Naghdi PM. Foundations of elastic shell theory. In: *Progress in Solid Mechanics*. Vol. 4. North-Holland, Amsterdam, 1963, pp. 1–90.
62 Nazarov S and Plamenevsky BA. *Elliptic Problems in Domains with Piecewise Smooth Boundaries*. Vol. 13. Walter de Gruyter, 2011.
63 Nervi S and Szabó BA. On the estimation of residual stresses by the crack compliance method. *Comput. Methods Appl. Mech. Engng.* 196(37–40) 3577–3584, 2007.
64 Nervi S, Szabó BA and Young KA. Prediction of distortion of airframe components made from aluminum plates. *AIAA Journal*. 47(7) 1635–1641, 2009.
65 Neuber H. *Kerbspannungslehre*. Springer Verlag, Berlin, 1937.
66 Niemi AH, Babuška I, Pitkäranta J and Demkowicz L. Finite element analysis of the Girkmann problem using the modern hp-version and the classical h-version. *Engineering with Computers*. 28(2) 123–134, 2012.
67 Nitsche JA. Über ein Variationsprinzip zur Lösung von Dirichlet-Problemen bei Verwendung von Teilräumen, die keinen Randbedingungen unterworfen sind. *Abhandlungen aus dem Mathematischen Seminar der Universität Hamburg*. 36 9–15, 1971.
68 Novozhilov VV. *Thin Shell Theory*. P. Noordhoff Ltd., Groningen, 1964.
69 Oden JT, Babuška I and Faghihi D. Predictive Computational Science: Computer Predictions in the Presence of Uncertainty. In: Erwin Stein, René de Borst and Thomas J. R. Hughes, editors, *Encyclopedia of Computational Mechanics*. Volume 1: Fundamentals. John Wiley & Sons, Ltd., 2017.
70 Oden JT and Reddy JN. *An Introduction to the Mathematical Theory of Finite Elements*. Courier Corporation, 2012.
71 Olver FW, Lozier DW, Boisvert RF and Clark CW. *NIST Handbook of Mathematical Functions*. US Department of Commerce, National Institute of Standards and Technology, 2010.
72 Papadakis PJ and Babuška I. A numerical procedure for the determination of certain quantities related to the stress intensity factors in two-dimensional elasticity. *Comput. Methods Appl. Mech. Engng.* 122, 69–92, 1995.
73 Pascual FG and Meeker WQ. Estimating fatigue curves with the random fatigue-limit model. *Technometrics*. 41(4), 277–289, 1999.
74 Peterson RE. *Stress Concentration Design Factors*. John Wiley & Sons, Inc. New York, 1953.
75 Pilkey WD. *Peterson's Stress Concentration Factors*. 2nd edition. John Wiley & Sons, Inc.New York, 1997.
76 Pitkäranta J, Babuška I and Szabó B. The Girkmann problem. *IACM Expressions*. 22, January 2008.

77 Pitkäranta J, Babuška I and Szabó B. The problem of verification with reference to the Girkmann problem. *IACM Expressions.* 24, 14–15, January 2009.
78 Pitkäranta J, Babuška I and Szabó B. The dome and the ring: Verification of an old mathematical model for the design of a stiffened shell roof. *Computers & Mathematics with Applications.* 64(1), 48–72, 2012.
79 Popov EP. *Mechanics of Materials.* 2nd edition. Prentice-Hall, Inc. Englewood Cliffs, 1978.
80 Schijve J. Fatigue of structures and materials in the 20th century and the state of the art. *International Journal of Fatigue.* 25(8), 679–702, 2003.
81 Reddy JN. *An Introduction to Nonlinear Finite Element Analysis.* Oxford University Press, 2004.
82 Ramm E, Rank E, Rannacher R, Schweizerhof K, Stein E, Wendland W, Wittum G, Wriggers P and Wunderlich W. In: E. Stein, editor, *Error-controlled Adaptive Finite Elements in Solid Mechanics.* John Wiley & Sons Ltd., Chichester, 2003.
83 Sanchez-Palencia E. Boundary layers and edge effects in composites. In: E. Sanchez-Palencia and A. Zaoui, editors, *Homogenization Techniques for Composite Media.* Lecture Notes in Physics 272, Part III, Springer Verlag, Berlin, 1987.
84 Schwab C. *p- and hp-Finite Element Methods: Theory and Applications in Solid and Fluid Mechanics.* Clarendon Press, Oxford, 1998.
85 Schwab C, Suri M and Xenophontos C. The *hp* finite element method for problems in mechanics with boundary layers. *Comput. Methods Appl. Mech. Engng.* 157, 311–333, 1998.
86 Simo JC and Hughes TJR. *Computational Inelasticity.* Springer-Verlag, New York, 1998.
87 Sivia DS with Skilling J. *Data Analysis. A Bayesian Tutorial.* 2nd edition. Oxford University Press, Oxford, 2006.
88 Smith RN, Watson P and Topper TH. A stress-strain function for the fatigue of metals. *Journal of Materials* ASTM, 5(4), 767–778, 1970.
89 Strang G and Fix GJ. *An Analysis of the Finite Element Method.* Prentice Hall, Englewood Cliffs, 1973.
90 Szabó BA. Mesh design for the *p*-version of the finite element method. *Computer Methods in Applied Mechanics and Engineering.* 55(1–2), 181–197, 1986.
91 Szabó BA and Actis RL. Hierarchic models for laminated composites. *International Journal for Numerical Methods in Engineering* 33(3), 503–535, 1992.
92 Szabó B and Actis R. Simulation governance: Technical requirements for mechanical design. *Comput. Methods Appl. Mech. Engng.* 249–252, 158–168, 2012.
93 Szabó B, Actis R and Rusk D. Predictors of fatigue damage accumulation in the neighborhood of small notches. *International Journal of Fatigue.* 92, 52–60, 2016.
94 Szabó B, Actis R and Rusk D. Validation of notch sensitivity factors. *Journal of Verification, Validation and Uncertainty Quantification.* 4, 011004, 2019.
95 Szabó B, Actis R and Rusk D. Validation of a predictor of fatigue failure in the high-cycle range. *Computers and Mathematics with Applications.* 11, 2451–2461, 2020.
96 Szabó BA and Babuška I. Computation of the amplitude of stress singular terms for cracks and reentrant corners. In: T. A. Cruse, editor, *Fracture Mechanics: Nineteenth Symposium ASTM STP 969.* American Society for Testing and Materials, Philadelphia, 101–124, 1988.
97 Szabó B and Babuška I. *Introduction to Finite Element Analysis. Formulation, Verification and Validation.* John Wiley & Sons Ltd. Chichester, UK, 2011.
98 Szabó B, Babuška I and Chayapathy BK. Stress computations for nearly incompressible materials by the p-version of the finite element method. *International Journal for Numerical Methods in Engineering.* 28(9), 2175–2190, 1989.

99 Szabó B Babuška I Pitkäranta J and Nervi S. The problem of verification with reference to the Girkmann problem. *Engineering with Computers.* 26, 171–183, 2010. DOI 10.1007/s00366-009-0155-0.
100 Szabó BA and Mehta AK. *p*-Convergent finite element approximations in fracture mechanics. *International Journal for Numerical Methods in Engineering.* 12(3), 551–560, 1978.
101 Szabó BA and Sahrmann GJ. Hierarchic plate and shell models based on *p*-extension. *International Journal for Numerical Methods in Engineering.* 26(8), 1855–1881, 1988.
102 Timoshenko S. *History of strength of materials: With a brief account of the history of theory of elasticity and theory of structures.* Courier Corporation, 1953.
103 Timoshenko S and Gere JM. *Theory of Elastic Stability.* 2nd edition. McGraw-Hill Book Company, Inc., New York, 1961.
104 Timoshenko S and Woinowsky-Krieger S. *Theory of Plates and Shells.* 2nd edition. McGraw-Hill Book Company, Inc., New York, 1959.
105 Timoshenko S and Goodier JN. *Theory of Elasticity.* McGraw-Hill Book Company, inc., New York, 1951.
106 Todhunter I and Pearson KA. *A History of the Theory of Elasticity and of the Strength of Materials: From Galilei to the Present Time.* Vol. 1. Galilei to Saint-Venant, 1639–1850. Cambridge University Press, 1886.
107 Turner MJ, Clough RW, Martin HC and Topp LJ. Stiffness and deflection analysis of complex structures. *Journal of the Aeronautical Sciences.* 23(9) 805–823, 1956.
108 Vasilopoulos D. On the determination of higher order terms of singular elastic stress fields near corners. *Numer. Math.* 53, 51–95, 1998.
109 Wahl AM. *Mechanical Springs.* 2nd edition. McGraw-Hill Book Company, 1963.
110 Wollschlager JA. *Introduction to the Design and Analysis of Composite Structures.* Jeffrey A. Wollschlager, Troy, 2012.
111 Young W and Budynas R. *Roark's Formulas for Stress and Strain.* 8th edition. McGraw-Hill Companies, 2011.
112 Yosibash Z. *Singularities in Elliptic Boundary Conditions and their Connection with Failure Initiation.* Springer, 2012.
113 Zienkiewicz OC. *The Finite Element Method in Structural and Continuum Mechanics.* McGraw-Hill, London, 1967.
114 Zienkiewicz OC, Taylor RL and Too JM. Reduced integration technique in general analysis of plates and shells. *International Journal for Numerical Methods in Engineering.* 3(2), 275–190, 1971.